21世纪全国高职高专建筑设计专业技能型规划教材

装饰施工读图与识图

主　编　杨丽君
副主编　殷会斌　刘诚斌
主　审　田树涛

北京大学出版社
PEKING UNIVERSITY PRESS

内容简介

本书根据《房屋建筑制图统一标准》(GB/T 50001—2010)、《建筑制图标准》(GB/T 50104—2010)、《建筑结构制图标准》(GB/T 50105—2010)等制图标准进行编写。全书共分为8章，主要包括建筑装饰装修构造概论、投影的基本知识、建筑装饰制图的基本标准、房屋建筑图、建筑施工图、建筑结构施工图、建筑装饰施工图、建筑设备施工图等。

本书每章节均结合实例讲解，内容注重实践的培养，突出技能型、实用性，接近生产实际，同时采用了最新的制图标准，结合建筑构造和装饰构造的知识对施工图进行实例讲解。

本书适用于高职院校建筑装饰工程技术专业和室内设计专业使用，也可供相关专业技术人员参考。

图书在版编目(CIP)数据

装饰施工读图与识图/杨丽君主编. —北京：北京大学出版社，2012.5
(21世纪全国高职高专建筑设计专业技能型规划教材)
ISBN 978-7-301-19991-6

Ⅰ.①装… Ⅱ.①杨… Ⅲ.建筑装饰—工程施工—建筑制图—识图法—高等职业教育—教材
Ⅳ.①TU767②TU204

中国版本图书馆CIP数据核字(2011)第277591号

书　　名： 装饰施工读图与识图
著作责任者： 杨丽君　主编
策 划 编 辑： 赖　青　张永见
责 任 编 辑： 刘健军
标 准 书 号： ISBN 978-7-301-19991-6/TU·0211
出　版　者： 北京大学出版社
地　　址： 北京市海淀区成府路205号　100871
网　　址： http://www.pup.cn　http://www.pup6.cn
电　　话： 邮购部62752015　发行部62750672　编辑部62750667　出版部62754962
电 子 邮 箱： pup_6@163.com
印　刷　者： 北京虎彩文化传播有限公司
发　行　者： 北京大学出版社
经　销　者： 新华书店
787mm×1092mm　16开本　17.25印张　399千字
2012年5月第1版　2019年12月第3次印刷
定　　价： 33.00元

前言

《装饰施工读图与识图》是建筑装饰工程技术专业和室内设计技术专业适用教材，是为了满足建筑装饰工程技术与室内设计技术专业的教学需要，根据《房屋建筑制图统一标准》（GB/T 50001—2010）、《建筑制图标准》（GB/T 50104—2010）、《建筑结构制图标准》（GB/T 50105—2010）等制图标准进行编写。由于建筑装饰行业发展迅速，本书力求做到“与时俱进”。

全书共分为8章，主要包括建筑装饰装修构造概论、投影的基本知识、建筑装饰制图的基本标准、房屋建筑图、建筑施工图、建筑结构施工图、建筑装饰施工图、建筑设备施工图等内容。本书系统地介绍了建筑装饰施工图的基本概念和专业知识，涉及投影原理、相关标准、建筑装修的基本知识，重点在于介绍识读方法和技巧，是在建筑施工图和结构施工图的基础之上对建筑装饰施工图作的讲解，使学生对建筑类专业施工图有系统具体的认识，具备一定的实际操作能力。

本书每个章节均结合实例讲解，内容注重实践的培养，突出技能型、实用性，接近生产实际，同时采用了最新的制图标准，结合建筑构造和装饰构造的知识对施工图进行分析讲解。采用了图文并茂的形式，有利于学生阅读和学习。

本书可作为学期授课时数约为64课时课程使用。

本书第4～5章由甘肃建筑职业技术学院建筑系杨丽君编写，第1～3章、第8章由甘肃建筑职业技术学院殷会斌编写，第6、7章由北京农业职业学院刘诚斌编写。杨丽君任主编，殷会斌、刘诚斌任副主编，甘肃建筑职业技术学院田树涛担任主审。

由于作者水平有限，书中难免存在不足、疏漏之处，恳请广大读者给予批评、指正，以便我们修订时完善。

编　者

2012年1月

目　录

第 1 章

建筑装饰装修构造概论

学习目标

通过本章的学习，应对建筑装饰装修有所认识和了解，能在本章的学习中掌握建筑装饰装修构造的类型、等级与用料标准，建筑装饰装修构造设计的原则。在本章学习的过程中应该建立专业与建筑装饰装修的联系，培养良好的专业知识、较强的专业联系能力。

学习要求

知识要点	能力目标	相关知识
建筑装饰装修构造的基本概念和内容	(1) 了解建筑装饰装修的概念 (2) 掌握建筑装饰装修构造的内容 (3) 掌握建筑装饰装修课程的特点	(1) 建筑装饰装修的概念 (2) 建筑装饰装修构造的内容 (3) 建筑装饰装修课程的特点
建筑装饰装修构造的基本知识	(1) 了解建筑装饰装修构造的类型、等级与用料标准 (2) 掌握建筑装饰装修构造的等级和用料标准	(1) 建筑装饰装修构造的类型、等级与用料标准 (2) 建筑装饰装修构造的等级和用料标准
建筑装饰装修构造设计的原则	(1) 了解建筑装饰装修构造设计的一般原则 (2) 掌握建筑装饰装修构造设计的安全原则 (3) 掌握绿色原则 (4) 掌握美观原则	(1) 建筑装饰装修构造设计的一般原则 (2) 建筑装饰装修构造设计的安全原则 (3) 绿色原则 (4) 美观原则

引例

如图1.1所示，图片表现的是某房间的装饰效果图，看上去很漂亮，那么在这张图片中到底用了什么材料？是什么级别的装修？遵循了哪些原则？通过本章的学习就可以找到答案。

图1.1 某房间装饰效果图

自20世纪90年代以来，建筑装饰已经发展为一门新兴的行业。如今，一般工程建筑结构、建筑设备、装饰的造价比例已经达到3∶3∶4，对于高档宾馆和酒店项目，装饰费用的比例更高。人们对生产、生活条件要求的日益提高，更将为建筑装饰行业的发展提供持久的动力和良好的发展前景。在建筑装饰发展的推动下，建筑装饰施工图也渐渐地成了建筑装饰施工不可缺少的一部分。

建筑装饰施工图是装修施工的技术语言，是施工验收的依据。建筑装饰施工图表现的是建筑装饰施工的做法，是以建筑装饰构造为基础的，只有了解了建筑装饰构造才能绘制好建筑装饰施工图，所以要先以了解建筑装饰构造为基础。

什么是建筑装饰构造，建筑装饰构造包含哪些内容，分为几个类型，在做建筑装饰构造的时候有哪些指导原则？掌握好这些知识对今后识读和绘制建筑装饰施工图有很大的帮助，本章将对这些知识作详细的介绍。

1.1 建筑装饰装修构造的基本概念和内容

1.1.1 建筑装饰装修构造的基本概念

1. 建筑装饰

建筑装饰是指对建筑物内外表面及空间进行的“包装”处理，即在已有建筑物的主体上覆盖新的面层的过程，是工艺技术与艺术的结合。它是以美学原理为依据，以各种建筑装饰装修材料为基础，从建筑的多功能角度出发，其工程内容不仅包括对建筑物顶棚、墙面、地面的面层处理，而且更是以美化建筑物和建筑空间为主要目的而设置的空间艺术。

建筑装饰是一门综合性的科学，它应与建筑、艺术、结构、材料、设计、施工及设备密切结合，为建筑装饰设计提供经济合理的技术依据，是实现建筑装饰设计的技术手段，也是装饰设计不可缺少的组成部分。

2. 建筑装饰装修

建筑装饰装修是指为了保护建筑物的主体结构、完善建筑物的使用功能和美化建筑物，采用装饰装修材料或饰物，对建筑物的内外表面及空间进行的各种处理过程。“建筑装饰装修”一词表达的信息比较全面，它的含义包括“建筑装饰”、“建筑装修”、“建筑装潢”（装潢原多用于表示建筑物色彩的渲染，古建筑梁、顶部位的作画、油漆等，现已用于表示装饰）。

建筑装饰装修构造是指采用建筑装饰装修材料或饰物对建筑物内外表面及空间进行装饰装修的各种构造处理及构造做法，是实施建筑装饰设计的技术措施，也是指导建筑装饰施工的基本手段。

1.1.2 建筑装饰装修构造的基本内容

建筑装饰装修构造的内容包括构造原理、构造组成及构造做法。构造原理是构造设计的理论或实践经验，构造组成和构造做法是结合客观实际情况，考虑多种因素，应用原理确定实施构造方案，即确定采取什么方式将饰面的装饰材料或饰物连接固定在建筑物的主体结构上，解决相互之间的衔接、收口、饰边、填缝等构造问题。构造原理是抽象的，体现在构造做法中，构造组成及做法是具体的，是在构造原理的指导下进行的。

1.1.3 建筑装饰装修构造课程的特点

1. 综合性强

建筑装饰装修构造是一门综合性很强的工程技术课程，它涉及制图、材料、力学、结构、施工及有关国家法规、规范等知识领域，将相关知识融会贯通，广见博识，灵活应用，是学习本课程的基础。

2. 实践性强

建筑装饰装修构造源于工人和技术人员在工程实践中的大胆尝试，来自工程实践的科学总结。因此，本课程是一门实践性强的叙述性课程，没有逻辑推理及演算，看懂教材表面的文字非常容易，但要真正掌握并与工程实际相结合又有很大难度。主动地、有意识地到施工现场参观实习，分析大量实际工程案例，是增加实践经验的有效途径。

3. 识图、绘图量大

应用构造原理，识读绘制建筑装饰装修各种构造节点详图，读懂构造做法，弄清为什么这样做，并能举一反三地进行建筑装饰构造设计，是本课程学习的核心问题。

4. 记忆量大

本课程内容涉及许多专业术语、材料名称、常用的构造做法、基本尺寸及数据等，学习者有意识地归纳、区分、记忆，是学好本课程的有效途径。

1.2 建筑装饰装修构造的类型、等级与用料标准

1.2.1 建筑装饰装修的部位

建筑装饰是整个建筑设计中不可缺少的一部分，也是相对复杂的部分。整个建筑装修

包括室内部分和室外部分，而这些部分中又有很多细节的表现，正是这些细节的表现才组成了丰富完美的建筑装饰表现。

建筑装饰装修的室外部位包括外墙面、室外地面、店面、檐口、腰线、外窗台、雨篷、台阶、建筑小品等；室内部位包括顶棚、内墙面、楼地面、踢脚、墙裙、隔墙与隔断、门窗、楼梯、电梯等。

1.2.2 建筑装饰装修构造的类型

建筑装饰装修构造按其形式可分为 3 大类：装饰结构类构造、饰面类构造和配件类构造。

1. 装饰结构类构造

装饰结构类构造是指采用装饰骨架，表面装饰构造层与建筑主体结构或框架填充墙连接在一起的构造形式。装饰结构类构造骨架按材料不同可分为木骨架、轻钢骨架、铝合金骨架；根据受力特点不同，又可分为竖向支撑骨架(如架空式木楼地面的龙骨骨架)、水平悬挂骨架(如墙面骨架、隔墙骨架)和垂直悬吊骨架(如吊顶龙骨骨架)。

2. 饰面类构造（覆盖式构造）

饰面类构造又称覆盖式构造，即在建筑构件表面再覆盖一层面层，对建筑构件起保护和美化作用。饰面类构造主要是处理好面层与基层的连接构造(如瓷砖、墙布与墙体的连接、现浇水磨石楼地面与楼板的连接)，其具体构造方法有涂刷、涂抹、铺贴、胶粘、钉嵌等。

3. 配件类构造（装配式构造）

配件类构造是将装饰制品或半成品在施工现场加工组装后，安装于建筑装饰部位的构造(如暖气罩、窗帘盒)。配件的安装方式主要有粘接、榫接、焊接、卷口、钉接等。

1.2.3 建筑装饰装修等级与用料标准

建筑装饰装修等级与建筑物的等级密切相关，建筑物等级越高，其装饰装修的等级也越高。在具体运用中，应注意以下两个方面。

(1) 应结合不同地区的构造做法与用料习惯以及业主的经济条件灵活运用，不可生搬硬套。

(2) 根据我国现阶段经济水平、生活质量要求及发展状况，合理选用建筑装饰装修材料。建筑装饰装修等级及用料标准详见表 1-1、表 1-2。

表 1-1 建筑装饰装修等级

建筑装饰装修等级	建筑物类型
一级	高级宾馆，别墅，纪念性建筑，大型博览、观演、交通、体育建筑，一级行政机关办公楼，市级商场
二级	科研建筑，高教建筑，普通博览、观演、交通、体育建筑，广播通信建筑，医疗建造，商业建筑，旅馆建筑，局级以上行政办公楼
三级	中小学、幼托建筑，生活服务性建筑，普通行政办公楼，普通居住建筑

表1-2 建筑装饰装修用料标准

装饰等级	房间名称	部位	内部装饰装修标准及材料	外部装饰装修标准及材料	备注
一级	全部房间	墙面	塑料墙纸(布)、织物墙面，大理石装饰板，木墙裙，各种面砖、内墙涂料	大理石、花岗岩(少用)、面砖、无机涂料、金属板、玻璃幕墙	
		楼地面	软木橡胶地板、各种塑料地板、大理石、彩色水磨石、地毯、木地板		
一级	全部房间	顶棚	金属装饰板、塑料装饰板、金属墙纸、塑料墙纸、装饰吸声板、玻璃顶棚、灯具	室外雨篷下，悬挑部分的楼板下，可参照室内装饰顶棚	
		门窗	夹板门、实木门，设窗帘舍、门窗套	各种颜色玻璃铝合金窗、特制木门窗、玻璃栏板	
		其他设施	各种金属或竹木花格，自动扶梯，各种有机玻璃栏板，各种花饰、灯具、空调、防火设备、暖气罩、高档卫生设备	各部屋檐、屋顶，可用各种瓦件、各种金属装饰物(可少用)	
二级	普通房间及门厅、楼梯、走廊	墙面	各种内墙涂料、窗帘盒、暖气罩	主要立面可用面砖，局部大理石、无机涂料	功能上有特殊者除外
		楼地面	彩色水磨石、地毯、各种塑料地板、卷材地毯、碎拼大理石地面		
		顶棚	混合砂浆、石灰膏罩面板，钙塑板、胶合板、吸声板等顶棚饰面		
		门窗		普通钢木门窗、主要入口铝合金门窗	
	厕所、盥洗室	墙面	水泥砂浆		
		地面	普通水磨石、陶瓷锦砖、1.4～1.7m高度白瓷砖墙裙		
		顶棚	混合砂浆、石灰膏罩面		
		门窗	普通钢木门窗		

续表

装饰等级	房间名称	部位	内部装饰装修标准及材料	外部装饰装修标准及材料	备注
三级	一般房间	墙面	混合砂浆色浆粉刷、可赛银乳胶漆、局部油漆墙裙，柱子不作特殊装饰	局部可用面砖，大部分用水刷石或干粘石、无机涂料、色浆、清水砖	
		地面	局部水磨石、水泥砂浆地面		
		顶棚	混合砂浆、石灰膏罩面	同室内	
		其他	文体房间、托幼小班可用木地板，窗饰除托幼小班外不设暖气罩，不做金属饰件，不用白水泥、大理石、铝合金门窗，不贴墙纸	禁用大理石、金属外墙板	
	门厅、楼梯、走廊		除门厅局部吊顶外，其他同一般房间，楼梯用金属栏杆木扶手或抹灰栏板		
	厕所、盥洗室		水泥砂浆地面、水泥砂浆墙裙		

1.3 建筑装饰装修构造设计的原则

1.3.1 建筑装饰装修构造设计的一般原则

建筑装饰构造设计必须综合考虑各种因素，通过分析比较选择合适特定装饰工程的最佳构造方案，一般应遵循以下几项原则。

1. 满足使用功能及精神生活的需要

通过建筑装饰装修的构造设计，美化和保护建筑物，满足不同使用房间不同界面的功能要求，延伸和扩展室内环境功能，完善室内空间的全面品质。

2. 合理选择材料、 施工方便可行

首先应正确认识材料的物理性能和化学性能，如耐磨、防腐、保温、隔热、防潮、防火、隔声以及强度、硬度、耐久性、加工性能等，根据国家、行业标准、规范，选择恰当的建筑装饰装修材料，确定合理的构造方案，且内部构造设计交代清楚，能为正确的施工提供可靠的依据。

3. 满足经济合理要求

严格控制经济指标，根据建筑物的等级、整体风格、业主的具体要求进行构造设计。

建筑装饰工程费用在整个工程造价中占有很高的比例，一般民用建筑装饰工程费用占工程总造价的30%～40%及以上，因此，根据建筑性质和用途确定装饰标准、装饰材料和构造方案，控制造价，对实现经济上的合理性有着非常重要的意义。装饰并不意味着多花钱和多用贵重的材料，节约也不是单纯的降低标准，重要的是在相同的经济和装饰材料条件下，通过不同的构造处理手法，创造出令人满意的空间环境。

4. 注意与相关专业、工种（水、暖、通风、电）的密切配合

建筑装饰构造设计必须综合考虑各种因素，并注意相关专业、工种的相互衔接和配合，做到工艺合理、施工方便，选择既满足设计意图，又能提高施工效率的装饰工艺及做法，设计出切实可行并适合采用先进生产工艺的构造。

1.3.2 建筑装饰装修构造设计的安全原则

1. 构造设计的安全性

构造设计的安全性必须要考虑以下几个方面。

(1) 严禁破坏主体结构，要充分考虑建筑结构体系与承载能力。

(2) 选用材料、确定构造方案要安全可靠，不得造成人员伤亡和财产损失。

(3) 地震区的建筑，进行装饰装修设计时要考虑地震时产生的结构变形的影响，减少灾害的损失，防止出口被堵死。

(4) 抗震设防烈度为七度以上的地区的住宅，吊柜应避免设在门户的上方，床头上方不宜设置隔板、吊柜、玻璃罩灯具以及悬挂硬质画框、镜框饰物。

2. 防火的安全性

1) 建筑装饰装修材料的选择

建筑装饰装修构造设计要根据建筑的防火等级选择相应的材料。建筑装饰装修材料按其燃烧性能划分为4个等级，见表1-3。

表1-3 建筑装饰装修材料燃烧性能等级

等级	装饰装修材料燃烧性能	等级	装饰装修材料燃烧性能
A	不燃	B_2	可燃
B_1	难燃	B_3	易燃

(1) A、B_1、B_2级装饰材料应检测，B_3不需检测。

(2) 钢龙骨上安装纸面石膏板可为A级。

(3) 胶合板表面覆盖一级饰面防火涂料可为B_1级。

(4) 纸质、布质的壁纸黏贴在A级基材上可为B_1级。

(5) 涂于A级基材的无机涂料为A级；涂于A级基材的有机涂料为B_1级；涂于B_1、B_2级基材的涂料与基材一并确定。

(6) 不同材料分层装饰时应事先确定等级。复合型材料应进行整体检测确定。

2) 建筑装饰防火设计控制原则

(1) 严格评判建筑物防火性能，确定防火等级。

(2) 对改变用途的建筑物应重新确定防火等级。

(3) 协调装饰材料和使用安全的关系，尽量避免和减少材料燃烧时产生浓烟和有毒气体。

(4) 施工期间应采取相应的防火措施。

3) 民建装饰材料的选用与防火设计要求

(1) 顶棚和墙面采用多孔或泡沫塑料时，厚度和面积不超过规定。

(2) 无窗房间应提高一级(A 级除外)。

(3) 存放档案文件资料的房间，顶棚和墙面采用 A 级，地面不低于 B_1级。

(4) 存放特殊贵重设备仪器的房间，顶棚和墙面采用 A 级，地面及其他不低于 B_1级。

(5) 消防、排烟、灭火、配电、变压器、空调等机房的所有装饰应采用 A 级。

(6) 封闭、防烟的楼梯间各部位均采用 A 级。

(7) 建筑物内上下层连通的公共部位顶棚和墙面采用 A 级，其他部位不低于 B_1级。

(8) 防烟分区的墙面采用 A 级。

(9) 变形缝两侧的基层采用 A 级，表面装饰不低于 B_1级。

(10) 建筑内部的配电箱安装在不低于 B_1级的装饰上。

(11) 高温照明灯具与 A 级装饰材料接近时应采取隔热、散热等措施，灯饰材料不低于 B_1级。

(12) 公建内壁挂、模型、雕塑等装饰不低于 B_1级，且远离火源或热源。

(13) 安全疏散走道和出口厅顶棚采用 A 级，其他部位不低于 B_1级。

(14) 建筑内消防栓的门应醒目。

(15) 建筑装饰不应遮挡消防设施及疏散口标志。

(16) 厨房顶棚、墙面及地面均应采用 A 级装饰材料。

(17) 常用明火的餐厅、实验室等应提高一级。

建筑装饰装修构造设计应严格执行《建筑设计防火规范》(GB 50016—2006)中相应条款和《建筑内部装修设计防火规范》(GB 50222—1995)的规定。

1.3.3 绿色原则(健康环保原则)

1. 节约能源

(1) 改进节点构造，提高外墙的保温隔热性能，改善外门窗的气密性。

(2) 选用高效节能的光源及照明新技术。

(3) 强制淘汰耗水型室内用水器具，推广节水器具。

(4) 充分利用自然光和采用自然通风换气。

2. 节约资源

节约使用不可再生的自然材料资源。提倡使用环保型、可重复使用、可循环使用、可再生使用的材料。

3. 减少室内空气污染

(1) 选用无毒、无害、无污染(环境)，有益于人体健康的材料和产品，采用取得国家环境认证的标志产品。执行室内装饰装修材料有害物质限量的10个国家强制性标准。

(2) 严格控制室内环境污染的各个环节，设计、施工时严格执行《民用建筑工程室内环境污染控制规范》(GB 50325—2010)。

(3) 为减少施工造成的噪声及大量垃圾，装饰装修构造设计提倡产品化、集成化，配件生产实现工厂化、预制化。

1.3.4 美观原则

(1) 正确搭配使用材料，充分发挥和利用其质感、肌理、色彩以及材性的特性。

(2) 注意室内空间的完整性、统一性，选择材料不能杂乱。

(3) 运用造型规律(比例与尺度、对比与谐调、统一与变化、均衡与稳定、节奏与韵律、排列与组合)，在满足室内使用功能的前提下，做到美观、大方、典雅。

本章小结

本章主要是对建筑装饰装修的基本知识做讲解，目的就是让读者在接触建筑装饰施工图之前能对建筑装饰装修有一个比较系统全面的理解，并能掌握相关的理论知识，在以后的学习中能够时刻考虑到建筑装饰装修的等级、用料标准以及所遵循的一般原则、安全原则、绿色原则和美化原则，能具备良好的知识基础。

习　　题

一、填空题

1. 建筑装饰装修构造的内容包括__________、__________及__________。

2. 建筑装饰装修的室外部位包括__________、________、__________、__________、腰线等。

3. 建筑装饰装修构造的类型分为__________、__________、__________。

二、简答题

1. 建筑装饰构造中的安全原则有哪几个方面?

2. 简述建筑装饰装修构造设计的一般原则。

3. 简述建筑装饰防火设计控制原则。

三、论述题

举例论述民建装饰材料选用与防火设计要求。

第2章 投影的基本知识

学习目标

通过本章的学习，掌握建筑装饰制图的基本原理，掌握投影的基本知识，三面投影的形成；能够正确分析三面投影图，并且能把三面投影图和施工图联系起来，为以后的学习打下良好的基础。

学习要求

知识要点	能力目标	相关知识
投影的概念和分类	(1) 了解投影的基本概念 (2) 掌握投影的特点和基本性质	(1) 投影的基本概念 (2) 投影的特点和基本性质
三面正投影图的形成	(1) 了解三面正投影图的形成 (2) 掌握三面正投影图的分析 (3) 掌握正投影的基本性质 (4) 建筑工程中常用的投影图	(1) 三面正投影图的形成 (2) 三面正投影图的分析 (3) 正投影的基本性质

引例

图2.1所示为建筑装饰施工图中的卧室立面图，表现的是室内沙发背景墙的情况，图中的尺寸以及文字说明都很清楚，那么这样的图纸是怎么画出来的？运用了什么样的原理？遵循了什么样的原则？通过本章的学习就会知道这些问题的答案。

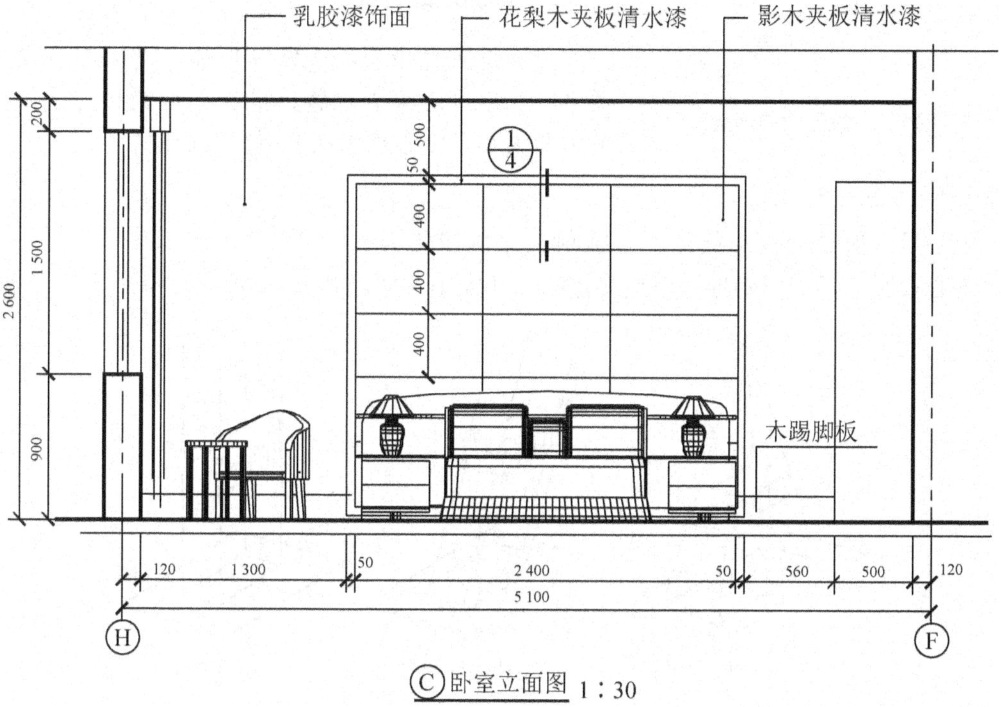

图2.1 卧室立面图

在现代工程建设中，无论是建造房屋还是修建道路、桥梁、水利工程、电站等，都离不开工程图样。所谓工程图样就是指根据投影原理、标准或有关规定，表示工程对象并有必要的技术说明的图。它是用来表达设计意图，交流技术思想的重要工具，也是用来指导生产、施工、管理等技术工作的重要技术文件，被喻为“工程技术界的共同语言”。作为建筑工程方面的技术人员，只有具备熟练地绘制和阅读本专业的工程图样的能力，才能更好地从事工程技术工作。

2.1 投影的概念和分类

在日常生活中，经常看到物体在灯光或阳光照射下，会在墙面或地面上产生影子，这种现象就是自然界的投影现象。人们从这一现象中认识到光线、物体、影子之间的关系，归纳出表达物体形状、大小的投影原理和制图方法。

2.1.1 投影的概念

在制图中，把光源称为投影中心，光线称为投射线，光线的射向称为投射方向，落影

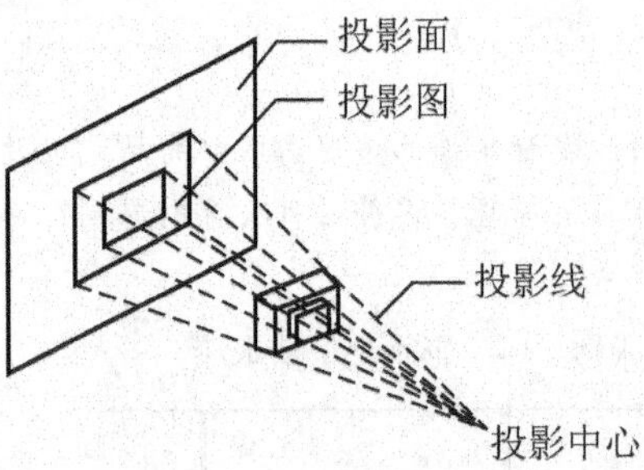

图 2.2　投影图的形成

的平面(如地面、墙面等)称为投影面，影子的轮廓称为投影，用投影表示物体的形状和大小的方法称为投影法，用投影法画出的物体图形称为投影图，如图 2.2 所示。

2.1.2　投影法的分类

投影是研究投影线、空间形体、投影面三者间的关系的。用投影来表示物体的方法称为投影法。投影分为两大类：中心投影法和平行投影法。

1. 中心投影法

中心投影法是指投影线由一点放射出来的投影方法，中心投影法不能正确地度量出物体的尺寸大小，如图 2.3(a)所示。

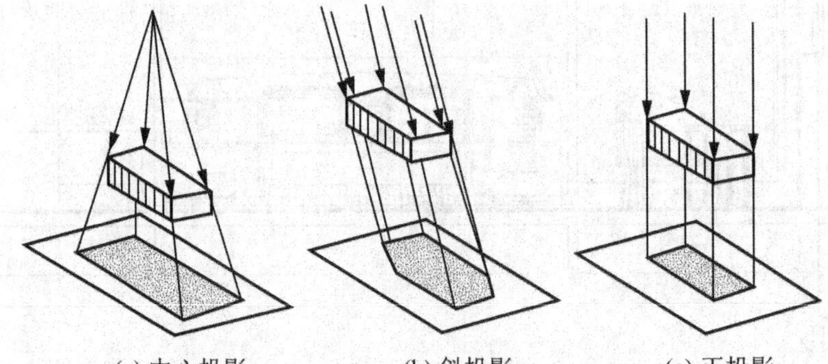

图 2.3　投影的分类

2. 平行投影法

当投影中心离开物体无限远时，投影线可看作是相互平行的，投影线为相互平行的投影方法，称为平行投影法。平行投影法有以下两种。

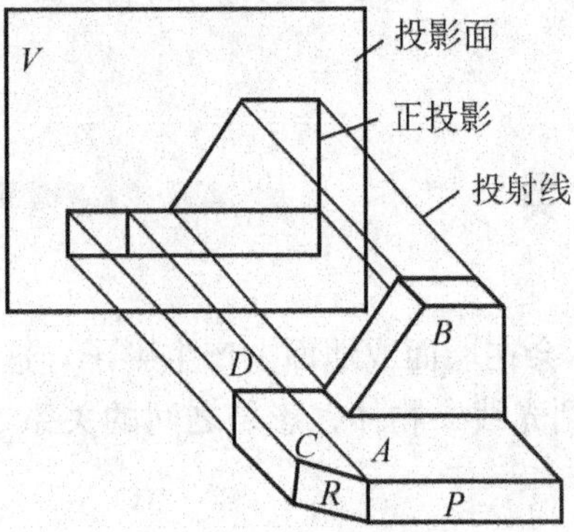

图 2.4　平行投影法的投影特性

(1) 正投影法。投影线相互平行且垂直于投影面的投影法，又称为直角投影法，如图 2.3(c)所示。用正投影法画出的物体图形称为正投影图。如图 2.4 所示，正投影图虽然直观性差些，但能反映物体的真实形状和大小，度量性好，作图简便，是工程制图中经常采用的一种主要图示方法。

(2) 斜投影法。投影线相互平行，但倾斜于投影面的投影方法，如图 2.3(b)所示。这种投影方法一般在轴测投影时应用。

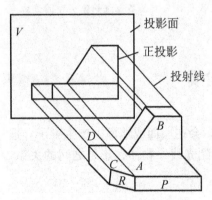

2.1.3 正投影的基本性质

在建筑制图中，最常用的投影法是平行投影法中的正投影法。因此，了解正投影的基本性质，对分析和绘制物体的正投影图至关重要。由于点、直线、平面是形成物体的最基本几何元素，所以在开始学习投影方法时，应该了解点、直线和平面的正投影法的特性。点、直线和平面在正投影中具有如下基本性质。

(1) 实形性(真迹性)：线段或平面图形平行于投影面，其投影反映实形或实长。

(2) 积聚性：直线或平面图形平行于投射线，其投影积聚成点或直线。

(3) 类似性(同形性)：当直线或平面图形不平行、也不垂直于投影面时，直线的投影仍为直线，平面图形的投影是原图形的类似形。正投影时，其投影小于实长或实形。

(4) 平行性：两相互平行直线，其投影平行。

(5) 定比性：两平行线段长度之比，等于其投影长之比。直线上两线段长度之比，等于其投影长之比。

(6) 从属性：直线上的点或平面上的点和直线，其投影必在直线或平面的投影上。

2.2 三面正投影图的形成

2.2.1 三面正投影图的形成

图2.5中空间4个不同形状的物体，它们在同一个投影面上的正投影却是相同的。

由此可以看出，虽然一个投影面能够准确地表现出形体的一个侧面的形状，但不能表现出形体的全部形状。为了确定物体的形状必须画出物体的多面正投影图——通常是三面正投影图。

1. 三投影面体系的建立

通常，采用3个相互垂直的平面作为投影面，构成三投影面体系，如图2.6所示。

水平位置的平面称为水平投影面，用字母H表示；与水平投影面垂直相交呈正立位置的平面称为正立投影面，用字母V表示；位于右侧与H、V面均垂直相交的平面称为侧立投影面，用字母W表示。3个投影面的交线OX、OY、OZ称为投影轴，3个投影轴也相互垂直。

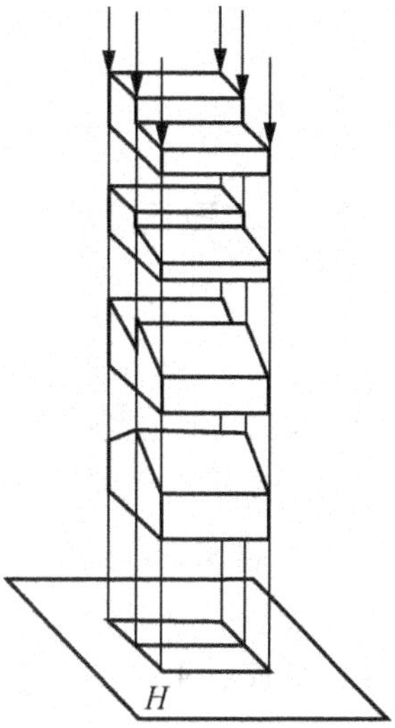

图2.5 形体的单面

2. 三投影图的形成

将物体置于H面之上，V面之前，W面之左的空间，如图2.7所示，按箭头所指的投影方向分别向3个投影面作正投影。

由上往下在H面上得到的投影称为水平投影图(简称平面图)。

由前往后在V面上得到的投影称为正立投影图(简称正面图)。

由左往右在W面上得到的投影称为侧立投影图(简称侧面图)。

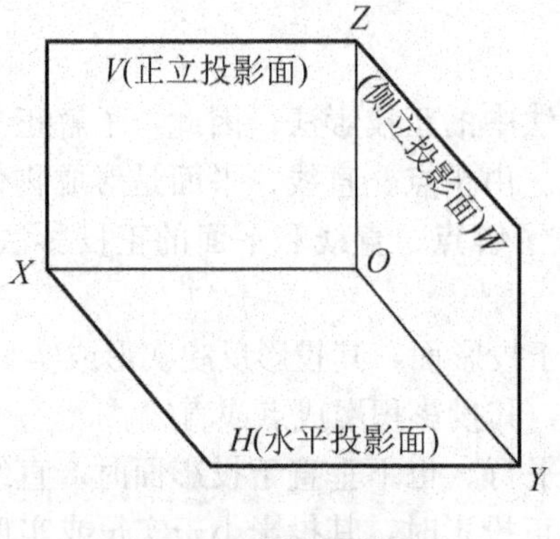

图 2.6　三投影面的建立

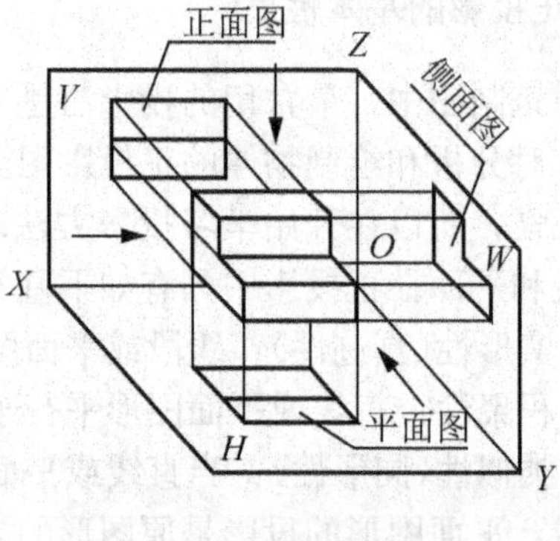

图 2.7　三投影图的形成

3. 三个投影面的展开

为了把空间 3 个投影面上所得到的投影画在一个平面上，需将 3 个相互垂直投影面展开摊平成为一个平面。即 V 面保持不动，H 面绕 OX 轴向下翻转 90°，W 面绕 OZ 轴向右翻转 90°，使它们与 V 面处在同一平面上，如图 2.8(a)所示。

在初学投影作图时，最好将投影轴保留，并用细实线画出，如图 2.8(b)所示。

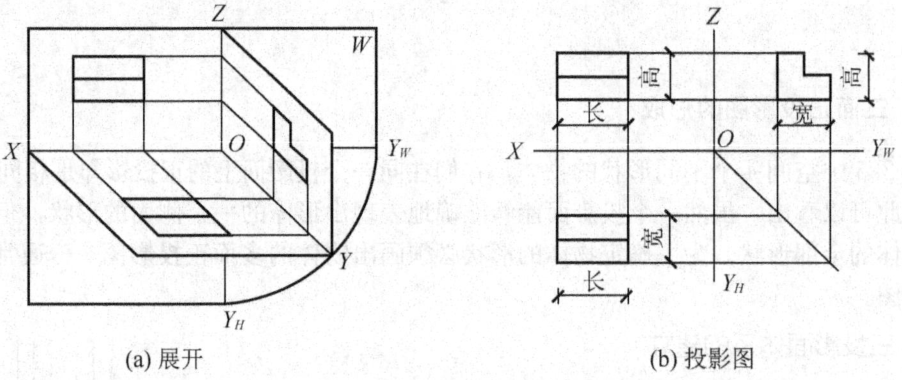

图 2.8　投影面的展开

2.2.2　三面正投影图的分析

空间形体都有长、宽、高 3 个方向的尺度。

如一个四棱柱，当它的正面确定之后，其左右两个侧面之间的垂直距离称为长度；前后两个侧面之间的垂直距离称为宽度；上下两个平面之间的垂直距离称为高度，如图 2.9 所示。

三面正投影图具有下述投影规律。

1. 投影对应规律

投影对应规律是指各投影图之间在量度方向上的相互对应。

平面、平面长对正(等长)；

正面、侧面高平齐(等高)；

平面、侧面宽相等(等宽)。

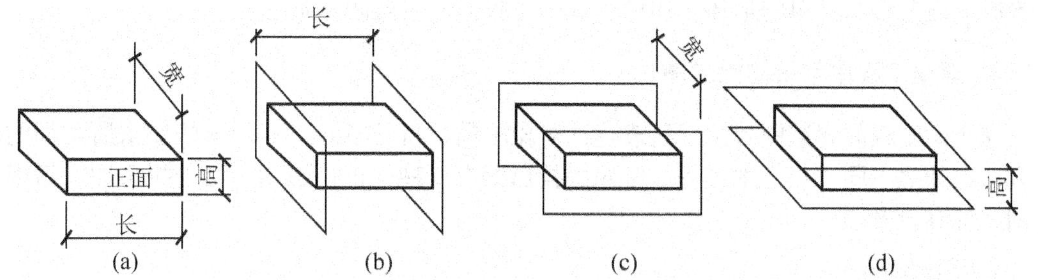

图 2.9 形体的长、宽、高

从图 2.10 可以看出，形体的 3 个投影图之间既有区别，又有联系，三面投影图之间具有下述规律：投影面展开之后，正平面 V、水平面 H 两个投影左右对齐，这种关系称为“长对正”；正平面 V、侧平面 W 两个投影上下对齐，这种关系称为“高平齐”；水平面 H、侧平面 W 投影都反映形体的宽度，这种关系称为“宽相等”。这 3 个重要的关系称为正投影的投影对应规律。

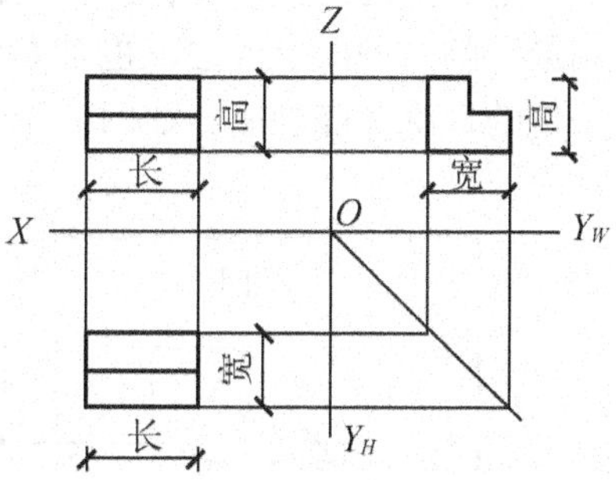

图 2.10 形体三面投影对应规律

2. 方位对应规律

方位对应规律是指各投影图之间在方向位置上相互对应。

在三面投影图中，每个投影图各反映其中 4 个方位的情况，即：平面图反映物体的左右和前后；正面图反映物体的左右和上下；侧面图反映物体的前后和上下，如图 2.11 所示。

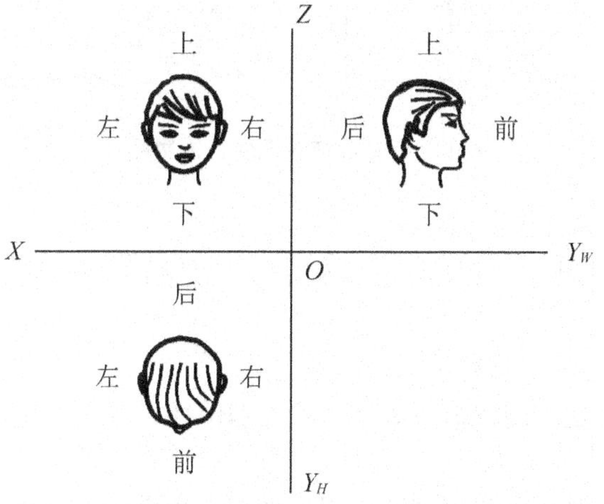

图 2.11 投影图与形体的方位关系

由于物体的三面正投影图反映了物体的 3 个面(上面、正面和侧面)的形状和 3 个方向(长向、宽向和高向)的尺寸，因此，三面正投影图通常是可以确定物体的形状和大小的。但形体的形状是多种多样的，有些形状复杂的形体，3 个投影表达不够清楚，则可增加几个投影，有些形状简单的形体，用两个或一个投影图也能表示清楚。

2.2.3 建筑工程中常用的投影图

在土木工程的建造中，由于所表达的对象不同、目的不同，对图样的要求所采用的图示方法也随之不同。在土木工程上常用的投影图有 4 种：正投影图、轴测投影图、透视投影图、标高投影图。

1. 正投影图

图 2.12 是形体的正投影图。它是用平行投影的正投影法绘制的多面投影图。

作图较其他图示法简便，便于度量，工程上应用最广，但缺乏立体感。

这种图能反映形体各主要侧面的真实形状和大小，度量性好，作图简便，是工程中应用最广的一种图示方法，也是本课程讲述的主要内容。但是，这种图缺乏立体感，需经过一定的训练才能看懂，如图 2.12 所示。

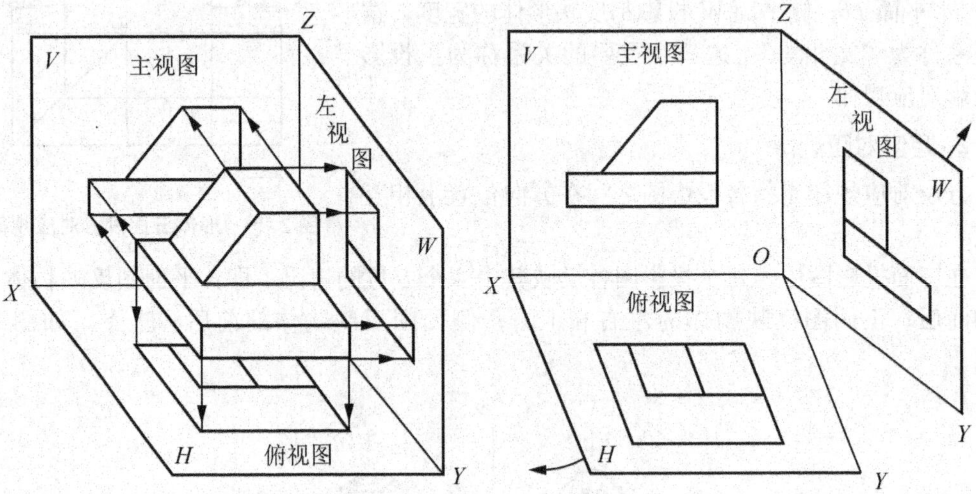

图 2.12 形体的三面正投影图

2. 轴测投影图

图 2.13 是形体的轴测投影图(也称立体图)。它是用平行投影的正投影法绘制的单面投影图。

轴测投影图的优点是立体感强，非常直观。

轴测投影图的缺点是作图较繁，表面形状在图中往往失真，度量性差，只能作为工程上的辅助性图样。

这种图具有一定的立体感和直观性，但这种图不能反映出形体所有可见面的实形，且度量性不好，绘制较麻烦。

3. 透视投影图

图 2.14 是形体的透视投影图。它是用中心投影法绘制的单面投影图。

透视投影图的优点是图形逼真，直观性强。

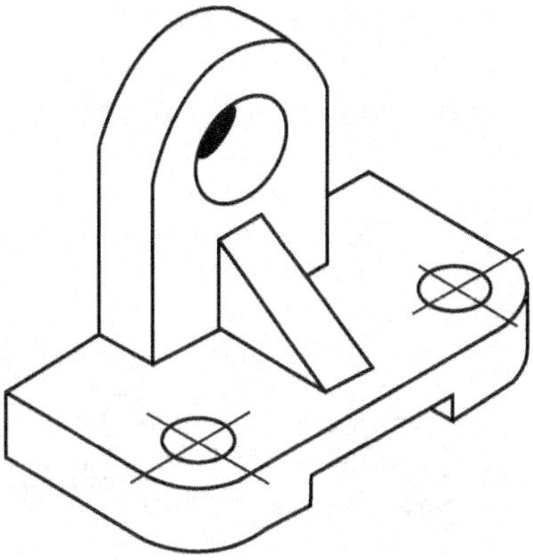

图 2.13 形体的轴测投影图

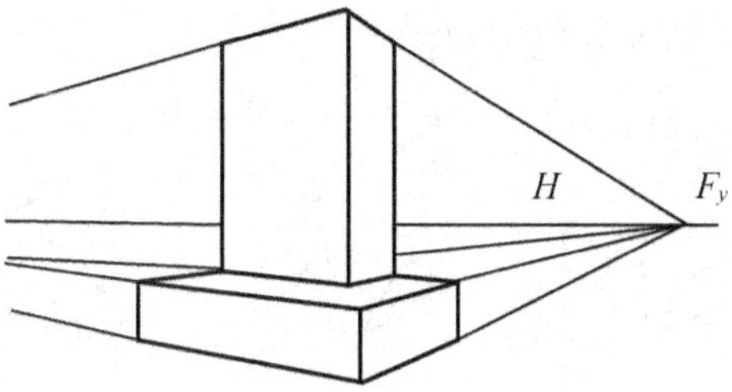

图 2.14 形体的透视投影图

透视投影图的缺点是作图复杂，形体的尺寸不能直接在图中度量，故不能作为施工依据，仅用于建筑设计方案的比较及工艺美术和宣传广告画等。

这种图与照相原理一致，它是以人眼为投影中心，故符合人们的视觉形象，因而图形逼真，直观性强。但透视投影图的绘制较复杂，形体的尺寸不能直接在图中度量。

4. 标高投影图

标高投影图是在物体的水平投影上加注某些特征面、线以及控制点的高度数值的单面正投影。

常用来绘制地形图和道路、水利工程等方面的平面布置图样，是表示不规则曲面的一种有效的图示形式，如图 2.15 所示。用标高投影绘制的地形图主要用等高线表示，并应标注比例和高程。

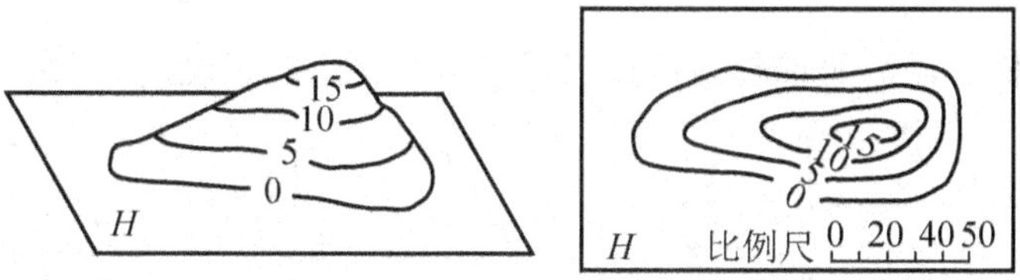

(a) (b)

图 2.15 标高投影图

本章小结

本章所讲的内容是建筑装饰施工图成图的原理，在所有的工程制图中都是以三面投影为依据的，所以学好三面投影是学好装饰施工图的关键。三面投影包括三面投影的形成，三面投影的特点以及成图规律；能够利用三面投影的原理分析施工图。

习　　题

一、 读图与识图题

1. 找出与投影图相对应的集合体，并填写相应的编码。

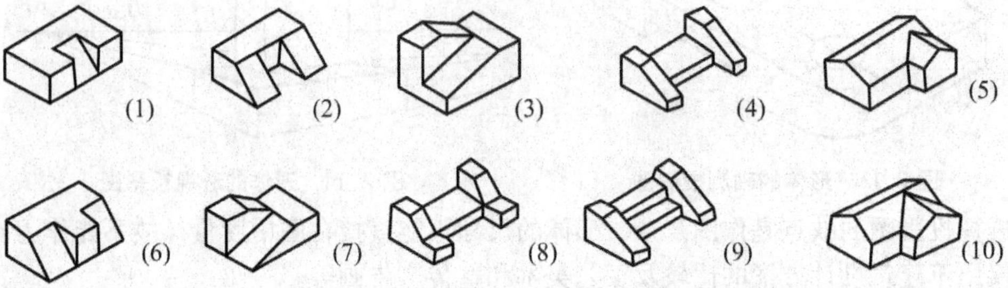

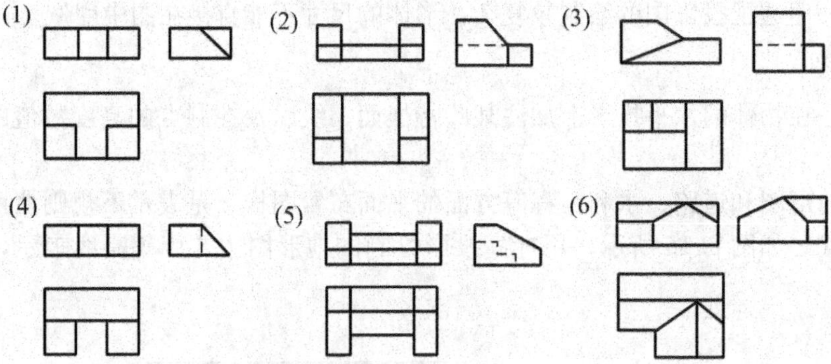

2. 用形体分析法，对照轴测图检查三面投影图，选择正确的三面投影图。

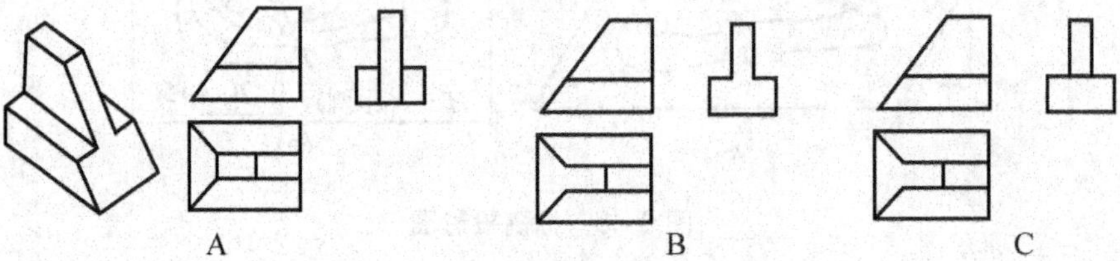

A　　B　　C

二、 画图题

画出以下物体的三面投影图。

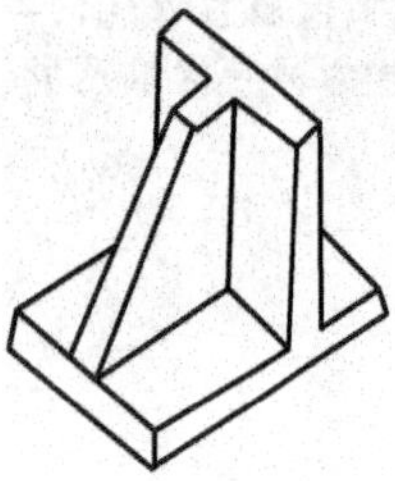

第3章

建筑装饰制图的基本标准

学习目标

本章主要介绍建筑装饰制图的基本标准，要能绘制好建筑装饰施工图不仅要掌握制图的原理，还要掌握制图的标准；熟悉建筑装饰制图基本知识，掌握建筑装饰制图的图样画法和尺寸标准等。

学习要求

知识要点	能力目标	相关知识
建筑制图的基本知识	(1) 了解图纸幅面规格与图纸编排顺序 (2) 掌握图线、字体、比例、符号、定位轴线、常用材料图例	(1) 图纸幅面规格与图纸编排顺序 (2) 图线、字体、比例、符号、定位轴线、常用材料图例
图样画法	(1) 了解投影法 (2) 掌握视图的配置 (3) 掌握剖面图、轴测图的绘制	(1) 投影法 (2) 视图的配置 (3) 剖面图、轴测图的绘制
尺寸标注	(1) 了解尺寸的组成 (2) 掌握尺寸数字、尺寸线、尺寸界线、尺寸起止符号 (3) 掌握尺寸的书写	(1) 尺寸的组成 (2) 尺寸数字、尺寸线、尺寸界线、尺寸起止符号 (3) 尺寸的书写

引例

建筑装饰制图是建筑设计的重要组成部分，要画好建筑装饰施工图不仅要掌握第 2 章讲解的建筑制图的原理，而且还要掌握建筑制图的基本知识，在绘制建筑装饰施工图时到底要遵循什么样的规律？画图时会用到什么方法？如何在图样上体现尺寸大小？本章将对此做详细的讲解。

装饰施工的表现要靠图纸来表现，我国现在没有有关建筑装饰制图的规范，所以建筑装饰制图现在采用建筑制图规范，作为绘制施工图的标准。

建筑装饰施工图的主要要素和建筑施工图基本相同，主要有幅面规格、图线、字体、比例、符号、定位轴线、图例和尺寸标注等，应符合《房屋建筑制图统一标准》(GB/T 50001—2001)的有关规定，该标准可适用于三大类工程制图：新建、改建、扩建工程的各个阶段设计图及竣工图；原有建筑物、构筑物和总平面的实测图；通用设计图和标准设计图。

3.1 建筑制图的基本知识

3.1.1 图纸幅面规格与图纸编排顺序

1. 图纸幅面

(1) 图幅是指绘图时采用的图纸幅面。为了合理使用图纸，图纸的幅面及图框尺寸应符合表 3-1 的规定。

表 3-1 图幅及图框尺寸　　单位：mm

幅面代号 / 尺寸代号	A0	A1	A2	A3	A4
B×L	841×1 189	594×841	420×594	297×420	210×297
c	10			5	
a	25				

(2) 图纸的加长。图纸加长在实际工程中经常用到，图纸在加长时只能加长长边，不能加长短边；图纸加长尺寸应符合表 3-2 的规定。

表 3-2 图纸的加长图框尺寸　　单位：mm

幅面代号	长边尺寸	长边加长后的尺寸
A0	1 189	1 486　1 635　1 783　1 932　2 080　2 230　2 378
A1	841	1 051　1 261　1 471　1 682　1 892　2 102
A2	594	743　891　1 041　1 189　1 338　1 486　1 635　1 783　1 932　2 080
A3	420	630　841　1 051　1 261　1 471　1 682　1 892

注：有特殊需要时，图纸可采用 B×L 为 841mm×894mm 与 1 189mm×1 261mm 的幅面。

(3) 图框格式。图纸以短边作为垂直边的称为横式，以长边作为垂直边时称为立式，如图 3.1 所示。

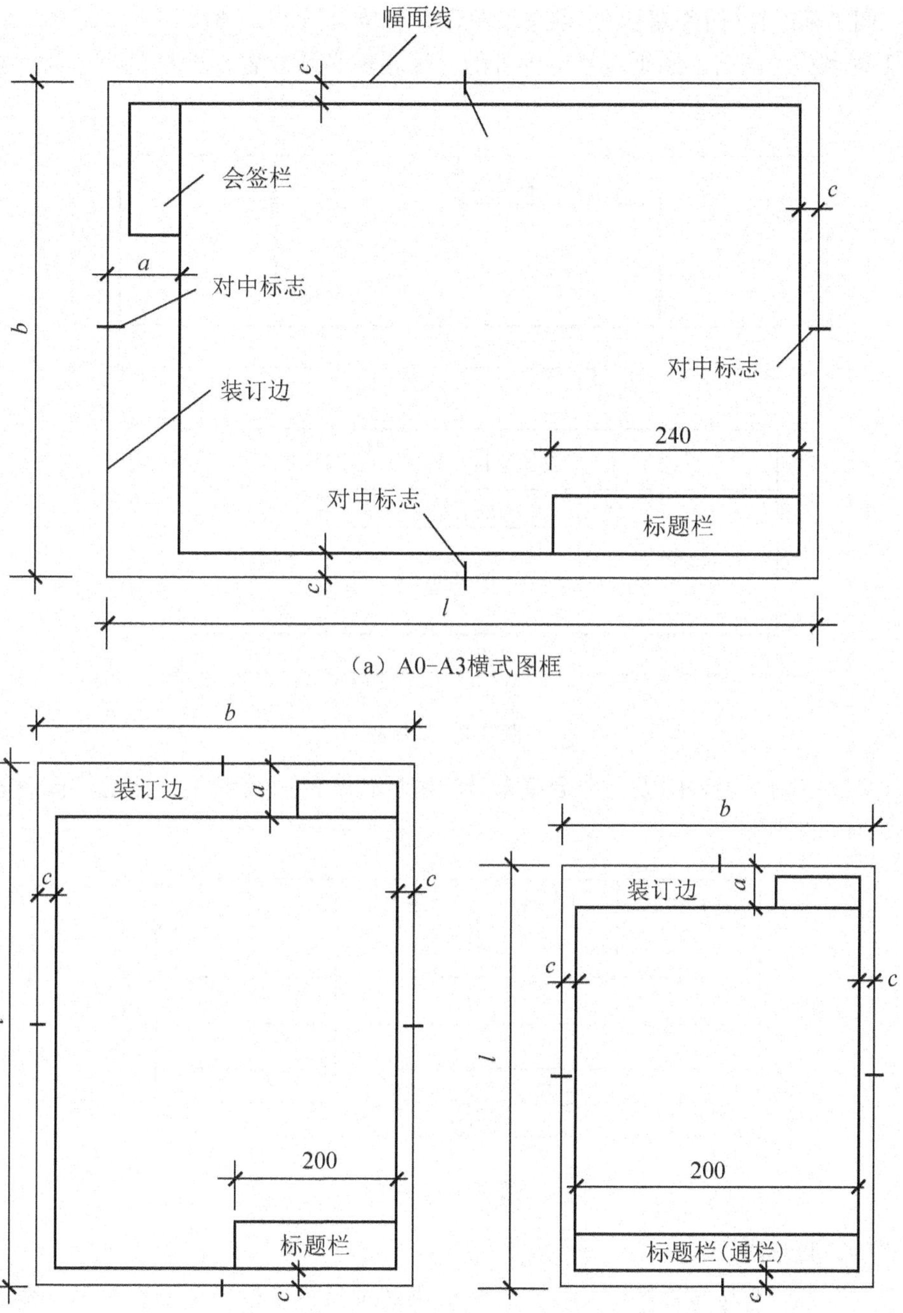

(b) A0-A3 立式图框　　(c) A4立式图框

图 3.1　图纸图框

(4) 一个工程设计中，每个专业所使用的图纸，一般不宜多于两种幅面，不含目录及表格所采用的 A4 幅面。

2. 标题栏与会签栏

(1) 图纸标题栏(简称图标)是用来填写设计单位(设计人、绘图人、审批人)的签名和日期、工程名称、图名、图纸编号等内容的。标题栏必须放置在图框的右下角，如图 3.2 所示。

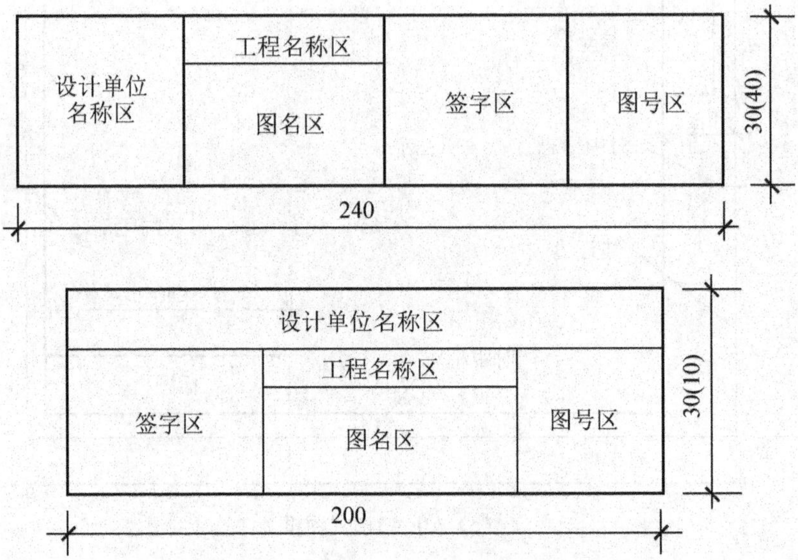

图 3.2 标题栏

(2) 会签栏用于工程图纸上由会签人员填写所代表的有关专业、姓名、日期等的一个表格，如图 3.3 所示。

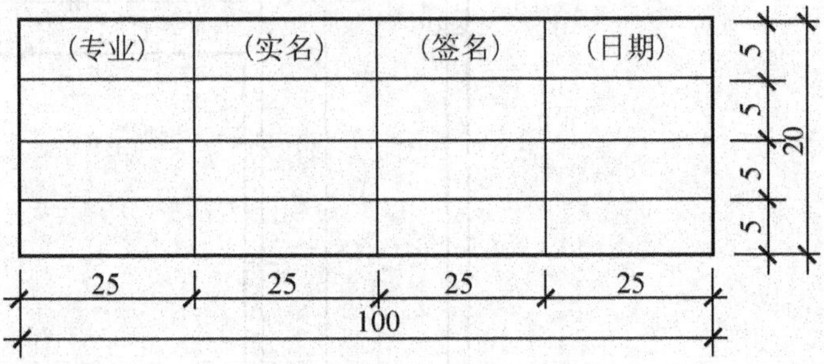

图 3.3 会签栏

3. 图纸的编排顺序

(1) 工程图纸应按专业顺序编排；一般应为图纸目录、设计说明、总图、建筑图、结构图、设备图、装饰图等。

(2) 各个专业的图纸，应该按图纸内容的主次关系、逻辑关系有序排列。

3.1.2 图线

建筑工程图的图线线型有实线、虚线、单点长画线、双点长画线、折断线、波浪线等。每种线型(除折断线、波浪线外)又有粗、中、细 3 种不同的线宽，见表 3-3 和表3-4。

表 3-3 线宽组 单位：mm

线宽比	线宽组					
b	2.0	1.4	1.0	0.7	0.5	0.35
0.5*b*	1.0	0.7	0.5	0.35	0.25	0.18
0.25*b*	0.5	0.35	0.25	0.18	—	—

注：①需要微缩的图纸，不宜采用 0.18mm 及更细的线宽。

②同一张图纸内，各不同线宽中的细线，可统一采用较细的线宽组的细线。

表 3-4 图 线

名称		线型	线宽	一般用途
实线	粗		*b*	主要可见轮廓线
	中		0.5*b*	可见轮廓线
	细		0.25*b*	可见轮廓线、图例线
虚线	粗		*b*	见各有关专业制图标准
	中		0.5*b*	不可见轮廓线
	细		0.25*b*	不可见轮廓线、图例线
单点长画线	粗		*b*	见各有关专业制图标准
	中		0.5*b*	见各有关专业制图标准
	细		0.25*b*	中心线、对称线等
双点长画线	粗		*b*	见各有关专业制图标准
	中		0.5*b*	见各有关专业制图标准
	细		0.25*b*	假想轮廓线、成型前原始轮廓线
折断线			0.25*b*	断开界线
波浪线			0.25*b*	断开界线

特别提示

应该注意的问题如下。

(1) 图纸的图框和标题栏线，可采用表 3-5 中的线宽。

表 3-5 图框线、标题栏线的宽度 单位：mm

幅面代号	图框线	标题栏外框线	标题栏分格线、会签栏线
A0、A1	1.4	0.7	0.35
A2、A3、A4	1.0	0.7	0.35

(2) 相互平行的图线，其间隙不宜小于其中的粗线宽度，且不宜小于0.7mm。

(3) 虚线、单点长画线或双点长画线的线段长度和间隔，宜各自相等。

(4) 单点长画线或双点长画线，当在较小图形中绘制有困难时，可用实线代替。

(5) 单点长画线或双点长画线的两端，不应是点。点画线与点画线交接或点画线与其他图线交接时，应是线段交接。

(6) 虚线与虚线交接或虚线与其他图线交接时，应是线段交接。虚线为实线的延长线时，不得与实线连接。

(7) 图线不得与文字、数字或符号重叠、混淆，不可避免时，应首先保证文字等的清晰。

3.1.3 字体

(1) 图纸上所需书写的文字、数字或符号等，均应笔画清晰、字体端正、排列整齐；标点符号应清楚正确。

(2) 文字的字高，应从如下系列中选用：3.5mm、5mm、7mm、10mm、14mm、20mm。如需书写更大的字，其高度应按2的比值递增。

(3) 图样及说明中的汉字，宜采用长仿宋体，宽度与高度的关系应符合表3－6的规定。大标题、图册封面、地形图等的汉字，也可书写成其他字体，但应易于辨认。

表3－6 长仿宋体字高宽关系 单位：mm

字高	20	14	10	7	5	3.5
字宽	14	10	7	5	3.5	2.5

(4) 汉字的简化字书写，必须符合国务院公布的《汉字简化方案》和有关规定。

(5) 拉丁字母、阿拉伯数字与罗马数字的书写与排列，应符合表3－7的规定。

表3－7 拉丁字母、阿拉伯数字与罗马数字书写规则

书写格式	一般字体	窄字体
大写字母高度	h	h
小写字母高度(上下均无延伸)	$7/10h$	$10/14h$
小写字母伸出的头部或尾部	$3/10h$	$4/14h$
笔画宽度	$1/10h$	$1/14h$
字母间距	$2/10h$	$2/14h$
上下行基准线最小间距	$15/10h$	$21/14h$
词间距	$6/10h$	$6/14h$

(6) 拉丁字母、阿拉伯数字与罗马数字，如需写成斜体字，其斜度应是从字的底线逆时针向上倾斜75°。斜体字的高度与宽度应与相应的直体字相等。

(7) 拉丁字母、阿拉伯数字与罗马数字的字高，应不小于2.5mm。

(8) 数量的数值注写，应采用正体阿拉伯数字。各种计量单位凡前面有量值的，均应采用国家颁布的单位符号注写。单位符号应采用正体字母。

(9) 分数、百分数和比例数的注写，应采用阿拉伯数字和数学符号，例如：四分之三、百分之二十五和一比二十应分别写成3/4、25%和1∶20。

(10) 当注写的数字小于1时，必须写出个位的“0”，小数点应采用圆点，对齐基准线书写，例如0.01。

(11) 长仿宋汉字、拉丁字母、阿拉伯数字与罗马数字示例见《技术制图—字体》(GB/T 14691—1993)。

3.1.4 比例

1. 比例的含义

比例是指图中图形与实物要素的线性尺寸之比。

$$比例=\frac{图样中线段的线性长度}{物体的实际长度}$$

2. 常用的比例

图样的常用比例见表3-8。

表3-8 常用比例

常用比例	1∶1、1∶2、1∶5、1∶10、1∶20、1∶50、1∶100、1∶150、1∶200、1∶500、1∶1 000、1∶2 000、1∶5 000、1∶10 000、1∶20 000、1∶50 000、1∶100 000、1∶200 000
可用比例	1∶3、1∶4、1∶6、1∶15、1∶25、1∶30、1∶40、1∶60、1∶80、1∶250、1∶300、1∶400、1∶600

3. 比例的注写

比例宜注写在图名的右侧，字的基准线应取平；比例的字高宜比图名的字高小一号或二号，如图3.4所示。

平面图 1:100 ⑥ 1:20

图3.4 比例的注写

比例的符号为“∶”，比例应以阿拉伯数字表示，如1∶1、1∶2、1∶100等。

特别提示

(1) 一般情况下，一个图样应选用一种比例。根据专业制图需要，同一图样可选用两种比例。

(2) 特殊情况下也可自选比例，这时除应注出绘图比例外，还必须在适当位置绘制出相应的比例尺。

3.1.5 符号

1. 剖切符号与断面符号

1）剖视的剖切符号

(1) 剖视的剖切符号应由剖切位置线及投射方向线组成，均应以粗实线绘制。剖切位置线的长度宜为 6～10mm；投射方向线应垂直于剖切位置线，长度应短于剖切位置线，宜为 4～6mm。绘制时，剖视的剖切符号不应与其他图线相接触，如图 3.5 所示。

(2) 剖视剖切符号的编号宜采用阿拉伯数字，按顺序由左至右、由下至上连续编排，并应注写在剖视方向线的端部。

(3) 需要转折的剖切位置线，应在转角的外侧加注与该符号相同的编号。

(4) 建(构)筑物剖面图的剖切符号宜注在±0.00 标高的平面图上。

2）断面的剖切符号的规定

(1) 断面的剖切符号应只用剖切位置线表示，并应以粗实线绘制，长度宜为6～10mm。

(2) 断面剖切符号的编号宜采用阿拉伯数字，按顺序连续编排，并应注写在剖切位置线的一侧；编号所在的一侧应为该断面的剖视方向，如图 3.6 所示。

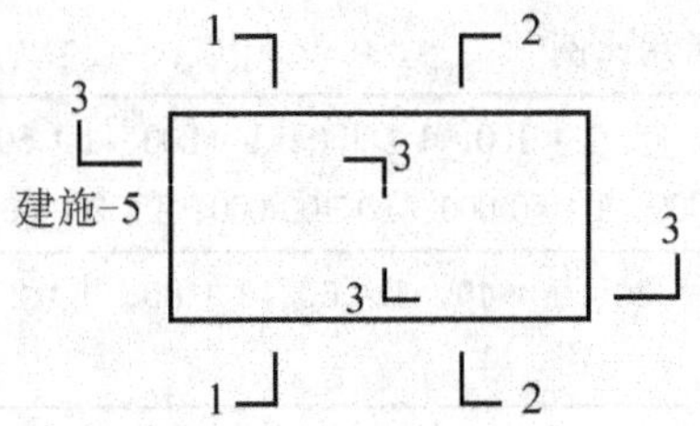

图 3.5 剖视的剖切符号

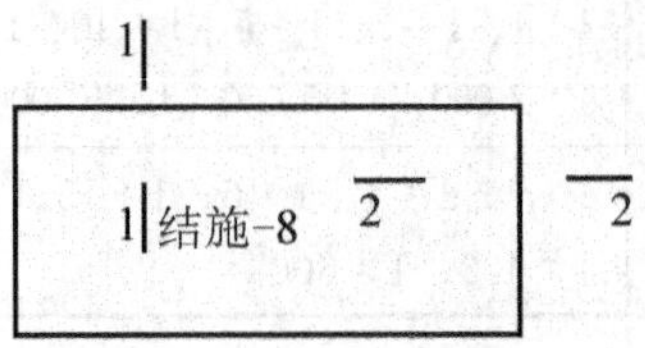

图 3.6 断面剖切符号

(3) 剖面图或断面图，如与被剖切图样不在同一张图内，可在剖切位置线的另一侧注明其所在图纸的编号，也可以在图上集中说明。

2. 索引符号与详图符号

图样中的某一局部或构件，如需另见详图，应以索引符号索引。索引符号是由直径为10mm 的圆和水平直径组成的，圆及水平直径均应以细实线绘制，如图 3.7 所示。索引符号应按下列规定编写。

(1) 索引出的详图，如与被索引的详图同在一张图纸内，应在索引符号的上半圆中用阿拉伯数字注明该详图的编号，并在下半圆中间画一段水平细实线。

(2) 索引出的详图，如与被索引的详图不在同一张图纸内，应在索引符号的上半圆中用阿拉伯数字注明该详图的编号，在索引符号的下半圆中用阿拉伯数字注明该详图所在图纸的编号。数字较多时，可加文字标注。

(3) 索引出的详图，如采用标准图，应在索引符号水平直径的延长线上加注该标准图册的编号。

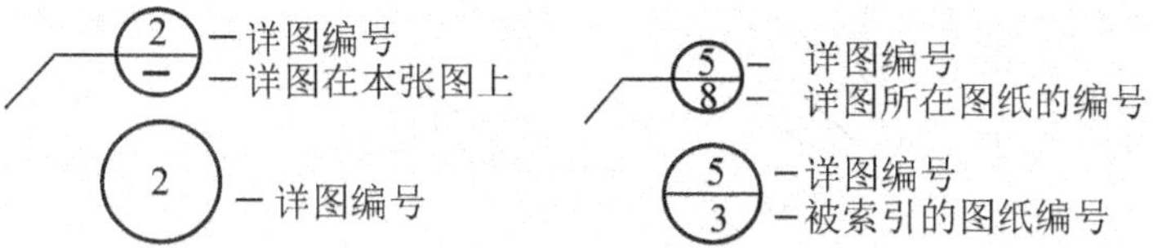

图 3.7 索引符号

(4) 索引符号如用于索引剖视详图，应在被剖切的部位绘制剖切位置线，并以引出线引出索引符号，引出线所在的一侧应为投射方向，如图 3.8(a)、(b)、(c)、(d)所示。

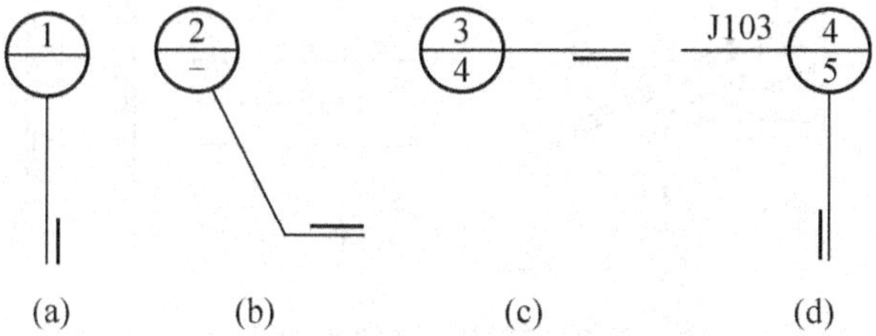

图 3.8 用于索引剖面详图的索引符号

(5) 详图的位置和编号，应以详图符号表示。详图符号的圆应以直径为 14mm 粗实线绘制。详图应按下列规定编号。

① 详图与被索引的图样同在一张图纸内时，应在详图符号内用阿拉伯数字注明详图的编号，如图 3.9 所示。

② 详图与被索引的图样不在同一张图纸内，应用细实线在详图符号内画一水平直径，在上半圆中注明详图编号，在下半圆中注明被索引的图纸的编号，如图 3.10 所示。

图 3.9 与被索引图样在同一张图纸上的详图

图 3.10 与被索引图样不在同一张图纸上的详图

3. 引出线

(1) 引出线应以细实线绘制，宜采用水平方向的直线、与水平方向成 30°、45°、60°、90°的直线，或经上述角度再折为水平线。文字说明宜注写在水平线的上方，也可注写在水平线的端部。索引详图的引出线，应与水平直径线相连接，如图 3.11 所示。

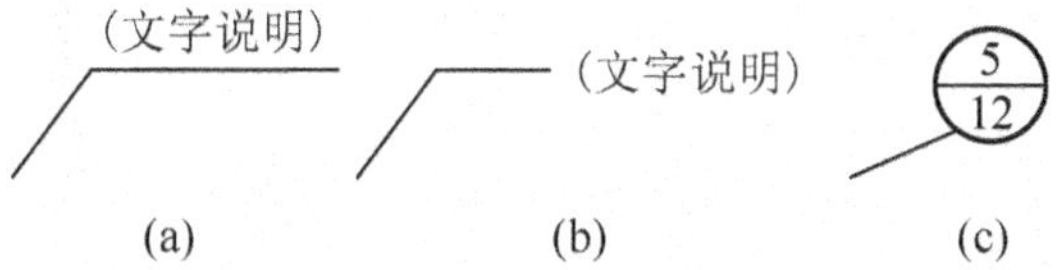

图 3.11 引出线

(2) 同时引出几个相同部分的引出线，宜互相平行(图 3.12(a))，也可画成集中于一点的放射线图 3.12(b)。

(3) 多层构造或多层管道共用引出线，应通过被引出的各层。文字说明宜注写在水平线的上方，或注写在水平线的端部，说明的顺序应由上至下，并应与被说明的层次相互一致；如层次为横向排序，则由上至下的说明顺序应与由左至右的层次相互一致，如图 3.13 所示。

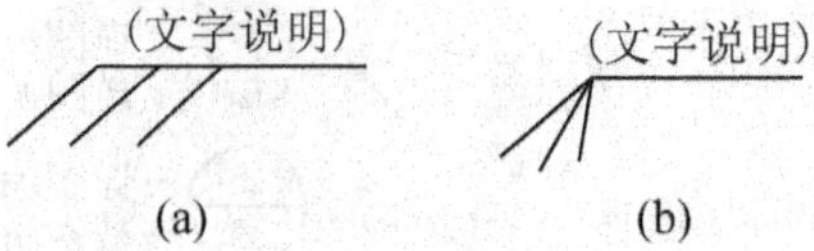

图 3.12 共用引出线

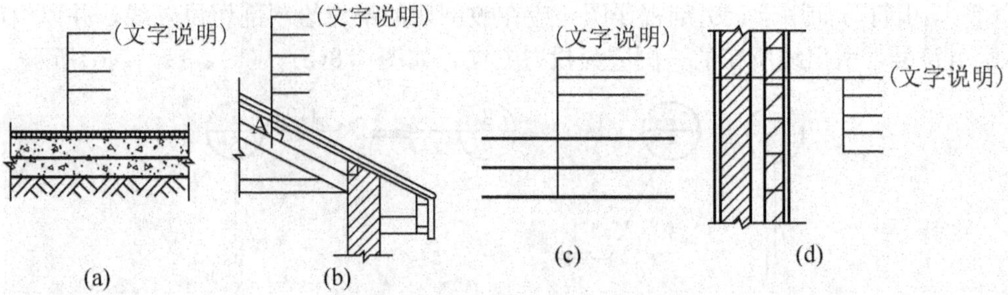

图 3.13 多层构造引出线

4. 其他符号

(1) 对称符号由对称线和两端的两对平行线组成。对称线用细点画线绘制；平行线用细实线绘制，其长度宜为 6～10mm，每对的间距宜为 2～3mm；对称线垂直平分于两对平行线，两端超出平行线宜为 2～3mm，如图 3.14(a)所示。

(2) 连接符号应以折断线表示需连接的部位。两部位相距过远时，折断线两端靠图样一侧应标注大写拉丁字母表示连接编号。两个被连接的图样必须用相同的字母编号，如图 3.14(b)所示。

(3) 指北针的形状宜如图 3.14(c)所示，其圆的直径宜为 24mm，用细实线绘制；指针尾部的宽度宜为 3mm，指针头部应注“北”或“N”字。需用较大直径绘制指北针时，指针尾部宽度宜为直径的 1/8。

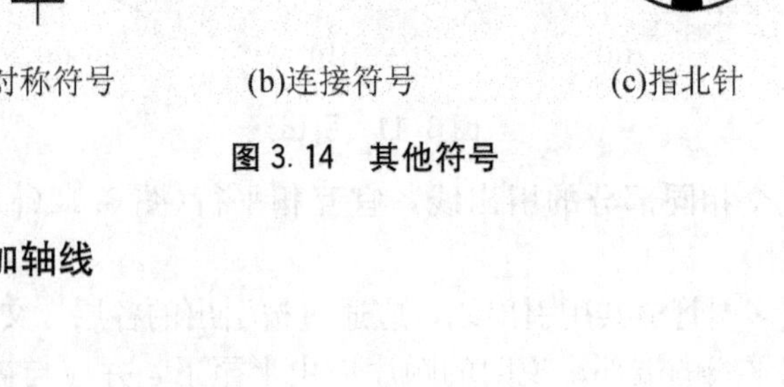

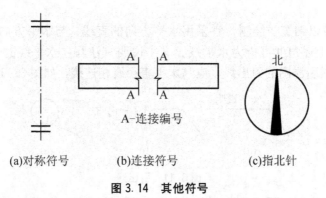

图 3.14 其他符号

3.1.6 定位轴线和附加轴线

1. 定位轴线

(1) 定位轴线应用细点画线绘制。

(2) 定位轴线一般应编号，编号应注写在轴线端部的圆内。圆应用细实线绘制，直径为 8～10mm。定位轴线圆的圆心，应在定位轴线的延长线上或延长线的折线上。

(3) 平面图上定位轴线的编号，宜标注在图样的下方与左侧。横向编号应用阿拉伯数字，从左至右顺序编写，竖向编号应用大写拉丁字母，从下至上顺序编写，如图 3.15 所示。

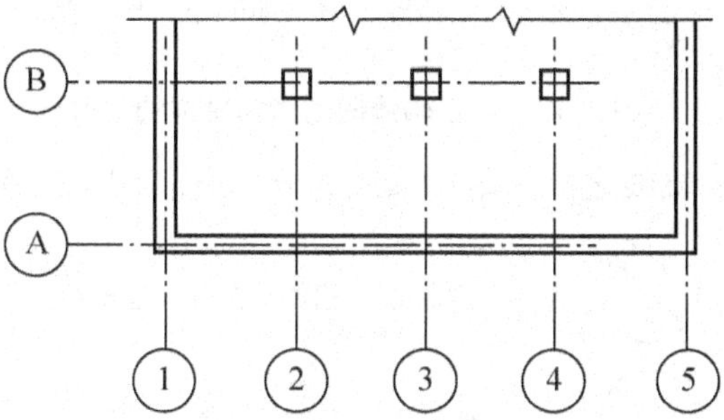

图 3.15　定位轴线的编号顺序

(4) 拉丁字母的 I、O、Z 不得用做轴线编号。如字母数量不够使用，可增用双字母或单字母加数字注脚，如 A_A、B_A、…、Y_A 或 A_1、B_1、…、Y_1。

(5) 组合较复杂的平面图中定位轴线也可采用分区编号，编号的注写形式应为“分区号——该分区编号”。分区号采用阿拉伯数字或大写拉丁字母表示，如图 3.16 所示。

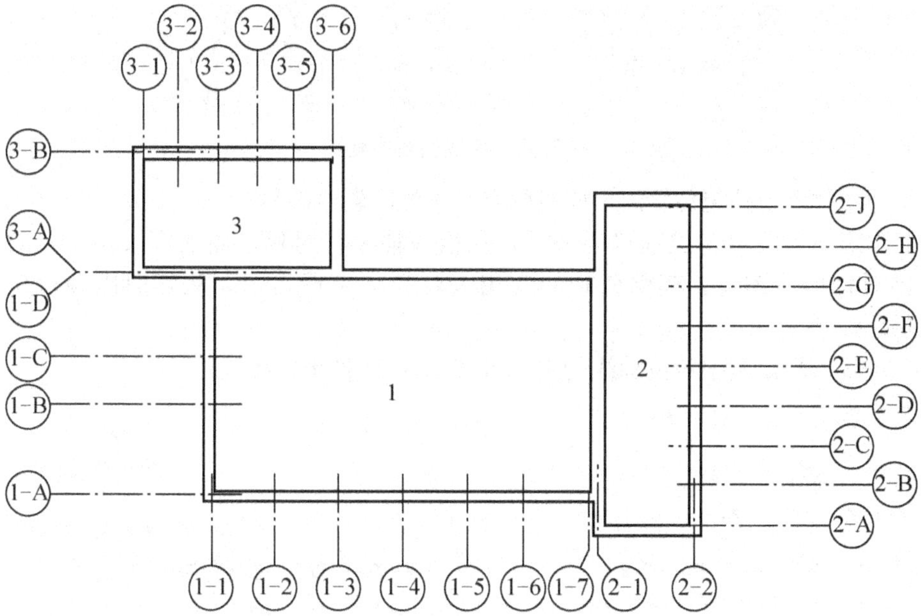

图 3.16　定位轴线的分区编号

2. 附加定位轴线

附加定位轴线的编号，应以分数形式表示，并应按下列规定编写。

(1) 两根轴线间的附加轴线，应以分母表示前一轴线的编号，分子表示附加轴线的编号，编号宜用阿拉伯数字顺序编写，如图 3.17 所示。

表示2号轴线之后附加的第一根轴线；
表示C号轴线之后附加的第三根轴线。

图 3.17 两根轴线间的附加轴线的编号

(2) 1 号轴线或 A 号轴线之前的附加轴线的分母应以 01 或 0A 表示，如图 3.18 所示。

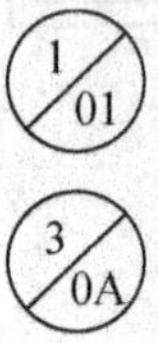
表示1号轴线之前附加的第一根轴线；
表示A号轴线之前附加的第三根轴线。

图 3.18 轴线之前的附加轴线的编号

(3) 一个详图适用于几根轴线时，应同时注明各有关轴线的编号，如图 3.19 所示。

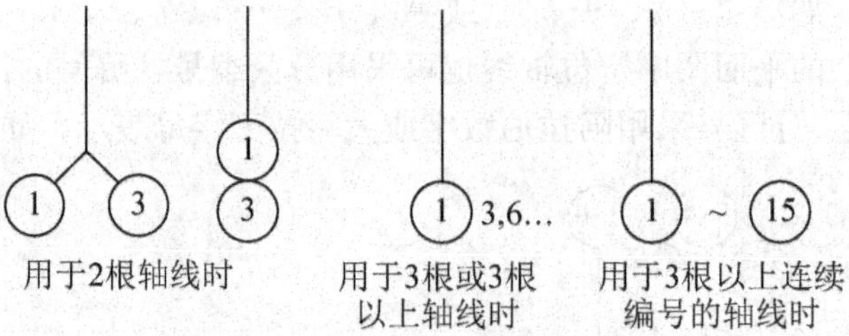

图 3.19 多根轴线的编号

(4) 通用详图中的定位轴线，应只画圆，不注写轴线编号。

(5) 圆形平面图中定位轴线的编号，其径向轴线宜用阿拉伯数字表示，从左下角开始，按逆时针顺序编写；其圆周轴线宜用大写拉丁字母表示，从外向内顺序编写，如图 3.20所示。

(6) 折线形平面图中定位轴线的编号可按图 3.21 的形式编写。

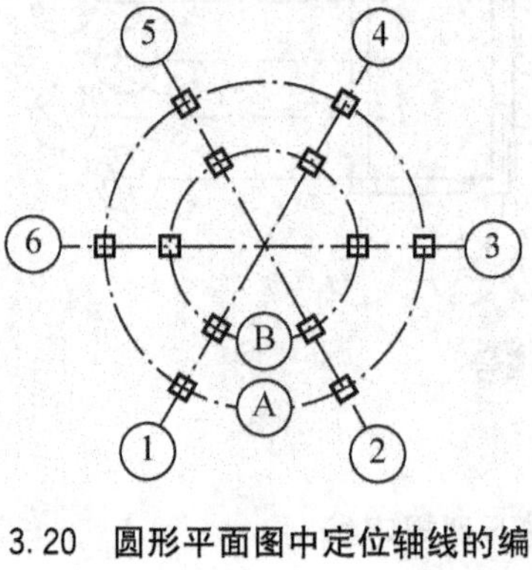

图 3.20 圆形平面图中定位轴线的编号

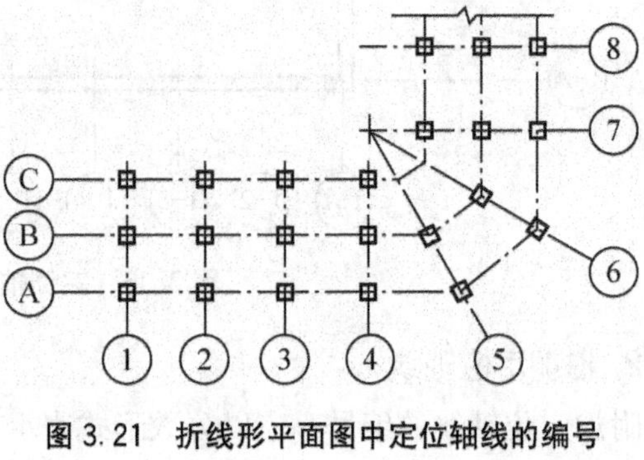

图 3.21 折线形平面图中定位轴线的编号

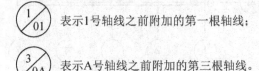

3.1.7 常用的材料图例

1. 一般规定

本标准只规定常用建筑材料的图例画法，对其尺度比例不作具体规定。使用时，应根据图样大小而定，并应注意下列事项。

(1) 图例线应间隔均匀，疏密适度，做到图例正确，表示清楚。

(2) 不同品种的同类材料使用同一图例时(如某些特定部位的石膏板必须注明是防水石膏板时)，应在图上附加必要的说明。

(3) 两个相同的图例相接时，图例线宜错开或使倾斜方向相反，如图 3.22 所示。

(4) 两个相邻的涂黑图例(如混凝土构件、金属件)间，应留有空隙。其宽度不得小于 0.7mm，如图 3.23 所示。

图 3.22 两个相同图例的连接

图 3.23 两个相邻的涂黑图例

2. 下列情况可不加图例，但应加文字说明

(1) 一张图纸内的图样只用一种图例时。

(2) 图形较小无法画出建筑材料图例时。

(3) 需画出的建筑材料图例面积过大时，可在断面轮廓线内，沿轮廓线作局部表示，如图 3.24 所示。

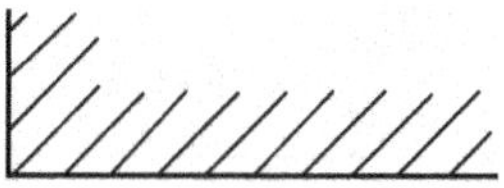

图 3.24 图例面积过大时的表示方法

(4) 当选用本标准中未包括的建筑材料时，可自编图例。但不得与国家标准中所列的图例重复。绘制时，应在适当位置画出该材料图例，并加以说明。

3. 常用建筑材料图例

(1) 常用建筑材料应按表 3-9 所示图例画法绘制。

表 3-9 常用建筑材料图例

序号	名称	图例	备注
1	自然土壤		包括各种自然土壤
2	夯实土壤		
3	砂、灰土	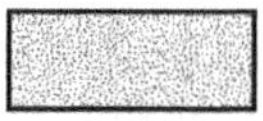	靠近轮廓线绘较密的点
4	砂砾石、碎砖三合土	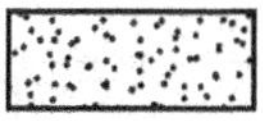	
5	石材	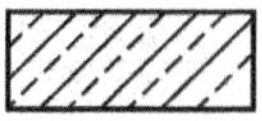	
6	毛石		

续表

序　号	名　称	图　　例	备　　注
7	普通砖	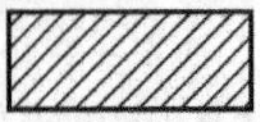	包括实心砖、多孔砖、砌块等砌体。断面较窄不易绘出图例线时，可涂红
8	耐火砖	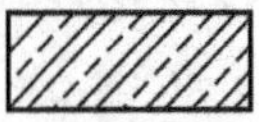	包括耐酸砖等砌体
9	空心砖		指非承重砖砌体
10	饰面砖		包括铺地砖、马赛克、陶瓷锦砖、人造大理石等
11	焦渣、矿渣	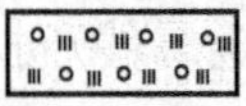	包括与水泥、石灰等混合而成的材料
12	混凝土	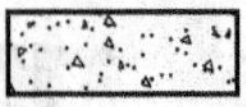	(1) 本图例指能承重的混凝土及钢筋混凝土 (2) 包括各种强度等级、骨料、添加剂的混凝土 (3) 在剖面图上画出钢筋时，不画图例线 (4) 断面图形小，不易画出图例线时，可涂黑
13	钢筋混凝土	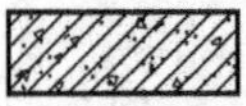	
14	多孔材料		包括水泥珍珠岩、沥青珍珠岩、泡沫混凝土、非承重加气混凝土、软木、蛭石制品等
15	纤维材料	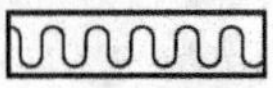	包括矿棉、岩棉、玻璃棉、麻丝、木丝板、纤维板等
16	泡沫塑料材料	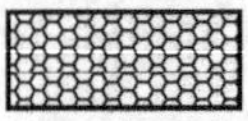	包括聚苯乙烯、聚乙烯、聚氨酯等多孔聚合物类材料
17	木材		(1) 上图为横断面，上左图为垫木、木砖或木龙骨 (2) 下图为纵断面
18	胶合板	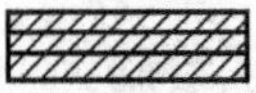	应注明××层胶合板
19	石膏板	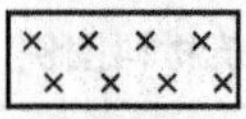	包括圆孔、方孔石膏板、防水石膏板等
20	金属		(1) 包括各种金属 (2) 图形小时，可涂黑
21	网状材料		(1) 包括金属、塑料网状材料 (2) 应注明具体材料名称
22	液体	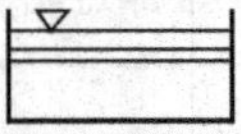	应注明具体液体名称
23	玻璃		包括平板玻璃、磨砂玻璃、夹丝玻璃、钢化玻璃、中空玻璃、加层玻璃、镀膜玻璃等
24	橡胶		

续表

序号	名称	图例	备注
25	塑料		包括各种软、硬塑料及有机玻璃等
26	防水材料		构造层次多或比例大时，采用上面图例
27	粉刷		本图例采用较稀的点

注：序号1、2、5、7、8、13、14、16、17、18、22、23图例中的斜线、短斜线、交叉斜线等一律为45°。

3.2 图样画法

3.2.1 投影法

(1) 房屋建筑的视图，应按正投影法并用第一角画法绘制。自前方A投影称为正立面图，自上方B投影称为平面图，自左方C投影称为左侧立面图，自右方D投影称为右侧立面图，自下方E投影称为底面图，自后方F投影称为背立面图，如图3.25所示。

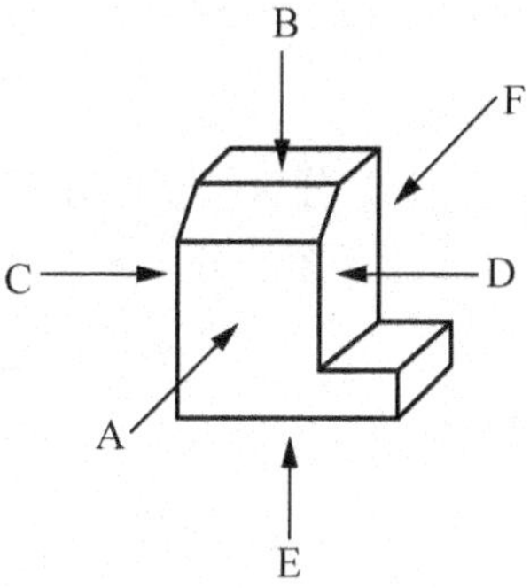

图3.25 第一角画法

(2) 当视图用第一角画法绘制不易表达时，可用镜像投影法绘制。但应在图名后注写“镜像”二字，或画出镜像投影识别符号，如图3.26所示。

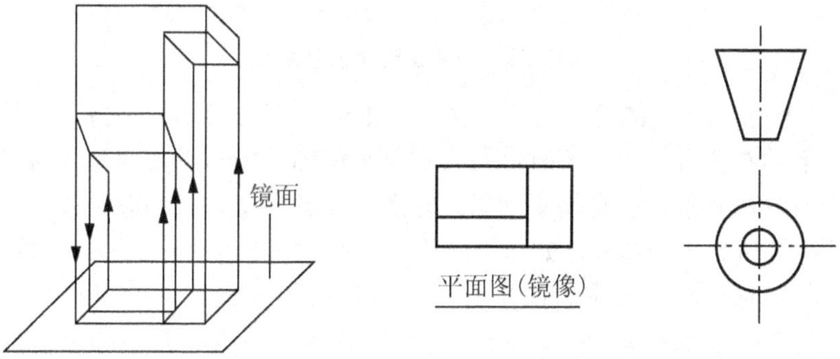

图3.26 镜像投影法

3.2.2 视图配置

(1) 如在同一张图纸上绘制若干个视图时，各视图的位置宜按图3.27的顺序进行配置。

(2) 每个视图一般均应标注图名。图名宜标注在视图的下方或一侧，并在图名下用粗实线绘一条横线，其长度应以图名所占长度为准(图 3.27)。使用详图符号作图名时，符号下不再画线。

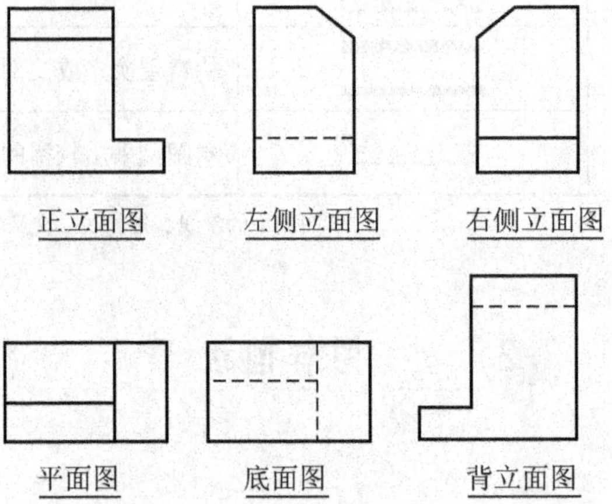

图 3.27　视图配置

(3) 分区绘制的建筑平面图，应绘制组合示意图，指出该区在建筑平面图中的位置。各分区视图的分区部位及编号均应一致，并应与组合示意图一致，如图 3.28 所示。

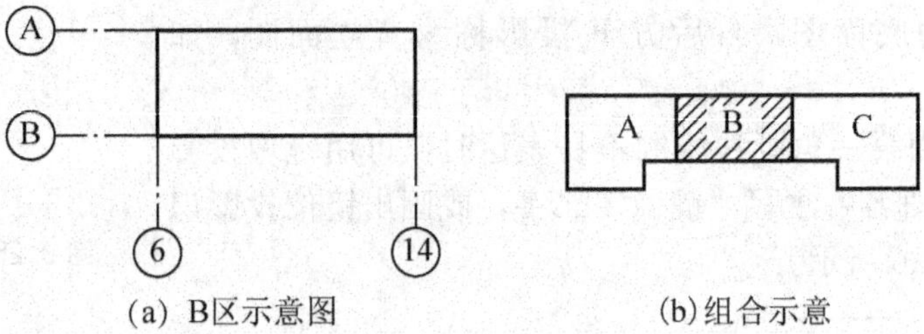

图 3.28　分区绘制建筑平面图

(4) 同一工程不同专业的总平面图，在图纸上的布图方向均应一致；单体建(构)筑物平面图在图纸上的布图方向，必要时可与其在总平面图上的布图方向不一致，但必须标明方位；不同专业的单体建(构)筑物平面图，在图纸上的布图方向均应一致。

(5) 建(构)筑物的某些部分，如与投影面不平行(如圆形、折线形、曲线形等)，在画立面图时，可将该部分展至与投影面平行，再以正投影法绘制，并应在图名后注写“展开”字样。

3.2.3　剖面图和断面图

(1) 剖面图除应画出剖切面切到部分的图形外，还应画出沿投射方向看到的部分，被剖切面切到部分的轮廓线用粗实线绘制，剖切面没有切到、但沿投射方向可以看到的部分，用中实线绘制；断面图则只需(用粗实线)画出剖切面切到部分的图形，如图 3.29 所示。

(2) 剖面图和断面图应按下列方法剖切后绘制。

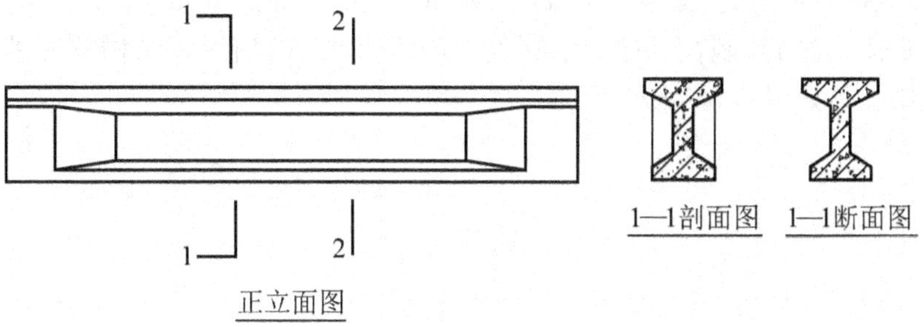

图 3.29 剖面图和断面图的区别

① 用 1 个剖切面剖切，如图 2.30(a)所示。

② 用 2 个或 2 个以上平行的剖切面剖切，如图 2.30(b)所示。

③ 用 2 个相交的剖切面剖切，如图 2.30(c)所示。用此法剖切时，应在图名后注明“展开”字样。

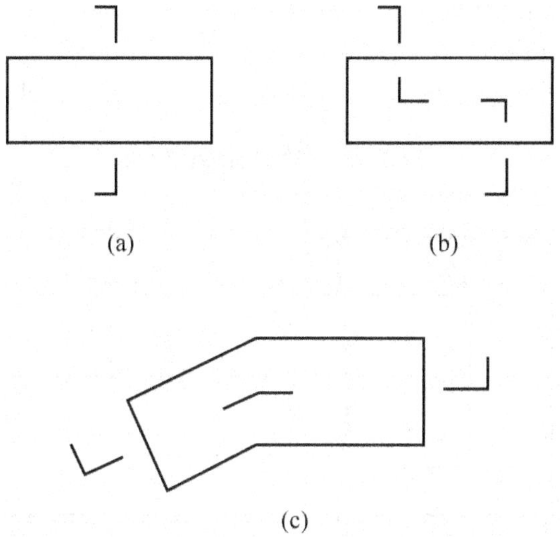

图 3.30 剖面图和断面图绘制

(3) 分层剖切的剖面图，应按层次以波浪线将各层隔开，波浪线不应与任何图线重合，如图 3.31 所示。

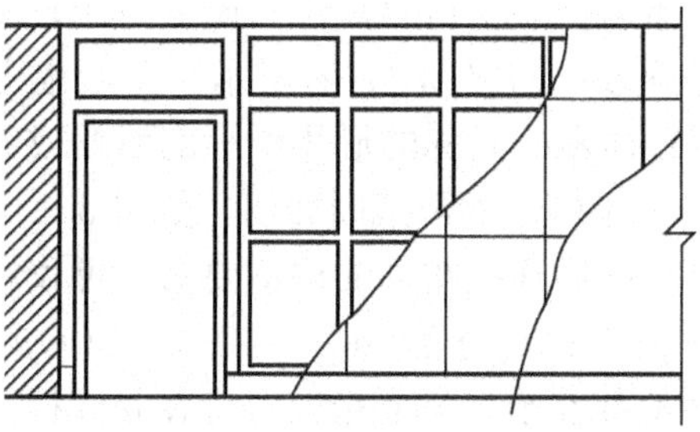

图 3.31 分层剖切的剖切形式

(4) 杆件的断面图可绘制在靠近杆件的一侧或端部处并按顺序依次排列，如图 3.32(a)所示，也可绘制在杆件的中断处，如图 3.32(b)所示；结构梁板的断面图可画在结构布置图上，如图 3.33 所示。

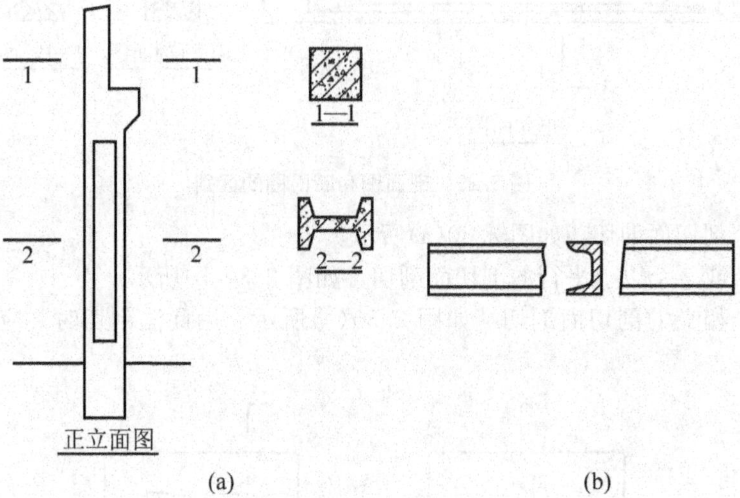

图 3.32　杆件断面图的绘制

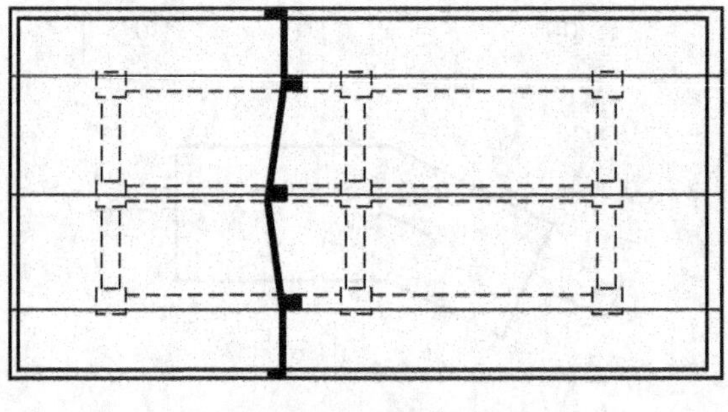

图 3.33　结构梁板断面图的绘制

3.2.4　简化画法

(1) 构配件的视图有一条对称线，可只画该视图的一半；视图有两条对称线，可只画该视图的 1/4，并画出对称符号，如图 3.34(a)所示。图形也可稍超出其对称线，此时可不画对称符号，如图 3.34(b)所示。对称的形体须画剖面图或断面图时，可以对称符号为界，一半画视图(外形图)，一半画剖面图或断面图，如图 3.34(c)所示。

(2) 构配件内多个完全相同而连续排列的构造要素，可仅在两端或适当位置画出其完整形状，其余部分以中心线或中心线交点表示，如图 3.35(a)所示。

如相同构造要素少于中心线交点，则其余部分应在相同构造要素位置的中心线交点处用小圆点表示，如图 3.35(b)所示。

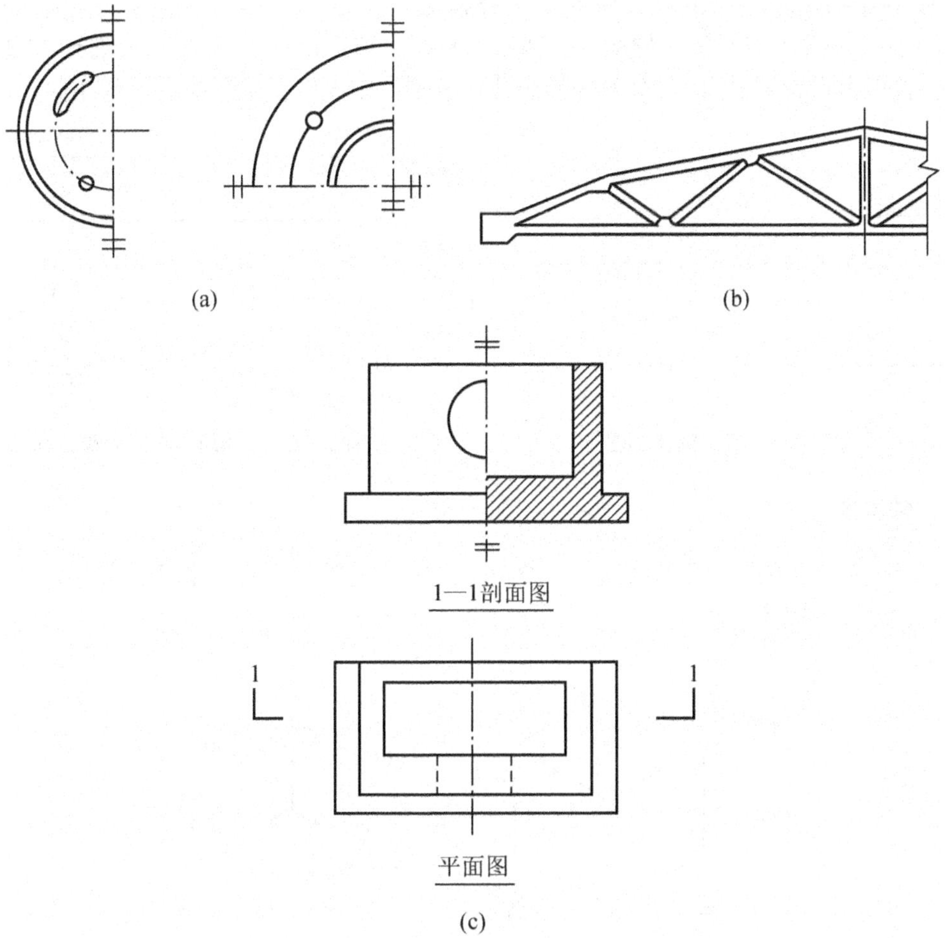

图 3.34 对称要素简化画法

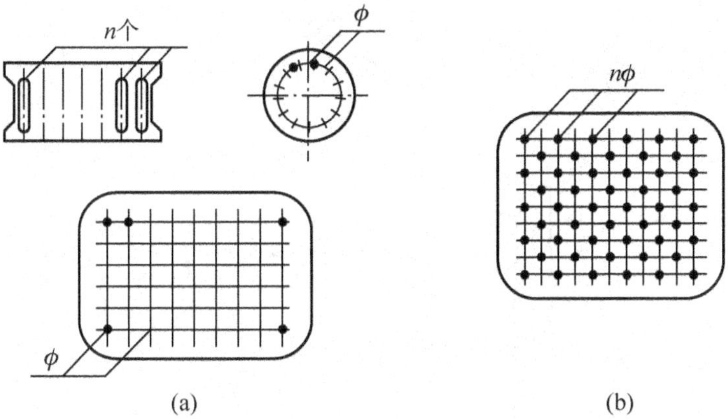

图 3.35 相同要素简化画法

(3) 较长的构件，如沿长度方向的形状相同或按一定规律变化，可断开省略绘制，断开处应以折断线表示，如图 3.36 所示。

(4) 一个构配件，如绘制位置不够，可分成几个部分绘制，并应以连接符号表示相连。

(5) 一个构配件如与另一构配件仅部分不相同，该构配件可只画不同部分，但应在两个构配件的相同部分与不同部分的分界线处，分别绘制连接符号，如图 3.37 所示。

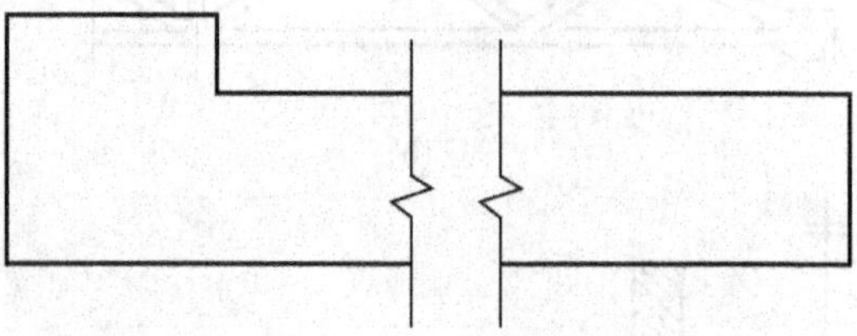

图 3.36　折断简化画法

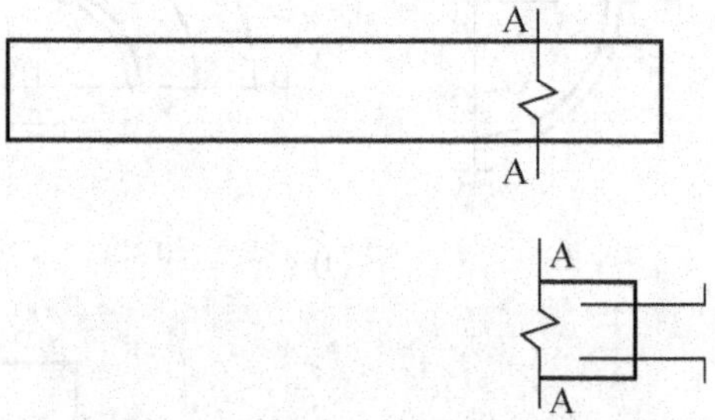

图 3.37　构件局部不同的简化画法

3.2.5　轴测图

房屋建筑的轴测图，宜采用以下 4 种轴测投影并用简化的轴向伸缩系数绘制。

(1) 正等测(图 3.38)。

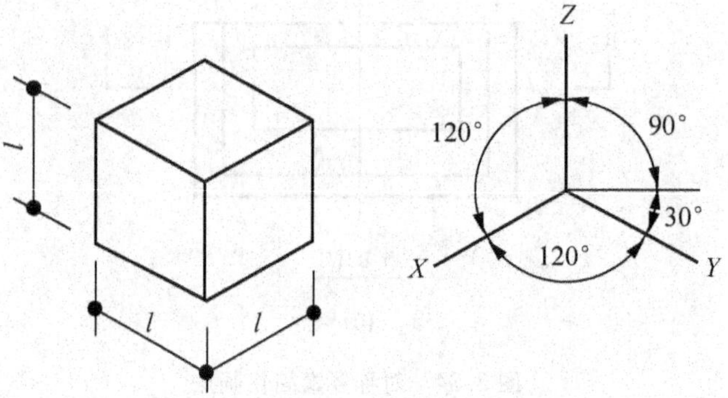

$p=q=r=1$

图 3.38　正等测

(2) 正二测(图 3.39)。

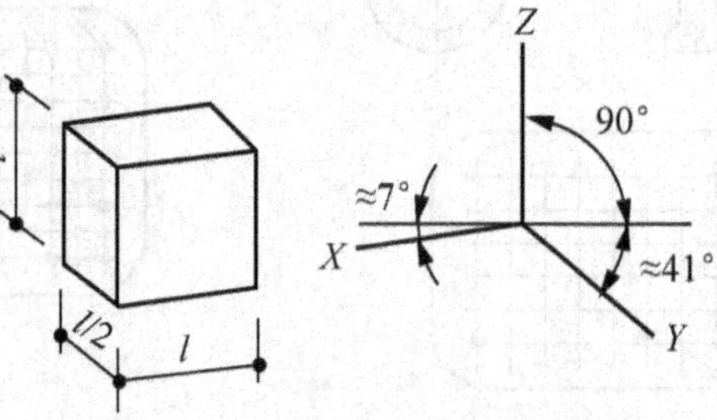

$p=q=r=1$　　$q=1/2$

图 3.39　正二测

(3) 正面斜等测和正面斜二测(图 3.40)。

(4) 水平斜等测和水平斜二测(图 3.41)。

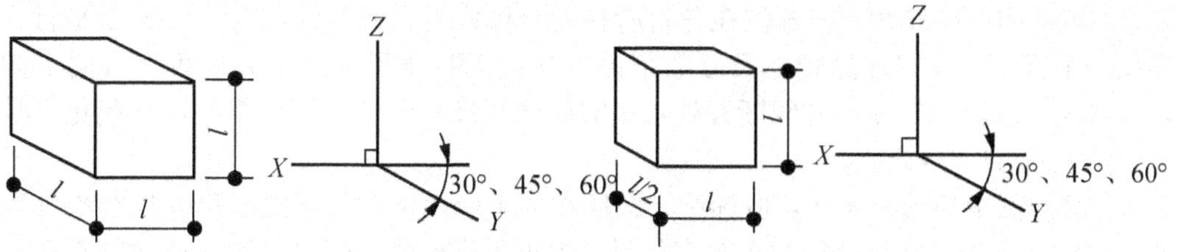

正面斜等测$p=q=r=1$　　正面斜二测$p=r=1$ $q=1/2$

图 3.40　正面斜等测和正面斜二测

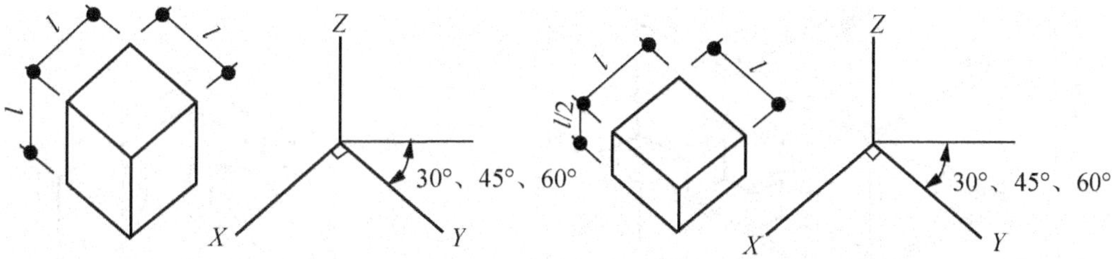

平斜等测$p=q=r=1$　　水平斜二测$p=q=1$ $r=1/2$

图 3.41　水平斜等测和水平斜二测

轴测图的可见轮廓线宜用中实线绘制，断面轮廓线宜用粗实线绘制。不可见轮廓线一般不绘出，必要时，可用细虚线绘出所需部分。

（5）轴测图的断面上应画出其材料图例线，图例线应按其断面所在坐标面的轴测方向绘制。如以45°斜线为材料图例线时，应按图 3.42 的规定绘制。

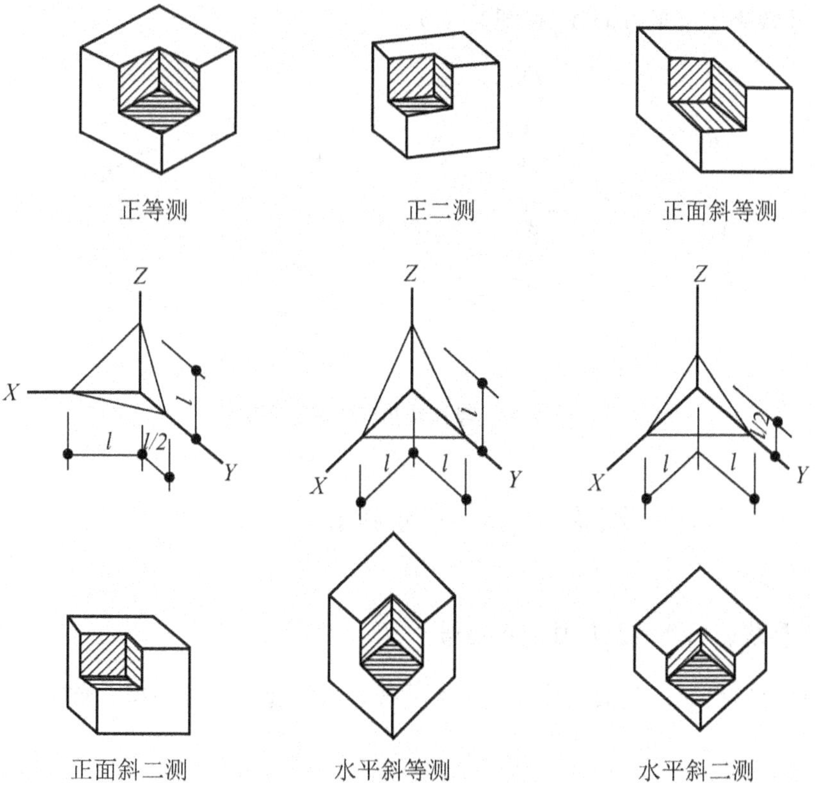

图 3.42　轴测图断面图例线画法

(6) 轴测图线性尺寸，应标注在各自所在的坐标面内，尺寸线应与被注长度平行，尺寸界线应平行于相应的轴测轴，尺寸数字的方向应平行于尺寸线，如出现字头向下倾斜时，应将尺寸线断开，在尺寸线断开处水平方向注写尺寸数字。轴测图的尺寸起止符号宜用小圆点表示(图 3.43)。

(7) 轴测图中的圆径尺寸，应标注在圆所在的坐标面内；尺寸线与尺寸界线应分别平行于各自的轴测轴。圆弧半径和小圆直径尺寸也可引出标注，但尺寸数字应注写在平行于轴测轴的引出线上(图 3.44)。

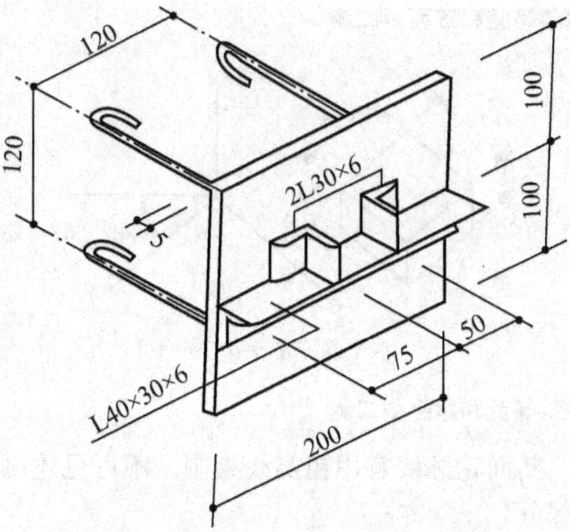

图 3.43 轴测图线性尺寸的标注方法

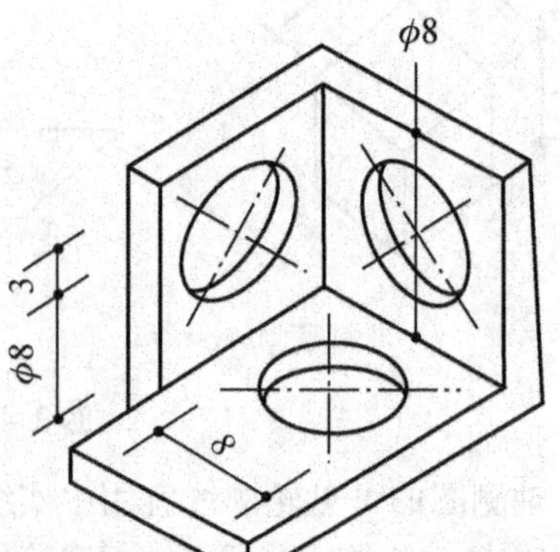

图 3.44 轴测与圆直径标注方法

(8) 轴测图的角度尺寸，应标注在该角所在的坐标面内，尺寸线应画成相应的椭圆弧或圆弧。尺寸数字应水平方向注写(图 3.45)。

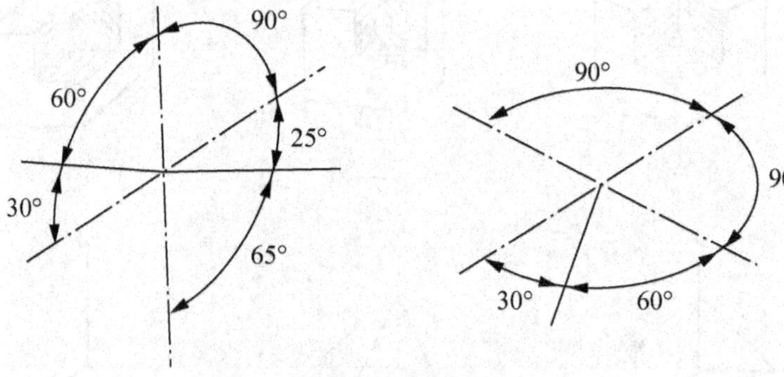

图 3.45 轴测图角度的标注方法

3.3 尺寸标注

3.3.1 尺寸界线、尺寸线及尺寸起止符号

(1) 图样上的尺寸，包括尺寸界线、尺寸线、尺寸起止符号和尺寸数字(图 3.46)。

(2) 尺寸界线应用细实线绘制，一般应与被注长度垂直，其一端应离开图样轮廓线不小于 2mm，另一端宜超出尺寸线 2～3mm。图样轮廓线可用作尺寸界线(图 3.47)。

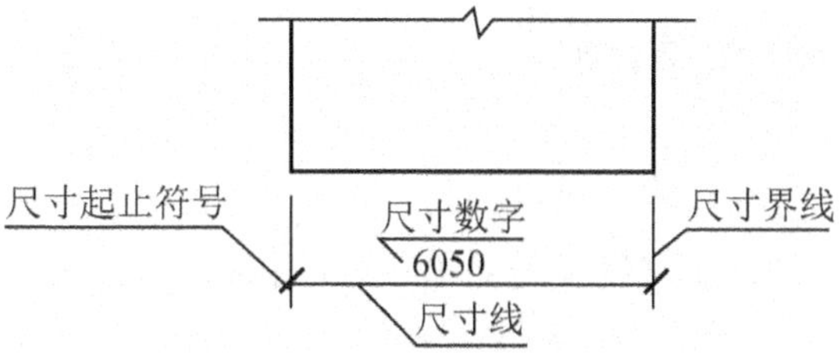

图 3.46 尺寸的组成

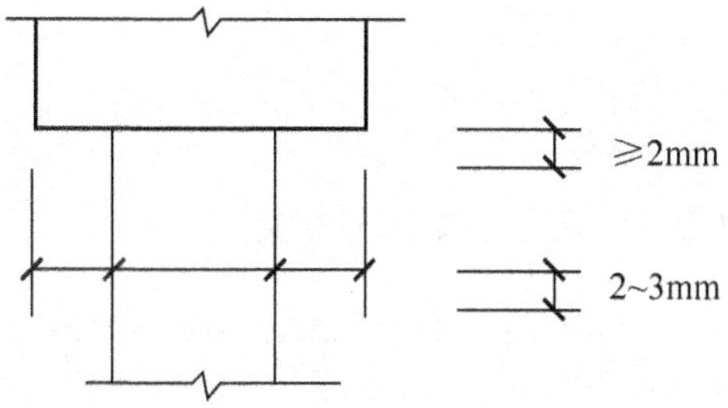

图 3.47 尺寸界线

(3) 尺寸线应用细实线绘制，应与被注长度平行。图样本身的任何图线均不得用作尺寸线。

(4) 尺寸起止符号一般用中粗斜短线绘制，其倾斜方向应与尺寸界线成顺时针 45°角，长度宜为 2～3mm。半径、直径、角度与弧长的尺寸起止符号，宜用箭头表示(图 3.48)。

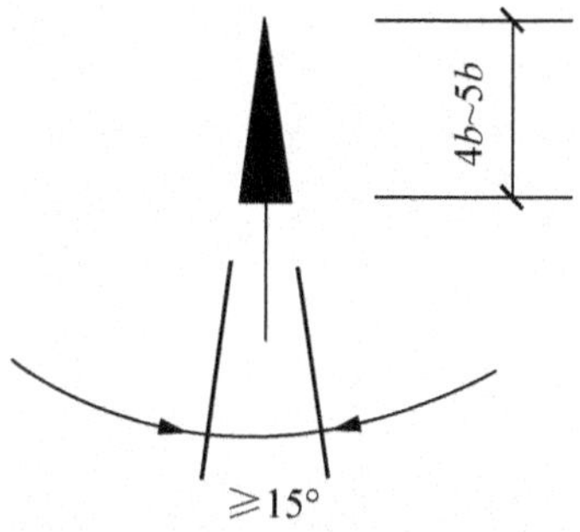

图 3.48 箭头尺寸起止符号

3.3.2 尺寸数字

(1) 图样上的尺寸，应以尺寸数字为准，不得从图上直接量取。

(2) 图样上的尺寸单位，除标高及总平面以米为单位外，其他必须以毫米为单位。

(3) 尺寸数字的方向，应按图 3.46 的规定注写。若尺寸数字在 30°斜线区内，宜按图 3.49的形式注写。

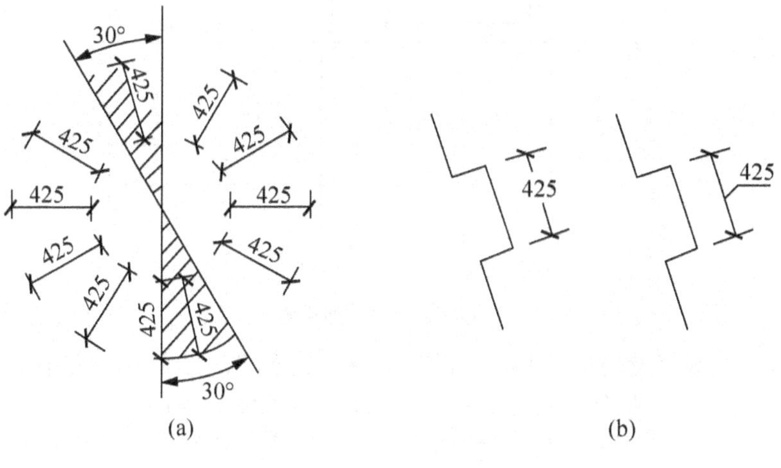

图 3.49 尺寸数字的注写方向

(4) 尺寸数字一般应依据其方向注写在靠近尺寸线的上方中部。如没有足够的注写位置，最外边的尺寸数字可注写在尺寸界线的外侧，中间相邻的尺寸数字可错开注写(图 3.50)。

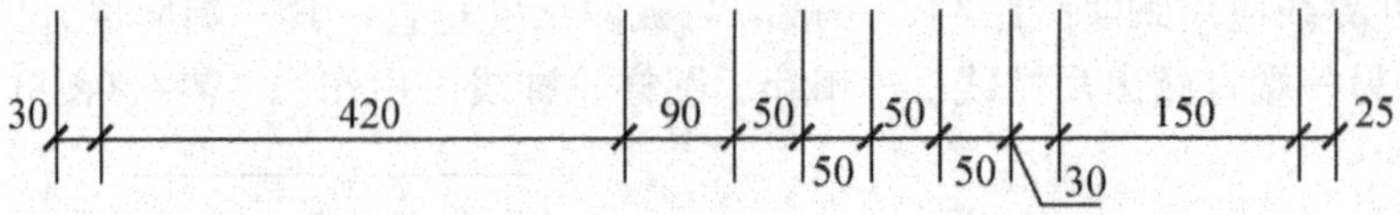

图 3.50 尺寸数字的注写位置

3.3.3 尺寸的排列与布置

(1) 尺寸宜标注在图样轮廓以外，不宜与图线、文字及符号等相交(图 3.51)。

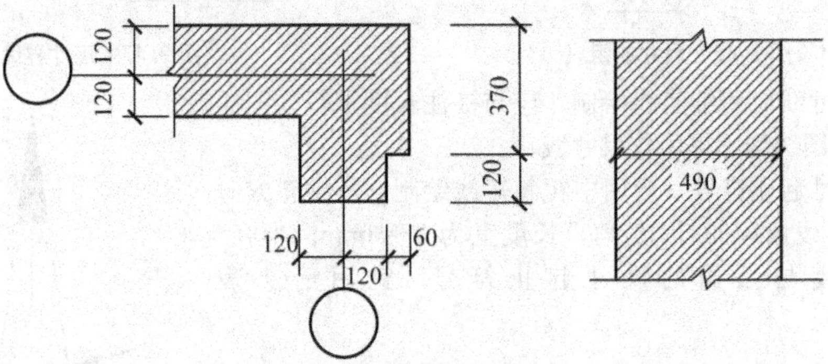

图 3.51 尺寸数字的注写

(2) 互相平行的尺寸线，应从被注写的图样轮廓线由近向远整齐排列，较小尺寸应离轮廓线较近，较大尺寸应离轮廓线较远(图 3.52)。

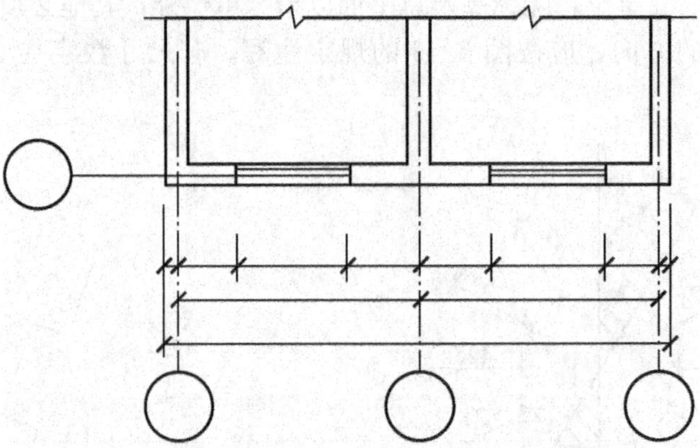

图 3.52 尺寸的排列

(3) 图样轮廓线以外的尺寸界线，距图样最外轮廓之间的距离不宜小于 10mm。平行排列的尺寸线的间距，宜为 7～10mm，并应保持一致(图 3.52)。

(4) 总尺寸的尺寸界线应靠近所指部位，中间的分尺寸的尺寸界线可稍短，但其长度应相等(图 3.52)。

3.3.4 半径、直径、球的尺寸标注

(1) 半径的尺寸线应一端从圆心开始，另一端画箭头指向圆弧。半径数字前应加注半径符号“*R*”(图 3.53)。

(2) 小圆弧的半径，可按图 3.54 形式标注。

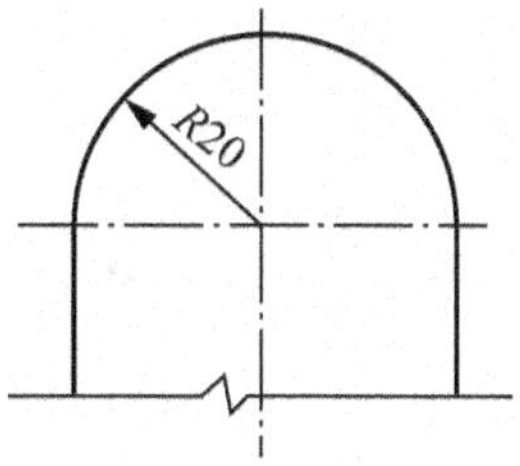

图 3.53 半径的标注方法

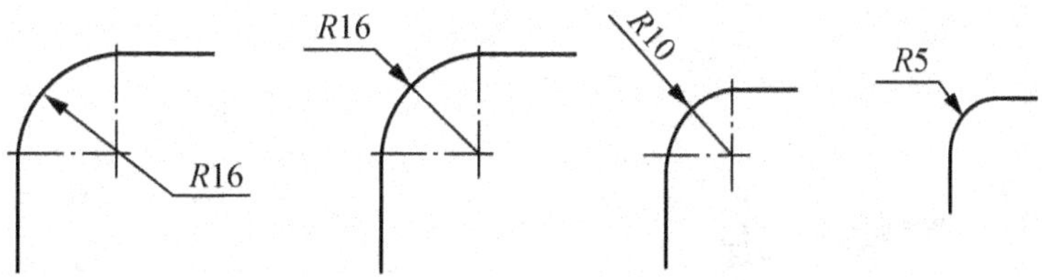

图 3.54 小圆弧半径的标注方法

(3) 大圆弧的半径，可按图 3.55 形式标注。

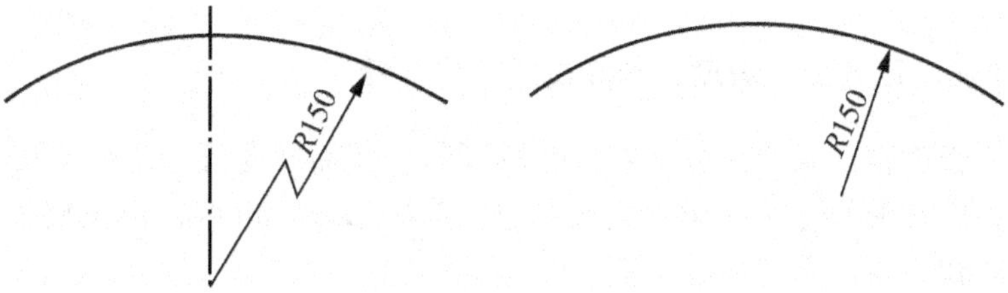

图 3.55 大圆弧半径的标注方法

(4) 标注圆的直径尺寸时，直径数字前应加直径符号“ϕ”。在圆内标注的尺寸线应通过圆心，两端画箭头指至圆弧(图 3.56)。

(5)圆的直径尺寸，可标注在圆外(图 3.57)。

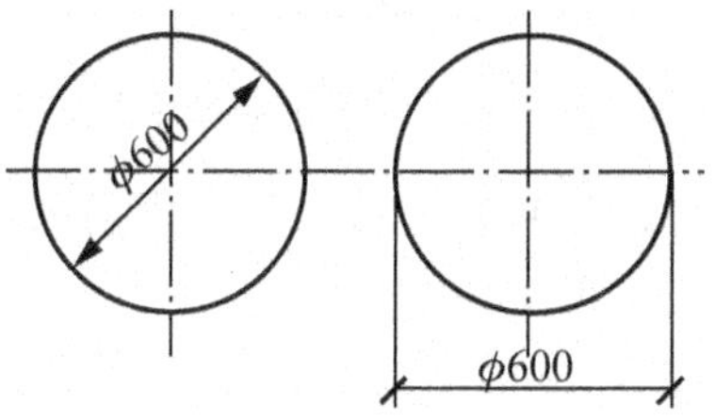

图 3.56 直径的标注方法(1)

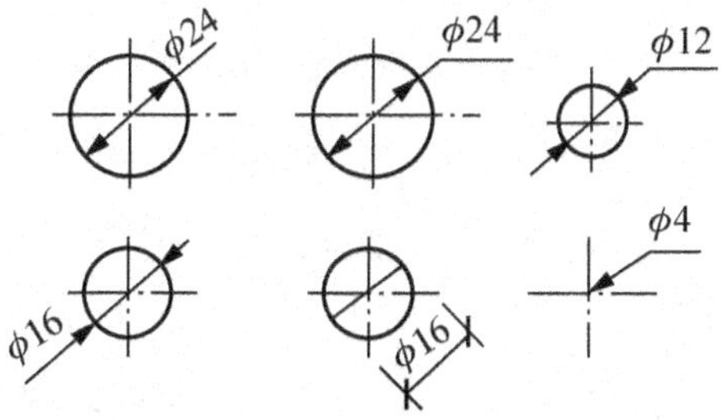

图 2.57 直径的标注方法(2)

(6) 标注球的半径尺寸时，应在尺寸前加注符号“*SR*”。标注球的直径尺寸时，应在尺寸数字前加注符号“*S*ϕ”。注写方法与圆弧半径和圆直径的尺寸标注方法相同。

3.3.5 角度、弧度、弧长的尺寸标注

(1) 角度的尺寸线应以圆弧表示。该圆弧的圆心应是该角的顶点，角的两条边为尺寸界线。起止符号应以箭头表示，如没有足够位置画箭头，可用圆点代替，角度数字应按水

平方向注写(图 3.58)。

(2) 标注圆弧的弧长时，尺寸线应以与该圆弧同心的圆弧线表示，尺寸界线应垂直于该圆弧的弦，起止符号用箭头表示，弧长数字上方应加注圆弧符号“⌒”(图 3.59)。

(3) 标注圆弧的弦长时，尺寸线应以平行于该弦的直线表示，尺寸界线应垂直于该弦，起止符号用中粗斜短线表示(图 3.60)。

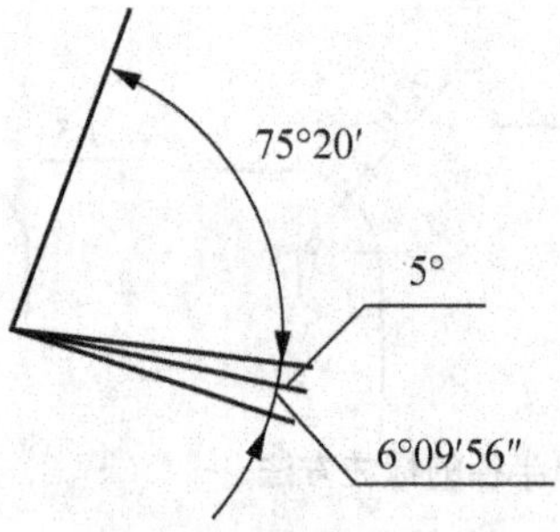

图 3.58　角度的标注方法

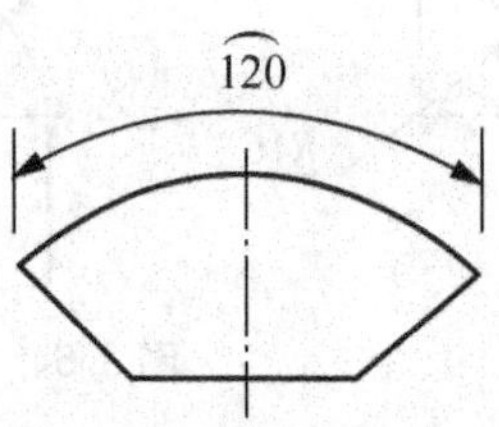

图 3.59　圆弧的标注方法

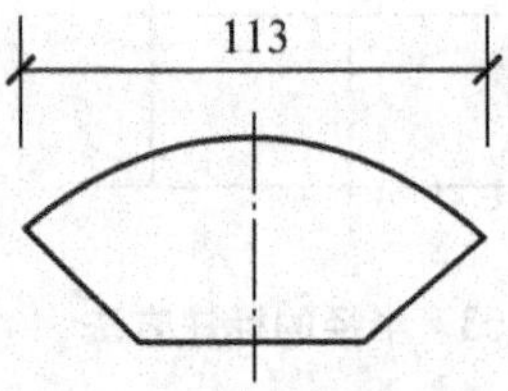

图 3.60　弦长的标注方法

3.3.6　薄板厚度、正方形、坡度、非圆曲线等尺寸标注

(1) 在薄板板面标注板厚尺寸时，应在厚度数字前加厚度符号“*t*”(图 3.61)。

(2) 标注正方形的尺寸，可用“边长×边长”的形式，也可在边长数字前加正方形符号“□”(图 3.62)。

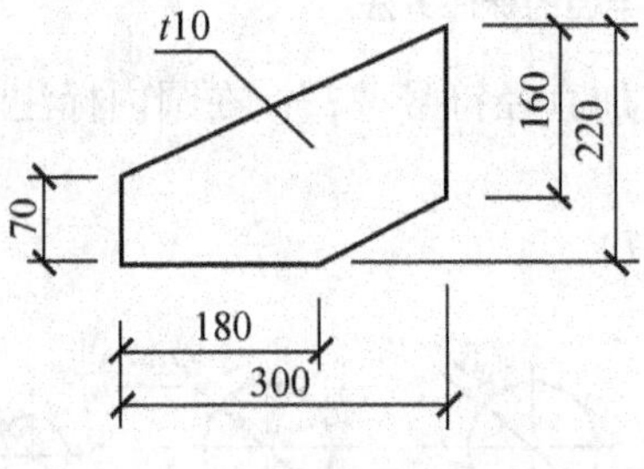

图 3.61　薄板的标注方法

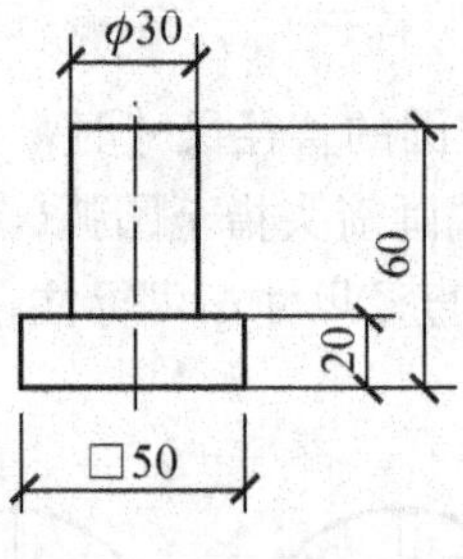

图 3.62　正方形的标注方法

(3) 标注坡度时，应加注坡度符号（图 3.63(a)、(b)），该符号为单面箭头，箭头应指向下坡方向。坡度也可用直角三角形形式标注（图 3.63(c)）。

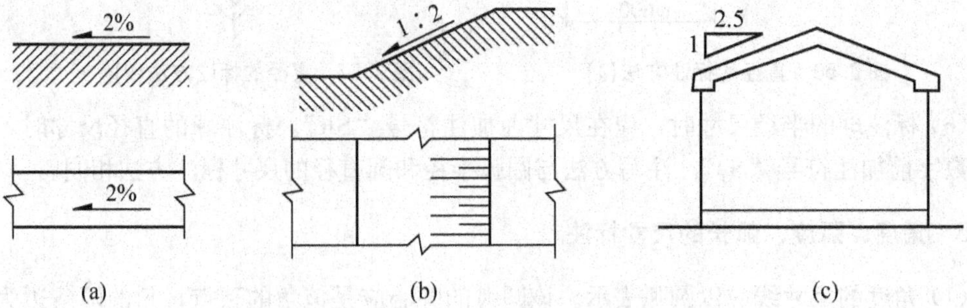

(a)　(b)　(c)

图 3.63　坡度的标注方法

(4) 外形为非圆曲线的构件，可用坐标形式标注尺寸(图 3.64)。

(5) 复杂的图形，可用网格形式标注尺寸(图 3.65)。

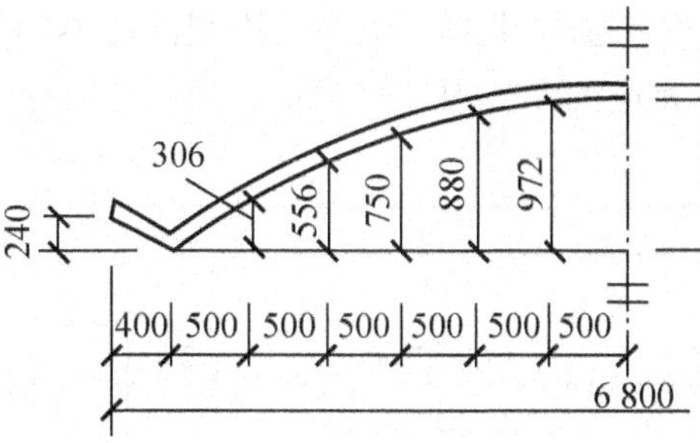

图 3.64 非圆曲线构件的标注方法

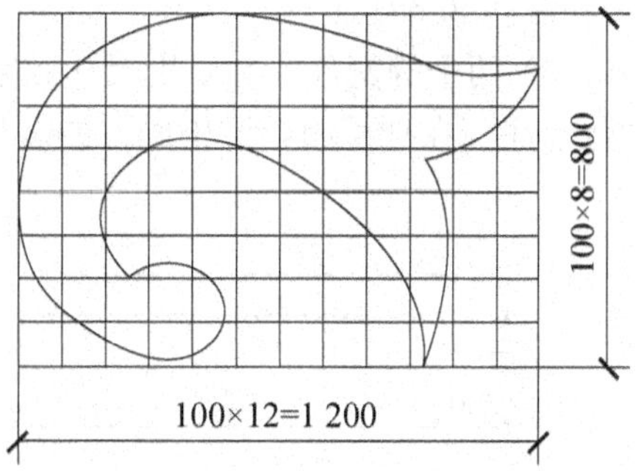

图 3.65 复杂图形的标注方法

3.3.7 尺寸的简化标注

(1) 杆件或管线的长度，在单线图(桁架简图、钢筋简图、管线简图)上，可直接将尺寸数字沿杆件或管线的一侧注写(图 3.66)。

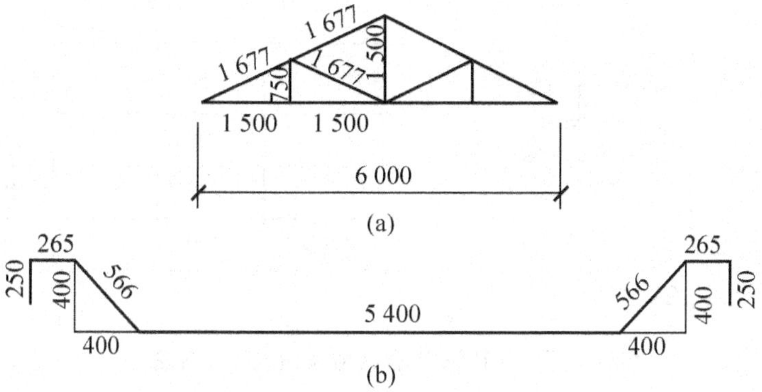

图 3.66 单线图尺寸标注方法

(2) 连续排列的等长尺寸，可用“个数×等长尺寸=总长”的形式标注(图 3.67)。

(3) 构配件内的构造因素(如孔、槽等)如相同，可仅标注其中一个要素的尺寸(图 3.68)。

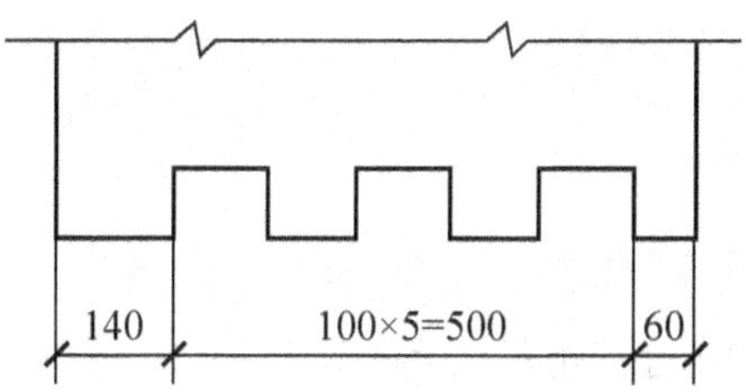

图 3.67 等长尺寸简化标注方法

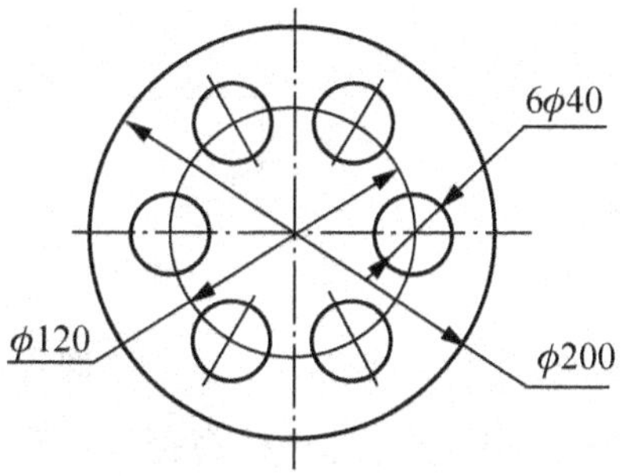

图 3.68 相同要素尺寸标注方法

(4) 对称构配件采用对称省略画法时，该对称构配件的尺寸线应略超过对称符号，仅在尺寸线的一端画尺寸起止符号，尺寸数字应按整体全尺寸注写，其注写位置宜与对称符号对齐(图 3.69)。

(5) 两个构配件，如个别尺寸数字不同，可在同一图样中将其中一个构配件的不同尺寸数字注写在括号内，该构配件的名称也应注写在相应的括号内(图 3.70)。

图 3.69 对称构件尺寸标注方法

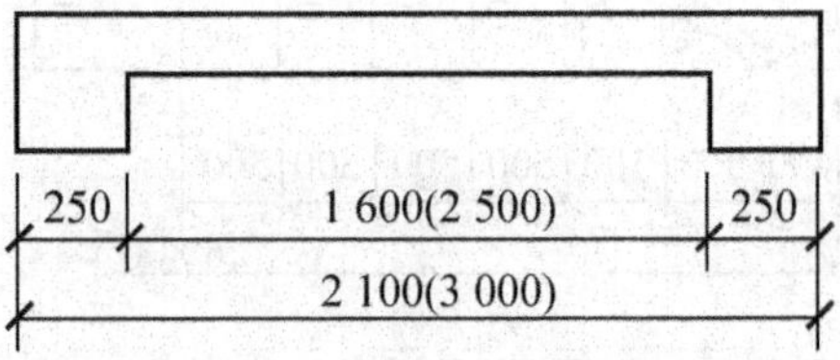

图 3.70 相似构件要素的标注方法

(6) 数个构配件，如仅某些尺寸不同，这些有变化的尺寸数字，可用拉丁字母注写在同一图样中，另列表格写明其具体尺寸(图 3.71)。

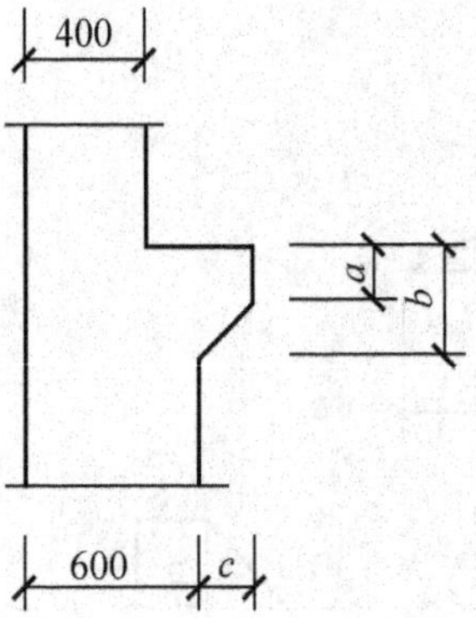

构件编号	*a*	*b*	*c*
Z—1	200	200	200
Z—2	250	450	200
Z—3	200	450	250

图 3.71 相似构配件尺寸表格式标注方法

3.3.8 标高

(1) 标高符号应以直角等腰三角形表示，按图 3.72(a)所示形式用细实线绘制，如标注位置不够，也可按图 3.72(b)所示形式绘制。标高符号的具体画法如图 3.72(c)、(d)所示。

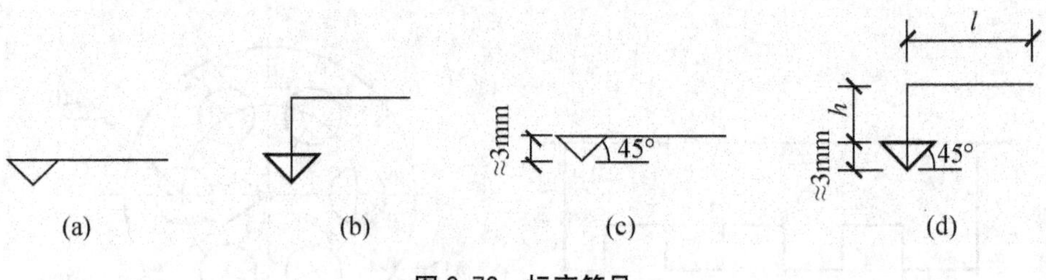

图 3.72 标高符号

(2) 总平面图室外地坪标高符号，宜用涂黑的三角形表示(图 3.73(a))，具体画法如图 3.73(b)所示。

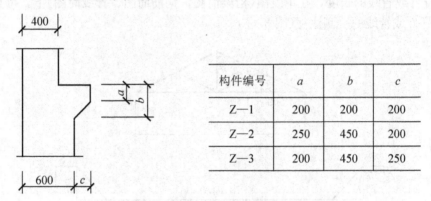

(3) 标高符号的尖端应指至被注高度的位置。尖端一般应向下，也可向上。标高数字应注写在标高符号的左侧或右侧(图 3.74)。

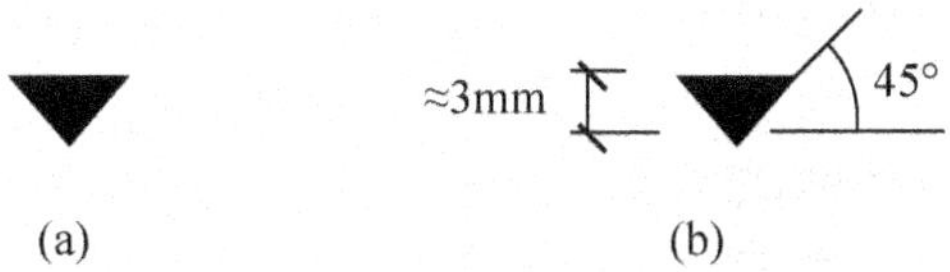

图 3.73　总平面图室外标高符号

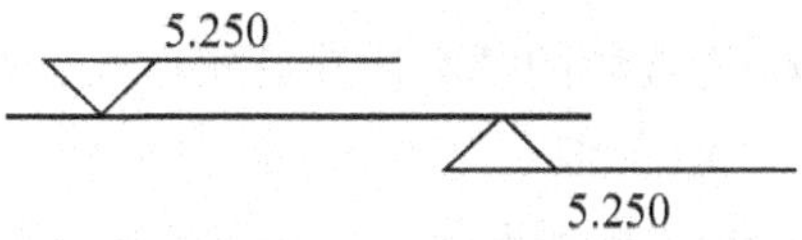

图 3.74　标高的指向

(4) 标高数字应以 m 为单位，注写到小数点以后第三位。在总平面图中，可注写到小数字点以后第二位。

(5) 零点标高应注写成±0.000，正数标高不注“+”，负数标高应注“－”，如 3.000、－0.600。

(6) 在图样的同一位置需表示几个不同标高时，标高数字可按图 3.75 的形式注写。

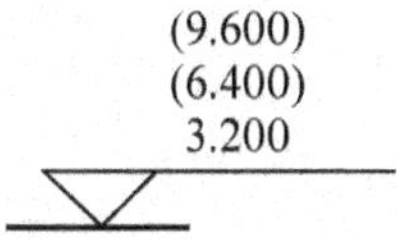

图 3.75　同一个位置注写多个标高数据

本章小结

本章主要讲解了建筑制图的基本知识，有关建筑制图的规范和标准；这些知识都是指导如何画好施工图的依据。图样的基本画法包括投影图、剖面图、轴测图的画法，这些都是施工图的基本组成部分，是必须要掌握的；尺寸标注是图纸的重要组成部分，表现图样的大小和尺寸数据。

习　　题

一、单项选择题

1. 制图国家标准规定，图纸幅面尺寸应优先选用(　　)种基本幅面尺寸。
   A. 3　　B. 4　　C. 5　　D. 6
2. A3 图幅的尺寸为(　　)。
   A. 420×594　　B. 420×297
   C. 297×210　　D. 594×841
3. 图纸上必须用(　　)画出图框。
   A. 虚线　　B. 单点长画线
   C. 细实线　　D. 粗实线
4. 图纸上标题栏通常位于图框的(　　)。
   A. 左下角　　B. 右下角
   C. 右上角　　D. 任意位置
5. 工程上常用的(　　)有中心投影法和平行投影法。
   A. 作图法　　B. 技术法
   C. 投影法　　D. 图解法

6. 建筑工程图样主要采用(　　)的方法绘制。
A. 平行投影　　B. 中心投影
C. 斜投影　　D. 正投影

7. 正投影的基本特性有实形性、积聚性、(　　)。
A. 类似性　　B. 特殊性
C. 统一性　　D. 普遍性

8. 建筑图样上，标高及总平面图上的尺寸数字应以(　　)为单位。
A. mm　　B. cm　　C. m　　D. km

9. 建筑图样上，除标高及总平面图以 m 为单位外，其他必须以(　　)为单位。
A. mm　　B. cm　　C. dm　　D. km

10. 图样中汉字应写成(　　)体，采用国家正式公布的简化字。
A. 楷体　　B. 宋体
C. 长仿宋体　　D. 黑体

二、按表中给出的数值，分别在图 3.76、图 3.77 中标注标高

1.

表面	*A*	*B*	*C*	*D*
标高	−1.100	−0.800	−0.450	0.000

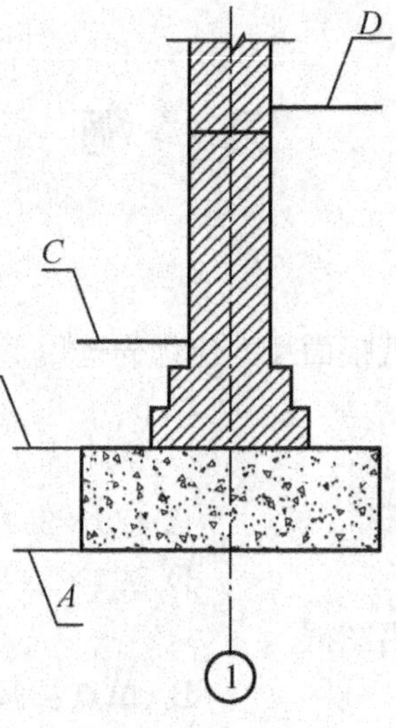

图 3.76　习题二(1)

2.

表面	*A*	*B*	*C*	*D*
标高	−1.500	−1.300	−1.260	0.900

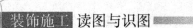

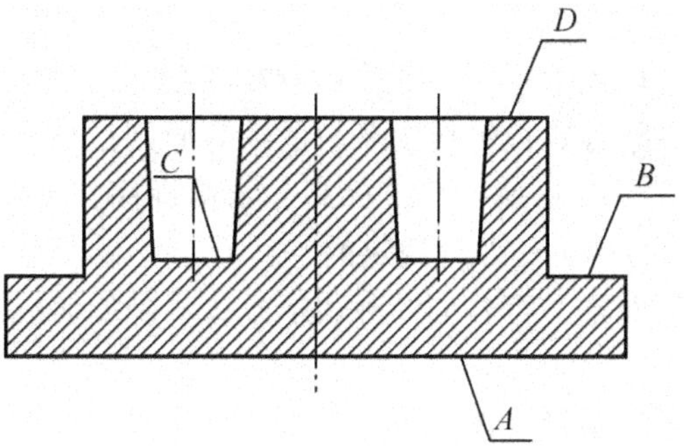

图 3.77 习题二(2)

三、 作图 3.78、 图 3.79 所示梁的 1—1、 2—2 断面图

1.

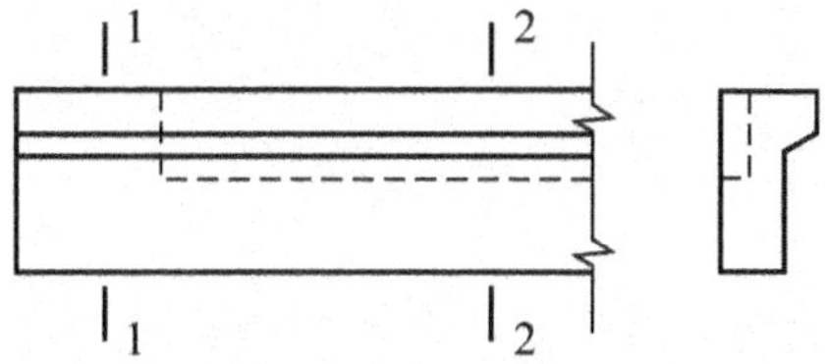

图 3.78 习题三(1)

2.

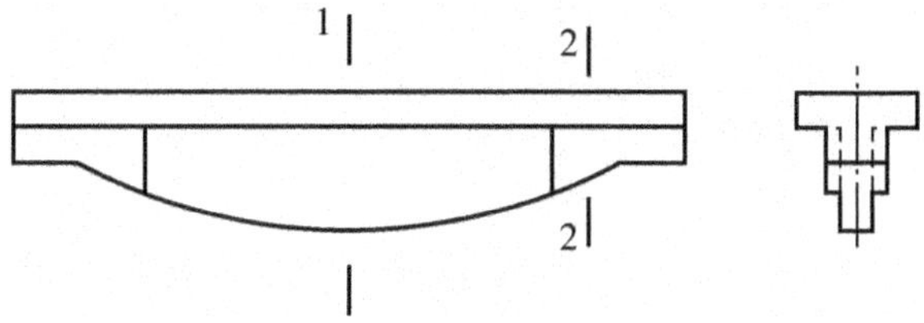

图 3.79 习题三(2)

四、 作图 3.80 所示建筑形体的 2—2 剖面和 3—3 剖面。

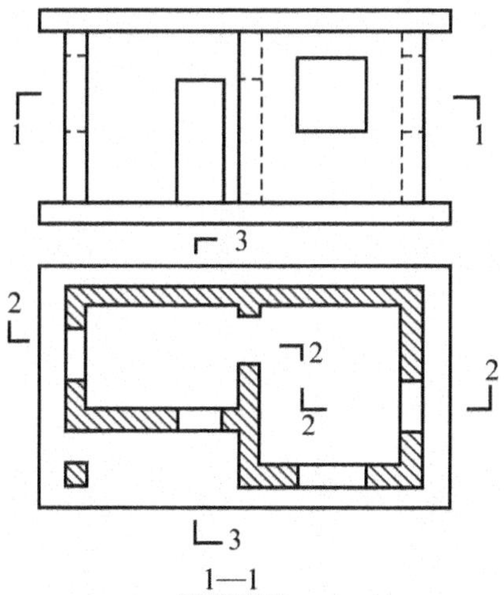

图 3.80 习题四

五、简答题

1. 图幅包括哪几种规格尺寸？图标的作用及在图纸上的位置是如何规定的？

2. 什么是定位轴线、附加定位轴线？各自的编号原则是什么？

3. 什么是绝对标高、相对标高、建筑标高、结构标高？标高在施工图中的单位是如何规定的？施工图中尺寸的单位是如何规定的？

4. 索引符号及局部剖面索引符号的3种表示方法各是如何规定的？详图符号的两种表示方法各是如何规定的？

5. 画出坡度符号、对称图形、连接符号。

第 4 章

房屋建筑图

学习目标

通过本章的学习，掌握房屋的组成及作用；掌握房屋建筑图的组成和分类，而且还要掌握房屋建筑图的形成和绘图步骤。

学习要求

知识要点	能力目标	相关知识
房屋建筑图的组成	(1) 了解房屋的组成以及作用 (2) 掌握房屋建筑图的组成	(1) 房屋的组成以及作用 (2) 房屋建筑图的组成
房屋建筑图的产生	(1) 了解房屋建筑图产生的步骤 (2) 掌握房屋建筑图每个阶段的特点	(1) 房屋建筑图产生的步骤 (2) 房屋建筑图每个阶段的特点
房屋建筑图的种类	(1) 了解房屋建筑图的分类 (2) 掌握房屋建筑图每部分的关系	(1) 房屋建筑图的分类 (2) 房屋建筑图每部分的关系
房屋建筑图的特点和绘图步骤	(1) 了解房屋建筑图的特点 (2) 掌握房屋建筑图的特点和绘图步骤	(1) 房屋建筑图的特点 (2) 房屋建筑图的特点和绘图步骤

引例

将一幢拟建建筑物的内外形状和大小布置以及各部分的结构、构造、装修、设备内容，按照制图国家标准的有关规定，用正投影的图示方法，详细准确绘制出来的图样称为房屋的建筑工程图。

房屋建筑工程图是由多种专业设计人员分别完成，按照一定编排规律组成的一套图样，它的主要用途是在房屋的建造过程中指导施工。同时又是审批建筑工程项目的依据；是编制工程预算、决算以及审核工程造价的依据；是竣工时按照设计要求进行质量检验和验收以及评价工程质量优劣的依据；是具有法律效力的文件。

房屋建筑图是用来表达房屋的全貌并指导施工的一套图样。它是按照正投影的原理和建筑制图国家标准绘制的。图中注有详细的尺寸、符号和文字说明。本章将介绍房屋的组成及作用、房屋建筑图的分类和有关规定。

建造房屋，要经过设计和施工两个阶段。在设计阶段，设计人员要把构思中的房屋造型和构造状况，通过合理布置、计算及各工种之间的协调配合，绘制出全套施工图；在施工阶段，施工人员按施工图中的要求建造房屋。

在本节将介绍房屋施工图图示方法、图示内容和图示特点，以及阅读施工图的基本方法。

4.1 房屋基本组成

房屋的组成基本构件通常有基础、墙体、柱、梁、楼板或地面、屋顶、楼梯、门窗等(图 4.1)。此外，还有台阶或坡道、雨篷、阳台、雨水管、明沟或散水坡等其他构件。

1. 基础

基础是房屋最下面与土层直接接触的部分，它承受建筑物的全部荷载，并将其传递于下面的土层，基础是房屋的重要组成部分，而地基不是房屋的组成部分。

2. 墙或柱

墙或柱是房屋垂直承重构件，它承受楼、地层和屋顶传给它的荷载，并把这些荷载传递给基础。墙体不仅是承重构件，同时也是围护构件。对于不同结构形式的建筑，墙的作用也不同，当用柱子作为传递荷载的承重构件时，填充在柱间的墙体只起围护作用。

3. 楼底层

楼底层又称楼地面，是房屋的水平承重和分隔的构件，它包括楼板和地面两部分，楼板是把建筑空间划分为若干层，将其所承受的荷载传给墙或柱。地面直接承受各种荷载，在楼地面把荷载传给楼板，在首层把荷载传给首层地面下面的地基土层。

4. 楼梯

楼梯是多层建筑中联系各层之间的垂直交通设施，有步行楼梯和电梯。步行楼梯是建筑构造的组成部分。而电梯是后期进行整体设备安装的，需在土建施工中预留位置。

5. 屋顶

屋顶是房屋顶部的承重和围护部分，它由屋面承重层、结构层、保温(隔热)层 3 部分组成。屋面层的作用是抵御自然界雨、雪、风、霜、阳光对室内的影响，结构层将承受屋顶的全部荷载，并将其传递于墙或柱。保温(隔热)层是起夏季阻热入室、冬季阻热散失的作用。

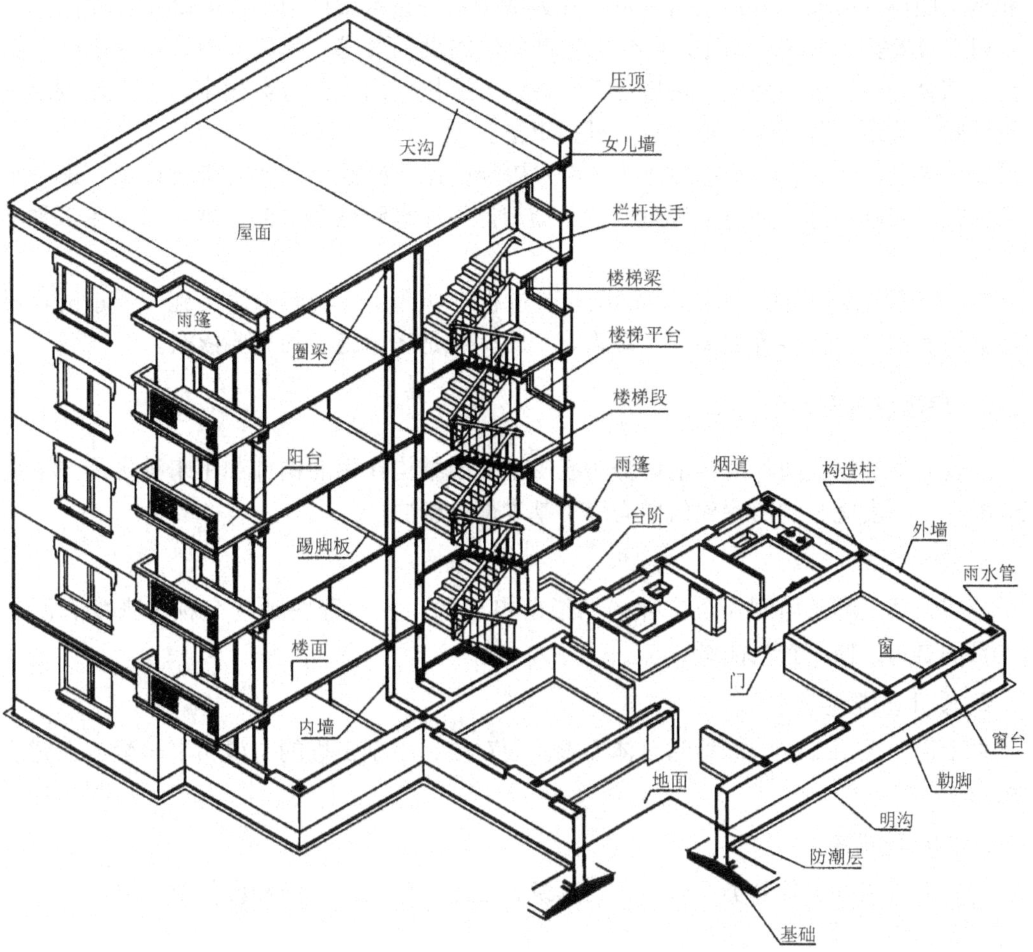

图 4.1　房屋的组成

6. 门和窗

门是供人们进出房屋和房间及搬运家具物品起交通、疏散作用的建筑配件，有的门还兼有采光和通风作用。门根据使用功能的不同应具有足够的宽度和高度。窗的作用是采光、通风和眺望。门窗安装在墙上，因而是房屋围护结构的组成部分。

房屋除上述基本组成部分外，还有一些辅助和附属设施，如雨篷、散水(明沟)、阳台、台阶(坡道)、风道、垃圾道等，都是建筑中不可缺少的部分。

4.2 房屋建筑图的产生、种类、特点及识读方法

4.2.1 房屋建筑图的产生

要建造房屋首先要设计房屋，设计的阶段可分为3步，即初步设计阶段，技术设计阶

段和施工图设计阶段，常规建筑也可合并为两步，将技术设计与施工图设计阶段合并。

(1) 初步设计阶段。设计人员根据建筑单位的设计要求，收集资料、实地勘察、调查研究、综合分析、合理构思，提出若干种设计方案供选用，待方案确定后，按比例绘制初步设计图，确定工程概算，拟送有关部门审批。

(2) 技术设计阶段。技术设计又称扩大初步设计，根据审批的初步设计图，进一步解决各种技术问题，进行具体的构造设计、结构计算和水暖电系统的方案，取得各工种的协调与统一。

(3) 施工图设计阶段。在反复协调修改过程中，产生一套能够满足施工要求的，反映房屋整体和细部全部内容的图样，即为施工图，它是房屋施工的重要依据。

4.2.2 房屋建筑图的种类

一套完整的房屋建筑大体上可分为起支撑建筑结构作用的构件和用来满足用户使用功能的配件。一套完整的房屋建筑图有以下基本部分组成。

1. 图纸目录

说明该项工程是由哪几个工种的图纸所组成的，各工程图纸的名称、张数和图号顺序，目的是为了便于查找图纸。

2. 设计总说明书

主要说明该项工程的概貌和总体要求。而对中、小型工程的总说明书一般放在建筑施工图内。

3. 房屋建筑图

房屋建筑图按工种分类一般可分为建筑施工图、结构施工图和设备施工图。

1) 建筑施工图

简称建施图，主要反映建筑物的规划位置、外部造型、内部布置、内外装修、构造及施工要求等。建筑施工图包括首页(图纸目录、设计总说明等)、总平面图、平面图、立面图、剖面图和详图等。本专题也主要讲述建筑施工图的相关知识。

2) 结构施工图

简称结施图，主要反映建筑物承重结构的布置、构件类型、材料、尺寸和构造做法等。结构施工图包括结构设计说明、基础图、结构布置平面图和各种结构构件详图。

3) 设备施工图

简称设施图，主要反映建筑物的给水排水、采暖、通风、电器等设备的布置和施工要求等。设施图包括各设备的平面布置图、系统图和详图。

4.2.3 房屋建筑图的特点

(1) 施工图中的各种图样，除了水暖施工图中水暖管道系统图是用斜投影法绘制的之外，其余的图样都是用正投影法绘制的。

(2) 房屋的形状庞大而图样幅面有限，所以施工图一般使用缩小比例绘制。

(3) 由于房屋是用多种构配件和材料建造的，所以施工图中，多用各种图例符号来表示这些构配件和材料。在阅读图样的过程中，必须熟悉常用的图例符号。

(4) 房屋设计中有许多建筑构配件已有标准定型设计并有标准设计图集可供使用。为了节省大量的设计与制图工作，凡采用标准定型设计之处，只标出标准图集的编号、页数、图号即可。

4.2.4 识读房屋建筑图的方法

房屋建筑图是用投影原理的各种图示方法和规定画法综合应用绘制的。所以识读房屋建筑图，必须具备一定的投影知识，掌握形体的各种图示方法和建筑制图国家标准有关规定，要熟记建筑图中常用的图例、符号、线形、尺寸和比例的意义，要了解房屋的组成和构造的知识。

一般识读房屋建筑图的方法步骤如下。

(1) 看图样目录和设计技术说明。通过图样目录看各专业施工图样有多少张，图样是否齐全；看设计技术说明，对工程在设计和施工要求方面有一个概括了解。

(2) 依照图样顺序通读一遍。对整套图样按先后顺序通读一遍，对整个工程在头脑中形成概念，如工程的建设地点和关键部位情况，做到心中有数。

(3) 分专业对照阅读，按专业次序深入仔细地阅读。先读基本图，再读详图。读图时，要把有关图样联系起来对照着读，从中了解它们之间的关系，建立起完整准确的工程概念。再把各专业图样联系起来一起对照阅读，看它们在图形上和尺寸上是否衔接、构造要求是否一致。发现问题要做好读图记录，以便会同设计单位提出修改意见。

可见，读图是工程技术人员深入了解施工项目的过程，也是检验复核图样的过程，所以读图时必须认真细致，不可粗心大意。

本章小结

本章主要介绍的是房屋建筑图的概述，主要包括以下内容。

(1) 房屋的组成及作用，房屋建筑图的组成。

(2) 房屋建筑图产生的步骤，房屋建筑图每个产生阶段的特点。

(3) 房屋建筑图的分类，房屋建筑图各部分的关系；

(4) 房屋建筑图的特点和绘图步骤。

习　　题

一、 简答题

1. 什么是建筑工程施工图？施工图按工种不同分为哪几类？什么是基本图及详图？

2. 什么是建筑施工图？它由哪些图纸组成？什么是结构施工图？它由哪些图纸组成？

3. 我国施工图的形成可分为哪几个阶段？

4. 一套完整施工图是如何编排的？
5. 构成建筑物的基本要素是什么？它们之间有何关系？
6. 建筑设计包括哪几方面的内容？
7. 建筑设计两阶段设计和三阶段设计的含义和适用范围是什么？
8. 房屋建筑图包括几个方面？各个方面的内容是什么？

二、 论述题

简述房屋建筑图的特点。

第 5 章

建筑施工图

学习目标

本章所介绍的是建筑施工图，通过本章的学习，掌握建筑施工图的基本知识，掌握总平面图与设计说明，掌握建筑平面图、建筑立面图、建筑剖面图和建筑详图；通过本章的学习可以更好地对建筑施工图进行识读和绘制，以便在以后的学习中能更好地掌握专业知识，提高自己的专业认识。

学习要求

知识要点	能力目标	相关知识
总平面图和设计说明	(1) 掌握设计说明的内容和书写 (2) 掌握建筑平面图的识读、内容和绘制方法	(1) 设计说明的内容和书写 (2) 建筑平面图的识读和画法
建筑平面图	(1) 掌握楼层平面图的识读、绘制方法 (2) 掌握屋顶平面图的识读、绘制方法	(1) 楼层平面图的识读、绘制方法 (2) 屋顶平面图的识读、绘制方法
建筑立面图	(1) 了解建筑立面图的形成和特点 (2) 掌握建筑立面图的内容和绘制	(1) 建筑立面图形成和特点 (2) 建筑立面图内容和绘制方法
建筑剖面图	(1) 了解建筑剖面图的图示方法和特点 (2) 掌握建筑剖面图的识读和绘制方法	(1) 建筑剖面图的图示方法和特点 (2) 建筑剖面图的识读和绘制方法
建筑详图	(1) 了解建筑详图的形成和作用 (2) 掌握建筑详图的内容和绘制方法	(1) 建筑详图的形成和作用 (2) 建筑详图的内容和绘制方法

引例

建造房屋，要经过设计和施工两个阶段。在设计阶段，设计人员要把构思中的房屋造型和构造状况，通过合理布置、计算及各工种之间的协调配合，绘制出全套施工图；在施工阶段，施工人员按施工图中的要求建造房屋。

建筑装饰施工图是建筑装饰设计的具体表现形式，也是建筑装饰施工的重要依据，建筑装饰施工图是在建筑施工图的基础之上绘制出来的，所以要识读并绘制好建筑装饰施工图就必须掌握建筑施工图的基本知识。

建筑施工图包括首页(图纸目录、设计总说明等)、总平面图、平面图、立面图、剖面图和详图等。

在本章将介绍建筑施工图图示方法、图示内容和图示特点，以及阅读施工图的基本方法。

5.1 首页图与建筑总平面图

5.1.1 首页图

首页图放在全套施工图的首页装订，在中小型工程中通常由 3 部分组成：一是图样目录；二是材料用料表和门窗表；三是对该工程所作的设计与施工说明。其中图样目录起到组织编排图样的作用，从中可看到该建筑施工图是由哪些专业图样组成，每张图样的图别编号和页数，以便查阅。若篇幅允许，也可以将总平面图放入首页图。

设计与施工说明一般包括该工程的设计依据、规划条件以及勘测数据等自然情况；此项工程的用途、建筑总面积、层数及竖向设计的数据；还要说明工程的构造设计、设备选型、各专业衔接的相关内容。

以下是某工程施工图的首页图部分。

图纸目录

图名	内　容
建施 1	设计说明、图纸目录、门窗表、装修表
建施 2	总平面图
建施 3	底层平面图
建施 4	二层平面图
建施 5	①～⑨立面图
建施 6	Ⅰ－Ⅰ剖面图　①～①立面图
建施 7	屋顶平面图、详图
建施 8	楼梯详图
建施 9	楼梯详图
建施 10	厕所大样图
建施 11	增身节点大样图
建施 12	木门、钢窗详图
建施 13	天桥大样图
建施 14	悬挑空花大样图

装修用料表

部位	内装修												外装修			
	办公室			会议室			厕所			走道			檐墙			山墙
	顶棚	墙面	地面	顶棚	墙面	地面	顶棚	墙面	地面	顶棚	墙面	地面	窗台墙	窗间墙	圈梁	
水泥石屑			○													
水磨石						○						○				
马赛克									○							
混合砂浆刷乳胶漆	○	○		○	○		○	○			○					
白瓷砖墙裙								○								
外墙面砖															○	
水刷石													○			○
水刷石掺40%绿色碎玻璃														○		

门窗表

类型代号	门窗类型名称	门、窗编号	洞口尺寸	数量
PM	钢板门	M1(PM406－1521)	1 500×2 100	3
X	全板平开镶板门(有亮子窗)	M2	1 000×2 400	65
YX	百叶平开镶板门(有亮子窗)	M3	800×2 400	10
PC	单层平开窗	PC176－1818	1 800×1 800	76
PC	单层平开窗	PC24－1809	1 800×900	9
PC	单层平开窗	PC6－1206	1 200×600	5

建筑设计说明

一、 设计依据

1. 甲方提供的设计委托书。
2. 项目批准文件。
3. 国家有关建筑设计规范、标准、规程和规定。

二、 工程概况

本项目为中国石化集团公司白沙湾原油商业储备基地综合楼工程，位于浙江省平湖市白沙湾。

建筑物在原有平房汽车库拆除位置上新建。东距原综合楼约19m。北距北围墙

5.00～9.00m。南距罐区北路约 44.00m，西距输油泵站约 24.50m，采用现浇钢筋混凝土框架结构。

建筑面积：2 488m^2；地上四层，建筑高度为 17.100m。本项目为三类建筑，合理使用年限为 50 年，耐火等级为二级，抗震设防烈度为七度。

由于西侧输油泵运转时噪声较大，本项目外墙和外窗作适当隔声处理；如采用铝塑板贴面的隔声墙，断桥铝合金中穿玻璃。平面位置见总平面图，±0.000 标高相当于绝对标高 4.840。本套图中除总平面图外，尺寸 mm 计，标高以 m 计。

三、 消防设计

根据《建筑设计防火规范》(GB 50016—2006)的要求，本建筑的耐火等级为二级，建筑的每层均设消火栓。

1. 防火分区

本建筑共分为两个防火分区：汽车库为一个独立的防火分区；其余部分和二、三、四层组成一个防火分区。防火分区由防火门和防火墙分隔。

2. 安全疏散

每一个防火分区至少有两个安全出口。每个疏散口的宽度及疏散距离均满足规范要求。

3. 建筑构件的耐火等级

内墙采用 200 厚加气混凝土砌块，耐火极限为不低于 8h。

管道井墙体采用 100 厚加气混凝土砌块，耐火极限为不低于 4h。

现浇混凝土楼板以及面层做法，耐火极限不低于 1.5h。

防火分区之间的门采用甲级防火门。

配电室、电信机房采用甲级防火门，耐火极限不低于 1.2h。

配电井采用乙级防火门，耐火极限不低于 0.9h。

四、 建筑节能

根据《公共建筑节能设计标准》(GB 50189—2005)的要求，进行外墙、屋面、门窗的做法选择。本建筑处于夏热冬冷地区，体形系数为 0.23，南、北向的窗墙比分别为 0.32 和 0.39，东、西向的窗墙比分别为 0.04 和 0.05。根据节能要求该建筑外墙传热系数应 $K\leqslant1.00\mathrm{W/(m^2\cdot K)}$。屋面传热系数应 $K\leqslant0.700\mathrm{W/(m^2\cdot K)}$。窗的传热系数应控制在 $K\leqslant3.00\mathrm{W/(m^2\cdot K)}$。

五、 工程做法

1. 墙体

综合楼外墙采用 300 厚加气混凝土砌块，传热系数 $K=0.70\mathrm{W/(m^2\cdot K)}$。内墙除注明部分外，采用 200 厚或 100 厚加气混凝土砌块。

墙身防潮层设在室内地坪以下 60 处，防潮层做法为 20 厚，1∶2.5 水泥砂浆内掺，5%防水剂。防潮层以下墙体采用 MU10 非黏土烧结砖，用 MU7.5 水泥砂浆砌筑。当墙身两侧的室内地面有高差时，应在高差范围的墙身迎土面一侧设防潮层，做法同上。

2. 层面：

本工程屋面做法采用国家建筑标准设计图集 05J909《工程做法》中层 22“混凝土面层”和层 15“水泥砂浆面层”。防水等级Ⅱ级，防水层合理使用年限为 15 年，防水层采用Ⅱ，4+3 厚双层 SBS 改性沥青防水卷材。保温层采用“50 厚聚苯乙烯泡沫塑料保温板”。层面传热系数 $K=0.700\mathrm{W/(m^2 \cdot K)}$。屋面排水采用有组织排水，屋面排水组织见屋面平面图，檐沟向雨落水口找坡不小于 1%，水管采用 PVC 雨落水管，DN=100mm。埋入装饰柱中的雨落水管采用钢管，伸出屋面管道、设备及预埋件等，应在防水层施工前安设完毕。屋面防水层完工后，不得在其上凿孔打洞或重物冲击。

3. 楼地面、内墙面、顶棚、踢脚做法见工程做表

4. 门窗工程

(1) 窗的传热系数应控制在 $K\leqslant 3.00\mathrm{W/(m^2 \cdot K)}$。

(2) 窗的气密性不应低于《建筑外窗气密、水密、抗风性能分级及检测方法》(GB/T 7106—2008)2 级。

(3) 门窗玻璃的选用遵照《建筑玻璃应用技术规范》和《建筑安全玻璃管理规定》[2003] 2116 号及地方主管部门的有关规定。

(4) 门窗立面均表示洞口尺寸，门窗加工尺寸要按照装修面厚度由厂家予以调整。

(5) 外窗采用 80 系列平开断桥铝合金窗、中空玻璃，空气层厚度≥9mm 窗料截面及预埋件位置由生产厂家经计算确定。玻璃面积大于 $1.5\mathrm{m^2}$ 的门及落地窗必须采用安全玻璃。卫生间门下留 3mm 缝。窗台处均向外找坡，各外檐挑口处均做铝滴水板。

(6) 平开防水门应设闭门器，双扇平开防火门安装闭门器和顺序器。

5. 外墙面

外墙面采用铝塑板贴面的隔声墙，做法见示意图。

6. 内装修

所有装修材料均要满足《民用建筑工程室内环境污染控制规范》。

内装修工程执行《建筑内部装修设计防火规范》，楼地面部分执行《建筑地面设计规范》。

凡设有地漏的房间做防水层，图中未注明整个房间做坡度者，均应按 1%～2%坡度坡向地漏。

顶棚由精装修进行二次设计。

六、 依据的设计规范

《建筑设计防火规范》GB 50016—2006《民用建筑设计通则》GB 50352—2005

《民用建筑热工设计规范》GB 50176—1993

《公共建筑节能设计标准》GB 50189—2005

七、 选用图集

《国家建筑标准设计图集》

《工程做法》05J909；《室外工程》02J003；《楼梯建筑构造》99SJ403；

《防火门窗》03J609；《铝合金门窗》02J603—1；《公共建筑卫生间》02J915；

《汽车库(坡道式)建筑构造》05J927—1；《平屋面建筑构造(一)》99J201—1

八、 本工程应根据国家有关法规和规定进行施工， 未注明处有问题应及时与设计单位商定

5.1.2 总平面图图示方法和用途

总平面图是新建房屋和周围相关的原有建筑总体布局以及相关的自然状况的水平投影图，它能反映出新建房屋的形状、位置、朝向、占地面积、绿化硬化、标高以及与周围建筑物、地形、道路之间的关系。因此，总平面图是新建房屋施工定位、土方工程以及施工现场布置的主要依据，也是规划设计水、暖、电等其他专业工程总平面和各种管线敷设的依据。根据专业需要还可以有专门表达各种管线敷设的总平面图，也可以与地面绿化工程详细规划图相结合。

1. 总平面图图示方法

建筑总平面图是采用俯视投影的图示方法，绘制新建房屋所在基地范围内的地形、地貌、道路、建筑物、构筑物等的水平投影图，如图 5.1 所示。

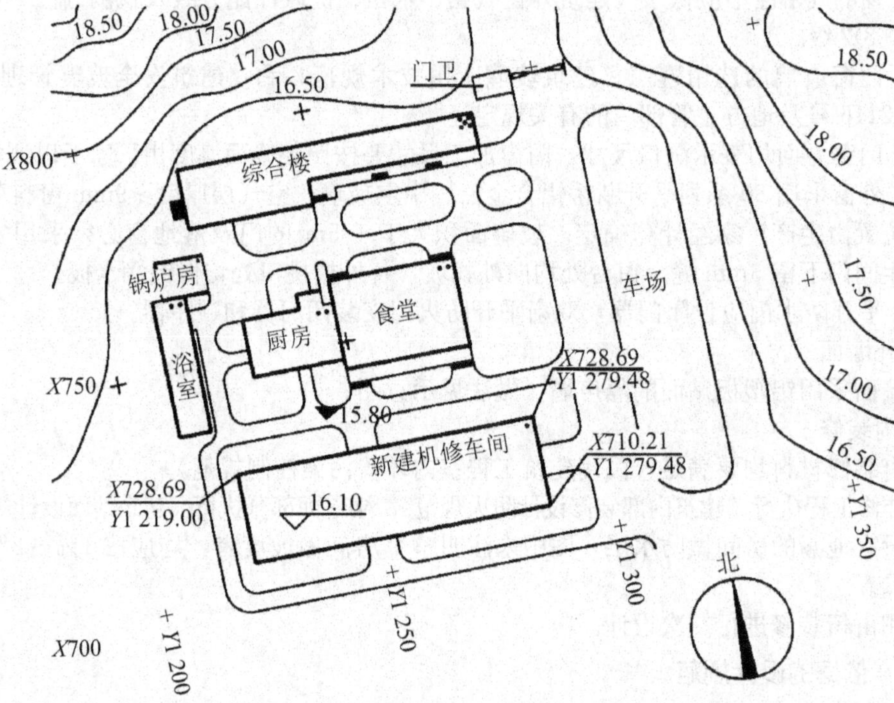

图 5.1 总平面图

2. 总平面图的用途

(1) 反映新建、拟建工程的总体布局以及原有建筑物和构筑物的情况。

(2) 根据总平面图是进行房屋定位、施工放线、填挖土方等的主要依据。

5.1.3 建筑总平面图的基本内容

(1) 表明新建建筑物、原有房屋、构筑物等的具体位置。

(2) 图例、名称和绘图比例。建筑物、构筑物等均采用图例来表示，并注明建筑物、构筑物的名称。建筑总平面图的绘制比例一般采用 1∶500、1∶1 000、1∶2 000。

(3) 表明标高。建筑物首层地面标高、室外地坪标高。复杂地形应绘制等高线。
(4) 表示总平面图范围的整体朝向。
建筑总平面图的基本内容如图 5.2 所示。

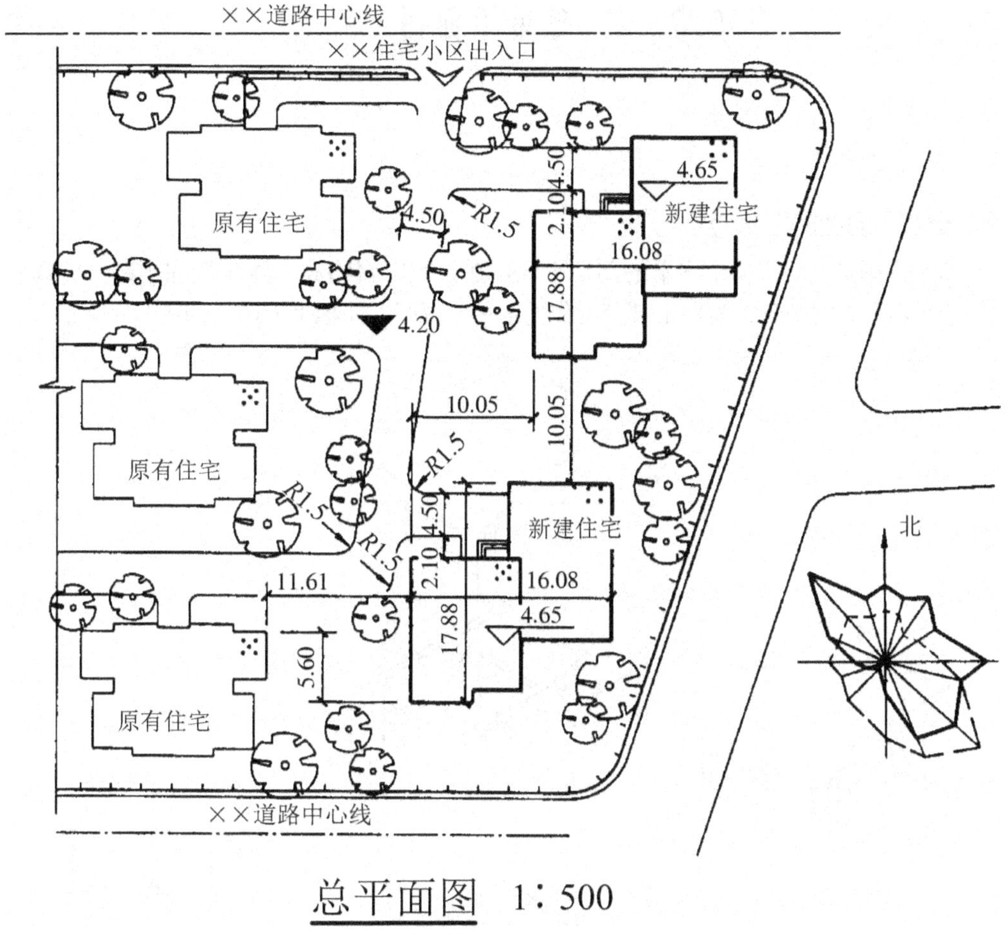

图 5.2 总平面图的基本内容

5.1.4 阅读总平面图时应注意事项

(1) 总平面图中的内容，多数是使用符号表示的。首先应熟悉图例符号的意义。
(2) 看清用地范围内新建、原有、拟建、拆除建筑物或构筑物的位置。
(3) 查看新建建筑物的室内、外地面高差、道路标高和地面坡度及排水方向。
(4) 根据风向频率玫瑰图看清建筑物朝向。
(5) 看清新建建筑物或构筑物自身占地尺寸以及与周边建筑物相对距离。

5.1.5 施工总说明

施工总说明一般包括：工程概况(如工程名称、位置、建筑规模、建筑技术经济指标以及绝对标高与相对标高间的关系等)；结构类型；主要结构的施工方法，对图纸上未能详细注写的用料、做法或需统一说明的问题进行详细说明；构件使用或套用标准图的图集代号；等等。

5.2 建筑平面图

5.2.1 建筑平面图

1. 建筑平面图的图示方法

建筑平面图是假想用一个水平的剖切平面，在房屋窗台略高一点位置水平剖开整幢房屋，移去剖切平面上方的部分，对留下部分所作的水平剖视图，简称平面图，如图5.3所示。

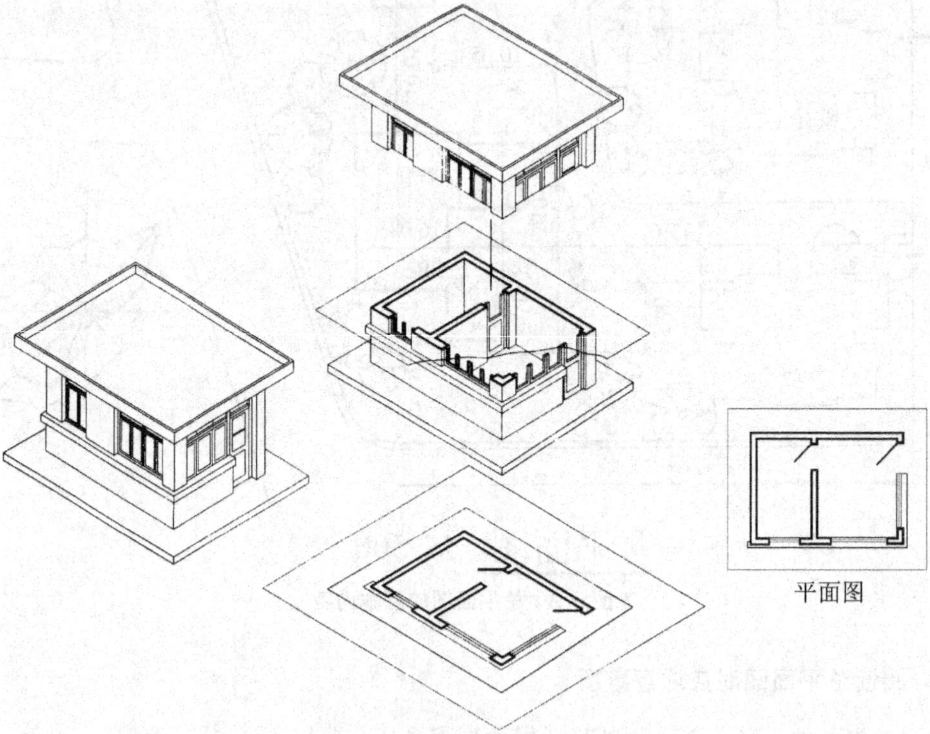

图5.3 建筑平面图的形成

对于多层楼房，原则上每一楼层均要绘制一个平面图，并在平面图下方注写图名(如底层平面图、二层平面图等)；若房屋某几层平面布置相同，可将其作为标准层，并在图样下方注写适用的楼层图名(如三、四、五层平面图)。若房屋对称，可利用其对称性，在对称符号的两侧各画半个不同楼层平面图。

另外，一般还应绘制屋顶平面图。它是房屋顶部的水平投影图，主要反映屋顶的女儿墙、天窗、水箱间、屋顶检修孔、排烟道等位置以及屋顶的排水情况(包括屋顶排水区域的划分和导流方向、坡度、天沟、排水口、雨水管的布置等)。由于结构和形状的特点，可以采用较小的比例绘制。

2. 建筑平面图的用途

建筑平面图主要用于表达建筑物的平面形状、平面布置、墙深厚度、门窗的位置及尺寸大小及其他建筑构配件的布置。

建筑平面图是作为施工时放线、砌筑墙体、门窗安装、室内装修、编制预算、施工备料等的重要依据。

3. 建筑平面图的基本内容

图 5.4、图 5.5 所示为建筑平面图。

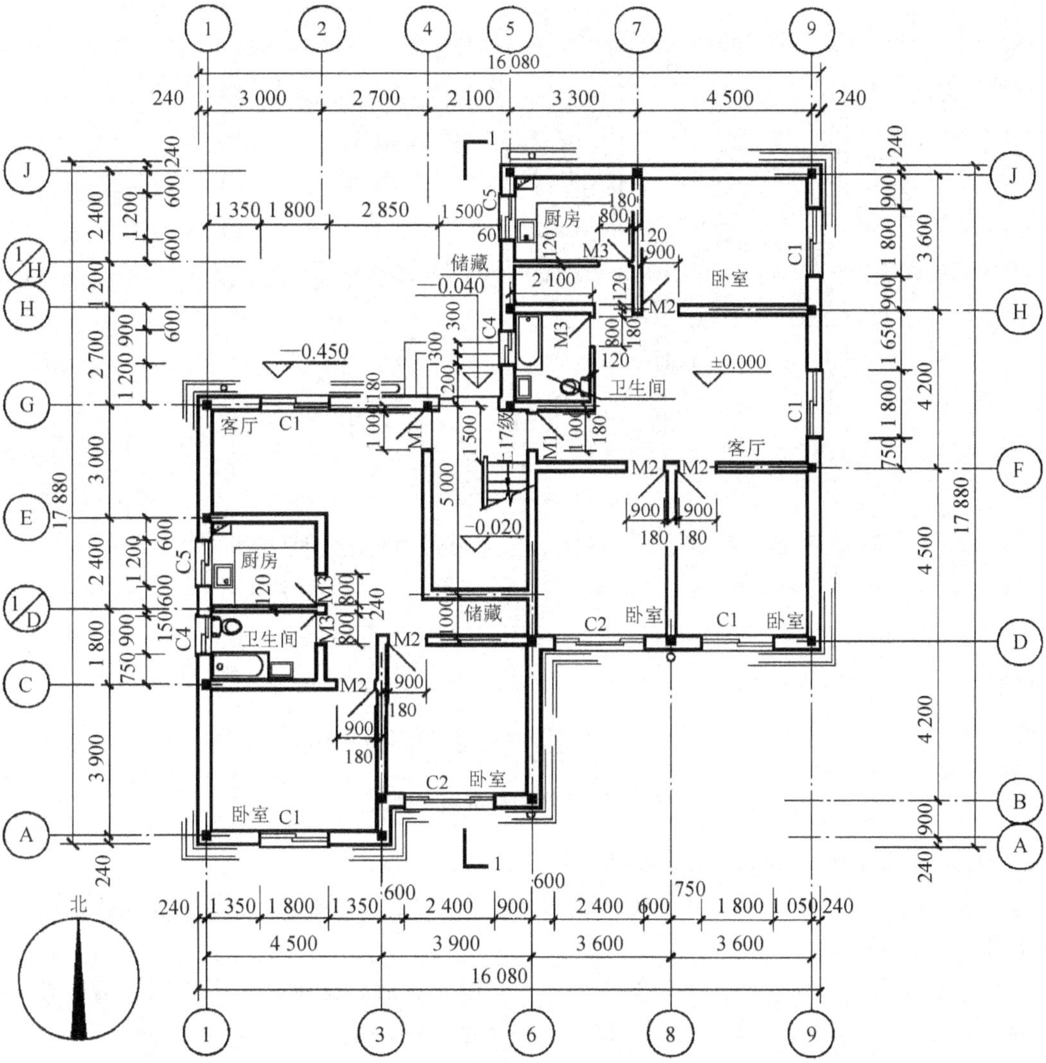

底层平面图 1：100

图 5.4　某建筑底层平面图

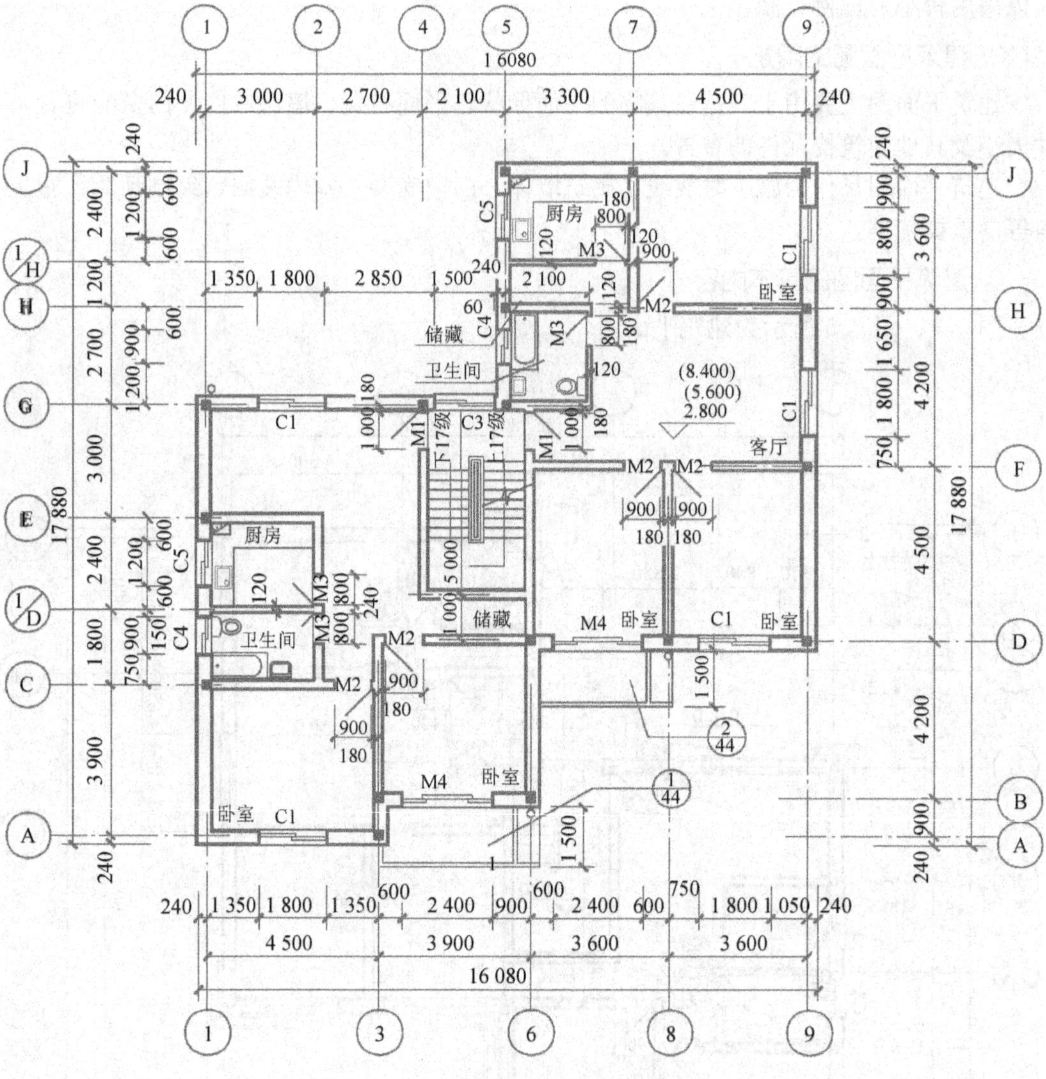

标准层平面图 1∶100

图 5.5 某建筑标准层平面图

1）房屋建筑平面形状及平面房间布局

（1）房屋平面形状。如点式住宅为正方形、条式建筑为矩形，有的公共建筑是圆形、多边形、半圆形等。

（2）平面房间布局。如住宅建筑中客厅、主卧、次卧、保姆房、卫生间、厨房等，办公楼的办公室、小型会议室、大型会议室、会客室、接待室、卫生间等，并注明各房间的使用面积。

2）水平及竖向交通状况

（1）水平交通。门、门厅、过厅、走廊、过道等。

（2）竖向交通。楼梯间位置（楼梯平面布置、踏步、楼梯平台）、高层建筑电梯间的平面位置等。对于有特殊要求的建筑，竖向交通设施为坡道或爬梯。

3）门窗洞口的位置、大小、形式及编号

通过平面图中所标注的细部尺寸可知道门窗洞口的位置及大小，门的形式可通过图例表示，如单扇平开门、双扇双开平开门、弹簧门等。

4）建筑构配件尺寸、材料

墙、柱、壁柱、吊柜、洗涤池等构配件的尺寸、材料。

5）定位轴线及编号

纵轴线、横轴线、附加轴线及其对应的轴线编号。它们是定位的主要依据。

6）室内、外地面标高

底层平面图中，标注室外地面、室内地面；其他层平面图中，注写各层楼地面及与主要地面标高不同的地面标高。

7）室外构配件

底层平面图中，与本栋房屋有关的台阶、花池、散水、勒脚、排水沟等的投影。二层平面图中，除画出房屋二层范围的投影内容外，还应画出底层平面图中无法表达的雨篷、阳台、窗楣等内容。3层以上的平面图则只需画出本层的投影内容及下一层的窗楣、阳台雨篷等其下一层无法表达的内容。

8）其他工种对土建的要求

综合反映其他各工种对土建的要求，如设备施工中给排水管道、配电盘、暖通等对土建的要求，在墙、板上预留孔洞的位置及尺寸。

9）有关符号

(1) 剖面图的剖切符号：建筑剖面图的剖切符号标注在底层平面图中，剖面的编号及剖切位置。

(2) 详图索引符号：凡是在平面图中表达不清楚的地方，均要绘制放大比例的图样，在平面图中需要放大的部位绘出索引符号。

(3) 指北针或风向频率玫瑰图：主要绘在底层平面图中。

10）文字说明

凡是在平面图中无法用图线表达的内容，需要用文字进行说明。

4. 有关图线、绘图比例的规定

被剖切到的墙体、柱用粗实线绘制；可见部分轮廓线、门扇、窗台的图例线用中粗实线绘制；较小的构配件图例线、尺寸线等用细实线绘制。建筑平面图局部的线型如图5.6所示。

一般采用1∶50、1∶100、1∶200的比例尺绘图平面图。

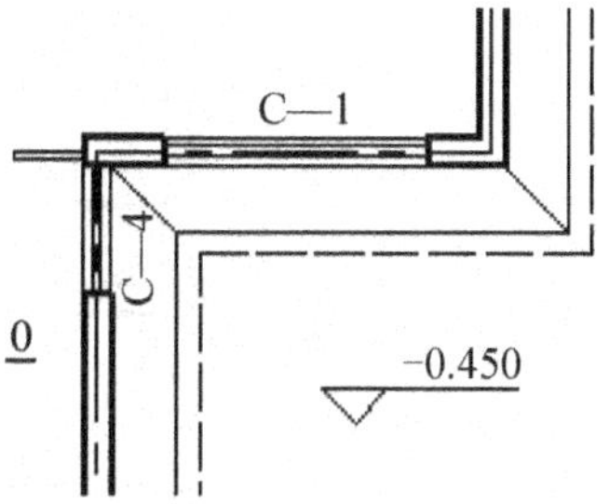

图5.6 建筑平面图局部的线型

5. 阅读建筑平面图时应注意事项

(1) 看清图名和绘图比例，了解该平面图属于哪一层。

(2) 阅读平面图时，应由低向高逐层阅读平面图。首先从定位轴线开始，根据所注尺寸看房间的开间和进深，再看墙的厚度或柱子的尺寸，看清楚定位轴线是处于墙体的中央位置还是偏心位置，看清楚门窗的位置和尺寸。尤其应注意各层平面图变化之处。

(3) 在平面图中，被剖切到的砖墙断面上，按规定应绘制砖墙材料图例，若绘图比例小于等于 1∶50，则不绘制砖墙材料图例。

(4) 平面图中的剖切位置与详图索引标志也是不可忽视的问题，它涉及朝向与所表达的详尽内容。

(5) 房屋的朝向可通过底层平面图中的指北针来了解。

5.2.2 屋顶平面图

1. 屋顶平面的形成

屋顶平面图是屋面的水平投影图，一般都是镜像视图。不管是平屋顶还是坡屋顶，主要应表示出屋面排水情况和突出屋面的全部构造位置。

2. 屋顶平面图的基本内容

(1) 表明屋顶形状和尺寸，女儿墙的位置和墙厚，以及突出屋面的楼梯间、水箱、烟道、通风道、检查孔等具体位置。

(2) 表示出屋面排水分区情况、屋脊、天沟、屋面坡度及排水方向和下水口位置等。

(3) 屋顶构造复杂的还要加注详图索引符号，画出详图，如图 5.7 所示。

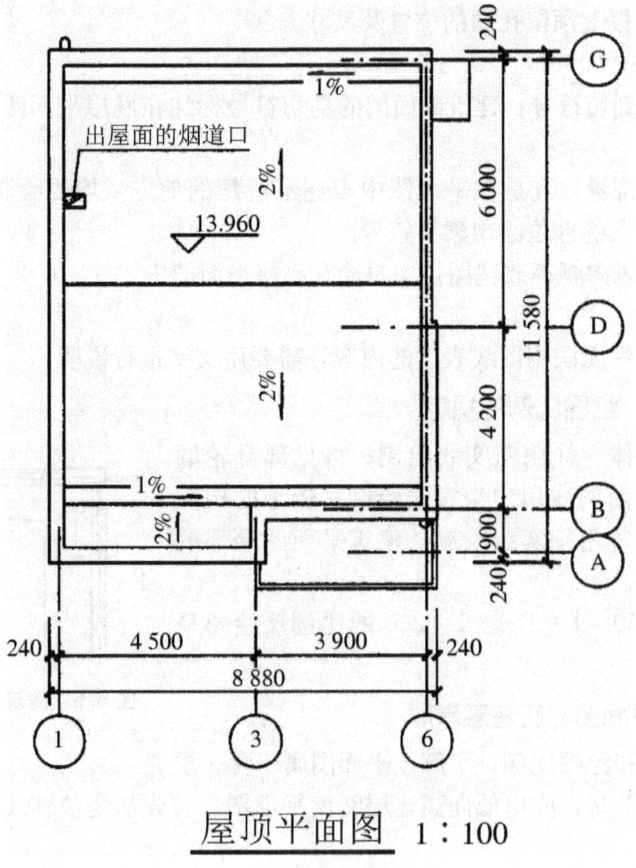

图 5.7 屋顶平面图

3. 屋顶平面图的读图注意事项

屋顶平面图虽然比较简单，亦应与外墙详图和索引屋面细部构造详图对照才能读懂，尤其是外楼梯、检查孔、檐口等部位和做法、屋面材料防水做法。

5.2.3 建筑平面图的绘制步骤

(1) 依据定位轴线尺寸，绘制定位轴线。

(2) 依据墙体厚度尺寸、门窗细部尺寸，绘制被剖切到的墙身断面和门窗图例。

(3) 绘制平面图中的其他建筑构配件、室内各种设施图例等。

(4) 检查无误后，按规定线型、线宽加深图线、标注定位轴线和尺寸标注，标注详图索引符号、指北针和文字说明。

建设平面图的绘制步骤如图 5.8 所示。

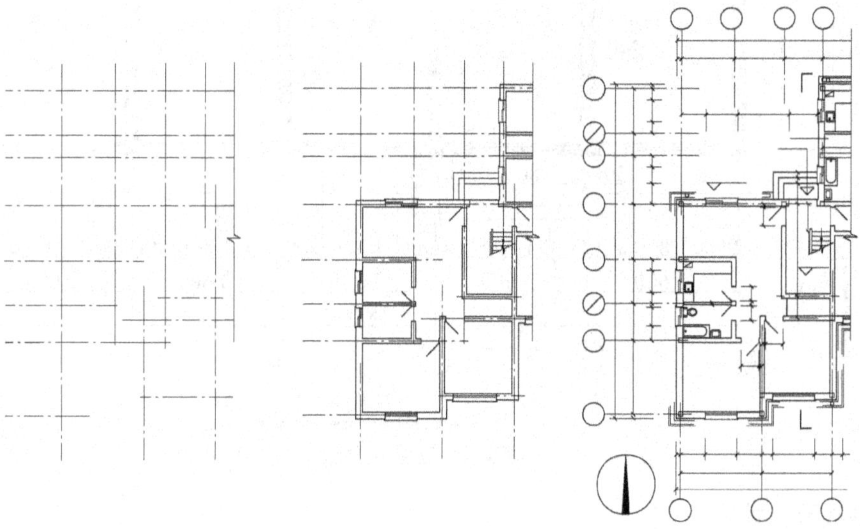

(a) (b) (c)

图 5.8 建筑平面图的绘制步骤

5.2.4 读图示例

图 5.9 所示为某建筑底层平面图，可按如下步骤进行识读。

1. 房屋朝向

从左下角指北针可知，办公楼坐北朝南。

2. 房屋平面布置和交通情况

房屋主要入口在②、③轴线，室外上两步台阶经 M—3 可进入门厅，左边为卫生间，正对的是楼梯，右边为 6 个 3.6m×5.4m 的办公室。

3. 门窗位置、 类型、 尺寸编号

图中共两种门，宽度分别为 1.8m 和 1m，共有 3 种窗，宽度分别 1.2m、1.8m、2.1m。2.1m 为传达室的西窗户。

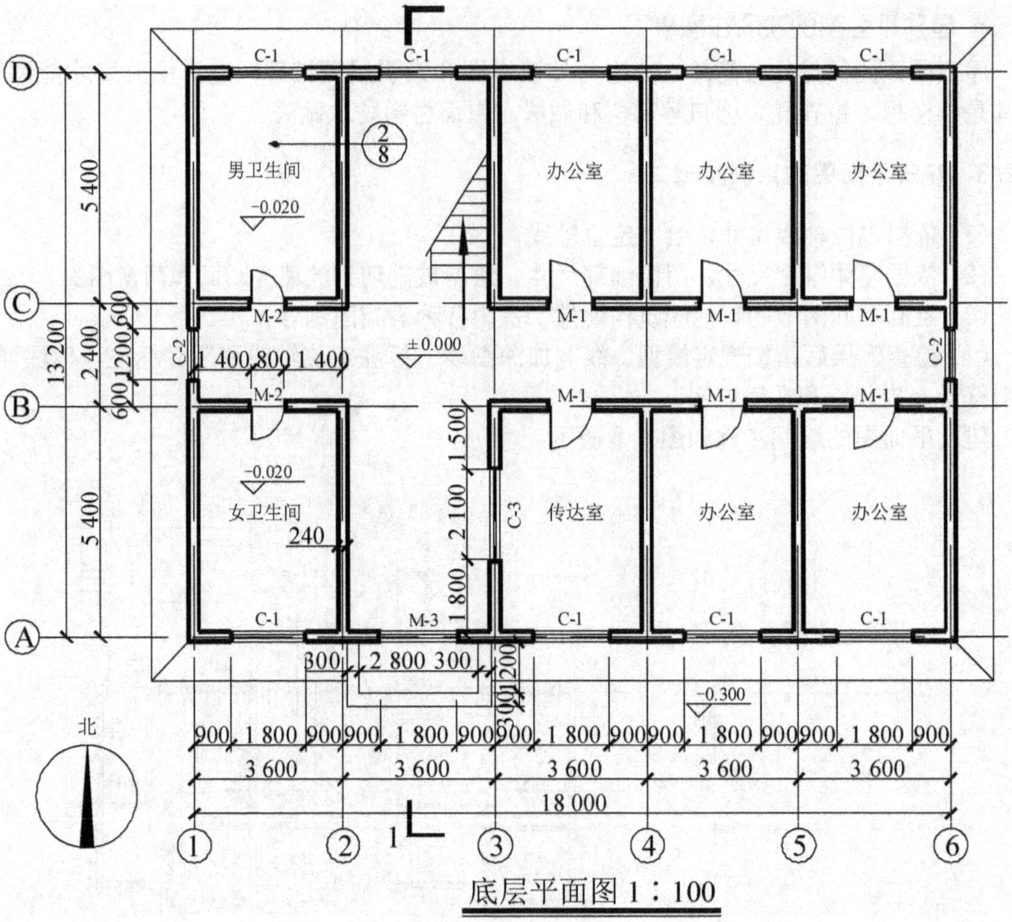

图 5.9　底层平面图

4. 轴线及其编号

一般采用轴线网划分平面，这些轴线称为定位轴线，是确定建筑物主要墙、柱和构件位置及标注尺寸的基准线，用细点画线绘制。轴线从左至右用阿拉伯数字编写，从下往上用大写英文字母编写，但不得使用 I、O、Z 3 个字母，编号注写在轴线端部的圆圈内，圆圈直径为 8mm。

轴线是贯穿于各个专业的一个基准，同一座建筑所有专业图纸的轴线编号必须是一致的。

5. 标高

施工图一般将建筑底层地面标高标记为±0.000，其余部分标高以它为基准，如卫生间－0.020，室外－0.300。

6. 尺寸标注

前边已经详述，外部尺寸分 3 道，从外至内分别是建筑总体尺寸、轴线间尺寸和门窗等细部尺寸，内部尺寸为净空尺寸和内门、窗定位尺寸。

7. 剖面图的剖切位置

图中②、③轴线标注了 1－1 剖面的剖切位置。

8. 详图及索引符号

为了表示卫生间、楼梯间等相对复杂部位的详细平面布置，须将这些部分用较大的比例另外画出详图。索引符号如图 5.10 所示，意思是卫生间详图在图号为 8 的图纸的编号为 2 的详图上。

图 5.10 卫生间详图索引符号

5.3 建筑立面图

5.3.1 建筑立面图的图示方法和用途

建筑立面图是将房屋的各个侧面向与之平行的投影面作正投影所得到的图样，简称立面图。

建筑立面图是用来表现房屋立面造型的艺术处理，表示房屋的外部造型和外墙面的装饰，同时反映外墙面上门窗位置、入口处和阳台的造型、外部台阶等构造以及各表面装饰的色彩和用料，如图 5.11、图 5.12、图 5.13 所示。

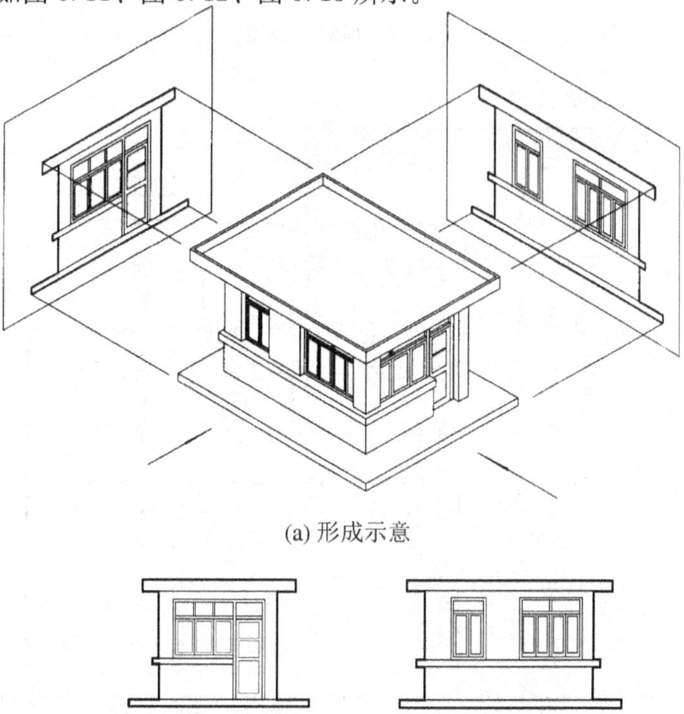

(a) 形成示意

(b) 东侧立面图　(c) 南侧立面图

图 5.11 建筑立面图的形成

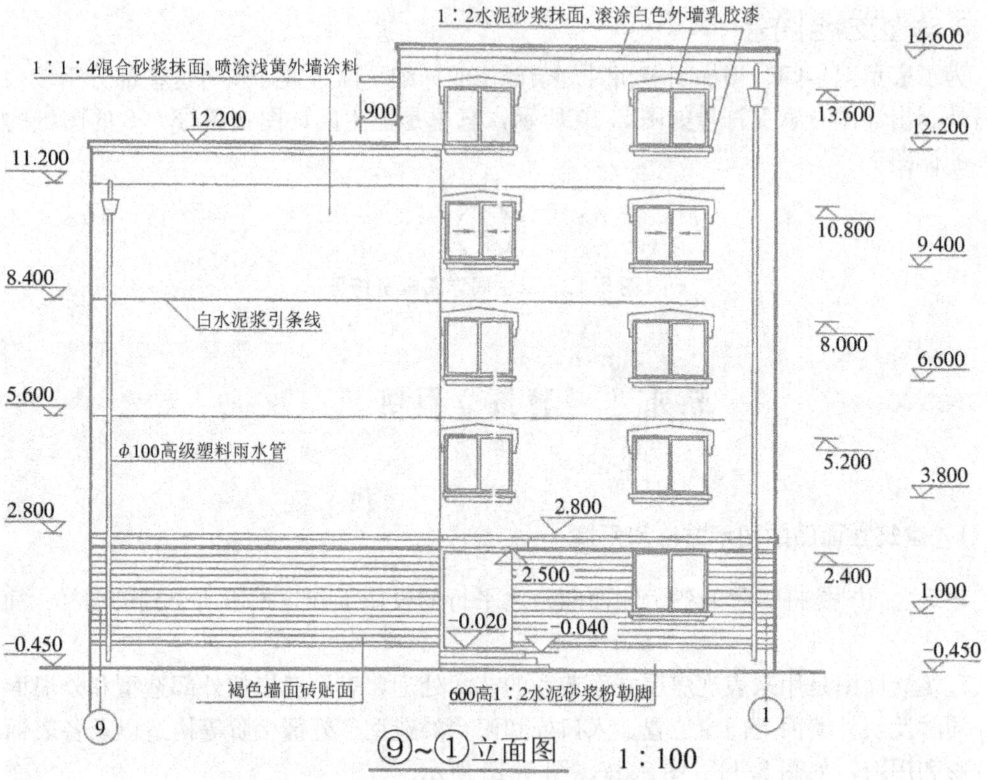

图 5.12 建筑立面图(1)

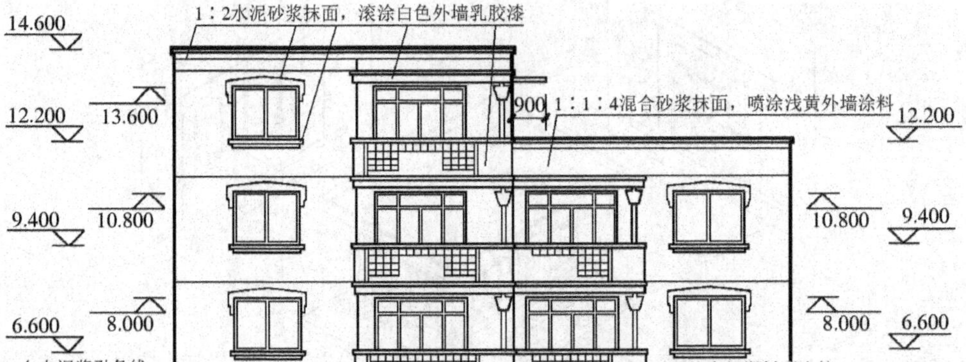

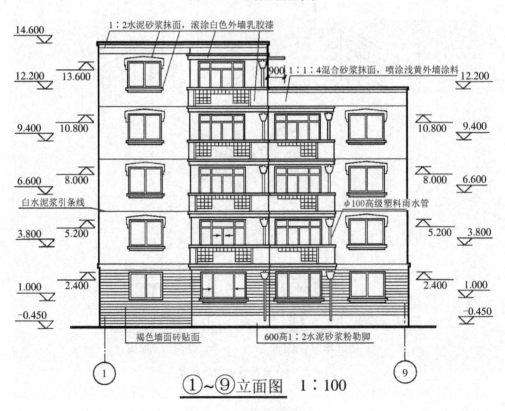

图 5.13 建筑立面图(2)

5.3.2 建筑立面图的命名

立面图的数量视房屋各立面的复杂程度而定，一般为4个立面图。立面图的命名方式常见的有3种。通常把反映房屋主要外貌特征或主要出入口的一面称为正立面图，其余各立面图则相应的称为北立面图或侧立面图。对于朝向南、北、东、西的房屋，可按照朝向命名，如南(北)立面图、东(西)立面图等。有时还可以采用两端的定位轴线编号来确定，如①～⑨立面图、Ⓐ～Ⓖ立面图等，便于阅读图样时与平面对照了解。

房屋的某一立面若呈圆弧或折形时，可将其假想展开并选定其平行的投影面作正投影绘制立面图，这种情况下需在图名后加注“展开”二字。若房屋左右(图视方向)对称时，可以用对称线作为分界线，正立面图和背立面各绘制一半，合并成一幅立面图。

5.3.3 建筑立面图的图示内容

1. 投影关系与比例

建筑立面图应将立面上所有投影可见的轮廓线全部绘出，如室外地面线、房屋的勒脚台阶、花池、门、窗、雨篷、阳台、檐口、女儿墙、墙面分格线、雨水管、屋顶上可见的排烟口、水箱间、室外楼梯等。

2. 线形使用和定位轴线

在立面图中，为了突出建筑物外形的艺术效果，使之层次分明，在绘制立面图时通常选用不同粗细的图线。房屋的主体外轮廓(不包括室外附属设施，如花池、台阶等)用粗实线；勒脚、门窗洞口、窗台、阳台、雨篷、檐口、柱、台阶、花池等轮廓用中实线；门窗扇分格、栏杆、雨水管、墙面分格线、文字说明引出线等用细实线；室外地面线用特粗实线。

在立面图中一般只要求绘出房屋外墙两端的定位轴线编号，以便与平面图对照来了解某立面图朝向。定位轴线画进墙内10～15mm。

3. 图例

由于立面图的比例较小，因此，许多细部应按图例表中规定的图例绘制。为了简化作图，对于类型完全相同的门、窗扇，在立面图中可详细绘制出一个(或在每层绘制一个)，其余的只需绘制简图。另有详图和文字说明的细部(如檐口、屋顶、栏杆等)，在立面图中也可简化绘出。

4. 尺寸标注

立面图上一般只需标注房屋外墙各主要结构的相对标高和必要的尺寸。如室外地面、台阶、窗台、门、窗洞口顶端、阳台、雨篷、檐口、屋顶等完成面的标高。对于外墙预留洞口，除标注标高外，还应标注其定形和定位尺寸。

标注标高时，须从其被标注部位的表面绘制一引出线，标高符号指向引出线，指向可向上，也可向下。标高符号宜画在同一铅垂线方向，排列整齐。标高符号的绘制及指向如图5.14、图5.15所示。

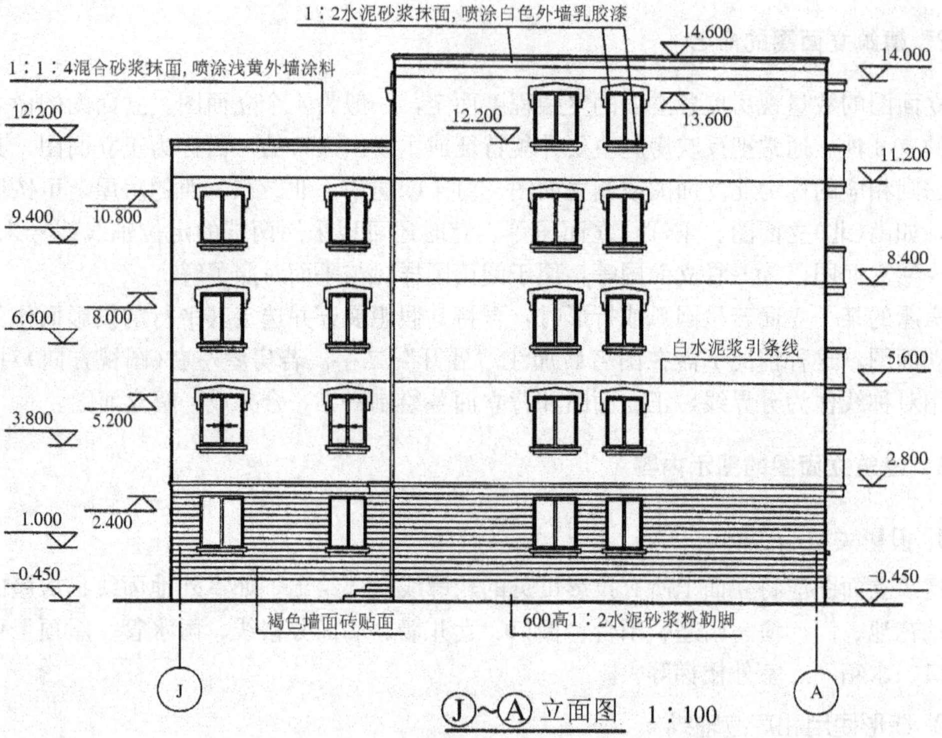

图 5.14 建筑立面图(3)

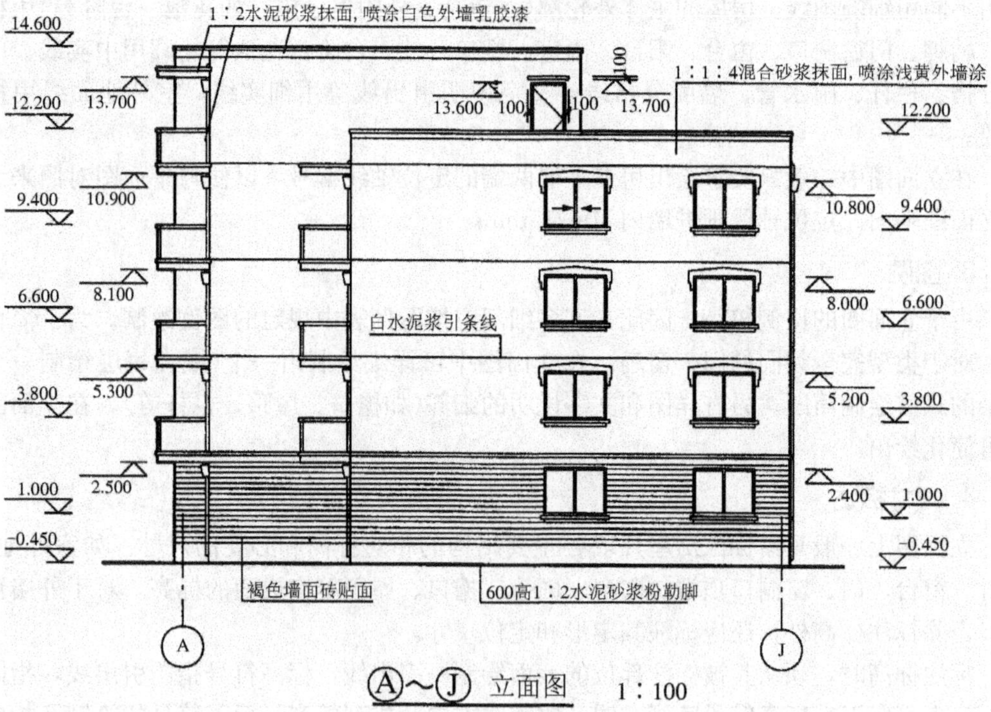

图 5.15 建筑立面图(4)

5. 其他内容

在立面图中还要说明外墙面的装修色彩和工程做法，一般用文字或分类符号表示。根据具体情况标注有关部位详图的索引符号，以指导施工和方便阅读。

5.3.4 有关图线、绘图比例的规定

(1) 建筑物的外形轮廓用粗实线绘制。

(2) 建筑立面凹凸之处的轮廓线、门窗洞以及较大的建筑构配件的轮廓线，如雨篷、阳台、阶梯等均用中粗实线绘制。

(3) 较细小的建筑构配件或装饰线，如：勒脚、窗台、门窗扇、各种装饰、墙面上引条线、文字说明指引线等均用细实线绘制。

(4) 室外地平线用特粗实线绘制。

(5) 绘制比例与建筑平面图相一致。

特别提示

建筑立面图的读图注意事项

立面图与平面图有密切关系，各立面图轴线编号均应与平面图严格一致，房屋外墙的凹凸情况应与平面图联系起来看。

5.3.5 建筑立面图的绘制步骤

建筑立面图的绘制步骤如图5.16所示，具体步骤如下。

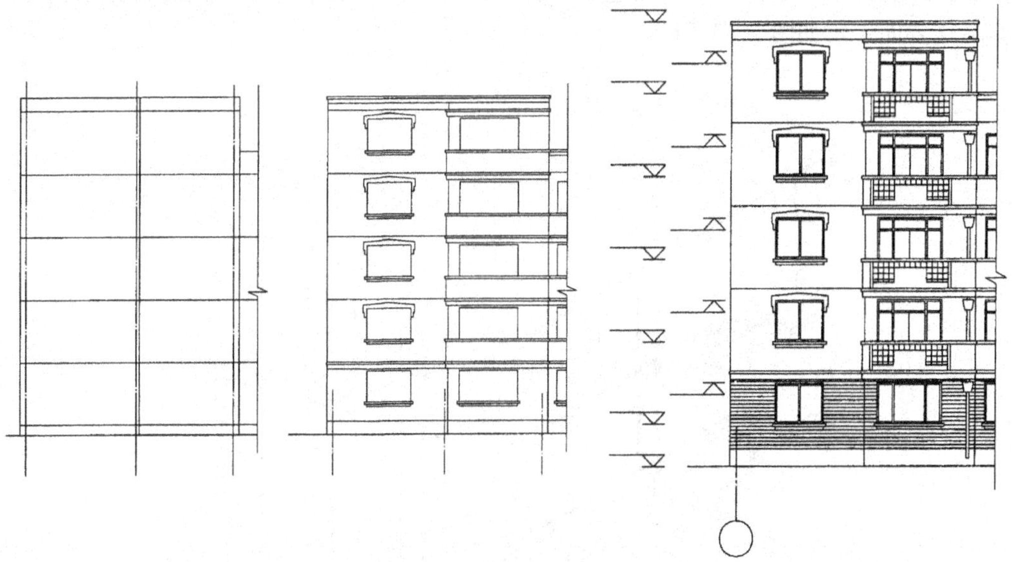

(a) (b) (c)

图5.16 建筑立面图的绘制步骤

(1) 绘制定位轴线、室外地平线，依据楼层标高及墙厚，绘制房屋外轮廓线。

(2) 绘制墙体的转角线、门窗洞、阳台、台阶、屋面等大的建筑构配件的轮廓线。

(3) 绘制窗台、雨篷、雨水管、门窗框、门窗扇等小的建筑构配件轮廓线。

(4) 标注定位轴线、各部位建筑标高、详图索引符号、墙面装饰用料及做法。

(5) 书写图名及绘图比例。

5.4 建筑剖面图

为了清楚表达建筑物的内部情况，假想用一平行于房屋某墙面的铅垂剖切平面将房屋从屋顶到基础全部剖开，把需要留下的部分投射到与剖切平面平行的投影面上，得到建筑剖面图，简称剖面图。

5.4.1 建筑剖面图图示方法和用途

建筑剖面图是假想用一个垂直于横向或纵向轴线的铅垂剖切平面剖切房屋所作的剖视图，简称剖面图。建筑剖面图主要用于表达房屋内部高度方向构件布置、上下分层情况、层高、门窗洞口高度，以及房屋内部的结构形式。主要表示房屋内部在高度方向的结构形式、楼层分层、垂直方向的高度尺寸以及各部分的联系等情况，如房屋和门窗的高度、屋顶形式、屋面坡度、楼板的搁置方式等，是与平面、立面图相配合的不可缺少的三大基本图样之一。

剖切位置一般选择在房屋构造比较复杂和典型的部位，并且通过墙体上门、窗洞。若为楼房，应选择在楼梯间、层高不同、层数不同的部位，剖切位置符号应在底层平面图中标出。通常选用全剖面，必要时可选用阶梯剖面。剖面图的数量视房屋的具体结构和施工的实际需要而定，如图 5.17 所示。

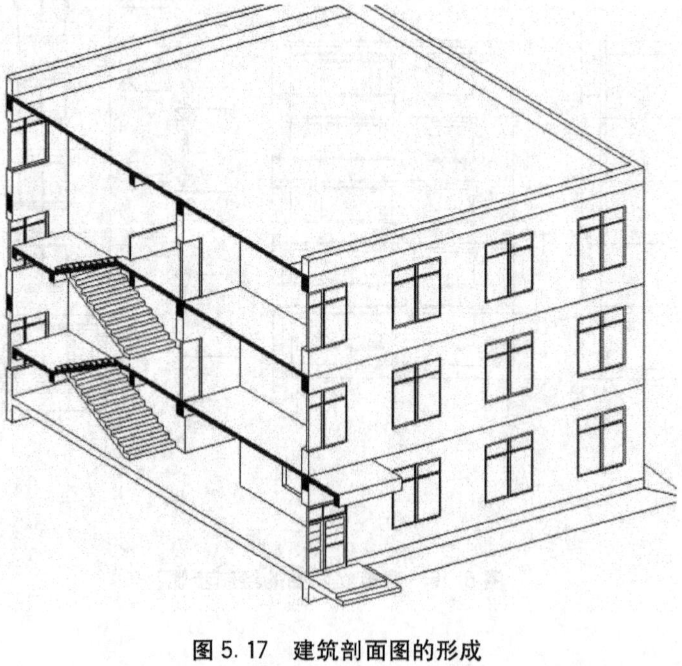

图 5.17 建筑剖面图的形成

剖面图的名称应与建筑平面图中剖切编号相一致，如 1－1 剖面图等。

5.4.2 建筑剖面图的基本内容

某平面图 1－1 剖视图如图 5.18 所示。

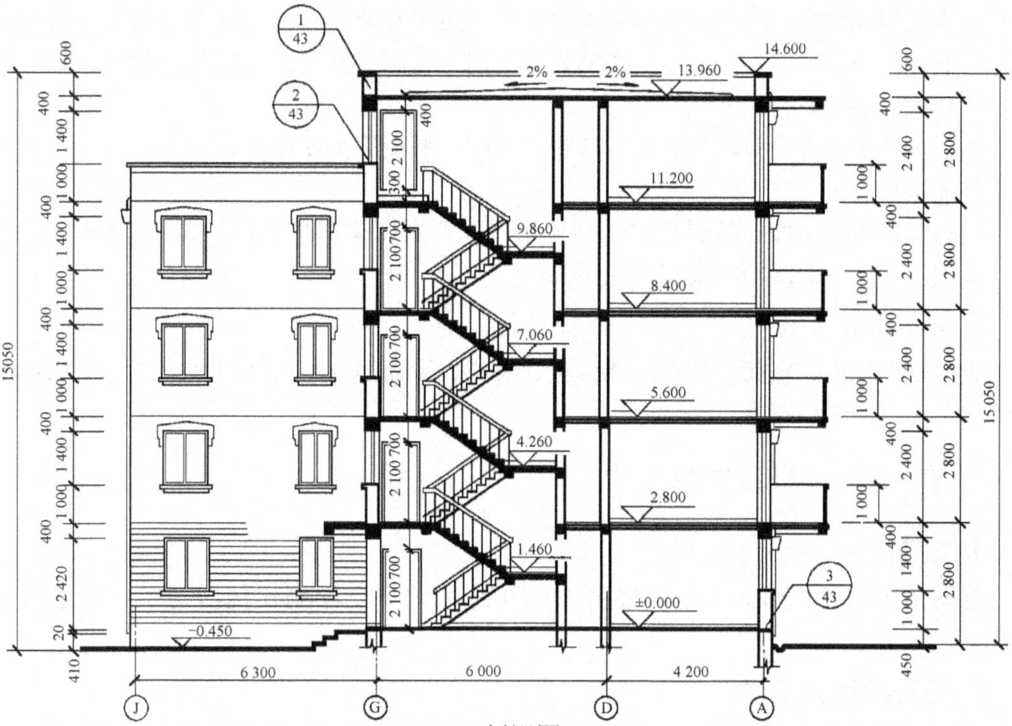

1—1剖视图 1∶100

图 5.18 建筑剖面图

1. 投影关系

剖面图所表达的内容与投影方向要与平面图(常见于底层剖面图)中标注的剖切符号的位置一致。剖切平面剖切到的部分及按投影方向可见的部分都应表示清楚。

2. 图线和比例

剖面图上使用的图线与平面图相同，比例也应尽量与平面一致，有时为了更清晰地表达图示内容或房屋的内部结构较为复杂，剖面图的比例可相应的放大。

3. 定位轴线

在剖面图中，被剖切到的承重墙、柱均应绘制与平面图相同的定位轴线，并标注轴线编号和轴线间尺寸。

4. 建筑构配件

剖切到的建筑构配件，在竖向方向上的布置情况，比如各层梁板的具体位置以及与墙柱的关系，屋顶的结构形式；表明房屋内未剖切到而可见的建筑构配件位置和形状。如可见的墙体、梁柱、阳台、雨篷、门窗、楼梯段以及各种装饰物和装饰线等。

5. 尺寸标注

在剖面图中主要标注室内各个部位的高度尺寸及标高。

1）高度尺寸

外部高度尺寸若采用尺寸线的形式标注房屋各层高度时，可与平面图相似分为外三道尺寸：靠近墙体的第一道尺寸为细部尺寸；第二道尺寸为层高尺寸；第三道尺寸为总高尺寸，一般标注在图样的外侧。主要表明外墙的门、窗洞口高度方向的尺寸及洞口上端道上一层窗台或屋顶的高度尺寸。

内部尺寸主要标注室内门、窗、墙裙、隔断、搁板等高度尺寸。

2）标高

应标注室内外地面、各层楼面、楼梯平台、各层门窗洞口上端、窗台、檐口、屋顶、女儿墙檐口等部位的结构标高或建筑标高。

6. 材料及做法

表明室内地面、楼面、顶棚、踢脚板、墙裙、屋面等内装修用料及做法，需用详图表示处加标注详图索引符号。

5.4.3 有关图线、比例的规定

1. 绘图比例

绘图比例常用 1∶100，也可选用 1∶50 或 1∶200。绘制比例应与平面图绘图比例相同。

2. 图例表示各构配件

由于绘图比例较小，剖面图中的门、窗等构配件采用国家标准中规定的图例来表示。为了清楚地表达建筑各部分的材料及构造层次，当剖面图的绘图比例大于 1∶50 时，应在剖到的构件断面中画出其材料图例，当剖面图比例小于 1∶50 时，则不画具体材料图例，而用简化的材料图例表示构件断面的材料，如钢筋混凝土构件可在断面涂黑以区别砖墙和其他材料。

3. 图线要求

用粗实线绘制被剖到的墙体、楼板、屋面板；用中粗实线绘制房屋的可见轮廓线；用细实线绘制较小的建筑构配件的轮廓线、装修面层线等；而用特粗实线绘制室内、外地坪线，如图 5.19 所示。

(1) 室内外地坪线——加粗实线($1.4b$)。

(2) 凡是被剖切到的墙、板、梁等构件的轮廓线——粗实线(b)。

(3) 未剖切到的可见构配件的轮廓线——中粗线($0.5b$)。

(4) 细部构造——细实线($0.35b$)。

4. 尺寸标注

(1) 竖直方向：图形外标注 3 道尺寸由里向外。

① 细部尺寸：标注墙段及洞口尺寸。

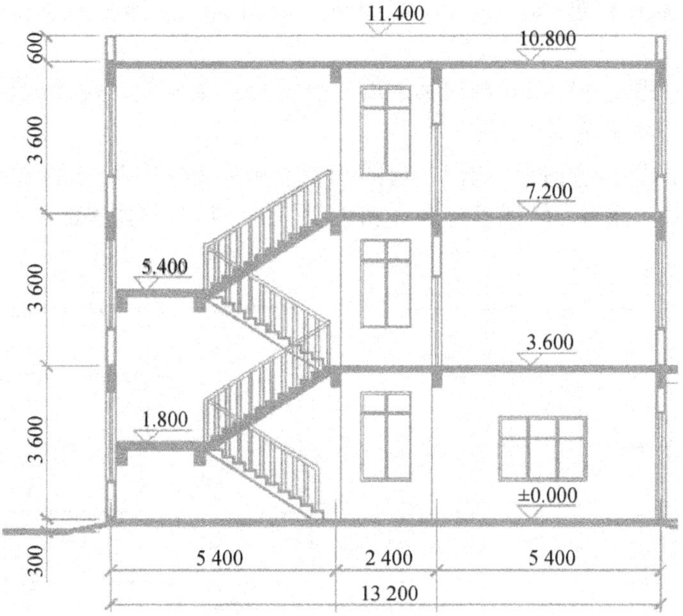

图 5.19 建筑剖面图

② 层高尺寸：两层之间楼地面的垂直距离。

③ 总高尺寸：从室外地坪起标到墙顶止，标注建筑物的总高尺寸。

(2) 水平方向常标注剖到的墙、柱及剖面图两端的轴线编号及轴线间距，并在图的下方注写图名和比例。

(3) 标高标注建筑物的室内外地坪、各层楼面、门窗洞的上下口及墙顶等部位的标高；图形内部的梁等构件的下口标高。

(4) 其他标注如下。

① 详图索引符号：由于剖面图的绘图比例较小，某些部位如墙脚、窗台、过梁、墙顶等节点，不能详细表达，可在剖面图上该部位处，画上详图索引标志，另用详图来表示其细部构造尺寸。

② 文字分层标注：楼地面及墙体的内外装修，可用文字分层标注。

特别提示

建筑剖面图的读图注意事项

(1) 阅读剖面图时，首先弄清该剖视图的剖切位置，然后逐层分析剖到哪些内容，投影看到哪些内容。

(2) 剖面图中的尺寸重点表明室内外高度尺寸，应校核这些细部尺寸是否与平面图、立面图中的尺寸完全一致。内外装修做法与材料是否也同平面图、立面图一致。

5.4.4 建筑剖面图的绘制步骤

建筑剖面图的绘制步骤如图 5.20 所示。

(1) 绘制房屋定位轴线、室内外地面线、楼面线、楼梯平台面线、楼梯段的起止点等。

(2) 绘制主要建筑构件，如剖切到的墙身、楼板、屋面板、楼梯休息平台板、楼梯以及墙身上可见的门窗洞轮廓线等。

(3) 绘制细小建筑构配件，如门、窗图例、楼梯栏杆与扶手、踢脚板等。

(4) 标注尺寸、标高、轴线编号、详图索引符号、用料与做法的文字说明。

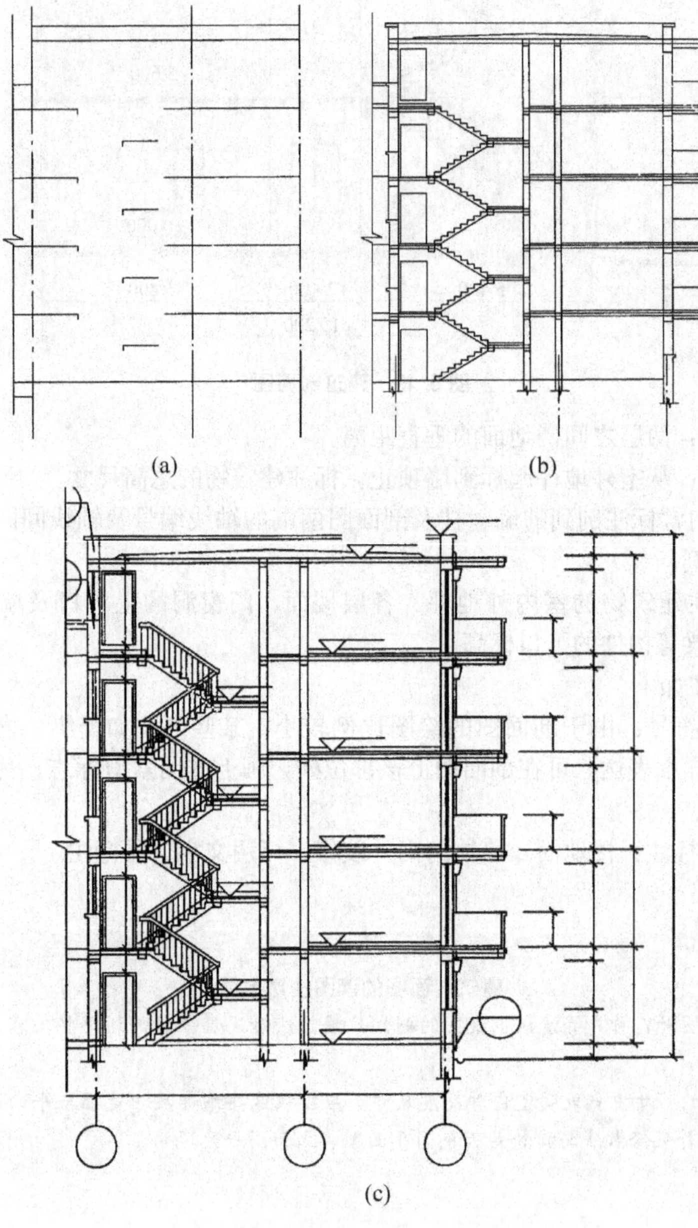

图 5.20 建筑剖面图的绘制步骤

5.5 建筑详图

5.5.1 建筑详图概述

建筑平面图、立面图、剖面图是建筑施工图中表达房屋的最基本的图样，由于其比例小，无法把所有详细内容表达清楚。建筑详图可以用较大比例详尽表达局部的详细构造，如形状、尺寸大小、材料和做法。也可以说，建筑详图是建筑平、立、剖面图的补充图样。

就民用建筑而言，应绘制建筑详图的部位很多，如不同部位的外墙详图、楼体间详图、室内固定设备布置(如卫生间、厨房等)的详图。另外还有大量的建筑构、配件采用了标准图集说明详图构造，在施工图中可以简化或用代号表示，而在施工中必须配合相应标准图集才能阅读清楚。

建筑详图的表达方法应视建筑构配件或建筑细部的复杂程度而定，可使用视图、剖视图和断面图的图示方法进行表达。

5.5.2 建筑详图的有关比例和符号

1. 详图的比例

国家标准规定，详图的比例宜采用 1∶1、1∶2、1∶5、1∶10、1∶20、1∶50 绘制，必要时，也可选用 1∶3、1∶4、1∶25、1∶30、1∶40 等。

2. 详图的种类

常见的详图有外墙身详图、楼梯间详图、卫生间详图、厨房详图、门窗详图、阳台详图、雨篷详图等。

3. 详图标志及详图索引符号

为了便于看图，常采用详图标志和详图索引标志。详图标志又称详图符号，画在详图的下方；详图索引标志又称索引符号，则表示建筑平、立、剖面图中某个部位需另画详图表示，故详图索引符号是标注在需要画出详图的位置附近，并用引出线引出。

需用详图表示的部位用细线作指引线，其端部以直径为 10mm 的细实线圆作为索引符号，如图 5.20 所示。上半圆中的数字为索引详图的编号，下半圆中的数字为该详图所在图样的编号。若索引的详图与被索引的图样在同一幅图内，则下半圆中为一段水平短画线。索引的详图如采用标准图集，则应在指引上加注该标准图集的编号。

当索引的部位需用剖面图表示时，应在指引线的某一侧画上剖切线(粗短画线)，指引线所在的一侧为投影方面，如图 5.21 所示(c)、(d)。

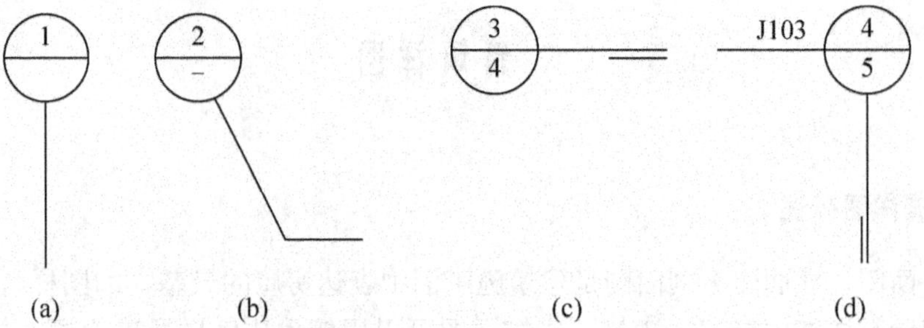

图 5.21 索引符号

5.5.3 外墙身剖面节点详图

外墙身剖面详图是一种重要的构造详图，是将墙身从上至下做一剖切，一般由墙身各主要建筑部分部位的剖面节点详图组成。它表示墙身由地面到屋顶各部位高度方向的墙脚、窗台、过梁、墙顶以及外墙与室内外地坪、外墙与楼面、屋面、构造、材料、施工要求及有关部位的连接关系，是施工和编制工程预算的重要依据。

外墙剖面详图常采用 1∶20 的比例绘制，也可用其他放大比例。因此，在详图中应画出建筑材料图例符号，并且用细实线绘制装饰层的面层线，标明粉刷层的厚度。对于屋顶、楼面、地面等处的各层构造做法一般按其构造层次的顺序绘制，并用文字加以说明，多层建筑各层楼面的做法完全相同时，可只详画一层。

图 5.22 所示为外墙身剖面节点详图，主要图示内容如下。

(1) 墙的轴线编号、墙的厚度及其与轴线的关系注明所剖切墙身的轴线编号。按国家标准规定，如果一个外墙身详图适用于几个轴线时，应同时注明各有关轴线的编号。通用轴线的定位轴线应只画圆，不注写编号。轴线端部圆圈直径在详图中为 10mm。

(2) 各层楼板等构件的位置及其与墙身的关系楼板进墙、靠墙、支承等情况。

(3) 屋面、楼面、地面等为多层次构造多层次构造用分层说明的方法标注其构造作法。多层次构造的共用引出线，应通过被引出的各层。文字说明宜用 5 号字或 7 号字注写在横线的上方或横线的端部，说明的顺序由上至下，并应与被说明的层次相互一致。如层次为横向排列，则由上至下的说明顺序应由左至右的层次相互一致。

(4) 立面装修和墙身防水、防潮要求包括墙体各部位的窗台、窗楣、檐口、勒脚、散水等的尺寸、材料和做法，用引出线说明。

(5) 尺寸标注与标高门窗洞口、底层窗下墙、窗间墙、檐口、女儿墙等的高度；标高标注室内外地坪、防潮层、门窗洞的上下口、檐口、墙顶及各层楼面、屋面的标高。

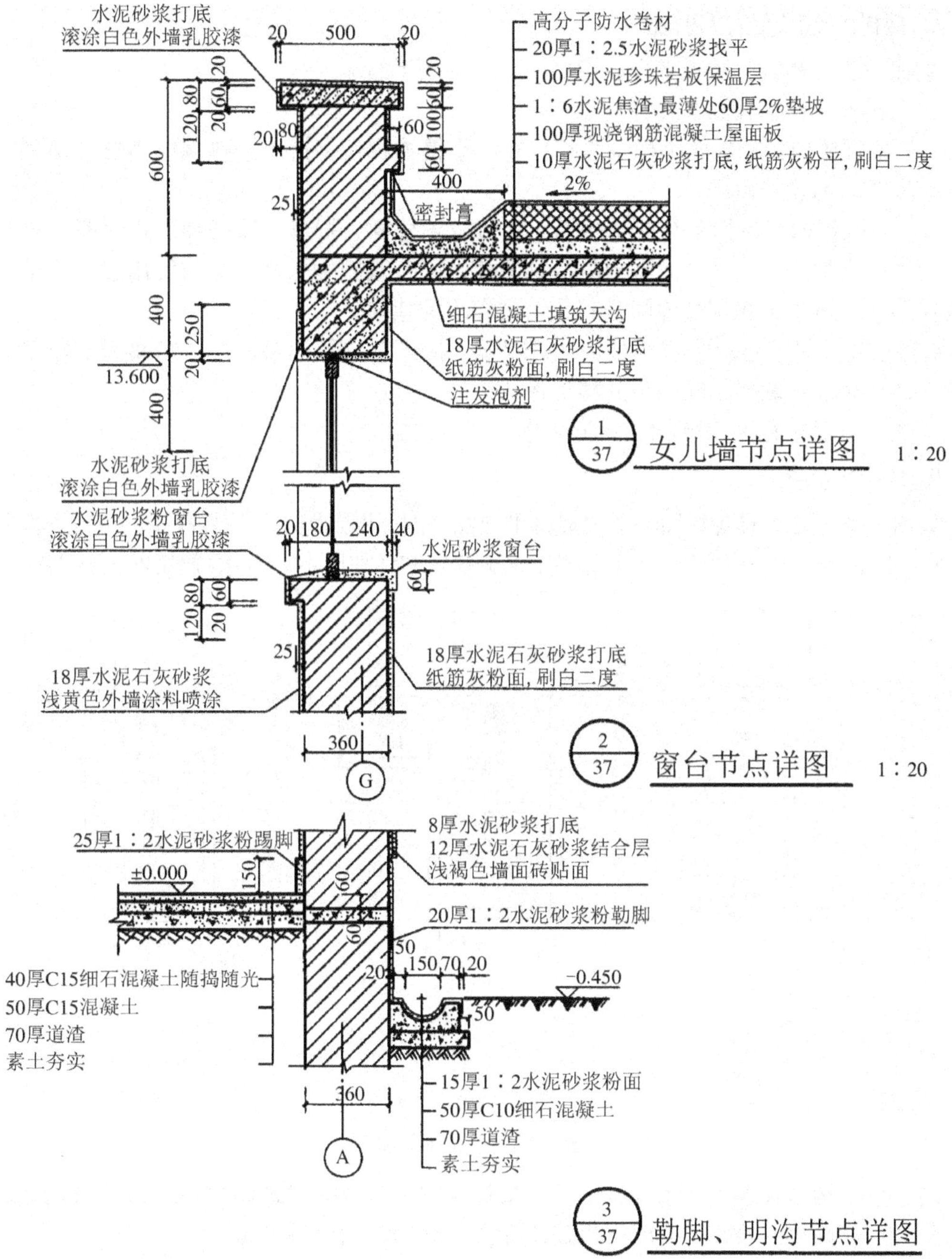

图 5.22 外墙节点详图

5.5.4 楼梯详图

在多层建筑中，楼梯是各层之间主要的垂直交通设施，它主要由楼梯段(简称梯段、包括踏步和斜梁)、楼梯平台(包括平台板和梁)和栏杆扶手(或栏板)等组成。由于其构造比较复杂，一般需要绘制详图。

1. 楼梯的组成及常见形式

楼梯一般由梯段、楼梯平台、栏杆(栏板)、扶手组成。

常见楼梯的形式有如下几种。

(1) 单跑楼梯：相邻两个楼层之间只有一个楼梯梯段，适用于建筑层高低、楼梯间开间小、进深大的建筑。

(2) 双跑楼梯：包括平行双跑楼梯、直行双跑楼梯、折形双跑楼梯。相邻两个楼层之间有两个楼梯梯段，一个中间平台的楼梯形式。平行双跑楼梯是工业与民用建筑中常采用的楼梯形式，适用于建筑楼梯间开间大、进深小的建筑。

(3) 三跑楼梯：包括平行双分、平行双合、折形三跑等楼梯形式。相邻两个楼层之间有3个楼梯梯段，两个中间平台的楼梯形式。

其他楼梯形式有X形楼梯、弧形楼梯、螺旋楼梯等。

2. 楼梯平面图

如图5.23所示，楼梯详图一般由楼梯平面图、剖面图及踏步、栏杆扶手的节点详图等组成。它主要表示楼梯段的类型、结构形式、装修做法和详细尺寸，是楼梯施工的主要依据。

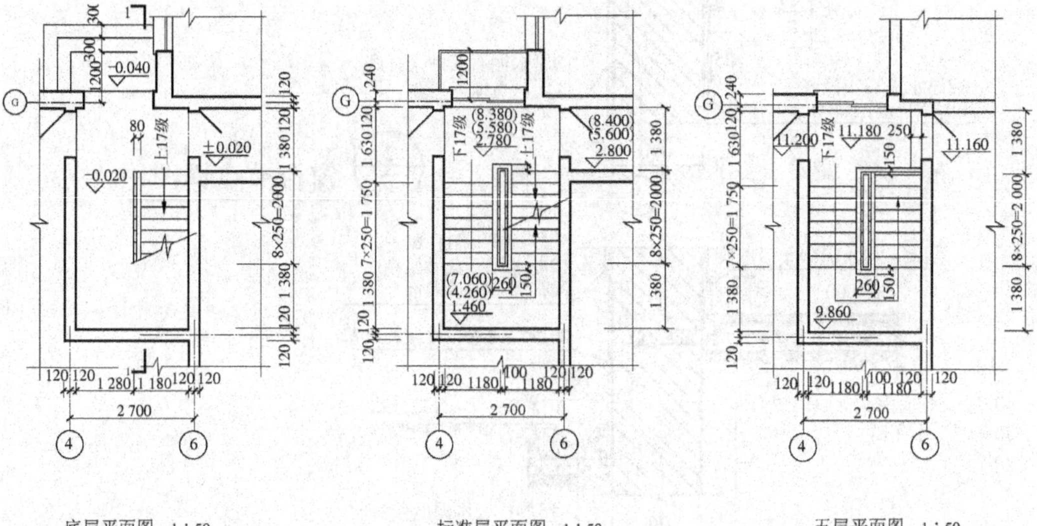

图5.23 楼梯平面图

由于楼梯构造及强度要求的特殊性，楼梯详图一般分为建筑详图和结构详图，分别绘制。对于比较简单的楼梯，有时可将建筑详图与结构详图合并绘制。

1) 绘图比例

楼梯平面图绘图比例一般采用1∶50。

2) 水平剖切位置

楼梯平面图则为房屋各层水平剖切后的直接正投影图。楼梯平面图的剖切位置，除顶层在安全栏杆(栏板)之上外，其余各层均在上行第一跑中间，各层被剖切到的上行第一跑梯段，都在楼梯平面图中画一条与踢面线成30°的折断线。与楼地面平行的面称为踏面，与楼地面垂直的面称为踢面。各层下行梯段不用剖切。

3）图示内容

（1）楼梯间轴线的编号、开间和进深尺寸。

（2）梯段、平台的宽度及梯段的长度；梯段的水平投影长度＝踏步宽×（踏步数－1），因为最后一个踏步面与楼层平台或中间平台面齐平，故减去一个踏步面的宽度。

（3）楼梯间墙厚、门窗位置。

（4）楼梯的上下行方向（用细箭头表示，用文字注明楼梯上下行的方向）。

（5）楼梯平台、楼面、地面的标高。

（6）首层楼梯平面图中，表明室外台阶、散水和楼梯剖面图的剖切位置。

3. 楼梯剖面图

楼梯剖面图是假想用铅垂面作为剖切平面通过各层的某一梯段和窗洞口的位置将楼梯间剖切后，并向另一未被剖切的梯段方向做正投影所得到的剖面图，如图 5.24 所示。剖面图的剖切位置、投影方向及编号应标注在楼梯底层平面图中。

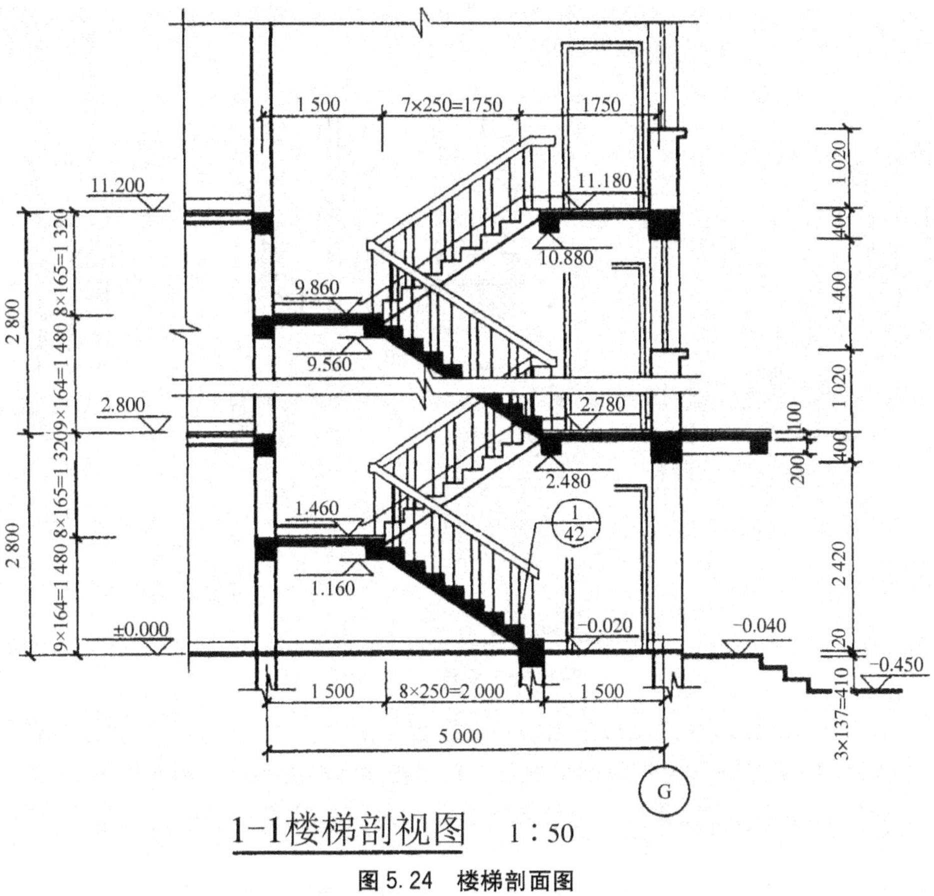

图 5.24 楼梯剖面图

在多层建筑中，如果中间各层楼梯的结构完全相同，其剖面图可只画一层、中间层和顶层，并在各段剖面图中用折断线分界。但各层的标高必须详细标注在已画“中间层”的楼面和平台面上。另外，楼梯剖面图通常不画至屋顶，也不画基础，所以相连接处分别用折线表示。

在楼梯剖面图中应标注各层地面、楼面、休息平台面的标高，还应标注梯段、栏杆扶手的高度尺寸，梯段高度＝踏步高度×踏步级数；成人用栏杆扶手高度一般为900mm，应为踏面的中间道扶手顶面的高度。扶手坡度应与梯段坡度一致。楼梯段的外墙尺寸标注应与建筑剖面图相同。

剖面图绘图比例常用1∶50。剖切位置应选择在通过第一跑梯段及门窗洞口，并向未剖切到的第二跑梯段方向投影。剖面图的图示内容如下。

(1) 被剖切到的楼梯梯段、平台、楼层的构造及做法。

(2) 被剖到的墙身与楼板的构造关系。

(3) 每一梯段的踏步数及踏步高度。

(4) 各部位的尺寸及标高。

(5) 楼梯可见梯段的轮廓线及详图索引符号。

4. 踏步、栏杆及扶手详图

如图5.25所示，踏步、栏杆及扶手是建筑中楼梯上重要的组成部分，在建筑施工图中主要是用详图表示其构造和施工详情。

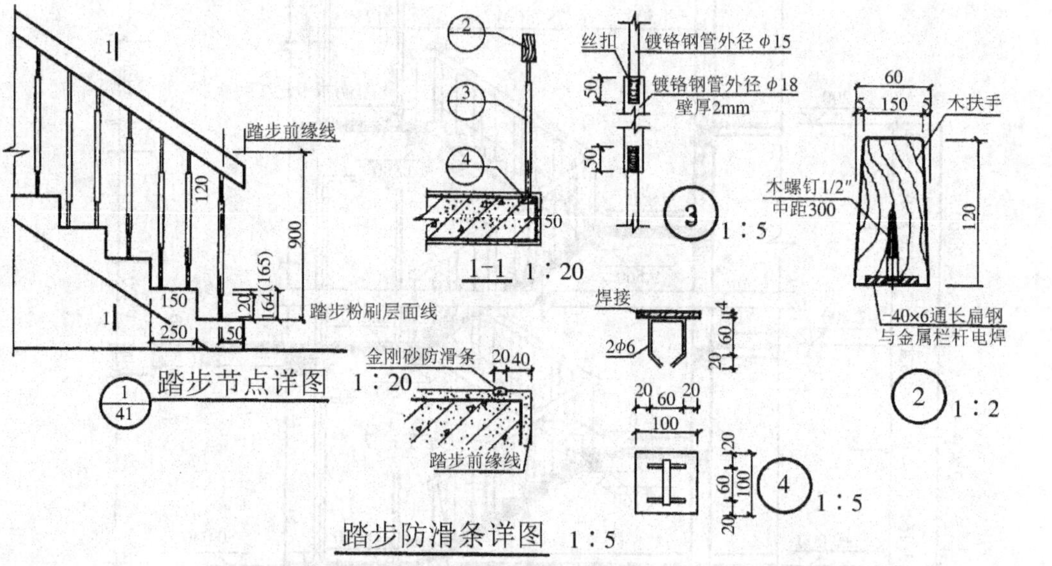

图5.25 楼梯局部详图

(1) 踢面高度。踏步在建筑施工图中不仅要表示出宽度，更要表示出踏步梯段的高度，在楼梯平面图中可以表示出楼梯踏步的宽度，踏步踢面的高度经常在剖面详图中表示。

(2) 踏步上防滑条的位置、材料及做法。防滑条材料常采用马赛克、金刚砂、铸铁及有色金属。

(3) 栏杆与扶手。为了保障人们行走安全，在楼梯梯段或平台临空一侧，设置栏杆和扶手，在详图中主要表明栏杆的形式、材料、尺寸以及栏杆与扶手、踏步的连接。

5.5.5 其他节点详图

在建筑施工图中还有许多其他建筑详图，主要用于表达在建筑平、立、剖面图中没有表达清楚的部分。

1. 阳台详图

阳台详图如图 5.26 所示。

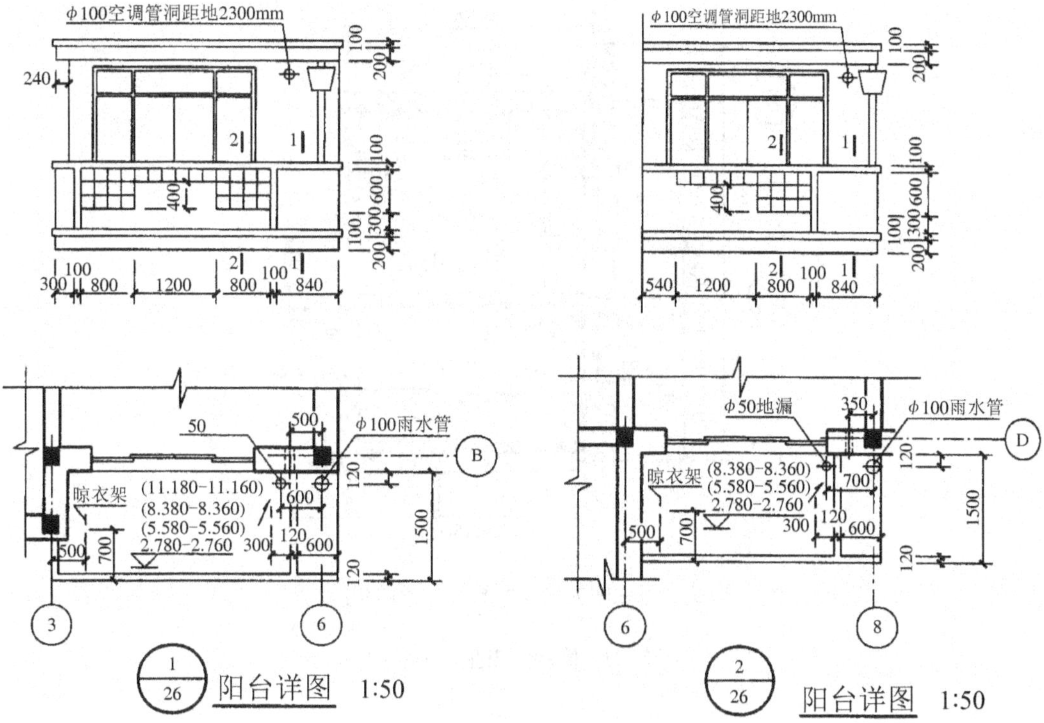

图 5.26 阳台详图

2. 阳台剖面图

阳台剖面图如图 5.27 所示。

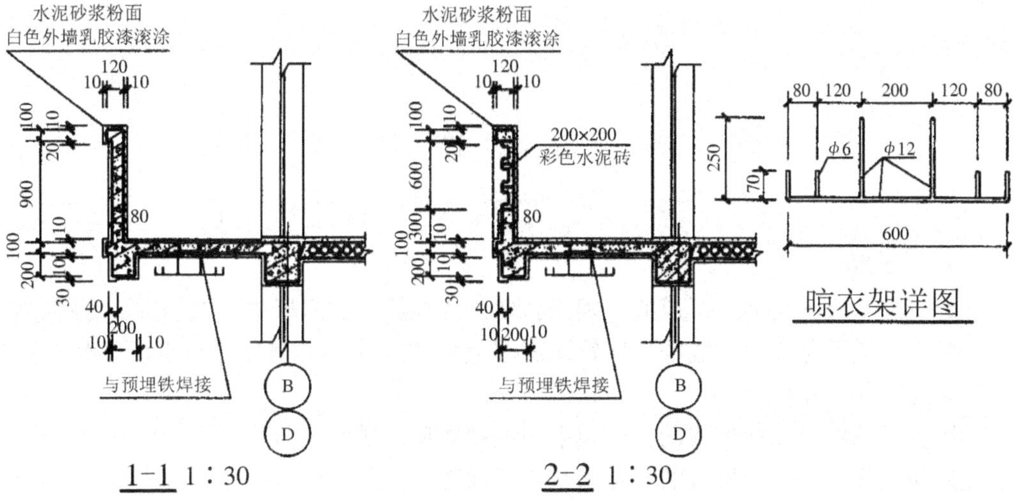

图 5.27 阳台剖视图

3. 厨房、卫生间剖视图

厨房、卫生间剖面图如图 5.28 所示。

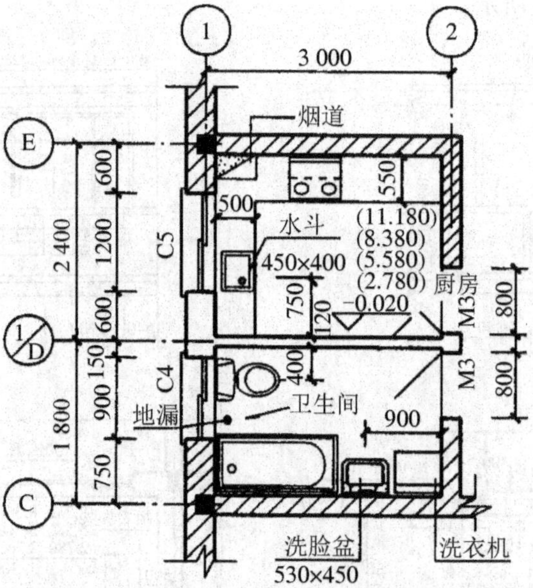

说明：卫生间的楼地面标高与厨房相同。

图 5.28　厨房、卫生间剖视图

本章小结

本章主要讲述建筑施工图的相关知识。主要介绍了建筑平面图的形成、内容、识读以及绘制方法；建筑立面图的成图、识读、绘图方法；建筑剖面图的形成、内容、绘制以及识读。

通过本章的学习，能充分地学习到建筑施工图的知识，能识读、绘制建筑施工图，为以后的学习奠定基础。

习　题

一、简答题

1. 建筑总平面图是如何形成的？确定新建工程在已有建筑群中位置的方法有哪些？

2. 建筑平面图是如何形成的？建筑平面图上标注的外部 3 道尺寸分别反映什么内容？平面图应包括哪些内容？

3. 屋顶平面图是如何形成的？屋顶平面图主要反映哪些内容？

4. 建筑立面图是如何形成的？什么是正立面图？立面图应包括哪些内容？

5. 剖面图是如何形成的？如何知道剖面图的剖切位置及投影方向？

6. 墙身剖面详图是如何形成的？从基础上部的防潮层到檐口各主要节点包括哪些？
7. 楼梯详图应包括哪些内容？平面图是如何形成的？

二、 识读以下建筑施工图

图纸目录

项目名称			工程编号		专业	建筑
工程名称		独立小住宅	建筑面积	402.9m^2	页号	1
序号	图号	图纸名称	图纸规格	折合 A1 张数	备注	
1	建施-目	图纸目录	A4			
2	建施-01	建筑设计说明	A3			
3	建施-02	构造做法及门窗表	A3			
4	建施-03	一层平面图	A3			
5	建施-04	二层平面图	A3			
6	建施-05	三层平面图	A3			
7	建施-06	屋顶平面图	A3			
8	建施-07	Ⓐ～Ⓐ立面图　Ⓐ～Ⓐ立面图	A3			
9	建施-08	Ⓐ～Ⓐ立面图　Ⓐ～Ⓐ立面图	A3			
10	建施-09	A-A剖面图	A3			
11	建施-10	B-B剖面图	A3			
12	建施-11	C-C剖面图	A3			
13	建施-12	楼梯大样图(一)	A3			
14	建施-13	楼梯大样图(二)	A3			
15	建施-14	阳台大样图	A3			
16	建施-15	厨房、卫生间大样图(一)	A3			
17	建施-16	厨房、卫生间大样图(二)	A3			
18	建施-17	厨房、卫生间大样图(三)	A3			
19	建施-18	铝合金窗详图	A3			
20	建施-19	墙身节点详图	A3			
21	建施-20	节点详图	A3			
					日期	

建筑设计说明

1. 工程概况

(1) 建筑名称：独立小住宅。

(2) 建筑面积：402.9 m^2

(3) 建筑工程耐久性等级：二级(50年)。

(4) 建筑类别和防火等级：二类，二级。

2. 设计总则

(1) 建筑准确位置现场定。

(2) 使用本套图纸时应以所注尺寸为准，不可从图纸上度量尺寸。

(3) 所有建筑、结构以及与工艺、公用设备相关的预留洞、预埋件、管弄、管道和设备安装等必须与相关工种的图纸密切配合，施工安装前应全面了解设计图纸内容、设计要求，若发现设计中存在予盾或不详之处，请及时同设计单位协商解决，以保证工程进度和工程质量。

(4) 除本图已作详细表述外，所有材料使用和施工均应按《建筑安装工程施工及验收规范》及相关的国家和相关规范执行。

(5) 图中节点大样应严格与所选标准图、通用图的相关节点全面配合施工。

3. 设计标高

(1) 本工程的设计标高±0.000 相当于绝对标高值现场定，室内外高差为 600mm。

(2) 除屋面为结构标高外，立、剖面其他标高均为完成面标高。结构标高相对建筑标高下降 30mm。

(3) 所有预留孔洞标高，方洞和长方洞为洞底标高，圆洞为洞中心标高。

4. 尺寸标注

(1) 本工程施工图所注尺寸以毫米为单位，标高以米为单位。

(2) 本工程施工图建筑平面图所注尺寸均为结构尺寸，建筑立面、测面、详图所注尺寸为完成面尺寸（有特殊装修的除外）。

(3) 门窗尺寸均为洞口尺寸。

5. 墙身

(1) 除特殊注明外，图示轴线均位于墙中。

(2) ±0.000 标高以下墙身为 220 厚 85 型 MU15 黏土砖(M5.0 水泥砂浆砌筑)。

(3) ±0.000 标高以上墙身为 220 厚或 110 厚 85 型 MU10 黏土砖(M5.0 混合砂浆砌筑)。

(4) 在室内地坪以下－0.060 处利用圆梁、基础梁(或其他结构构件)，或用 60 厚 C20 细石混凝土（掺 5%防水剂）内配 3Φ8 钢筋作为防潮层。外墙外侧及遇室内有高差时，在墙靠土一侧加设一道防潮层（1∶2 水泥砂浆掺 5%防水剂)，形成封闭防潮层。

(5) 所有卫生间墙下部与板一起现浇混凝土翻边（翻边高出楼面 150mm)。

6. 楼地面

(1) 做法详见构造做法一览表。

(2) 卫生间之楼地面均刷防水涂料两度，并翻高刷至墙面 150mm 高；其他面标高低于同层其他楼面 0.020m；其找平层（或结合层）作 1%排水坡，保证水流向地漏。阳台、混凝土雨篷上均刷防水涂料两度，找坡 1%至落水口。

7. 内墙面

(1) 做法详见构造做法一览表。

(2) 内墙踢脚用料除特殊说明外，均另详二次装修图纸。

(3) 卫生间墙面刷防水涂料两度。

8. 屋面

(1) 屋面做法详见构造做法一览表及本套图中有关节点详图，同时应参照国家标准

11J30《住宅建筑构造》配合施工。

(2) 根据GB 50207—2002《屋面工程质量验收规范》，本项目屋面防水等级为二级，防水耐用年限为15年，设防要求为两种材料复合使用。

(3) 落水管采用ϕ110UPVC管，雨水配件组合均采用UPVC管。

(4) 各种排水构造详图可参见国家标准11J30《住宅建筑构造》。

9. 外墙饰面

本工程外墙饰面材料为涂料及面砖。具体构造做法详见构造做法一览表，其面饰材料、色彩、材质和装饰位置由设计和甲方另行协商确定。

10. 门窗

(1) 所有窗均采用铝合金透明玻璃窗，色质由设计和供应商协同甲方另行协商确定。

(2) 门均为成品木门或由二次装修确定。除注明外，木门与开启方向墙面平，与钢筋混凝土连接采用预埋燕尾防腐木砖（每边不小于3块）。

(3) 除注明外，窗一般立于墙中。

(4) 所有门窗的制作、安装均应符合国家和上海市有关规范、规定的要求。

11. 室外工程

(1) 建筑物周围设明沟散水，做法见03J930—1/24，⑭，明沟纵向泛水坡度为0.5%，坡向雨水收水口。

(2) 室外台阶做法见03J930—1/4，⑨，台阶平台顶面标高低于室内地坪20，台阶下侧壁做法参见03J930—1/20，⑳。

(3) 勒脚贴面材料应深入散水、台阶、排水沟壁、坡道面下100mm深；其连接部分用沥青麻丝塞缝，防止主体建筑物沉降损坏墙体，同时在间隔材料顶部用沥青砂封平，以防地面水渗入墙角。

12. 构件防腐和油漆

(1) 除特殊要求外，一般木制构件做一底二度聚氨酯漆，不露明木构件用水柏油防腐处理。

(2) 除镀锌钢管、铝合金、不锈钢等防腐构件外，露面铁件刷防锈漆一度，面漆二度（色质另定），不露明铁件刷二度防腐漆。

13. 其他

(1) 檐口窗台、窗顶挑出部分、女儿墙压顶、雨篷及其他挑出墙面部分，均需做滴水线，并要求平直，整齐光洁。

(2) 所有卫生洁具定位仅供参考，准确位置需与甲方所定成品洁具核对尺寸无误后方可安装施工。卫生间洁具、洗涤池及厨房设施用户自理。

(3) 本工程关键部分用料，如不锈钢、铝合金制品、防水卷材、防水涂膜、建筑密封膏、外墙饰面材料、内外高级装饰材料，油漆和涂料等的规格和质量要求，均需由建设单位、设计单位、施工安装单位三方共同协商确定。所有选用产品均应有国家和地方有关部门鉴定或准用文件，以确保工程质量。

(4) 一层、二层外窗加设防护安全栏杆。做法由供应商和设计协商同甲方另行确定。

<table>
<tr><td colspan="2">工程名称</td><td colspan="2">独立小住宅</td></tr>
<tr><td>图名</td><td>建筑设计说明</td><td>图号</td><td>建施-01</td></tr>
</table>

构造做法一览表

编号	名称	用料说明	备注
一、地面			
地面1	防滑地面砖地面	详03J930-1/35，20号地面	用于卫生间
地面2	水泥砂浆地面	详03J930-1/29，2号地面	用于其他地面
二、楼面			
楼面1	防滑地砖楼面	详03J930-1/35，21号楼面	用于卫生间 仅将60厚1:6水泥焦渣填充层改为340厚
楼面2	防滑地砖楼面	详03J930-1/35，19号楼面	用于阳台、露台
楼面3	水泥砂浆楼面	详03J930-1/29，1号楼面	用于其他楼面
三、内墙面			
内墙1	陶瓷砖防水墙面	详03J930-1/76，21号内墙面	用于卫生间墙面
内墙2	乳胶漆墙面	详03J930-1/70，3号内墙面	用于其他内墙面
四、平顶			
平顶1	水泥砂浆顶棚	详03J930-1/84，4号顶棚	用于卫生间、厨房顶棚
平顶2	喷涂顶棚	详03J930-1/84，2号顶棚	用于其他顶棚
五、外墙面			
外墙1	丙烯酸涂料墙面	详03J930-1/90，5号墙面	用于窗套、线脚、檐口
外墙2	仿石面砖墙面	详03J930-1/94，13号墙面	用于勒脚、外墙角
外墙3	仿石涂料墙面	详03J930-1/91，8号墙面	用于其他外墙面

构造做法一览表

编号	名称	用料说明	备注
六、屋面			
屋面1	坡屋面	详03J930-1/112，28号屋面	保温层采用40厚挤塑聚苯乙烯泡沫塑料板 防水层详见03J930-1/103 A型防水层做法

门窗表

类型	编号	洞口尺寸	数量	类型	编号	洞口尺寸	数量
木门	M-1	2800×3000	1	铝合金窗	C-8	600×1200	1
	M-2	1000×2700	1		C-9	1800×1700	4
	M-3	1000×2100	7		C-10	1500×1700	1
	M-4	800×2100	6		C-11	1000×1700	1
	M-5	800×2120	1		C-12	1800×1000	2
	M-6	900×2100	3		C-13	1000×1000	1
	M-7	2400×2700	1		C-14	900×1700	2
	M-8	2400×2000	1		C-15	900×1400	4
					C-16	450×2000	2
铝合金窗	C-1	800×2200	1		C-17	700×2000	2
	C-2	1600×2200	1		C-18	450×2200	2
	C-3	800×2000	1		C-19	700×2200	2
	C-4	1600×2000	1				
	C-5	1200×1600	1	幕墙	MQ-1	1500×4200	1
	C-6	600×1200	1	注：表中洞口尺寸为宽×高(mm×mm)			
	C-7	1200×1800	1				

工程名称		独立小住宅	
图名	构造做法及门窗表	图号	建施-02

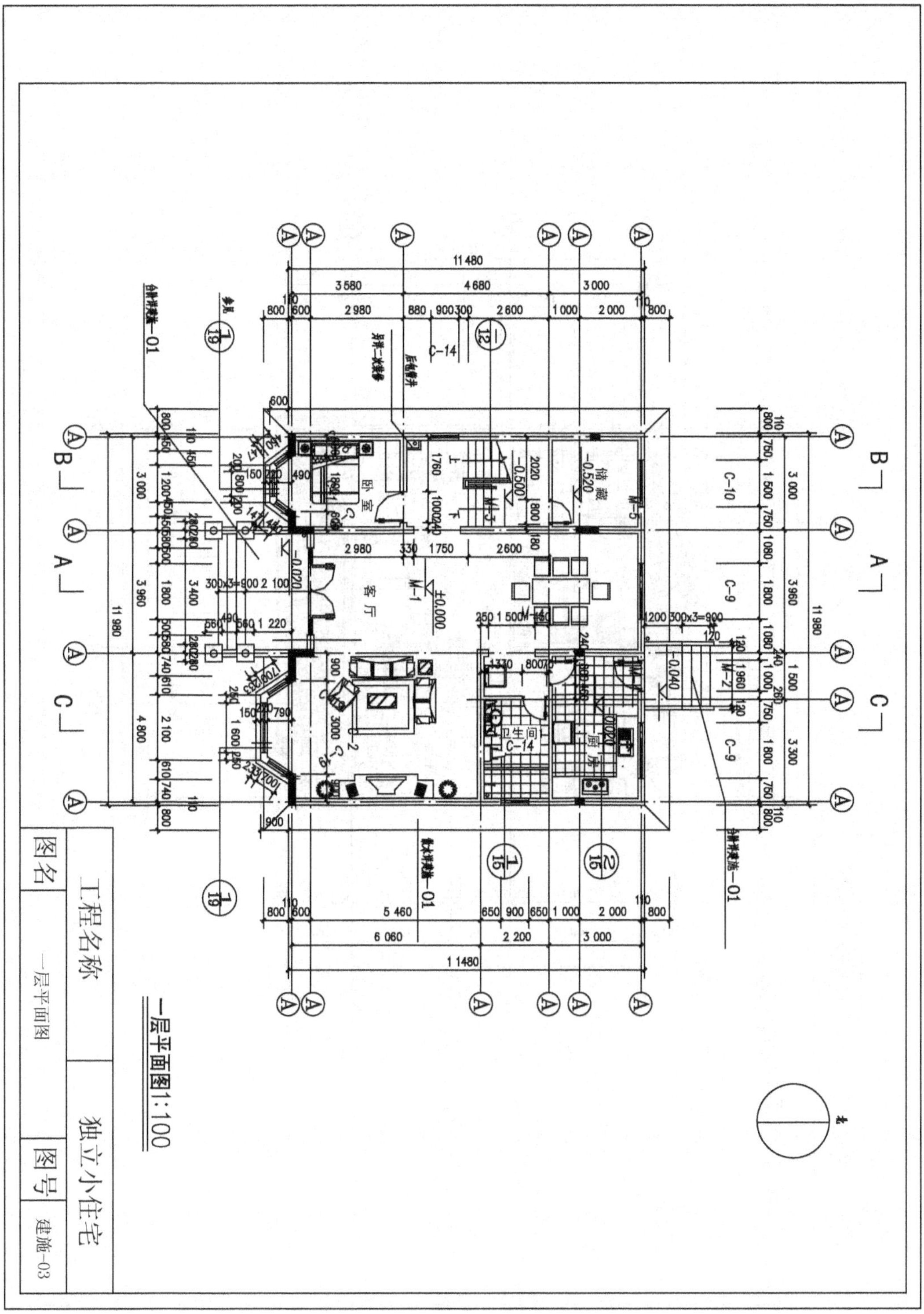
客厅
卧室
储藏
卫生间
厨房
一层平面图1:100
图名
一层平面图
工程名称
独立小住宅
图号
建施-03

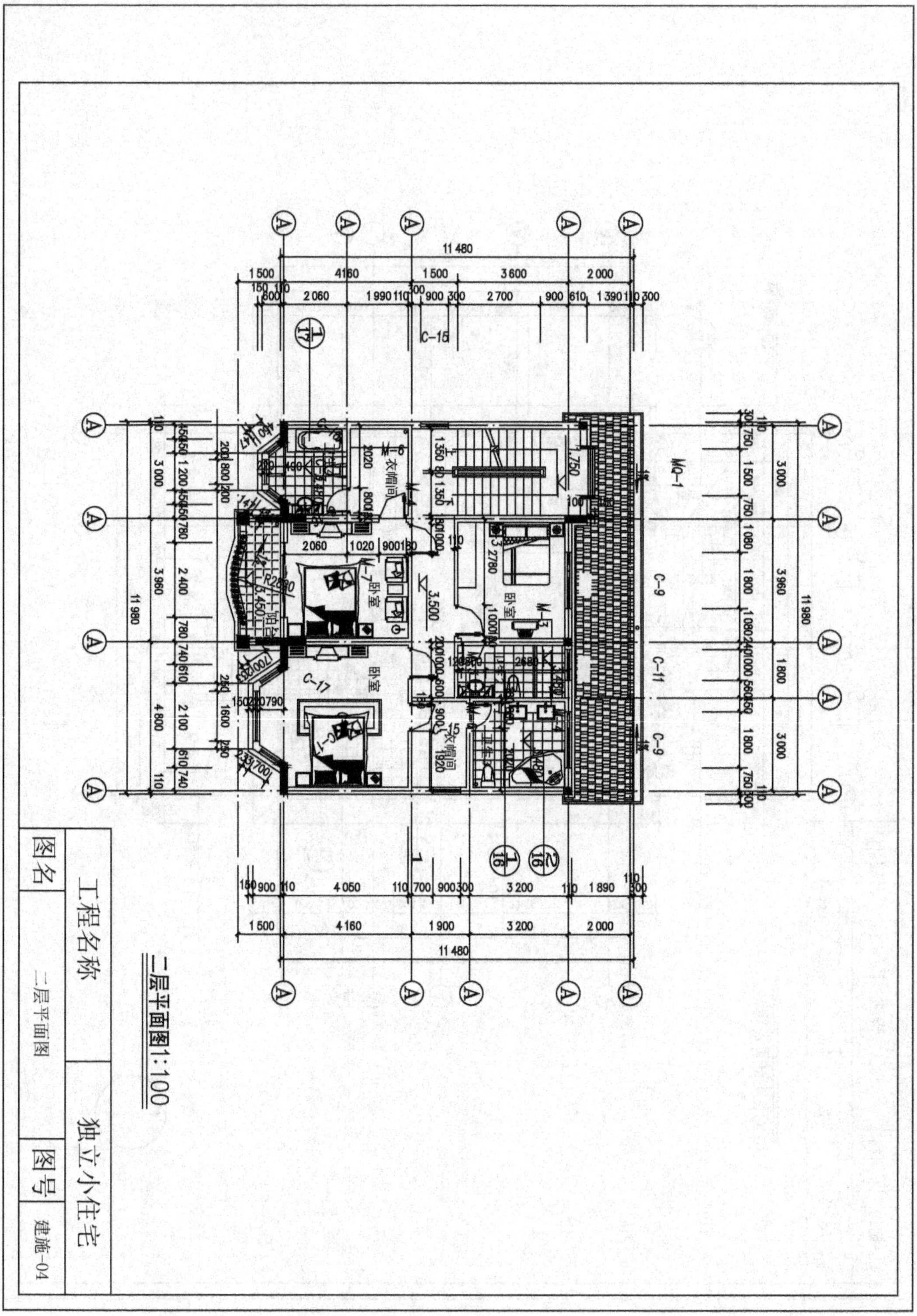
二层平面图1:100
图名
二层平面图
工程名称
独立小住宅
图号
建施-04
卧室
衣帽间
C-15
C-17
C-9
C-11
MQ-1
M-6
M-7
11 480
11 980

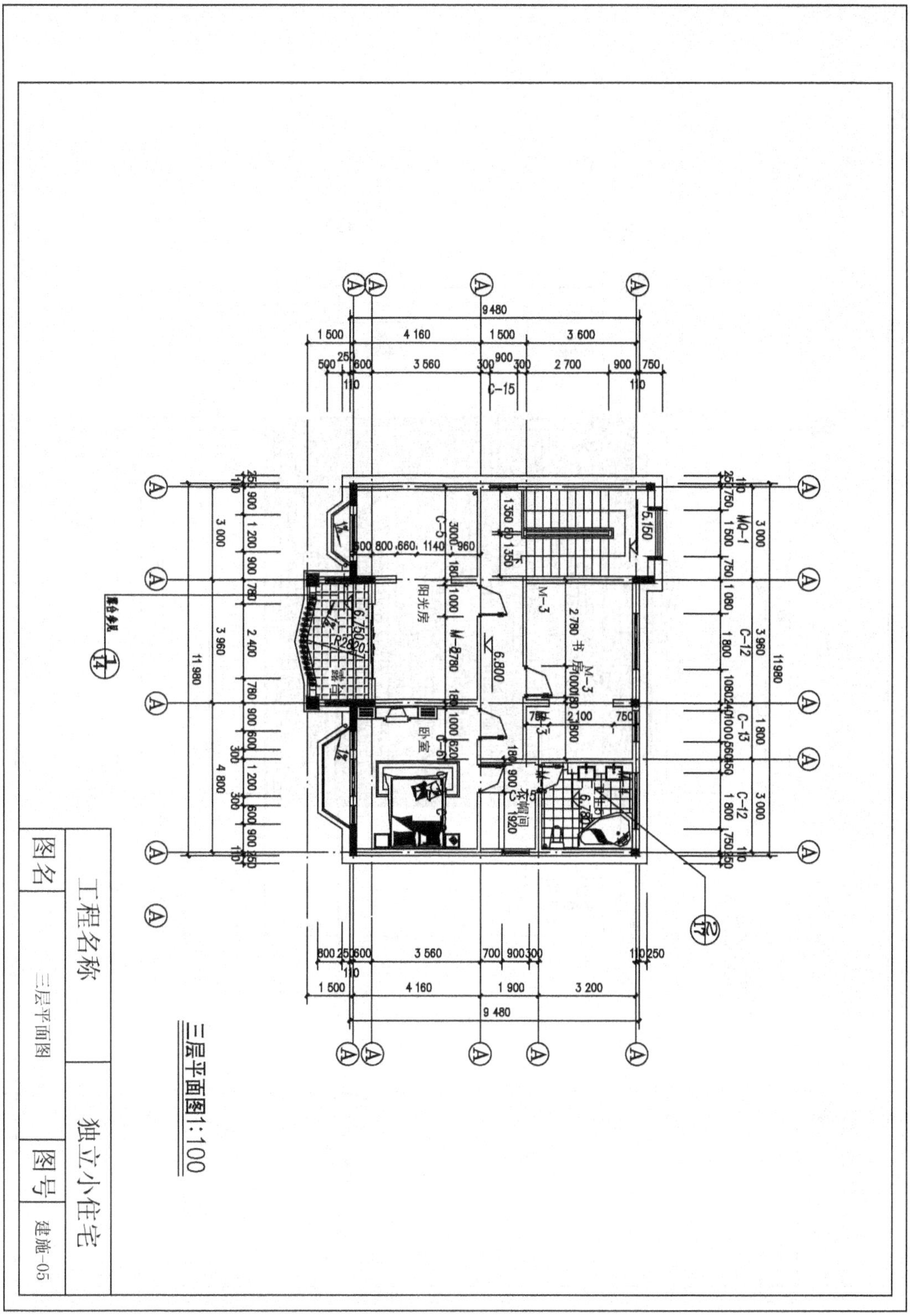
三层平面图1:100
工程名称
独立小住宅
图名
三层平面图
图号
建施-05
阳光房
卧室
书房
衣帽间
露台
C-5
C-12
C-13
C-15
M-3
MQ-1
6.800
6.750
6.780
5.150
9 480
11 980

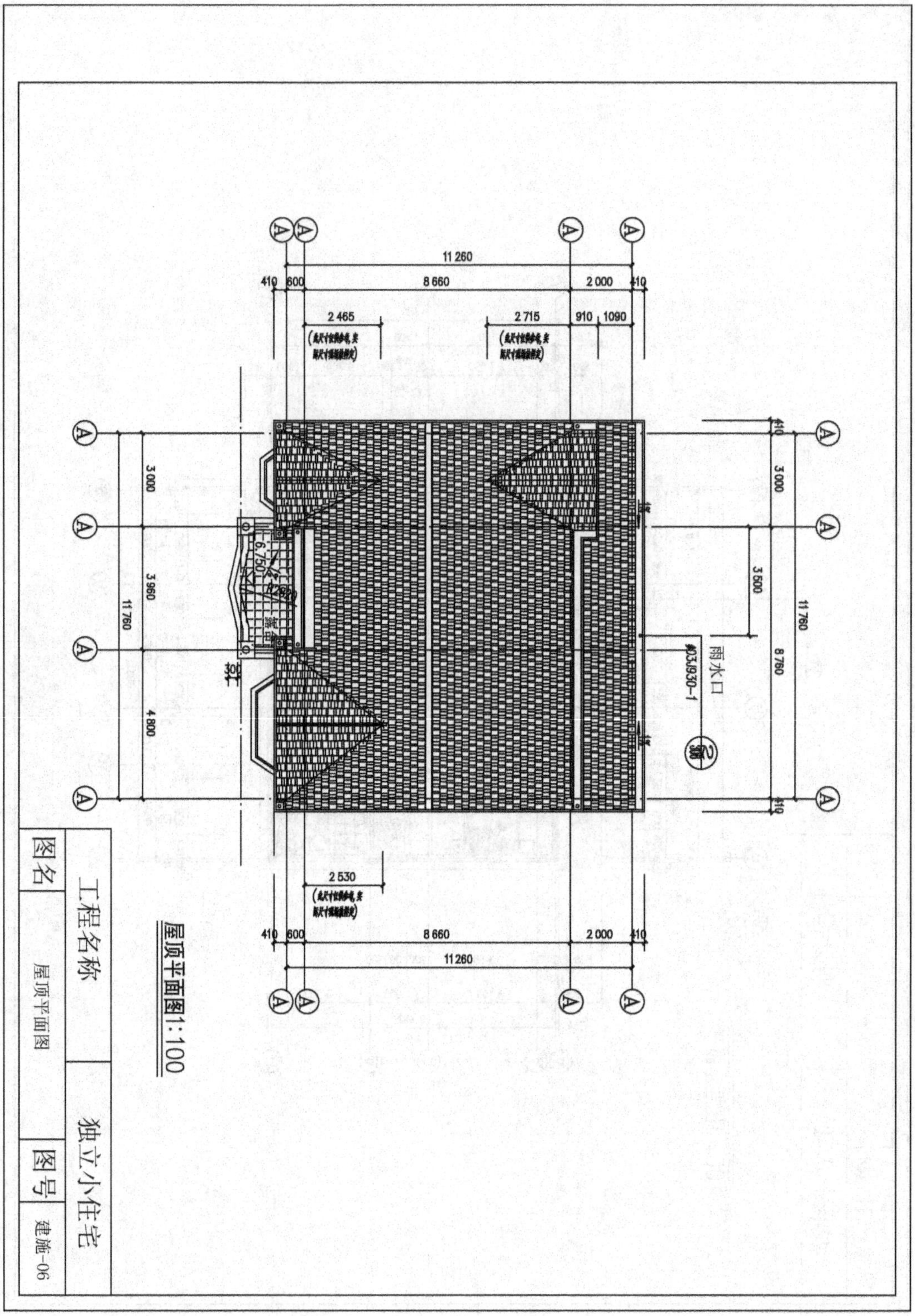
屋顶平面图1:100
图名
屋顶平面图
工程名称
独立小住宅
图号
建施-06
雨水口
11 260
8 660
2 000
11 760
3 000
3 960
4 800
8 760
3 500

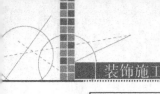

①~⑤立面图 1:100
⑤~①立面图 1:100
工程名称
独立小住宅
图名
①~⑤立面图 ⑤~①立面图
图号
建施-07

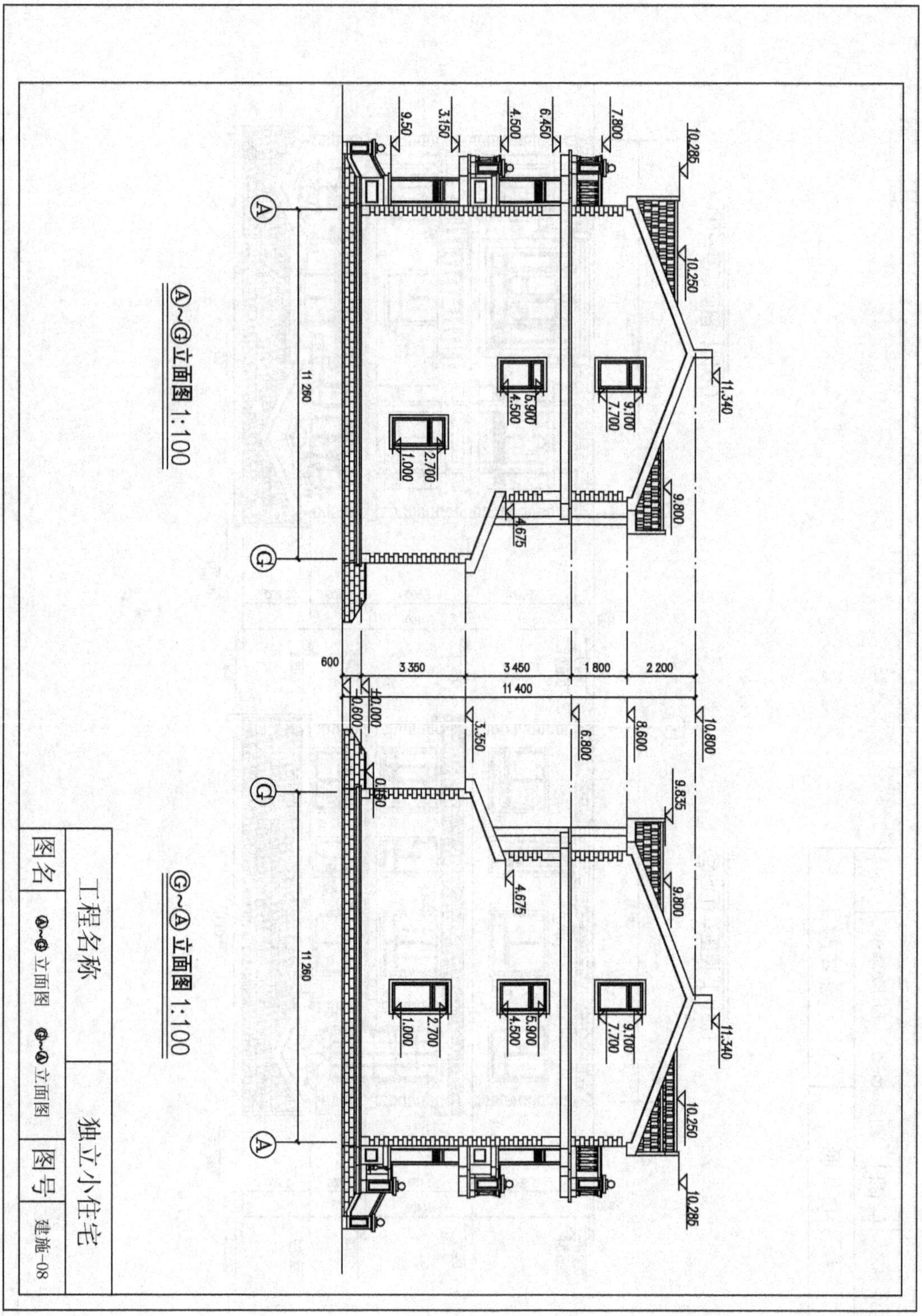
Ⓐ~Ⓖ立面图 1:100
Ⓖ~Ⓐ立面图 1:100
工程名称
独立小住宅
图名
Ⓐ~Ⓖ立面图 Ⓖ~Ⓐ立面图
图号
建施-08
9.50
3.150
4.500
6.450
7.800
10.285
10.250
11.340
9.800
4.675
11 260
2.700
1.000
5.900
4.500
9.100
7.700
600
3 350
3 450
1 800
2 200
11 400
±0.000
-0.600
3.350
6.800
8.600
10.800
9.835
0.150

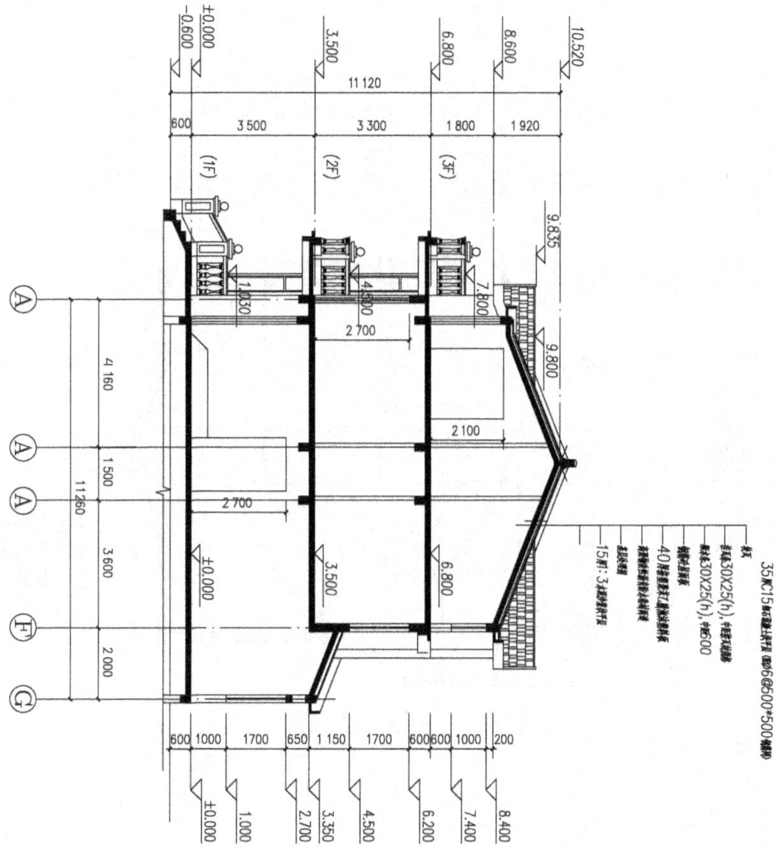

A-A剖面图 1:100

图名	A-A剖面图	图号	建施-09
工程名称	独立小住宅		

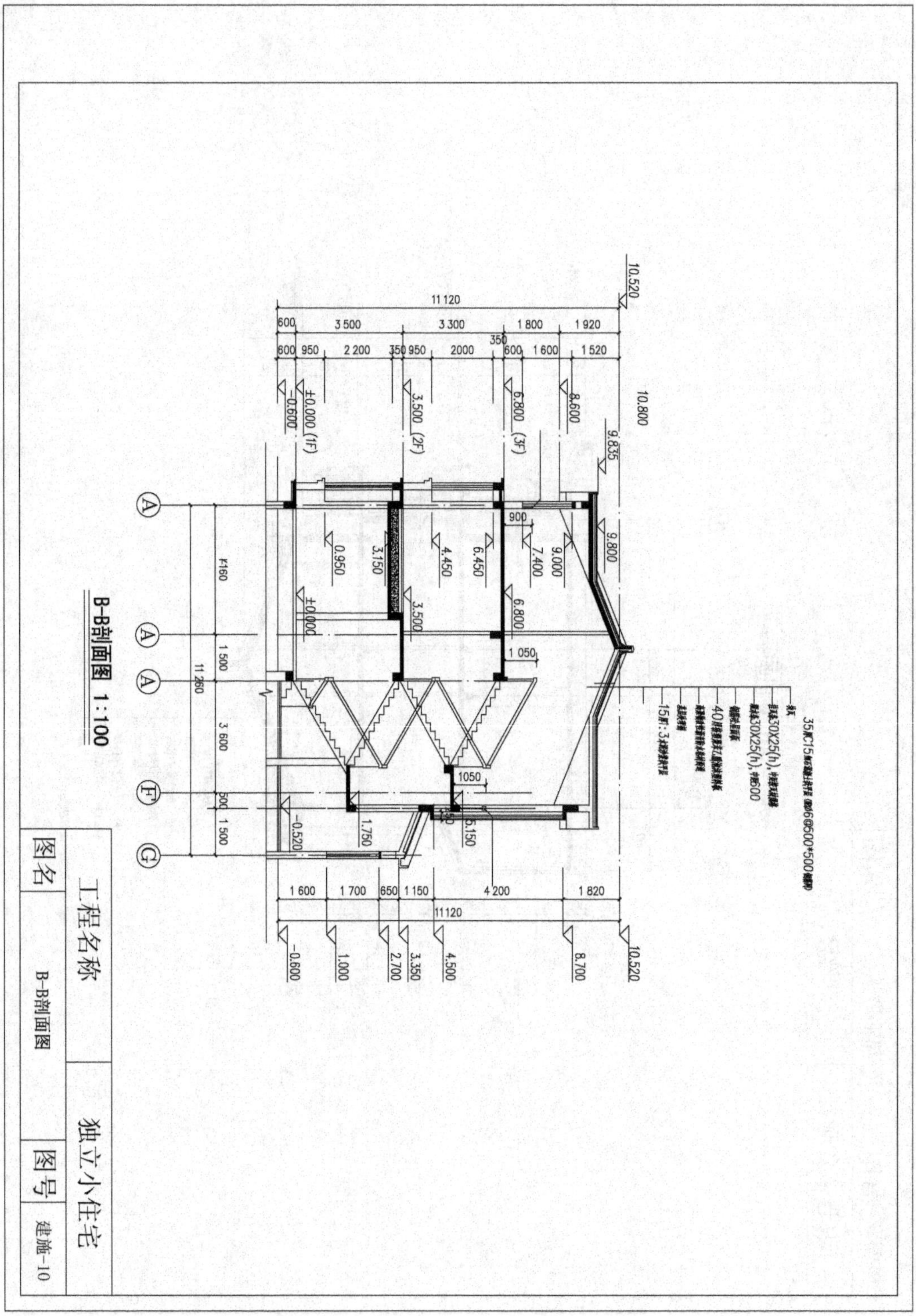
B-B剖面图 1:100
工程名称
独立小住宅
图名
B-B剖面图
图号
建施-10

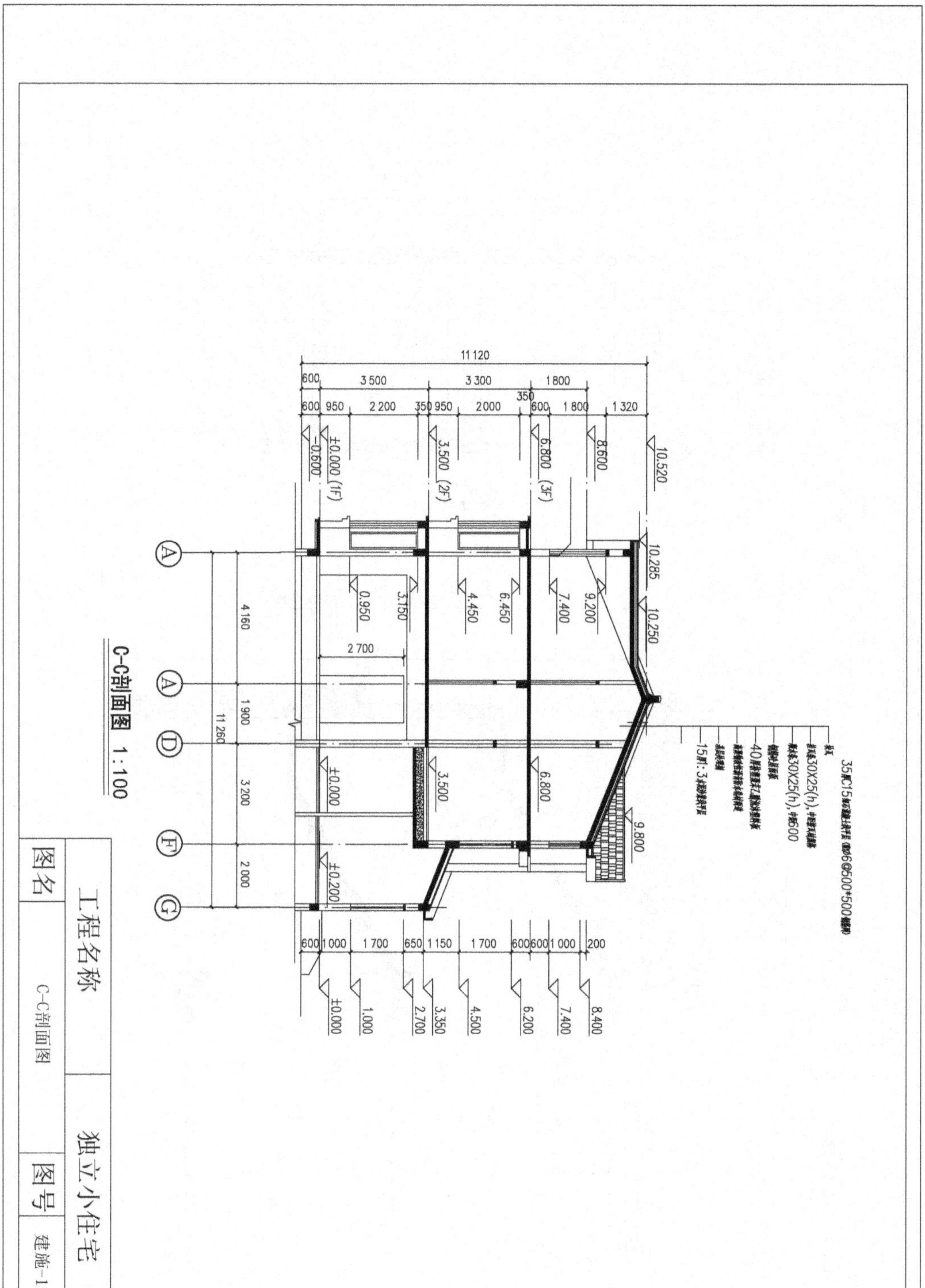
C-C剖面图 1:100
工程名称
独立小住宅
图名
C-C剖面图
图号
建施-11

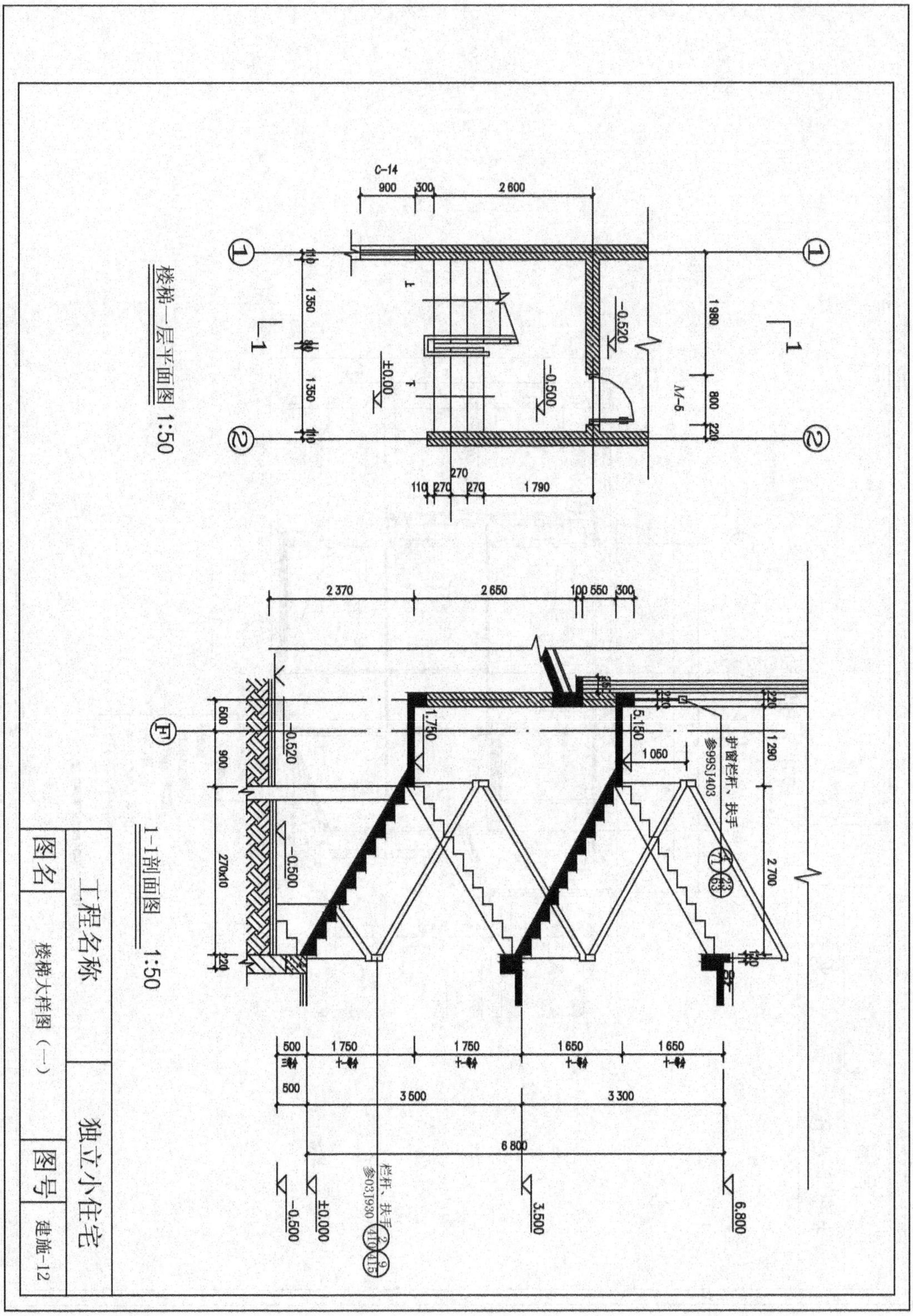
楼梯一层平面图 1:50
1-1剖面图 1:50
工程名称
独立小住宅
图名
楼梯大样图（一）
图号
建施-12
护窗栏杆、扶手
参99SJ403
栏杆、扶手
参03J930

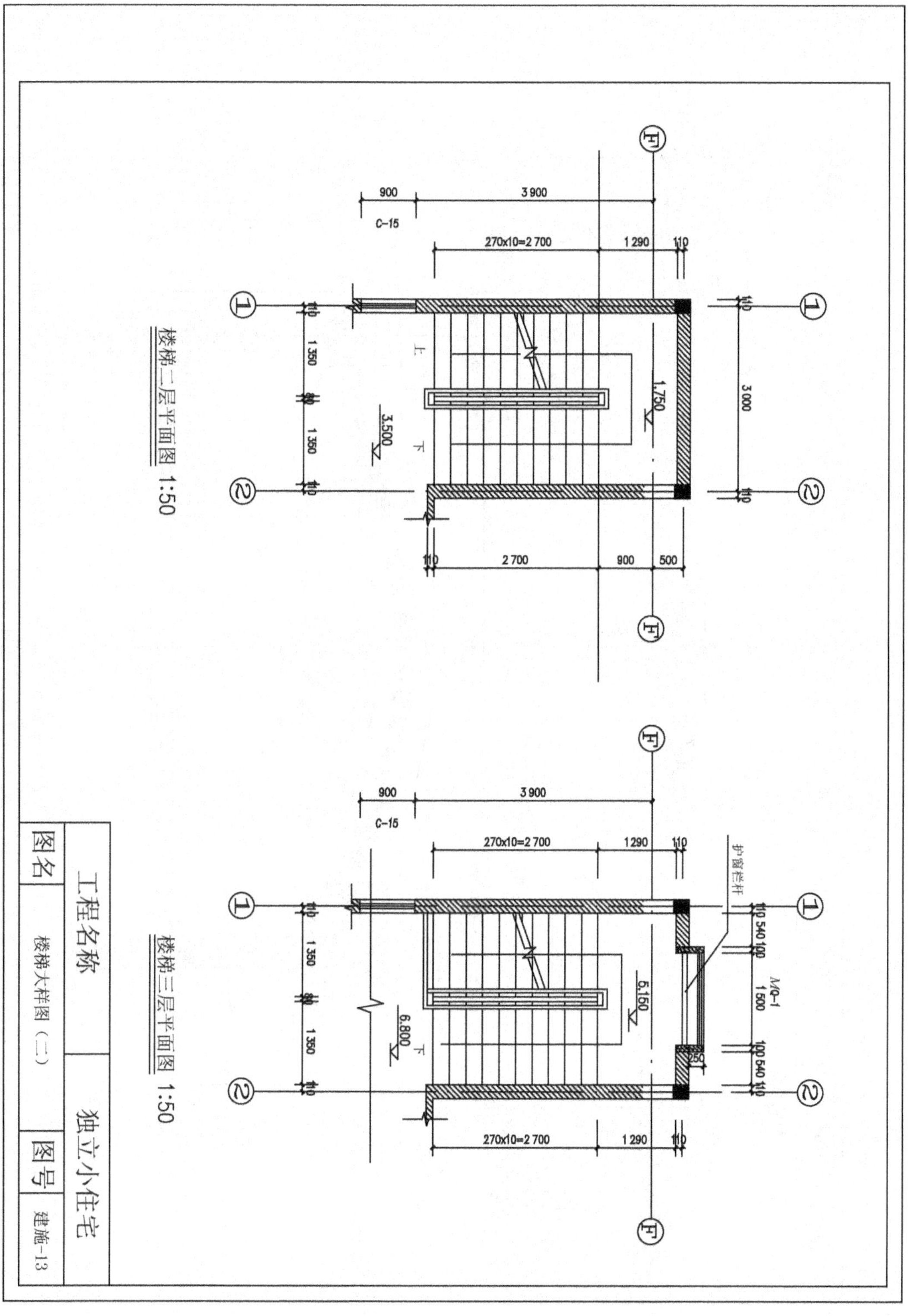
楼梯二层平面图 1:50
楼梯三层平面图 1:50
900
3 900
C-15
270x10=2 700
1 290
110
1 350
3 000
2 700
500
3.500
1.750
6.800
5.150
上
下
护窗栏杆
MQ-1
1 500
540
100
250
工程名称
独立小住宅
图名
楼梯大样图（二）
图号
建施-13

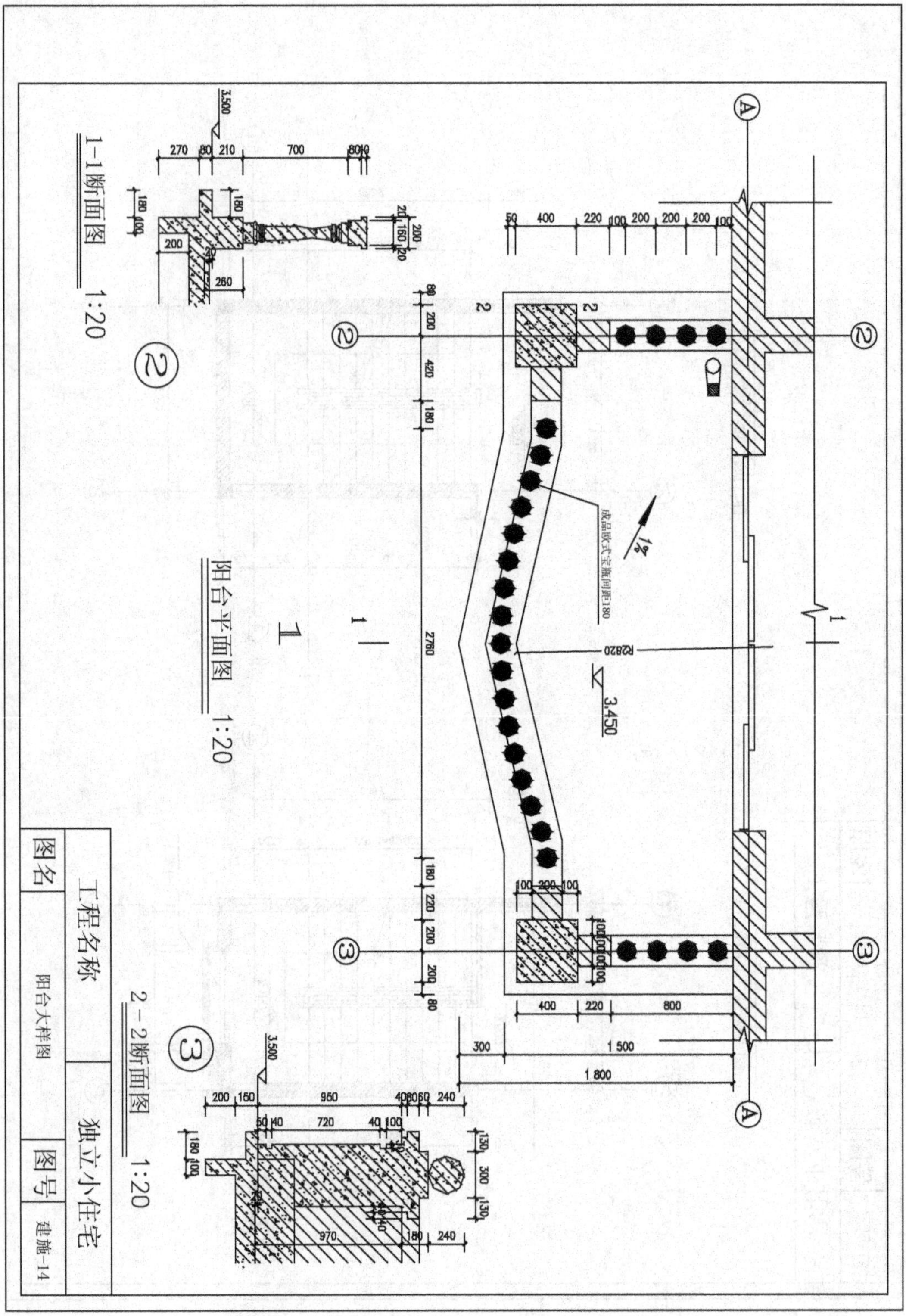
1-1断面图 1:20
阳台平面图 1:20
2-2断面图 1:20
成品欧式宝瓶间距180
R2820
3.450
3.500
图名
阳台大样图
工程名称
独立小住宅
图号
建施-14

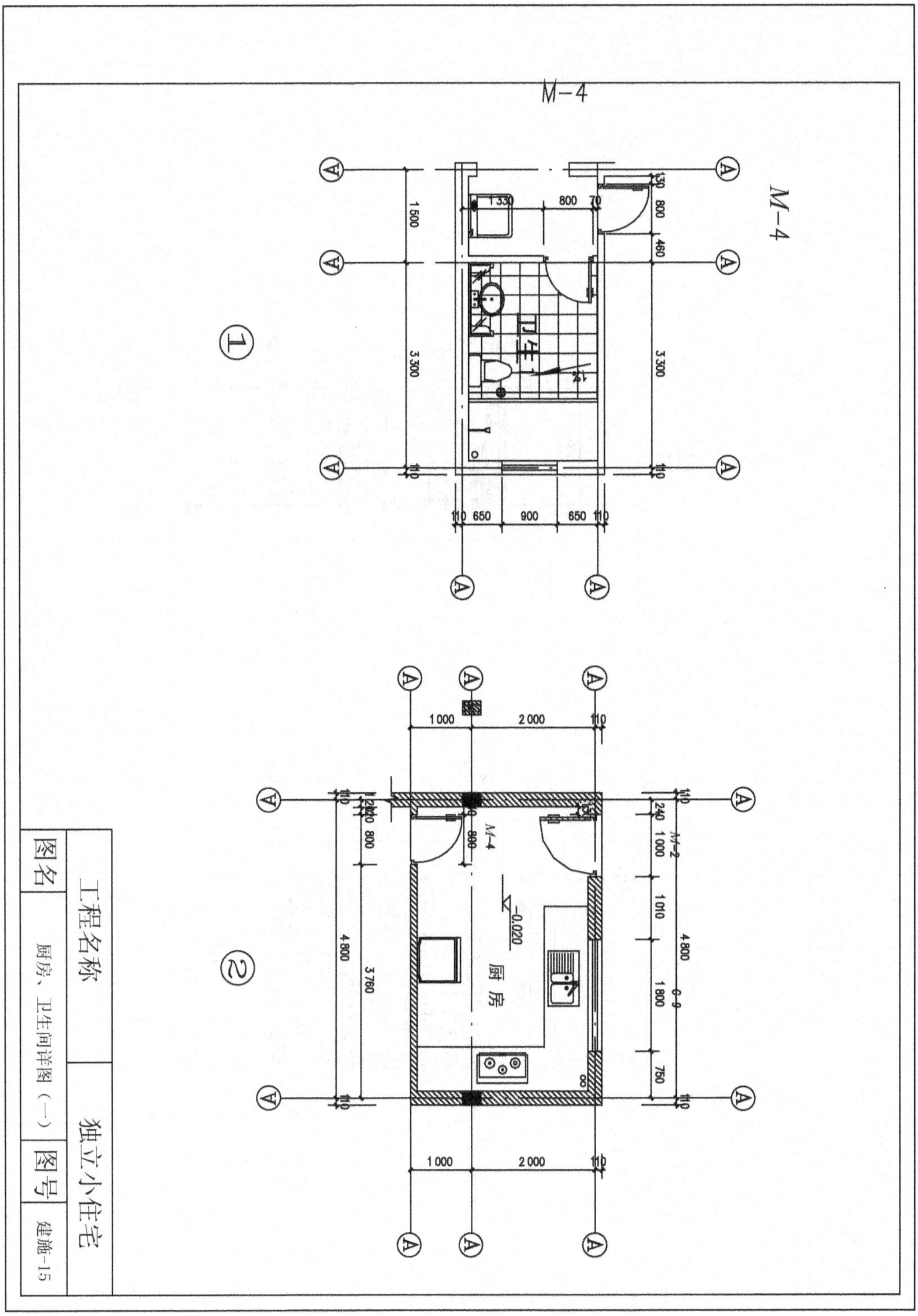
M-4
卫生
厨房
-0.020
工程名称
独立小住宅
图名
厨房、卫生间详图（一）
图号
建施-15

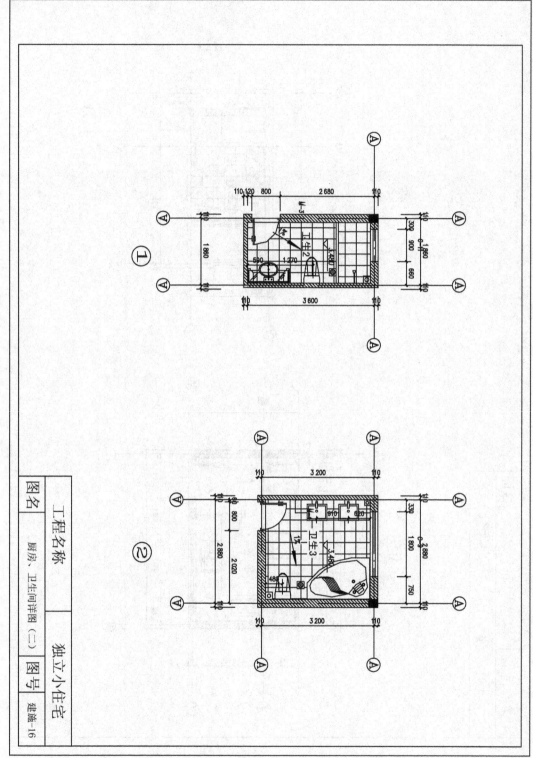

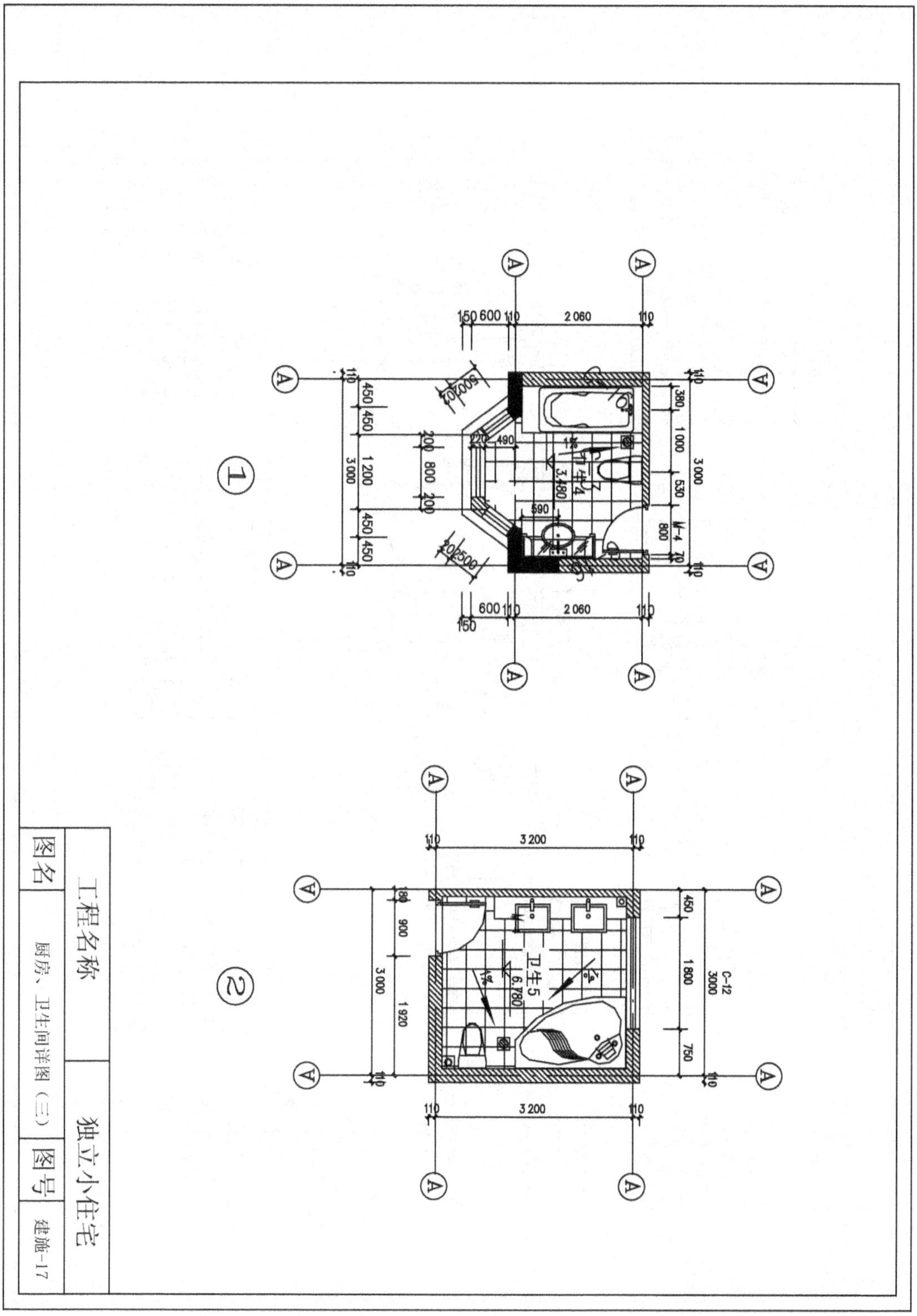
图名
厨房、卫生间详图（三）
工程名称
独立小住宅
图号
建施-17
①
②
卫生4
卫生5

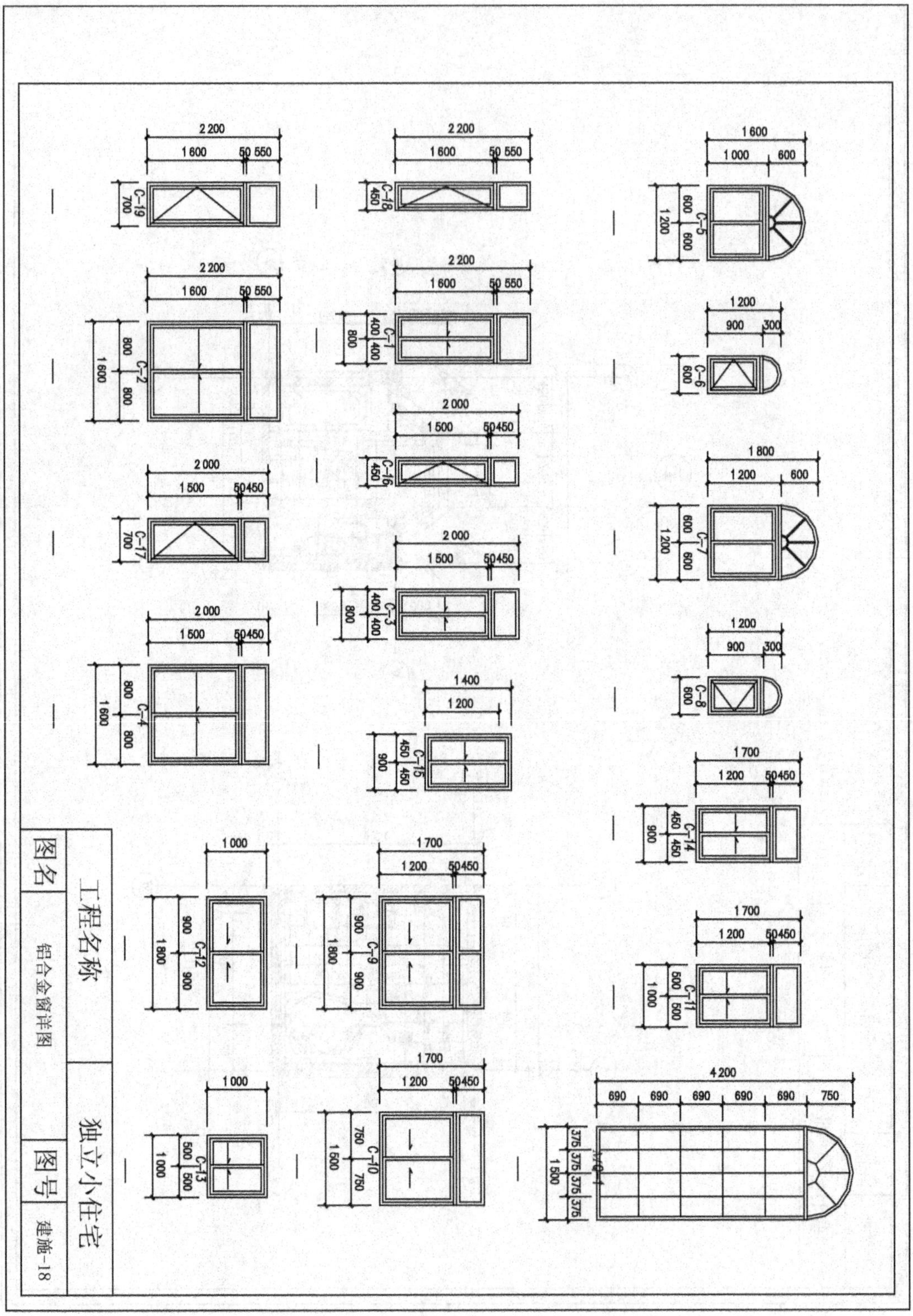
图名
铝合金窗详图
工程名称
独立小住宅
图号
建施-18

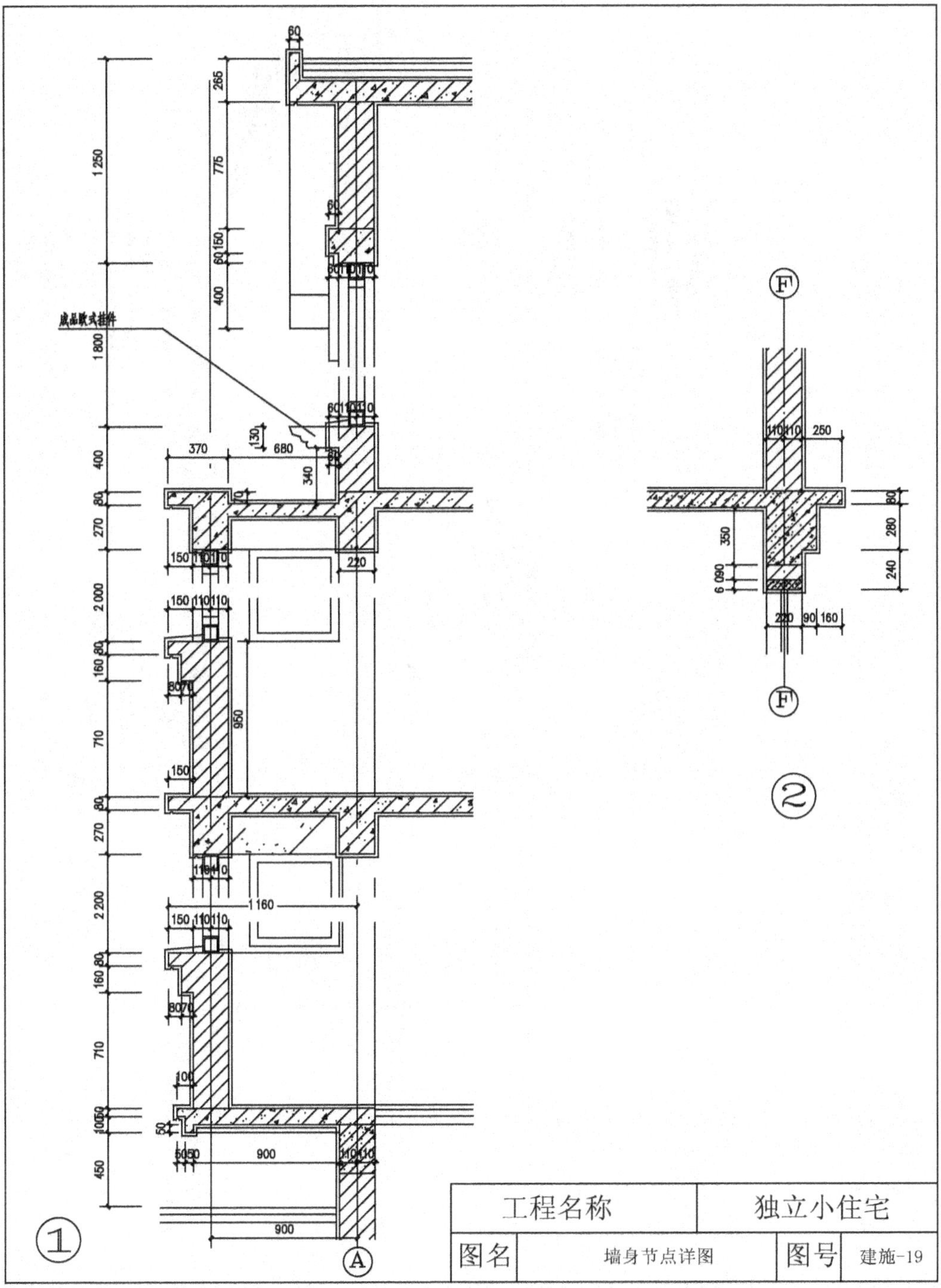

工程名称		独立小住宅	
图名	墙身节点详图	图号	建施-19

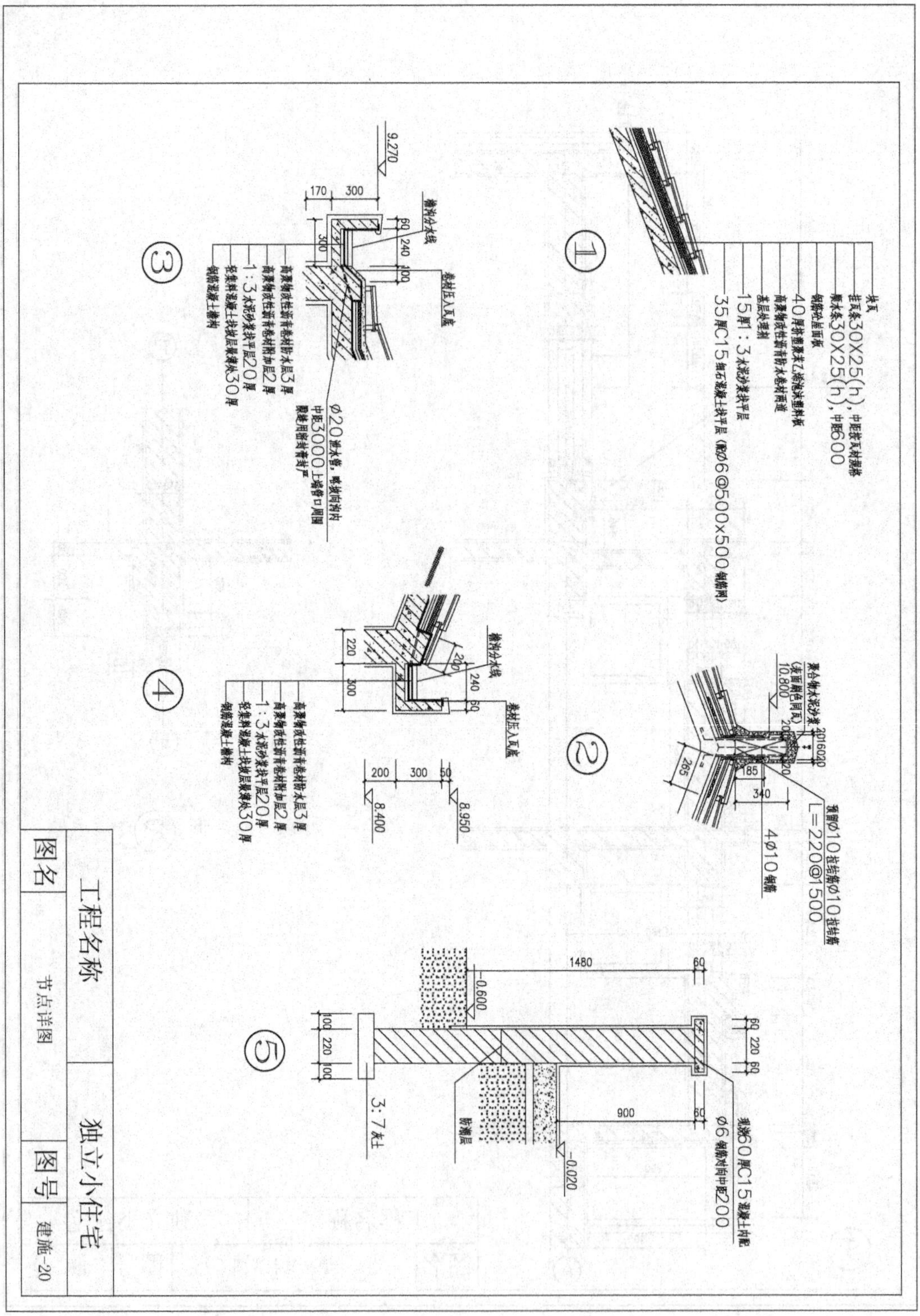
工程名称
独立小住宅
图名
节点详图
图号
建施-20
①
②
③
④
⑤
15厚1:3水泥砂浆找平层
35厚C15细石混凝土找平层（配Φ6@500×500钢筋网）
L=220@1500
4Φ10钢筋
Φ6钢筋双向中距200
3:7灰土
防潮层
9.270
8.950
8.400
-0.600
-0.020
1480
900

第 6 章

建筑结构施工图

学习目标

本章只学习建筑结构施工图的图示内容及读图方法；通过建筑结构施工图的学习，要掌握建筑结构的整体布置和各承重构件的形状、大小、构造、用料等图样。建筑结构施工图是结构施工的重要依据，主要由结构平面图和构件详图组成，本章将会学习这些知识。

学习要求

知识要点	能力目标	相关知识
建筑结构施工图的作用和基本内容	(1) 了解结构施工图的作用 (2) 掌握结构施工图的基本内容	(1) 结构施工图的作用 (2) 结构施工图的基本内容
钢筋混凝土结构的基本知识	(1) 了解钢筋混凝土构件简介 (2) 掌握常用构件代号和常用图线 (3) 掌握钢筋混凝土构件图示例	(1) 钢筋混凝土构件简介 (2) 常用构件代号和常用图线 (3) 钢筋混凝土构件图示例
基础施工图	(1) 了解基础施工图的概述 (2) 掌握基础平面图 (3) 掌握基础断面详图	(1) 基础施工图的概述 (2) 基础平面图 (3) 基础断面详图
楼层结构布置平面图	(1) 了解楼层结构平面图的用途 (2) 掌握楼层结构布置平面图 (3) 掌握安装节点大样图和构件统计表 (4) 掌握结构平面图的绘制方法 (5) 掌握楼梯结构详图	(1) 楼层结构平面图的用途 (2) 楼层结构布置平面图 (3) 安装节点大样图和构件统计表 (4) 结构平面图的绘制方法 (5) 楼梯结构详图

引例

在进行建筑装饰施工的时候会对建筑的局部结构进行改动，如图 6.1 所示的装饰施工现场，从而影响到建筑的整体稳定性，所以在进行建筑装饰施工的时候要注意到建筑结构，要知道哪些结构可以改动，哪些不可以改动，这就要求对建筑结构有一个很系统的认识，要会识读建筑结构施工图。

图 6.1　装饰施工现场

本章主要介绍建筑中的钢筋混凝土结构和结构的平面布置图，能掌握最基本的结构施工图。

6.1　结构施工图的作用和基本内容

6.1.1　结构施工图的作用

1. 结构施工图的概念

对房屋的主要承重构件(房屋的承重结构系统称为“建筑结构”，或简称“结构”，而组成这个结构系统的各个构件称为“结构构件”或“构件”，如梁、板、墙、柱和基础等(图 6.2)。建筑结构就像房屋的骨架，它支承着房屋的自重和作用在房屋上的各种荷载，以保证房屋安全、可靠地供人们使用。)进行力学分析，然后根据房屋的使用情况及外加荷载进行计算，并将计算所得的构件布置、断面形状、大小、材料，内部构造及相互关系绘制成的图样，称为结构施工图。

简言之，把结构设计的结果绘成图样，称为结构施工图，简称“结施”。

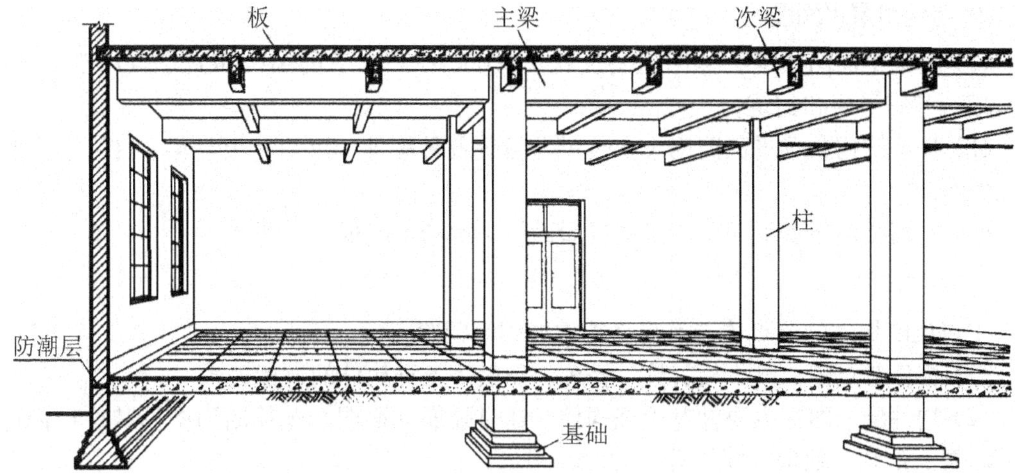

图 6.2 房屋的结构组成

2. 结构施工图的作用

(1) 是施工放线、挖基础、构件制作、结构安装、设置预埋件的主要依据。

(2) 是编制预算和施工组织计划的依据。

6.1.2 结构施工图的基本内容

1. 结构设计说明

(1) 结构设计规范主要指建筑结构设计中所遵循的规范，如钢筋混凝土梁、板、柱等构件所遵照的设计规范，不同的设计院都有自己的构件设计规范。

(2) 建筑物的使用性质、房屋的使用功能不同，对荷载强度的要求不同，如楼板，住宅为 250kN/m^2，而教学楼为 400～500kN/m^2，对楼板的强度要求不同。

(3) 主要设计依据如下。

① 地质条件：工程地质可反映所建房屋地区地基的承载力；水文地质可反映该地区地下水一年四季的活动状况。由于地质条件不同，直接影响到基础的设计(基础的形式、材料的强度等)。

② 气象条件：风速、风压、一年的盛行风向，降水强度、降雪等荷载对构件设计的影响。

③ 地震：不同地区地震烈度不同，建筑物所采取的抗震设防措施也不一样，如构造柱的设置、圈梁的数量及位置，墙、柱、板之间的构造措施等。

(4) 技术措施先进的设计需要先进的施工技术去实现，以保证施工质量和建筑物在使用年限内的安全。

(5) 建筑材料及施工要求对材料强度的要求，如水泥标号、生产厂家要求，混凝土强度，砖的强度标号，钢筋的要求，其他材料如砂、石子要求。施工要求如砖墙的砌筑、施工缝的设置、钢筋的绑扎要求、混凝土浇捣要求、现浇构件的养护等。

(6) 预制构件统计表门窗过梁、楼板、屋面板、沟盖板、挑檐板、梯板等预制构件的名称、型号、规格、各层用量等，以表格的形式列出。

2. 结构布置平面图

(1) 基础平面图及基础详图主要反映±0.000 标高以下的结构布置图，用于放灰线、挖基槽、基础垫层和砌筑。

(2) 楼层结构布置平面图用于安装梁、板等各种构件，反映楼板与梁、柱、墙之间的相互关系。

(3) 屋面结构布置平面图用于安装屋面板、挑檐板或现浇屋面。

3. 构件详图

主要反映构件的节点构造及现浇构件的钢筋配置。

(1) 构件节点图：梁、板、柱、楼梯、屋架等各种构件的连接关系。

(2) 构件配筋图：主要针对现浇构件，通过配筋立面图和配筋断面图反映构件内部钢筋的配置、形状、数量、规格等。

6.2 钢筋混凝土结构的基本知识

6.2.1 钢筋混凝土构件简介

1. 凝土的强度等级

混凝土是由水泥、石子、砂、水按一定比例配合搅拌而成，将搅拌好的混凝土灌入定形模板，经振捣、密实、养护、凝固，形成混凝土构件，而混凝土构件抗压强度高，通常所说的强度就是指其抗压强度。一般采用立方体试件，标准尺寸为 150mm×150mm×150mm，在温度 20±3℃、湿度 90%以上、养护 28 天所测得的抗压强度(MPa)。

常用的混凝土强度等级有：C7.5、C10、C15、C20、C25、C30、C40、C45、C50、C60。C20 代表立方体强度标准值为 20MPa。

2. 钢筋混凝土构件的组成

混凝土的抗压强度大，而抗拉强度小，其抗拉强度仅为抗压强度的 1/10～1/20，容易因受拉而断裂。为了解决混凝土构件的这个矛盾，以提高构件的抗拉能力，常在混凝土构件的受拉区内配置一定数量的钢筋。因为钢筋具有良好的抗拉强度，与混凝土有良好的黏结力，其热膨胀系数与混凝土接近，故两者结合组成钢筋混凝土构件。

3. 钢筋的分类及符号

1) 钢筋的分类(图 6.3)

(1) 受力筋：配置在梁、板下部，承受拉应力或压应力的钢筋。

(2) 架立筋：布置在梁的上部，与受力筋和箍筋一起，共同构成了梁内钢筋的骨架，固定梁内钢筋的位置。

(3) 箍筋：用于梁和柱内，固定受力筋的位置和间距，并承受一部分斜向拉应力。

(4) 分布筋：布置在板内，与受力筋垂直，起固定受力筋的位置，并与受力筋一起构成钢筋网，使作用于板上的荷载均匀分布给受力筋。

(5) 构造筋：由于构件在构造上的要求或施工安装需要而设置的钢筋，如吊筋、预埋锚固筋。

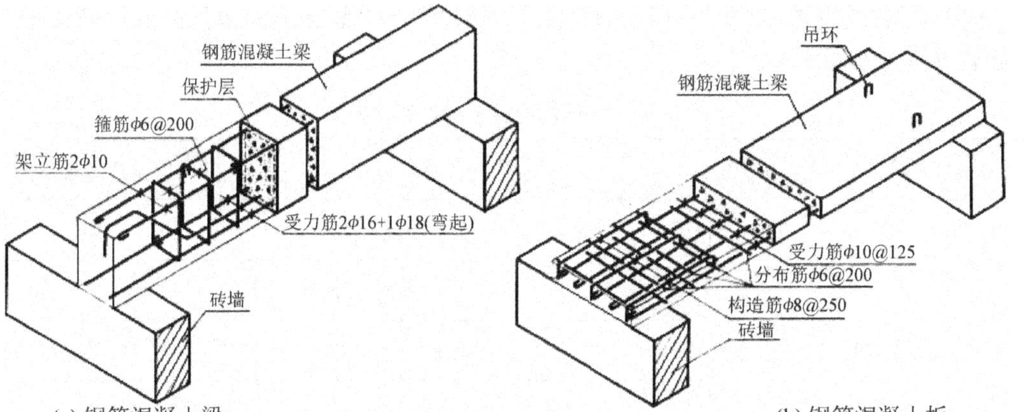

(a) 钢筋混凝土梁　　(b) 钢筋混凝土板

图 6.3　钢筋混凝土梁、板的配筋构造

2) 钢种符号

目前，我国钢筋混凝土构件和预应力钢筋混凝土构件中，常用的钢筋和钢丝有热轧钢筋、冷拉钢筋、热处理钢筋和钢丝 4 类。

热轧钢筋和冷拉钢筋按抗拉强度由低到高分为 4 级，不同种类和级别的钢筋或钢丝在结构施工图中，用不同的符号表示，见表 6-1。

表 6-1　钢筋等级与钢种符号

钢筋种类	等　级	符　号
热轧钢筋	Ⅰ级(光圆钢筋)	ϕ
	Ⅱ级	ϕ
	Ⅲ级	ϕ
	Ⅳ级	ϕ
冷拉钢筋	冷拉Ⅰ级	ϕ^{l}
	冷拉Ⅱ级	ϕ^{l}
	冷拉Ⅲ级	ϕ^{l}
	冷拉Ⅳ级	ϕ^{l}
热处理钢筋		ϕ^{t}
钢丝	碳素钢丝	ϕ^{s}
	刻痕钢丝	ϕ^{k}
	钢铰丝	ϕ^{j}
	冷拔低碳钢丝	ϕ^{j}

4. 钢筋的保护层

为了保护钢筋混凝土构件内的钢筋，做到防锈、防火、防腐蚀，构件内的钢筋不能外露，在钢筋的外边缘与构件表面之间应留有一定厚度的保护层。

按钢筋混凝土构件结构设计规范规定，不同种类的钢筋在不同构件内的钢筋保护层厚度是不同的，见表 6-2。

表 6-2 钢筋混凝土构件的保护层

钢筋种类	构件种类		保护层厚度/mm
受力筋	板	厚度≤100mm	10
		厚度＞100mm	15
	梁和柱		25
	基础	有垫层	35
		无垫层	70
箍筋	梁、柱		15
分布筋	板、墙		10

5. 钢筋的弯钩

为了使混凝土与钢筋具有更好的黏结力，防止钢筋在受力时滑动，凡是Ⅰ级光圆钢筋，在构件内钢筋的两端做成半圆弯钩或直弯钩。带纹钢筋与混凝土的黏结力强，钢筋两端可不做成弯钩，如图 6.4 所示。

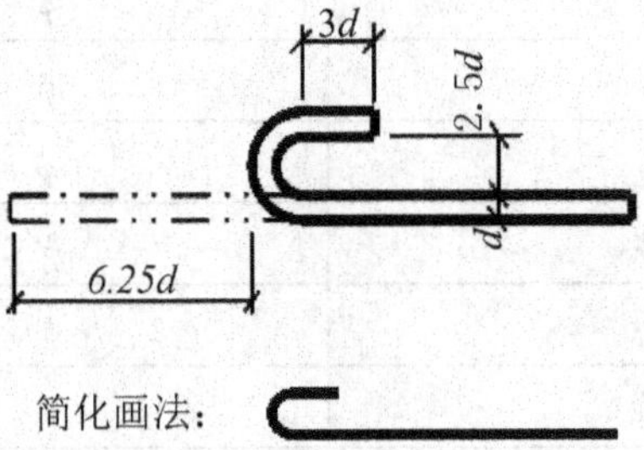

（a）半圆弯钩

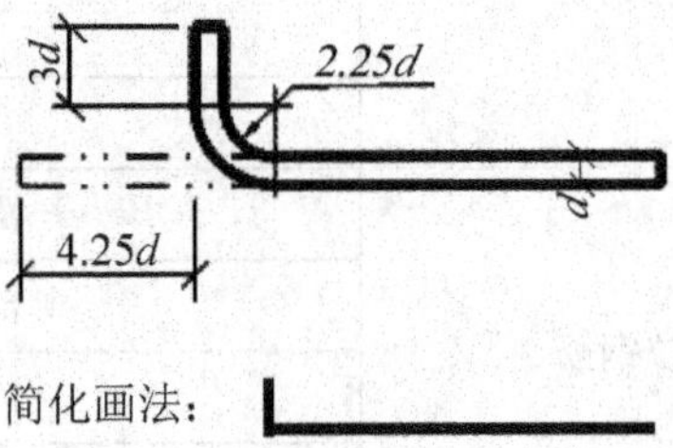

（b）直钩

图 6.4 钢筋的弯钩

6. 钢筋的表示方法

钢筋用单根粗实线表示，钢筋断面用小黑点表示，见表 6-3。

表6-3 钢筋的表示方法

内容	表示方法	内容	表示方法
(1) 端部元弯钩的钢筋		(4) 无弯钩的钢筋搭接	
(2) 当无弯钩钢筋投影重叠时，可在钢筋端部画45°方向粗短画线	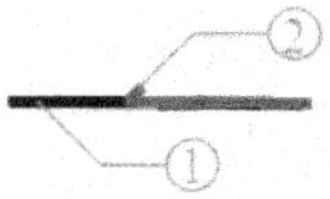	(5) 一组相同钢筋可用粗实线绘制其中一根，同时用尺寸标注其起止范围	
(3) 在平面图中配置双向钢筋时，底层钢筋弯钩应向上或向左，顶层钢筋则向下或同右	底层： 顶层：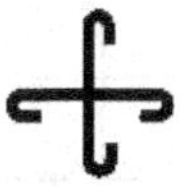	(6) 图中表示的箍筋、环箍等布置复杂时，应加画钢筋详图及说明	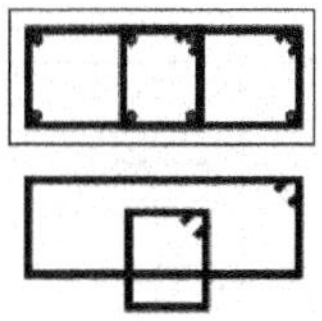

7. 钢筋的标注

标注钢筋的直径、根数或相邻钢筋的中心距，一般采用引出线方式标注，其标注有下面两种方式。

(1) 标注钢筋的根数和直径(梁内受力筋和架立筋)，如图6.5所示。

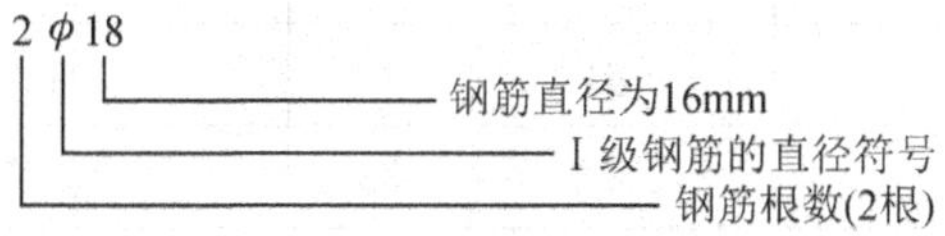

图6.5 钢筋的根数和直径标注方法

(2) 标注钢筋的直径和相邻钢筋的中心距(梁内箍筋，板内受力筋、分布筋)，如图6.6所示。

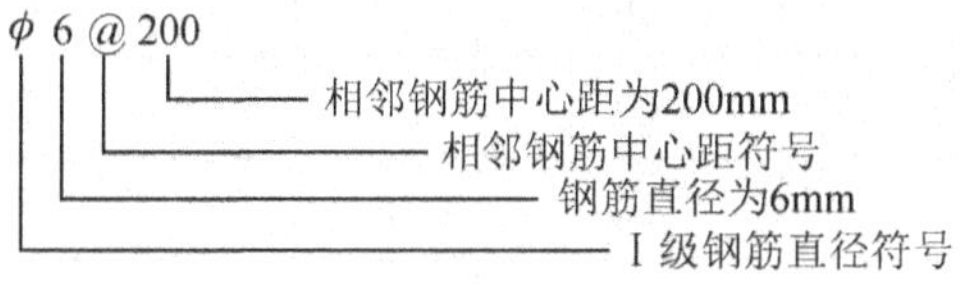

图6.6 钢筋的直径和相邻钢筋的中心距标注方法

6.2.2 常用构件代号和常用图线

1. 常用构件代号

常用构件代号见表6-4。

2. 结构施工图中常用图线

粗实线——钢筋线、结构平面图中的单线构件线等；

中实线——结构平面图中墙身轮廓线、钢木构件轮廓线；

细实线——钢筋混凝土构件轮廓线、尺寸线、基础平面图中的基础轮廓线；
粗虚线——不可见的钢筋线、结构平面图中的单线构件线；
中虚线——结构平面图中不可见的墙身轮廓线、钢木构件轮廓线；
细虚线——基础平面图中的管沟轮廓线、不可见的钢筋混凝土构件轮廓线。

表 6-4 常用构件代号

序号	名称	代号	序号	名称	代号
1	板	B	22	屋架	WJ
2	屋面板	WB	23	托架	TJ
3	空心板	KB	24	天窗架	CJ
4	槽行板	CB	25	框架	KJ
5	折板	ZB	26	钢架	GJ
6	密肋板	MB	27	支架	ZJ
7	楼梯板	TB	28	柱	Z
8	盖板或沟盖板	GB	29	基础	J
9	挡面板或檐口板	YB	30	设备基础	SJ
10	吊车安全走道板	DB	31	桩	ZH
11	墙板	QB	32	柱间支撑	ZC
12	天沟板	TGB	33	垂直支撑	CC
13	梁	L	34	水平支撑	SC
14	屋面梁	WL	35	梯	T
15	吊车梁	DL	36	雨篷	YP
16	圈梁	QL	37	阳台	YT
17	过梁	GL	38	梁垫	LD
18	连系梁	LL	39	顶埋件	M
19	基础梁	JL	40	天窗端壁	TD
20	楼梯梁	TL	41	钢筋网	W
21	檩梁	LT	42	钢筋骨架	G

6.2.3 钢筋混凝土构件图示例

1. 钢筋混凝土梁配筋图

如图 6.7、图 6.8 所示，钢筋混凝土梁的配筋图一般由梁的立面图、断面图、钢筋详图和钢筋表所组成。钢筋表见表 6-5。

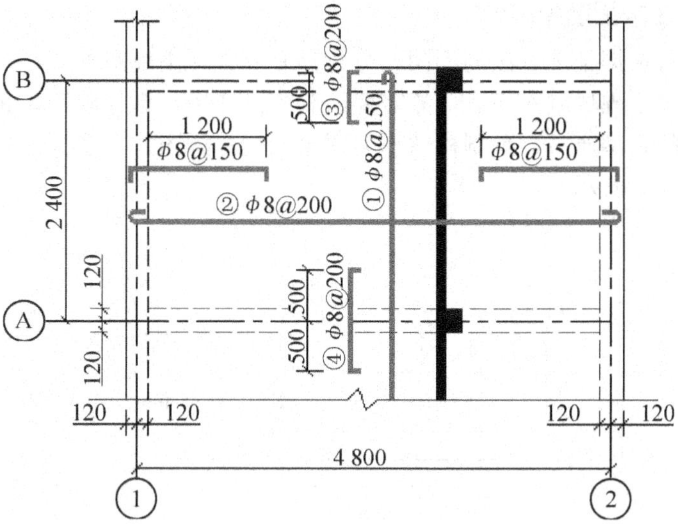

图 6.7 钢筋布置平面图

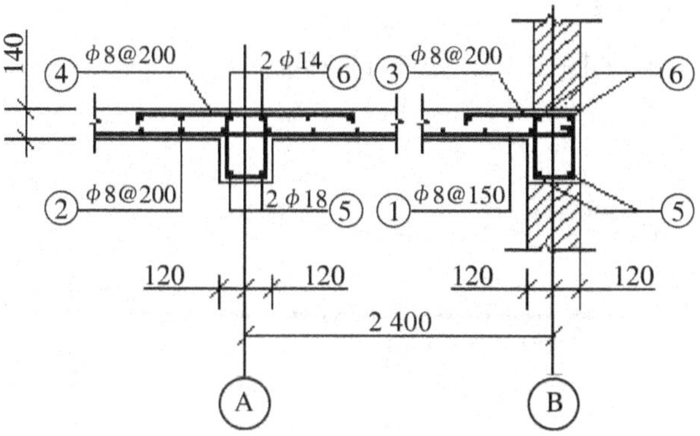

图 6.8 钢筋布置断面图

表 6-5 钢筋表

构件名称	构件数	钢筋编号	钢筋规格	简图	长度/mm	每件根数	总根数	总长/m	重量/kg
L201	4	①	ϕ20		6 360	2	8	50.88	
		②	ϕ20		6 896	2	8	55.16	
		③	ϕ20		6 896	1	4	55.16	
		④	ϕ12		6 340	2	8	50.72	
		⑤	ϕ8		1 766	25	100	176.6	

2. 钢筋混凝土板配筋图

钢筋混凝土板根据施工方法的不同，分为预制板和现浇板两种。

现浇板是在施工现场制作而成，故需要绘制构件详图，指导施工；预制板是在预制厂按通用图集生产的定型产品，预制构件不需要绘制构件详图，只需标注定型产品的型号和代号即可，如图 6.9 所示。

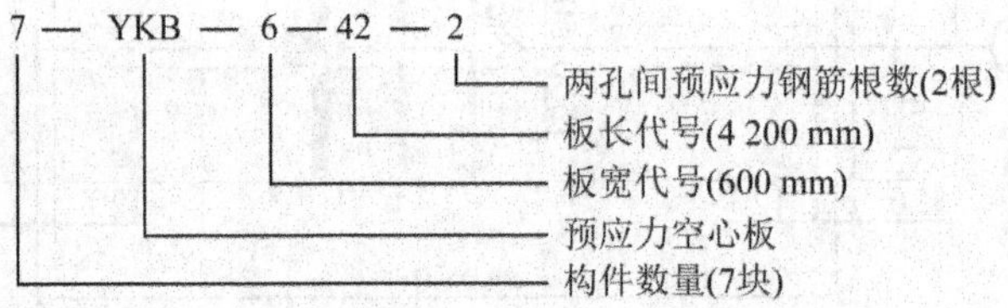

图 6.9 钢筋混凝土板配筋标注

3. 钢筋混凝土柱配筋图

钢筋混凝土柱配筋图如图 6.10、图 6.11 所示。

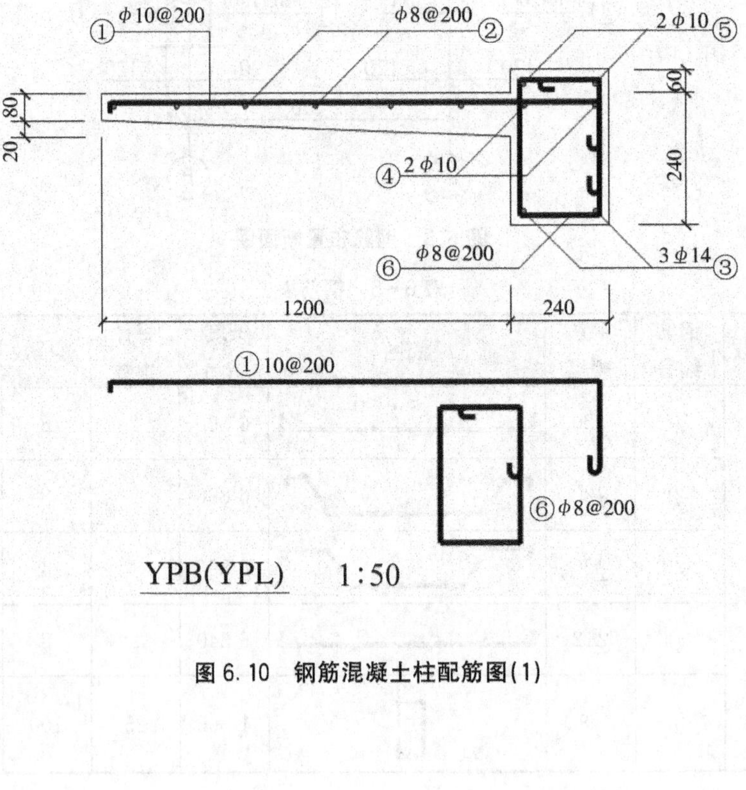

图 6.10 钢筋混凝土柱配筋图(1)

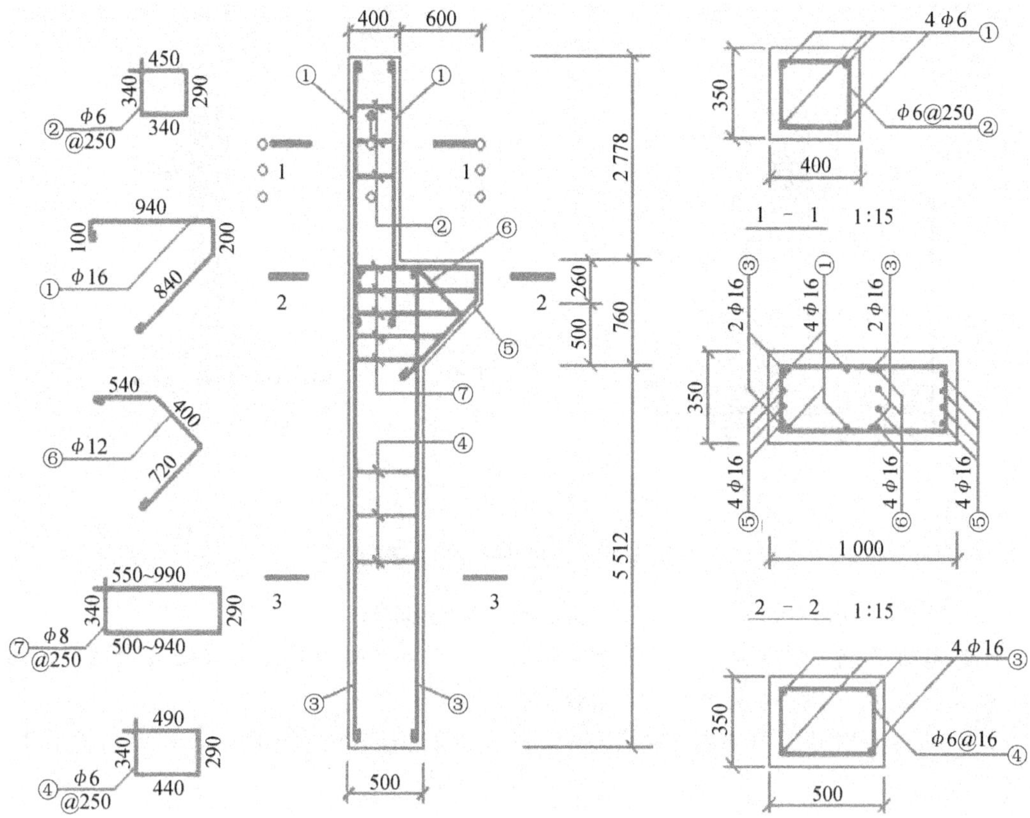

图 6.11 钢筋混凝土柱配筋图(2)

6.3 基础施工图

6.3.1 基础施工图概述

1. 基础和地基

基础是位于建筑物墙、柱最下端的扩大部分，是建筑物地面以下的承重构件，承受建筑物地面以上的全部荷载及自身荷载，并将荷载传给地基，属于建筑物的组成部分。

地基是承受由基础传来荷载的地层。

2. 基础的类型

(1) 按基础的建筑材料分类，可分为砖基础、毛石基础、灰土基础、三合土基础、混凝土基础、毛石混凝土基础、钢筋混凝土基础。

(2) 按基础的构造形式分类可分为条形基础(墙下)、独立柱基础、板式基础、箱形基础、桩基础、联合基础(柱下条形基础、柱下十字交叉基础、梁板式基础)，如图 6.12 所示。

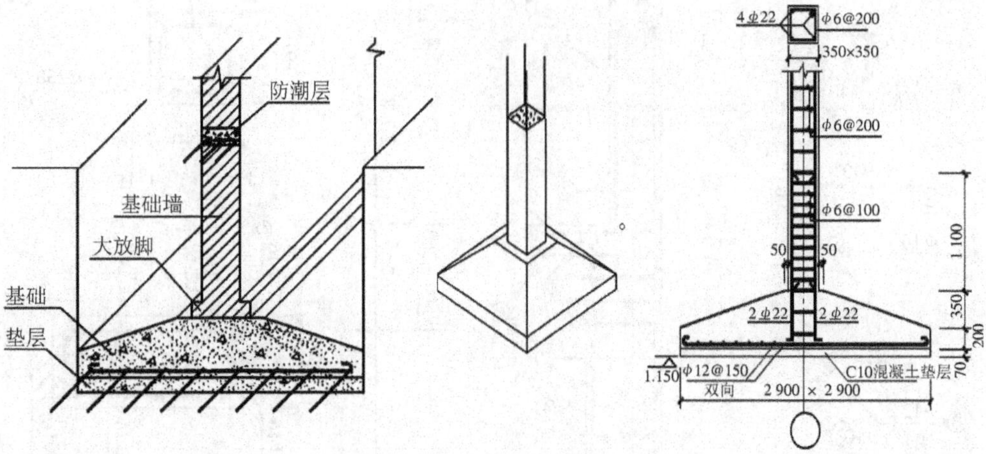

图 6.12 条形基础和独立基础

(3) 按基础的受力分类，可分为刚性基础和柔性基础。

刚性基础的抗压强度大、抗拉强度小，如砖、石、混凝土基础，常做成阶梯形，各台阶的尺寸应满足一定的高宽比(刚性角)要求。

柔性基础是指基础的抗拉和抗压强度都大，如钢筋混凝土基础，在基础底面配置钢筋。

3. 基础施工图

基础施工图就是表示建筑物室内地面以下基础部分的平面布置和详细构造的图样。简言之就是反映基础结构设计结果的图样。

基础的埋置深度、底面尺寸、剖面尺寸、材料强度及其构造措施，均需通过结构设计来确定。

其图件一般包括基础平面图、基础端面详图和文字说明 3 部分。为了便于阅读、利于施工，最好将这 3 部分内容编排在同一张图纸上。

4. 基础施工图的作用

主要作用是建筑物放灰线、开挖基础、砌筑基础和浇筑基础的主要依据。

6.3.2 基础平面图

1. 基础平面图的形成

用一个假想的水平剖切平面，沿建筑物底层室内设计地面(±0.000)把整幢建筑物剖开，移去剖切平面以上的建筑物和基槽回填土后，用直接正投影法所作的水平投影，就是反映基槽未回填土时基础的平面布置的图样。

基础平面图主要表示基础的平面位置，以及基础与墙、柱轴线的相对关系。

2. 图示内容

1）图名及比例

采用与建筑平面图相同的绘图比例，常用1∶100或1∶200。

2）纵横轴线网及编号

用细点画线画出与建筑平面图完全一致的轴线网，并标注轴线编号和轴线尺寸。

3）基底、墙、柱的形状、大小及其与轴线的关系

4）基础梁的位置和代号

当房屋底层平面中有较大的门洞时，为了防止在地基反力作用下门洞处室内地面开裂，通常在门洞处的条形基础中设置基础梁。基础梁的代号JL。除了设置基础梁外，如果地基条件差，根据设计需要设置地圈梁，代号为JQL。在图中一般采用粗点画线表示单线构件。

5）地沟及管洞

由于给排水要求常常需要设置地沟，或在地面以下的墙体中能够预留孔洞。在基础平面图中，应表示地沟及管洞的平面位置，并注明洞口尺寸及洞底标高。

6）基底标高变化示意图

为了施工方便，墙下条形基础的埋置深度，在整幢建筑物内，一般宜取得一致。但当建筑物有地下室、错层、地下有管道通过或者地基承载力不同时，则基础的埋置深度往往要发生变化。为了使不同埋深的条形基础能很好地联结，在埋深有变化的地方，条形基础沿纵向应做成像踏步一样的阶梯形。一般每阶高度不大于500mm，每阶长度不小于1 000mm。在基础平面图中，用细虚线画出基底放阶的位置，再在相对应的平面图附近，画一个局部纵剖面图来表示基础底面标高的变化情况。

7）断面剖切符号

在房屋的不同部位，基础的形式、尺寸和埋置深度可能不同，需要分别画出它们的断面图。因此在基础平面图中，应相应地画出剖切符号，并注明断面编号，如1-1、2-2或3-3等。

8）施工说明

凡是在基础平面图中没有表示出来，设计人员认为必须说明的内容，必须用文字进行说明。

3. 图示特点

1）绘图比例

常选用1∶100或1∶200，与建筑平面图保持相同比例。

2）图例

用图例符号表示基础各组成部分，如基础砖墙可不画图例线，而在透明硫酸纸图的背后涂成淡红色；钢筋混凝土柱的断面涂成黑色。

3）图线

(1) 被剖切到的基础墙、柱的轮廓线——中实线。

(2) 基础底面的轮廓线——细实线。

(3) 基础梁、圈梁等单线构件——粗点画线。

(4) 预留孔洞、管洞——细虚线。

4) 尺寸标注

(1) 定位轴线尺寸：与建筑平面图一致。

(2) 基础大小尺寸：基础墙宽度、柱外形尺寸、基础底面宽度等。

(3) 预留孔洞大小尺寸：孔洞大小。

4. 阅读基础平面图

基础平面图如图 6.13、图 6.14 所示。

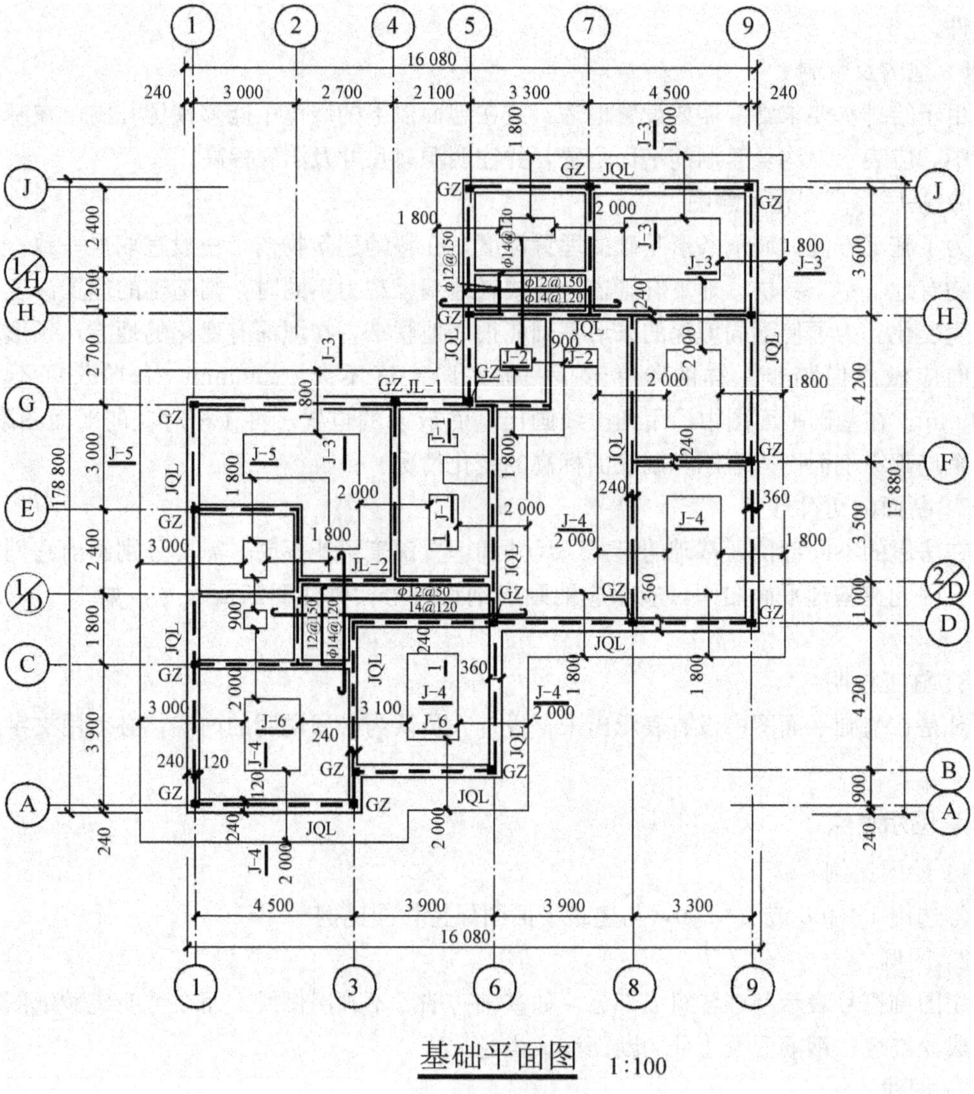

图 6.13 基础平面图(1)

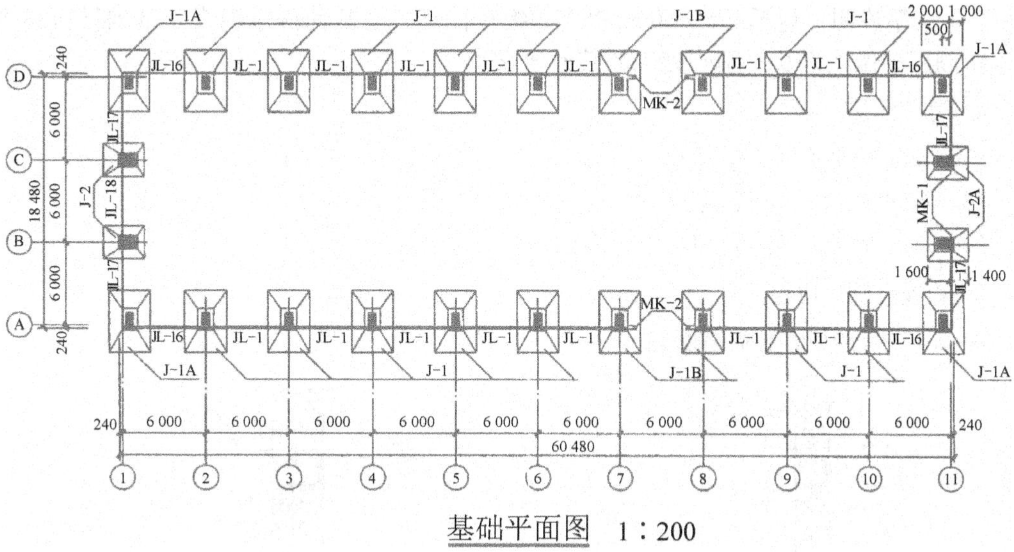

图 6.14 基础平面图(2)

特别提示

读图注意事项

(1) 定位轴线。

(2) 基础梁和地圈梁的位置及代号：JL1～JL4 分别位于入口门洞、门厅至走廊的门洞、走廊到阅览室的门洞、阅览室南面墙两个大窗洞下，JQL 设置。

(3) 柱、构造柱的位置、大小及代号：Z、GZ。

(4) 基础的断面剖切符号及编号：J1～J11。

(5) 内部详细尺寸。

(6) 文字说明。

6.3.3 基础断面详图

1. 基础断面详图的形成

用一个垂直剖切平面将基础剖开，移去剖切平面与观察者之间的部分，将剩余部分的断面轮廓作正投影所得到的投影图。基础详图就是基础的垂直断面图。

2. 绘图比例

绘图比例通常采用 1∶20 或 1∶50。

3. 图示内容

(1) 画出与基础平面图相对应的定位轴线。

(2) 基础及基础墙的断面轮廓。

(3) 基础梁及地圈梁的位置及断面配筋。

(4) 室内外地坪线及防潮层位置。

(5) 画出基础和墙(柱)的材料符号。

（6）文字说明：包括与±0.000 相当的绝对标高、地基允许承载力、基础材料强度等级、防潮层的做法以及对基础施工的其他要求。

4. 尺寸标注

（1）基础与轴线的关系尺寸。

（2）基础各台阶的高、宽尺寸。

（3）室内外地坪的标高和基础底面标高。

5. 阅读基础断面图

图 6.15 所示为某基础断面图。

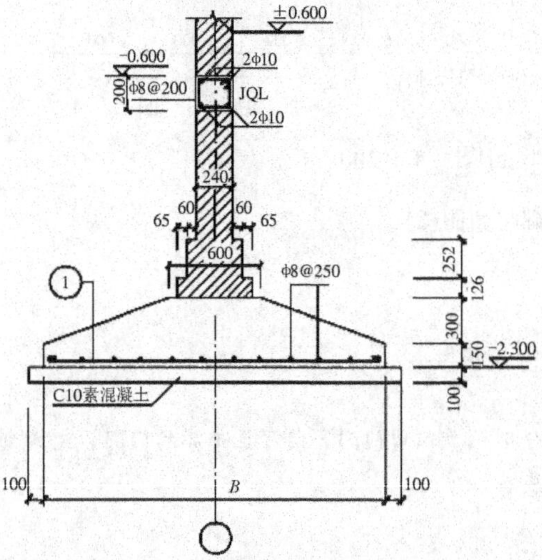

J-1、J-2、J-6、详图　1：20

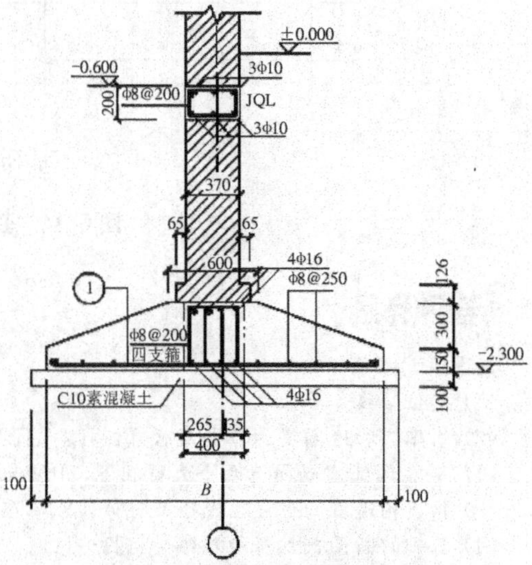

J-3、J-4、J-5、JL-1详图　1：20

l=2100mm

基础表

基础编号	基础宽度 *B*(mm)	①	备注
J-1	700	素混凝土	
J-2	900	ϕ10@180	
J-3	1 800	ϕ12@200	
J-4	2 000	ϕ12@160	
J-5	3 000	ϕ14@125	
J-6	3 100	ϕ14@120	

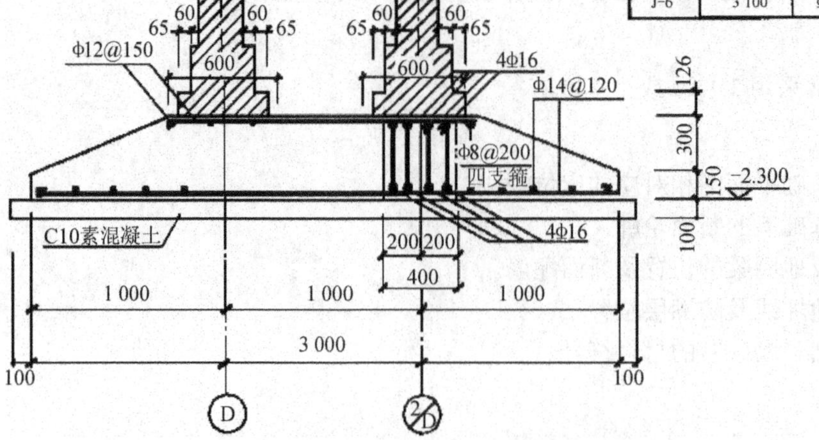

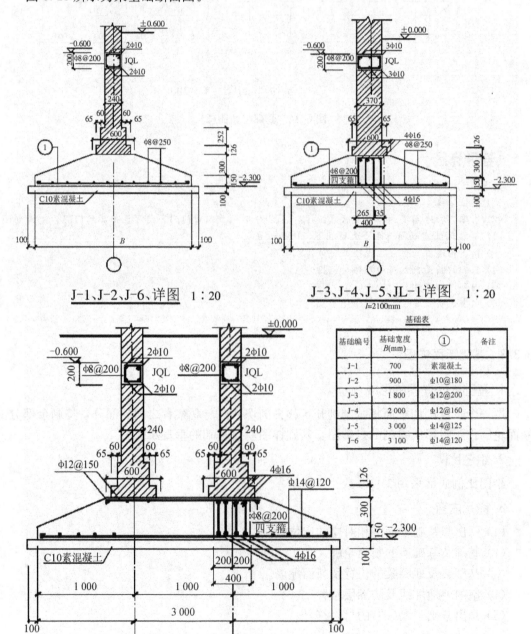

图 6.15　基础断面图

6.4 楼层结构布置平面图

6.4.1 楼层结构布置平面图的用途

楼层结构布置平面图主要表达各种承重构件如墙、梁、板、柱等在平面图中布置情况，它是施工中布置各种承重构件的主要依据。

6.4.2 楼层结构布置平面图的形成及内容

楼层结构布置图如图 6.16、图 6.17 所示。

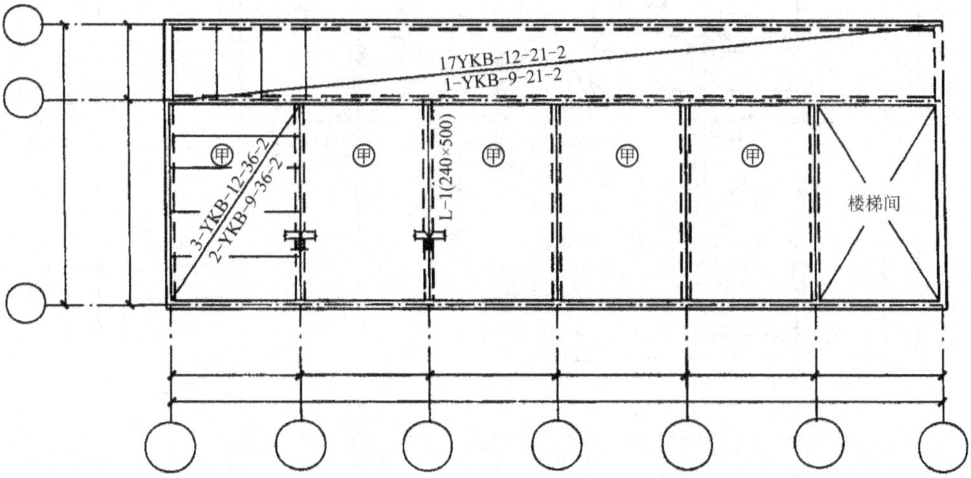

图 6.16 楼板布置图

1. 楼层结构布置平面图的形成

用一个假想的水平剖切平面，沿楼地面进行剖切，移去剖切平面以上的部分，而将剩余部分向下作水平正投影所得到的视图就是楼层结构布置平面图。主要表达楼盖梁、板及下层楼盖以上的门窗过梁和雨篷等构件的布置情况。

2. 图示内容

1) 轴线及编号

为了便于确定梁、板及其他构件的安装位置，应画出与建筑平面图完全一样的定位轴线网，并注明轴线编号和轴线尺寸。

2) 表明墙、柱的平面轮廓及其与梁板的相互关系

为了反映出墙、柱与梁板构件的相互关系，在楼层结构布置平面图中，要用中实线绘出其轮廓线。

板与墙的关系为：板支承在墙上或靠墙布置。当房间空间较大时，主要结构布置为梁支承在墙或柱上，板支承在梁上。

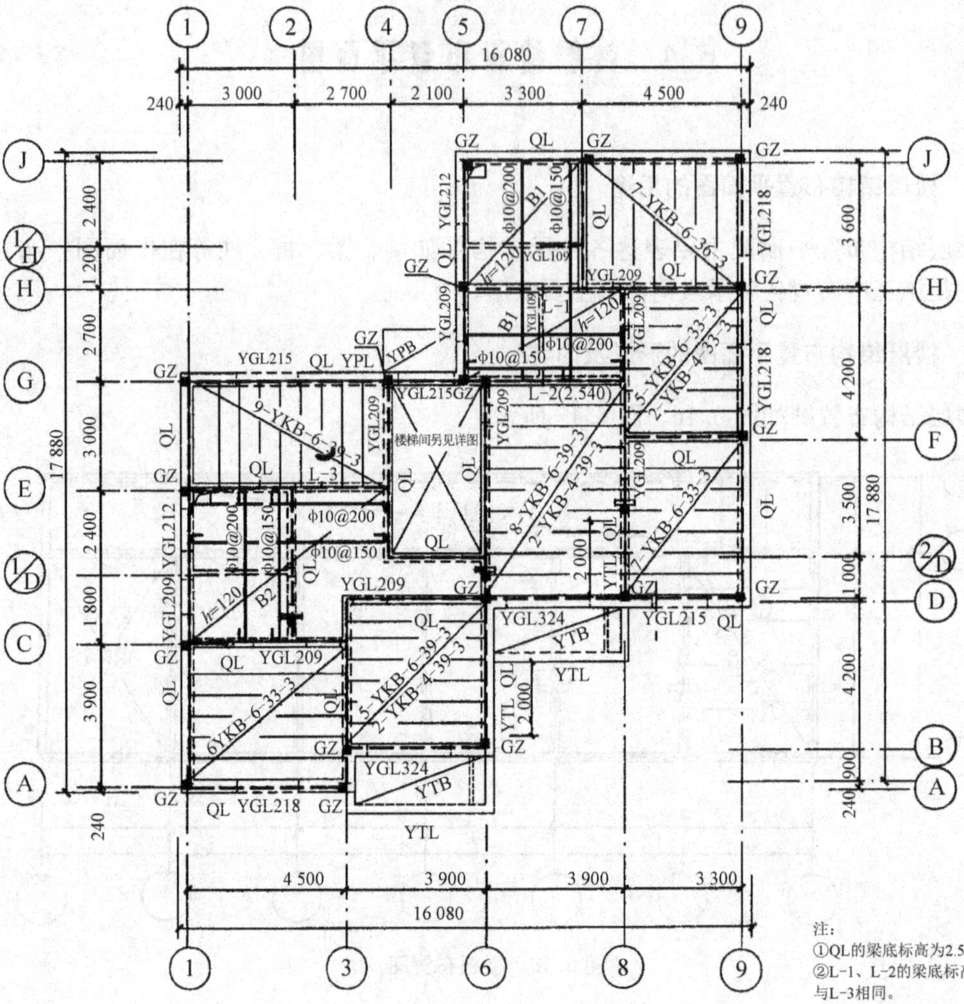

注：
①QL的梁底标高为2.580。
②L-1、L-2的梁底标高与L-3相同。
③板底标高均为2.640。
④YGL为门过梁时，梁底标高2.100；为窗过梁时，梁底标高2.400。

二层结构平面图 1∶100

图 6.17　楼层结构布置平面图

3）梁、梁垫的代号及编号

在结构布置平面图中，一般用粗点画线表示梁，有的图也用梁的轮廓线表示，并标上梁的代号及编号：L1，在同一工程图中，凡是几何尺寸及截面配筋完全相同的梁，可以编成同一编号。

当梁搁置在砖墙或砖柱上时，为了避免砖墙（柱）被局部压坏，往往要在梁下设置混凝土或钢筋混凝土梁垫。在构件布置平面图中，应示意地画出梁垫的平面轮廓线，并标上代号，如 LD。

4）预制板的型号、尺寸和数量

常用的预制板有平板、空心板和槽形板等。

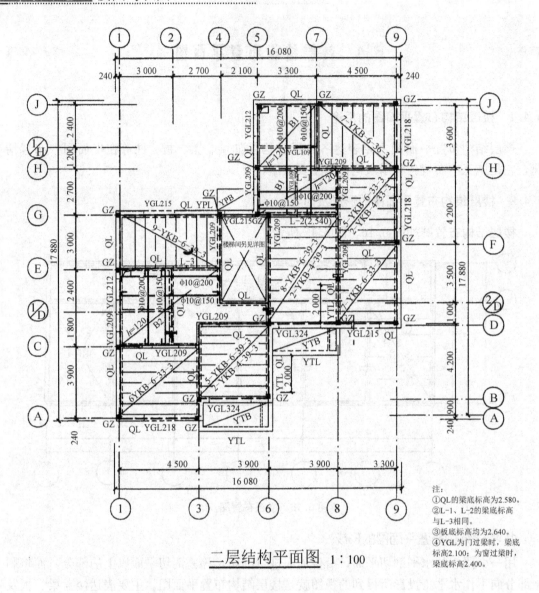

(1) 平板：上下表面平整、制作简单，适用于荷载不大、跨度较小的走道、楼梯平台等处。

(2) 空心板：上下板面平整，构件刚度大、隔音隔热效果较好，故在装配式楼层结构中应用广泛。其缺点是不能在板面上任意开洞。

(3) 槽形板：自重较轻，板面开洞较自由，但不能形成平整的顶棚，且隔音、隔热效果也较差，故适用于厕所、厨房等处。

在结构布置平面图中，预制板布置的图示方法是，在某一铺板范围内，用细实线由左下至右上画一对角线，在对角线的一侧(或两侧)注写该铺板范围内预制板的数量及编号，同时用细实线画出全部或部分预制板的轮廓线，以表示铺板的方向。

5) 门窗过梁及雨篷的代号及编号

过梁的作用是承担门、窗洞口上部墙体的重量及可能有的梁板荷载，并把荷载传递到洞口两侧的墙体上。在构件布置平面图中，一般把构件过梁代号直接标注在门、窗洞口一侧。

过梁代号为GL，在《钢筋混凝土过梁图集》中，西南地区过梁的编号为GL×××××，如GL21240中，21表示过梁净跨(洞口尺寸)为2 100mm，24表示过梁宽(即墙厚)为240mm，0表示过梁能承受0级荷载(即仅承受过梁自重和1/3净跨高度的墙体重量)。雨篷的代号为YP。

6) 圈梁

为了加强墙身稳定性，保证房屋的整体刚度，防止地基不均匀沉降对房屋的不利影响，混合结构房屋应按规定设置钢筋混凝土圈梁。圈梁常沿部分墙体统长设置。圈梁代号为QL，在构件布置平面图中，圈梁可用粗的点画线绘出，代号注写在构件。

6.4.3 安装节点大样图

在钢筋混凝土装配式楼层中，板与板、板与梁(或墙)、梁与墙的连接，只要有足够的支承长度，并通过灌浆和坐浆就能满足要求了，所以一般不必另画安装节点大样图。然而对于一些有特别要求的连接构造，则应画出安装节点大样图以指导施工。

6.4.4 构件统计表

在结构布置平面图中，应分层统计各类构件的数量并注明该构件所在的图号(或选自何通用图集)，构件统计表，见表6-6。

表6-6 构件统计表

构件名称	构件代号	数量						详图图号	备注
		一层	二层	三层	四层	……	总计		
梁	L1								
	L2								
	L3								

续表

构件名称	构件代号	数量						详图图号	备注
		一层	二层	三层	四层	……	总计		
空心板	YKB33062								
	YKB33072								
	YKB36062								
……									

6.4.5 楼层结构布置平面图的绘制方法

1. 选定比例和布图

楼层结构平面图一般采用 1∶100，现浇板详图可用 1∶50，首先绘制定位轴线。

2. 定墙、 柱、 梁的大小和位置

可见的楼板轮廓线用细实线表示；对剖切到的墙体轮廓线用中粗实线表示；不可见的墙体轮廓线用中粗虚线表示；钢筋混凝土柱的断面用涂黑表示；楼板下面的梁可用单根粗虚线表示。

3. 预制板的绘制

对于不同的结构单元内用细实线分块画出板的铺设方向和画上一对角线，并沿对角线上或下方，写出预制板的规格和数量；对于相同结构单元，可简化在其上写出相同的单元编号，其余内容省略。

4. 现浇板的绘制

应画出板的钢筋详图，表明受力筋的形状和配置情况，并且注明其编号、规格、直径、间距或数量等。

6.4.6 楼梯结构详图

1. 楼梯结构平面图

楼梯结构平面图如图 6.18 所示。

1）楼梯结构平面图的图示方法

楼梯结构平面图是运用剖视方法绘制的水平剖视图，其剖切平面通常设置在楼梯休息平台的上方。

2）楼梯结构平面图的图示内容

楼梯结构平面图是表明楼梯段、楼梯梁和楼梯平台板的平面布置情况，以及代号、尺寸标注、结构标高等。

多层房屋应绘出底层、中间层和顶层楼梯结构平面图。

3）楼梯结构平面图的画法

楼梯结构平面图通常采用1∶50绘制。

钢筋混凝土楼梯可见轮廓线用细实线表示，不可见轮廓线用细虚线表示，剖切到的砖墙轮廓线用中粗实线表示，钢筋混凝土楼梯梁、梯段板、平台板的重合断面，直接绘制在平面图上。

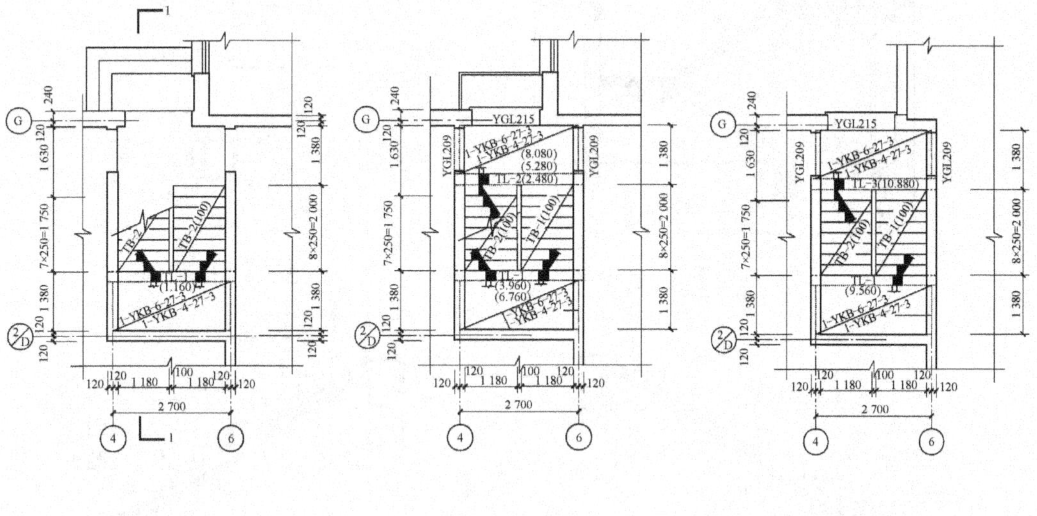

底层楼梯平面图 1∶50　　中间层楼梯平面图 1∶50　　顶层楼梯平面图 1∶50

图6.18　楼梯结构平面图

2. 楼梯结构剖视图与配筋图

楼梯剖视图与配筋图如图6.19所示。

1）楼梯结构剖视图的图示方法

楼梯结构剖视图是运用剖视方法，剖切平面垂直于梯段的铅垂面，其剖切位置在楼梯底层平面图中标出。当楼梯结构剖视图不能详细表达楼梯板和楼梯梁的配筋时，可用较大比例另绘配筋图。

2）楼梯结构剖视图的图示内容

楼梯结构剖视图主要表明楼梯承重构件的竖向布置、构造和连接情况，以及梯段尺寸、平台板底、楼梯梁底的结构标高。

3）楼梯结构剖视图的画法

楼梯结构剖视图的绘图比例与楼梯结构平面图相同，配筋图可用较大比例绘制；应标注楼梯平台板底、楼梯梁底的结构标高以及梯段板的尺寸。

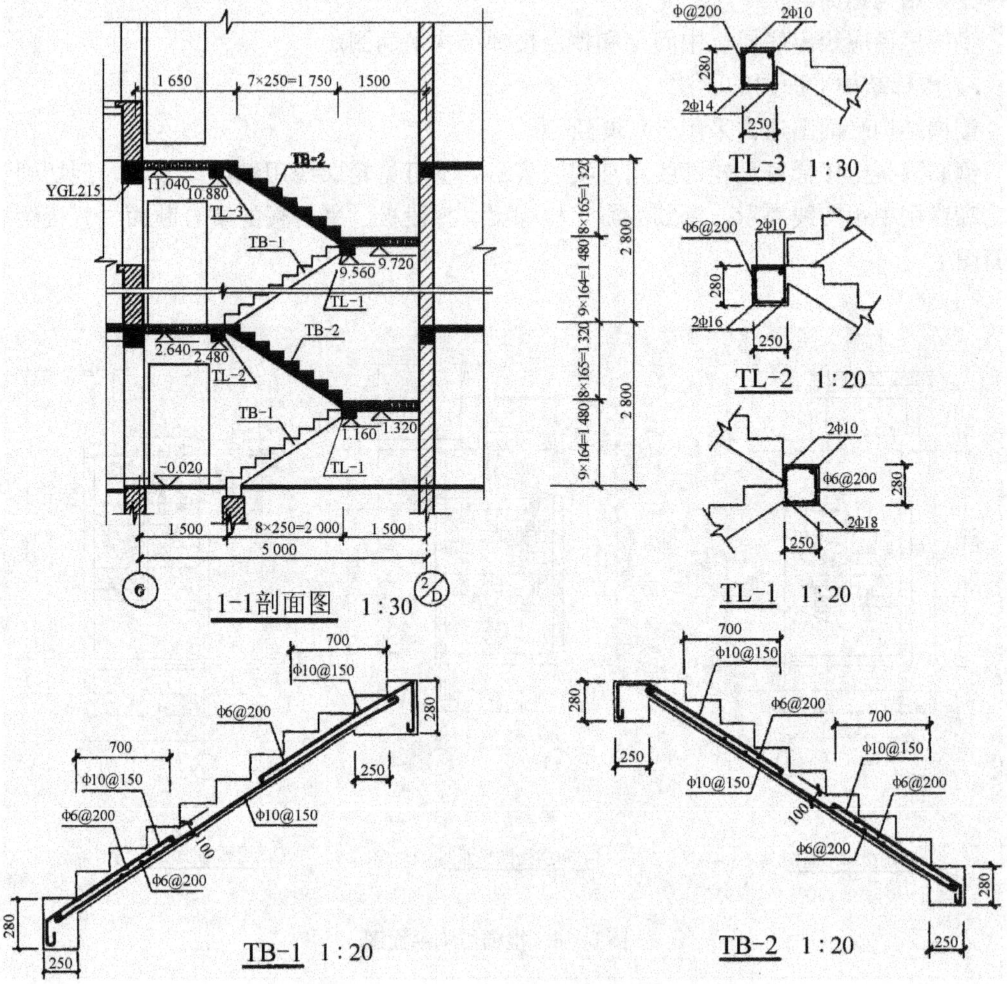

图 6.19　楼梯结构剖视图与配筋图

本章小结

本章主要介绍建筑结构施工图的知识，建筑结构施工图是建筑装饰专业人员必须要掌握的，不但要了解建筑结构施工图的知识，还要会绘制建筑结构施工图；要掌握钢筋混凝土的基本知识，掌握基础结构详图，掌握建筑楼层结构平面图。这些对以后的学习都会有很大帮助，且有助于更好的学习建筑装饰施工图。

习 题

一、 练习识读以下建筑结构施工图

GZ详表

序号	断面形式	b*h	①	②	柱底标高	柱顶标高	Ld/mm
GZ1	3-3	250*400	6ф12	ф6@200	-1.500	5.780	600
GZ2	3-3	250*320	6ф12	ф6@200	-0.360	5.780	600
GZ3	1-1	250*250	4ф12	ф6@200	-0.360	2.780	600
GZ4	1-1	250*250	4ф12	ф6@200	-0.360	5.780	600
GZ5	圆柱	R=300	8ф12	ф6@200	-1.500	2.780	600
GZ6	2-2	250*250	4ф12	ф6@200	2.780	5.780	600

ZJ-N详表

序号	编号	A*B	As1	As2	H1/mm	H2/mm
1	ZJ-1	1800*1800	ф10@150	ф10@150	250	300
2	ZJ-2	1500*1500	ф10@160	ф10@160	250	300

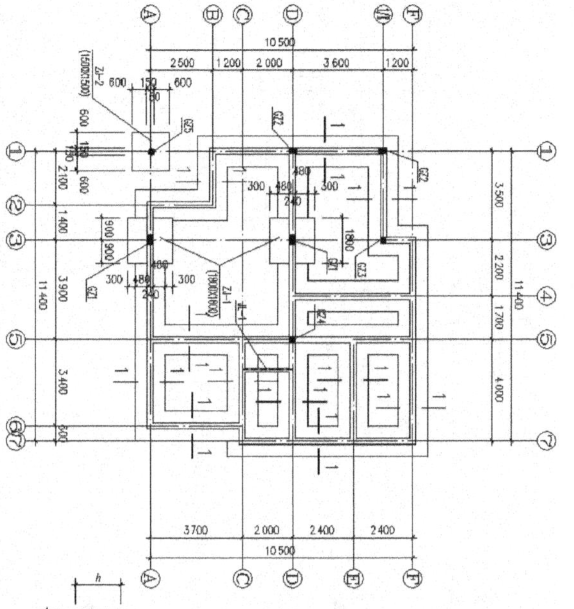

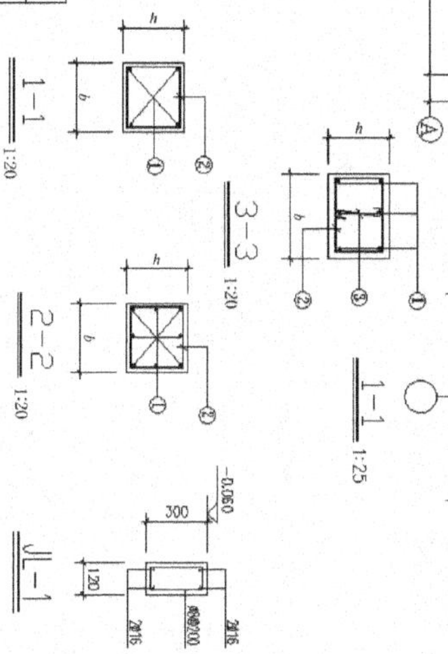

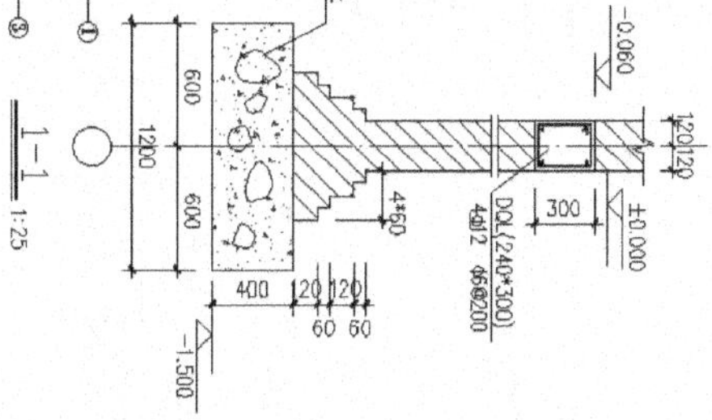

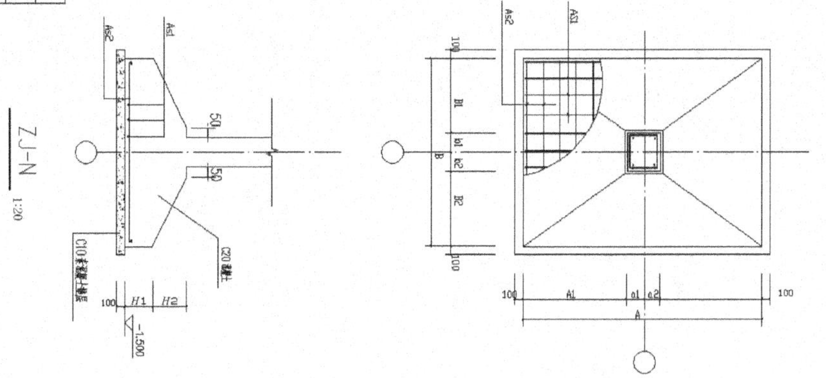

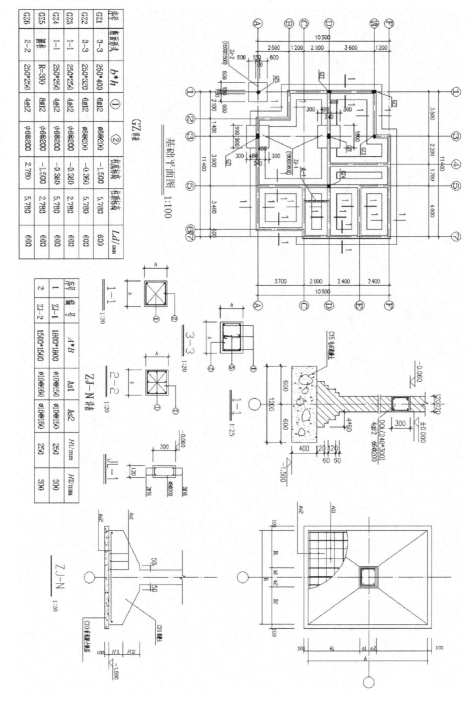

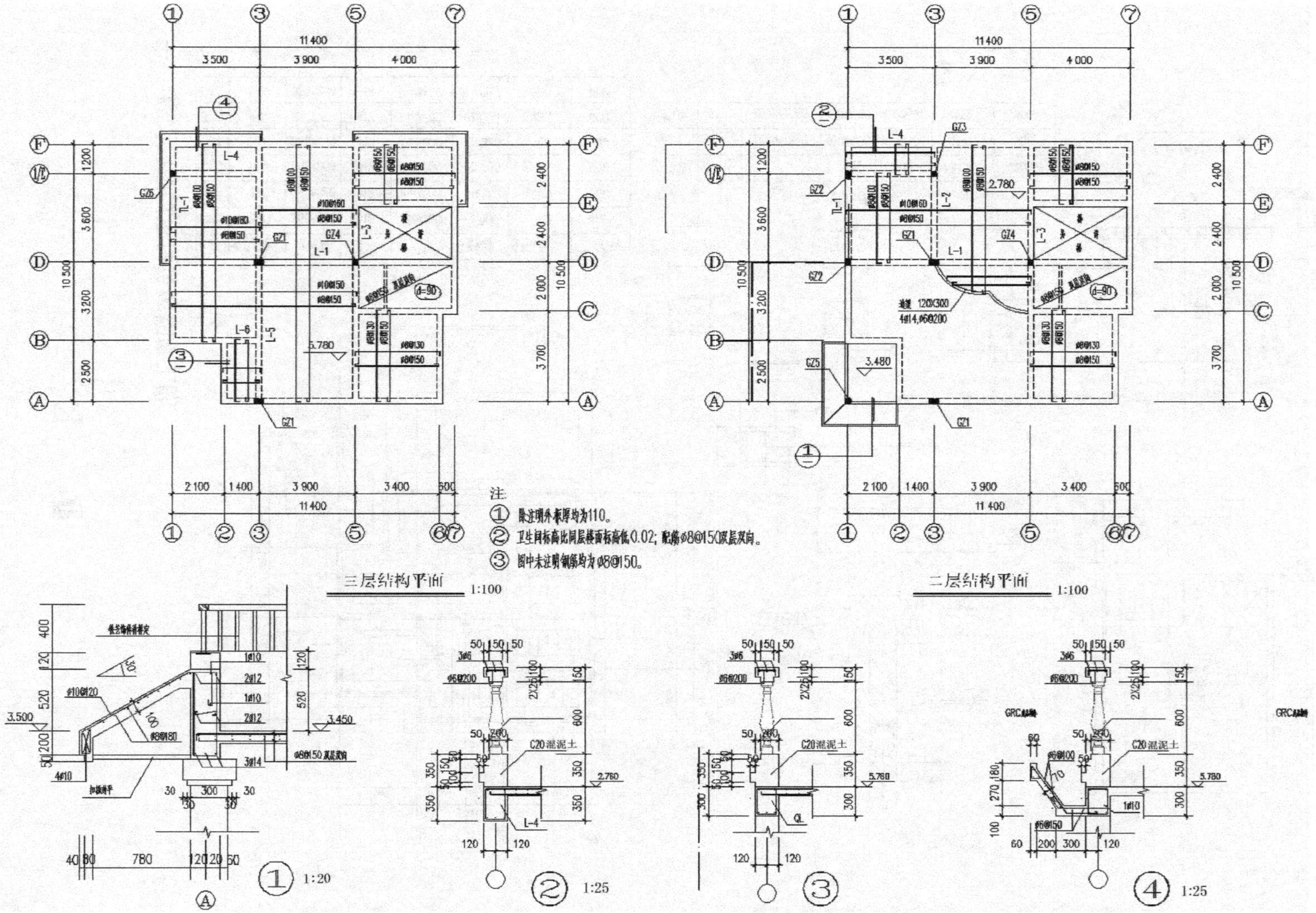
三层结构平面 1:100
二层结构平面 1:100
注
① 除注明外,板厚均为110。
② 卫生间标高比同层楼面标高低0.02;配筋ø8@150双层双向。
③ 图中未注明钢筋均为ø8@150。
① 1:20
② 1:25
③ 1:25
④ 1:25

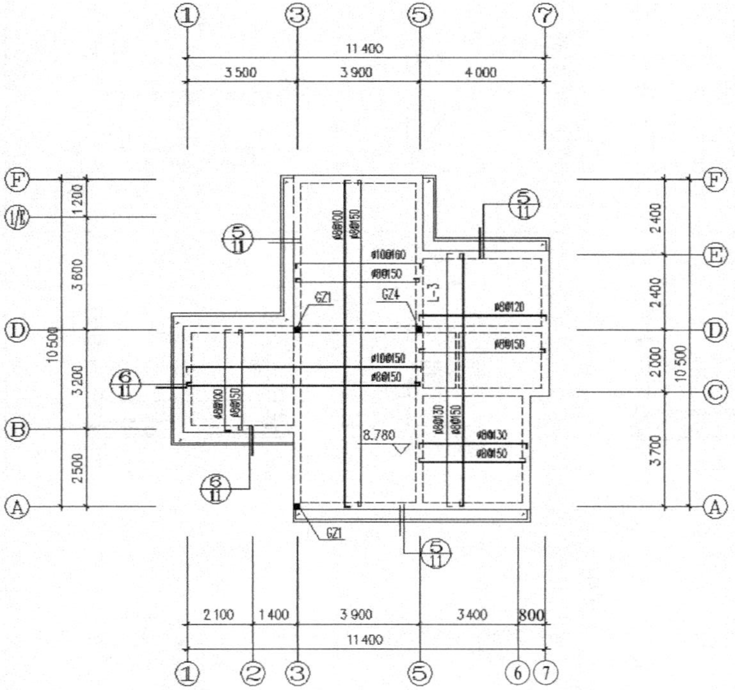

屋盖结构平面图 1:100

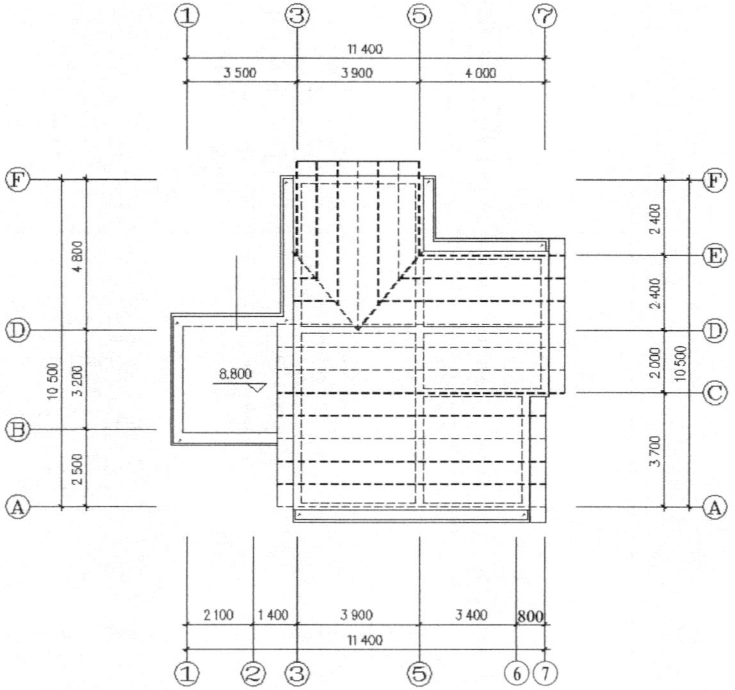

屋面结构平面图 1:100

注:
① 檩条采用杉木，水平间距不大于800
② 檩条梢径不小于100
③ 凡与砖或混凝土接触的木材表面均满涂氟化钠或水柏油二道防腐。

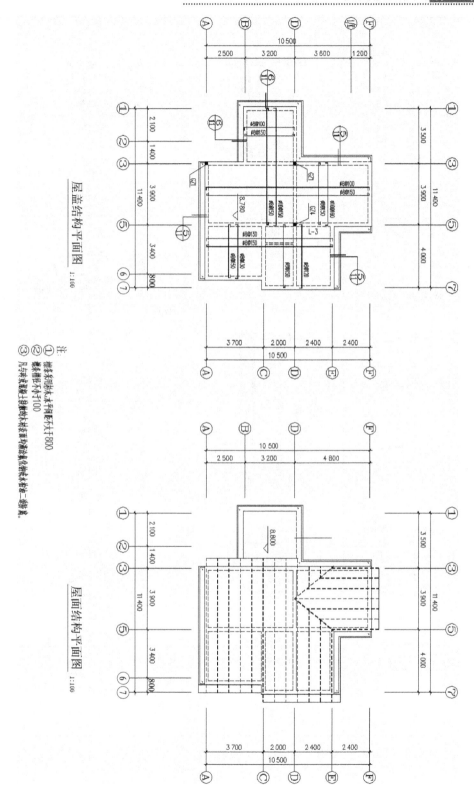

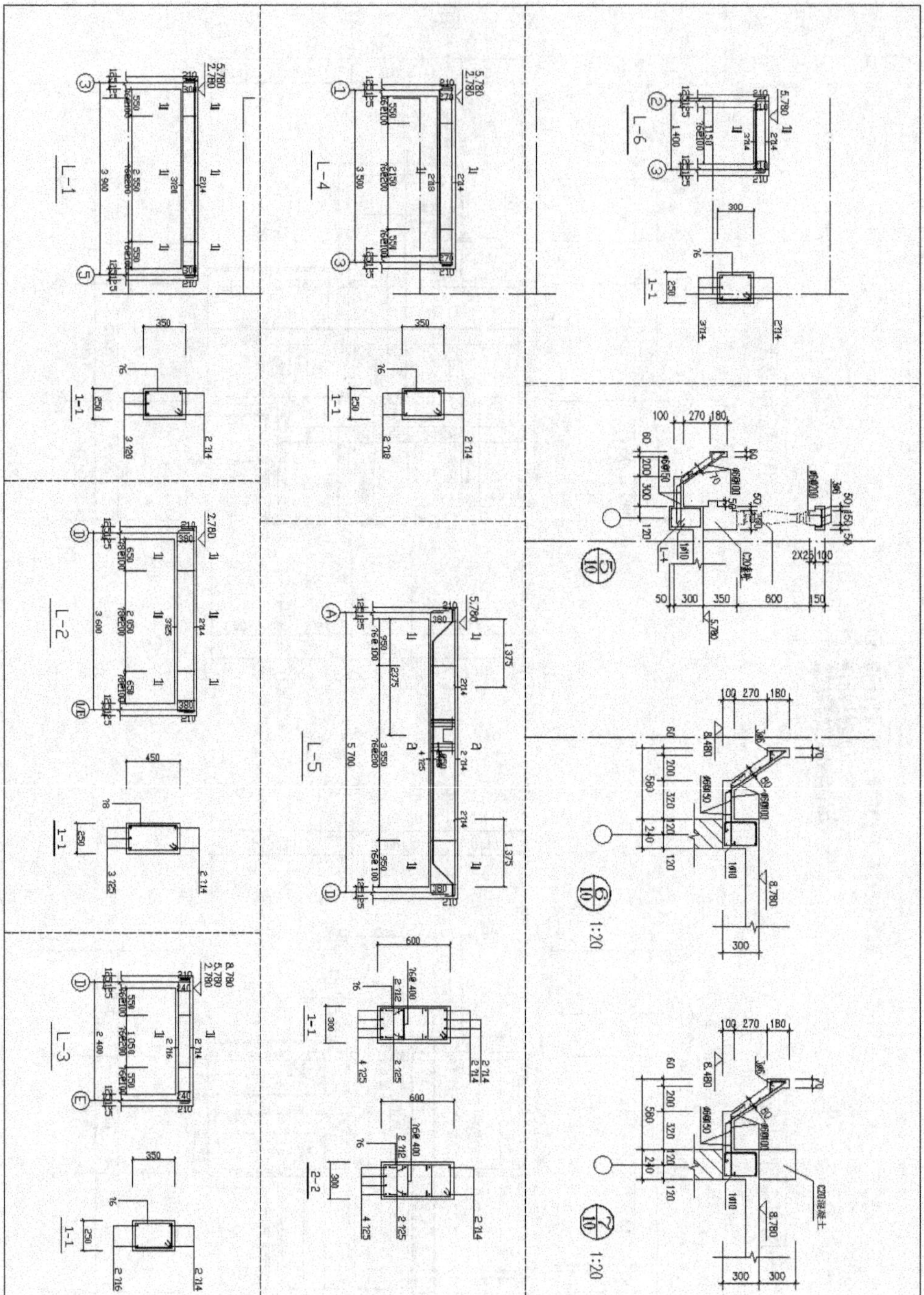
L-1
L-2
L-3
L-4
L-5
L-6
1-1
2-2
1:20

二、简答题

1. 什么是构件？建筑结构按主要构件所采用的材料不同可分为哪几类？

2. 什么是混凝土保护层？常见的钢筋弯钩形式有哪些？

3. 钢筋混凝土构件中钢筋可分为哪几类？主要作用是什么？受力筋、分布筋、箍筋、架立筋分别配置在哪些构件中？

4. 配置在现浇钢筋混凝土楼板板底的钢筋在图纸上如何表示？配置在板顶的钢筋在图纸上如何表示？

5. 基础平面布置图是如何形成的？基础平面图应包括的主要内容有哪些？

6. 楼板结构布置平面图是如何形成的？楼板结构布置平面图应包括的主要内容有哪些？

7. 现浇钢筋混凝土楼板的表示方法是什么？

第7章

建筑装饰施工图

学习目标

建筑装饰施工图是建筑装饰专业必须要掌握的内容，学好建筑装饰施工图对于以后的学习有很大的帮助。在学习的过程中，应该掌握建筑装饰施工图的概述；掌握建筑装饰平面图的内容和绘制；掌握建筑装饰立面图的内容和绘制；掌握建筑装饰剖面图的内容和绘制；掌握建筑装饰详图的绘制；掌握建筑装饰有关法律法规以及建筑装饰概预算的有关内容。

学习要求

知识要点	能力目标	相关知识
建筑装饰施工图的概述	(1) 了解建筑装饰施工图的基本知识 (2) 掌握建筑装饰施工图中常用的材料图例	(1) 建筑装饰施工图和建筑施工图 (2) 建筑装饰施工图的特点和组成 (3) 建筑装饰施工图中常用的材料图例
建筑装饰平面图	(1) 了解建筑装饰平面图的概述 (2) 掌握建筑装饰平面布置铺装图 (3) 掌握建筑装饰顶棚平面图 (4) 掌握建筑装饰平面图的画法	(1) 建筑装饰平面图的形成和表达内容 (2) 建筑装饰平面图布置铺装图的内容和绘制方法 (3) 建筑装饰顶棚平面图的内容和绘制方法 (4) 建筑装饰平面图的绘制方法
建筑装饰立面图	(1) 了解建筑装饰立面图的概述 (2) 掌握建筑装饰立面图有关的标准 (3) 掌握建筑装饰立面图的内容和绘制方法	(1) 建筑装饰立面图的形成 (2) 建筑装饰立面图中内视符号和有关标高标准 (3) 建筑装饰立面图的内容和绘制方法

续表

知识要点	能力目标	相关知识
建筑装饰剖面图与详图	(1) 了解建筑装饰剖面图的概述 (2) 掌握建筑装饰剖面图的有关规定 (3) 掌握建筑装饰剖面图的内容 (4) 掌握建筑装饰剖面图的绘制方法 (5) 掌握建筑装饰详图的基本内容 (6) 掌握建筑装饰详图的绘制方法	(1) 装饰剖面图的形成和特点 (2) 装饰剖面图的剖切符号和命名 (3) 装饰剖面图的内容 (4) 剖面图的绘制方法 (5) 装饰详图的内容和绘制方法
建筑装饰施工图设计的相关知识	(1) 掌握建筑装饰施工图审核与技术交底 (2) 掌握图纸会审与设计变更 (3) 掌握相关技术规范和法规 (4) 掌握建筑装饰施工图制图规范注意事项 (5) 掌握建筑面积计算方法	(1) 建筑装饰施工图审核与技术交底的定义和内容 (2) 图纸会审与设计变更的意义和内容 (3) 相关技术规范和法规的内容 (4) 建筑装饰施工图制图规范注意事项 (5) 建筑面积计算方法
建筑装饰施工图预算	(1) 了解工程预算的基本概念及分类 (2) 掌握建筑装饰施工图预算与设计概算的区别 (3) 掌握建筑装饰施工图预算与施工预算的区别 (4) 了解其他相关概念 (5) 掌握装修工程费用组成	(1) 工程预算的基本概念及分类 (2) 建筑装饰施工图预算与设计概算的区别 (3) 建筑装饰施工图预算与施工预算的区别 (4) 其他相关概念 (5) 装修工程费用组成

引例

随着新材料、新技术、新工艺的不断发展和人民生活水平的不断提高，今天人们对室内外环境质量的要求越来越高。建筑装饰设计顺应社会发展的需要，内容也日趋丰富多彩、复杂细腻(图 7.1)，仅用建筑施工图已经难以表达清楚复杂的装饰要求，于是出现了“建筑装饰施工图”，以便表达丰富的造型构思、材料及工艺要求，并指导装饰工程的施工及管理。

图 7.1 装修后的客厅效果图

装饰设计是改变环境的一种手段，做好设计后要按设计进行施工，这就形成了一个装修工程，作为一个工程必须有技术指导性文件，建筑装饰设计施工的指导性文件就是建筑装饰施工图，建筑装饰施工图作为建筑装饰的一个重要环节是在建筑装饰中不可缺少的内容。建筑装饰施工图是用来表达建筑装饰设计和建筑装饰施工的技术性文件，其内容既包括了建筑装饰设计方案又包括了建筑装饰施工技术，对于建筑装饰专业的人员来说，如果要学好专业知识，建筑装饰施工图是必不可少的。

本章将详细介绍建筑装饰施工图识读、绘制、设计等相关知识。

7.1 建筑装饰施工图概述

7.1.1 建筑装饰施工图及其设计

建筑装饰施工图是房屋建筑图的重要组成部分，也是房屋建筑图的最终部分，在整个建筑施工中，建筑装饰施工是最后一道程序。在前面的学习中已经知道，无论是建筑设计阶段还是建筑施工阶段，都会有相应的施工图进行指导；在建筑装饰设计和施工的过程中也会有相应的施工图进行指导，对建筑装饰设计和施工进行指导的图称为建筑装饰施工图。

建筑装饰施工图产生的过程称为装饰施工图设计，其有如下特点。

(1) 建筑装饰施工图设计是一种技术服务，而不仅仅是画图。

(2) 建筑装饰施工图设计是装饰设计实践的一个重要阶段，应严格遵循设计程序。

(3) 建筑装饰施工图设计和方案设计阶段相比，具有更大的法律意义。建筑装饰施工图中的任何一条线或一个数字都有重要的法律意义。建筑师通常要为施工图错误而付出不必要的代价。

(4) 建筑装饰施工图是设计师和建设方进行协调沟通的工具。设计师通过建筑装饰施工图的形式传达其设计意图，因此它必须简洁、明确和易懂。设计出一套明确、完整，特别是没有错误的建筑装饰施工图是建筑师最重要的任务之一。

(5) 要简洁明确，不要有重复，重复往往是产生错误的根源。

(6) 建筑装饰施工图绘制的深度，应了解当地其他设计师的普遍做法。

7.1.2 建筑装饰施工图与建筑施工图

建筑装饰施工图与建筑施工图都是表达建筑形体的以及内部情况的施工图，建筑施工图是建筑装饰施工图的重要基础，建筑装饰施工图又是建筑施工图的延续和深化；两者在形成和表达方式上有形同之处，但是两者还是有很大的区别。下面介绍它们的相同点和不同点。

1. 相同点

1) 建筑装饰施工图与建筑施工图具有相同基本原理：正投影原理及形体表达方法。

2) 装饰设计制图部分基本规定：建筑制图的国家标准《房屋建筑制图统一标准》、《建筑制图标准》。

2. 两者的区别

建筑施工图表达了建筑物建造中的技术内容；建筑装饰施工图表达了建造完的建筑物室内外环境的进一步美化或改造的技术内容。

7.1.3 建筑装饰施工图的组成

建筑装饰施工图是用于表达建筑物室内室外装饰美化要求的图样。它是以透视效果图为主要依据，采用正投影的投影法反映建筑的装饰结构、装饰造型、饰面处理，以及反映家具、陈设、绿化等布置内容。

图纸内容一般有平面布置图、顶棚平面图、装饰立面图、装饰剖面图和节点详图等。装饰施工图的每个部分都表达了装饰设计和施工的内容，每一个部分都是不可缺少的。

7.1.4 建筑装饰施工图的特点

(1) 建筑装饰施工图是在建筑施工图的基础上，结合环境艺术设计的要求，更详细地表达了建筑空间的装饰做法及整体效果。

(2) 建筑装饰施工图与建筑施工图的图示方法、尺寸标注、图例代号等基本相同。

(3) 建筑装饰施工图既反映了墙、地、顶棚3个界面的装饰结构、造型处理和装修做法，又图示了家具、织物、陈设、绿化等的布置，乃至制作详图。

7.1.5 常用建筑装饰材料图例

常用建筑装饰材料图例见表7-1。室内装饰平面图常用图例见表7-2。

表7-1 常用建筑装饰材料图例

序 号	位 置	图 例	说 明
5	天然石材		包括岩层、砌体、铺地、贴面、等材料
6	毛石	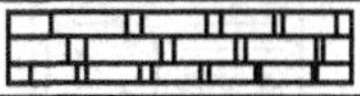	
7	普通砖	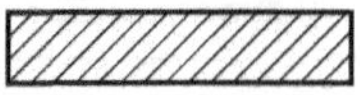	包括砌体、砌块 断面较窄，不易画出图例线时，可涂红
8	耐火砖		包括各种耐酸砖等
9	穿心砖	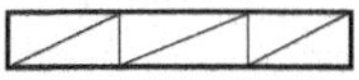	包括各种多孔砖
10	饰面砖		包括铺地砖、马赛克、陶瓷锦砖、人造大理石
11	混凝土		1. 本图例仅适用于能承重的混凝土及钢筋混凝土 2. 包括各种标号、骨料、添加剂的混凝土 3. 在剖面线上画出图例时，不画图例线 4. 断面较窄，不易画出图例线时可涂黑
12	钢筋混凝土	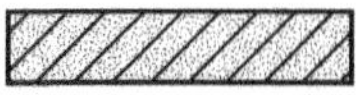	
13	焦渣、矿渣	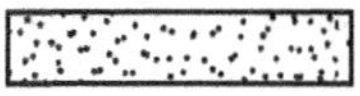	包括与水泥、石灰等混合而成的材料

续表

序号	位置	图例	说明
14	多孔材料		包括水泥珍珠岩、沥青珍珠岩、泡沫珍珠岩、非承重加气混凝土、泡沫塑料、软木等
15	纤维材料		包括麻丝、玻璃棉、矿渣棉、木丝板、纤维板等
16	泡沫塑料材料	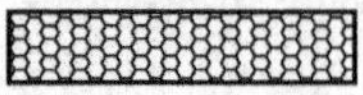	包括聚苯乙烯、聚乙烯、取氨酯等多孔聚合物材料
17	木材	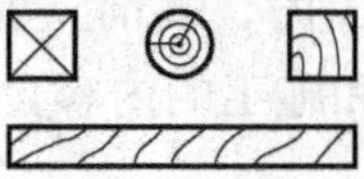	1. 上图为模断面，左上图为垫木、木砖、木龙骨 2. 下图为纵断面
18	胶合板	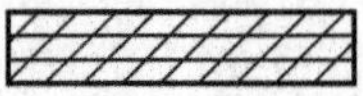	应注明×层胶合板

表 7-2 室内装饰平面图常用图例

名称	图例	名称	图例	名称	图例
双人床		浴盆		灶具	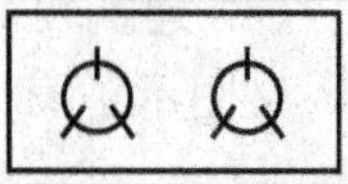
单人床	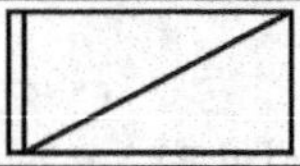	蹲便器		洗衣机	
沙发	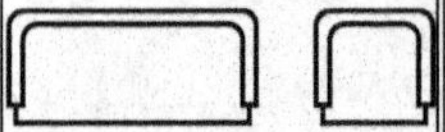	坐便器		穿调器	
凳、椅		洗手盆	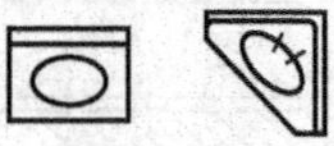	吊扇	
桌、茶几		洗菜盆		电视机	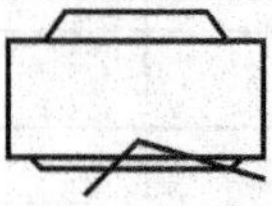
地毯		拖布池		台灯	
花卉、树木	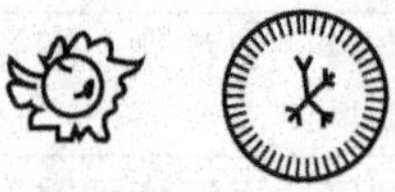	淋浴器	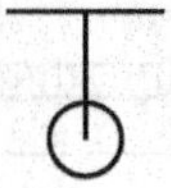	吊灯	
衣橱	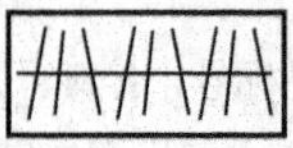	地漏	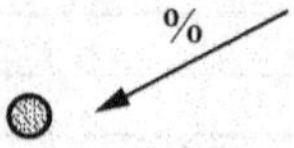	吸顶灯	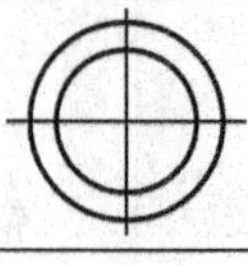
吊柜	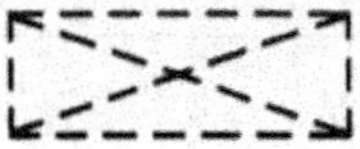	帷幔		壁灯	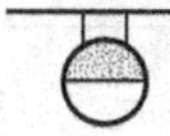

7.1.6 建筑装饰施工图的绘图步骤

建筑装饰施工图和建筑施工图一样，都必须经历一定的过程，在每一个过程中都会有注意的事项和具体的内容。具体内容是：准备工作——画底稿——铅笔加深——检查校核图样。

1. 准备工作

(1) 对设计内容进行全面了解，在绘图之前尽量做到心中有数。

(2) 准备好必需的绘图工具、仪器、用品，并把图板、丁字尺、三角板等擦拭干净；将各种绘图用具放在桌子的右边，但不能影响丁字尺的上下移动；洗净双手。

(3) 选好图纸，鉴别图纸的正反面，可用橡皮在纸边试擦，不易起毛的面为正面。

(4) 将图纸用胶带纸固定在图板的适当位置。固定时，应使图纸的上边对准丁字尺的上边缘，然后下移使丁字尺的上边缘对准图纸的下边。最好使图纸的下边与图板下边保持大于一个丁字尺宽度的距离。

2. 画底稿

(1) 先画图框线和标题栏的位置。

(2) 依据所画图形的大小、多少及复杂程度选择好比例，然后安排好各图形的位置，定好图形的中心线或基线。图面布置要适中、匀称。

(3) 首先画图形的主要轮廓线，然后由大到小，由外到里，由整体到细部，完成图形所有轮廓线。

(4) 画出尺寸线和尺寸界线等。

(5) 检查修正底稿，擦去多余线条。

3. 铅笔加深

(1) 加深图线时，必须是先曲线、再直线、后斜线；各类图线的加深顺序为细点画线、细实线、粗实线、粗虚线。

(2) 同类图线其粗细、深浅要保持一致，按照水平线从上到下，垂直线从左到右的顺序依次完成。

(3) 最后画出起止符号，注写尺寸数字、说明，填写标题栏，加深图框线。

4. 检查校核图样

检查校核图样是对图纸的检查和校核，主要是检查图纸有没有存在纰漏，在交图之前对图纸进行检查校核是为了让施工图更完善更准确地表达装饰设计和装饰施工。对图纸的检查校核主要有以下几方面的内容。

(1) 对图纸绘图标准和规范性进行检查校对。

(2) 检查校核图纸内容的规范性，看图纸表达的内容是否完善准确。

(3) 检查施工图内容的实际可行性，以免造成不必要的损失。

7.2 建筑装饰平面图组成及画法

建筑装饰平面图由建筑原始平面图、平面布置铺装图(也可以分成平面布置图和楼地面铺装图)、顶棚平面图组成。其中建筑原始平面图和建筑施工图中的建筑平面图一样，所以本章对其不做介绍。

7.2.1 平面布置铺装图

1. 平面布置铺装图的形成

平面布置铺装图是假想用一水平的剖切平面，沿需装饰的房间的门窗洞口处作水平全剖切，移去上面部分，对剩下部分所作的水平正投影图，用以表明室内总体布局以及各装饰件、装饰面的平面形式、大小、位置情况及其余建筑构件之间的关系等。若地面装饰较为简单，可在平面布置铺装图中一并表示，不许另行绘制。

对于大多数或大部分装修的建筑，一般可以套用原有的建筑平面图绘制整个房屋的装饰平面布置铺装图，但不画室外非装饰的部分。如果房屋建筑各装修对象的内容、材料、色彩和做法差别不大，必须分别逐个施工，则从方便施工的角度考虑，更适宜单独绘制各空间的平面图样，并采用相对较大的比例，以便于注写各细部尺寸和文字说明(只要平面尺度不是很大，一般采用大于或等于 1∶50 的比例)。平面图中墙、柱断面轮廓线用粗线，家具、设施和装饰件用中实线，其他图线用细实线和细单点画线绘制，可移动的家具、花卉、陈设品只需按比例绘制出简化投影轮廓及位置，不必标注尺寸。

2. 平面布置铺装图图示内容

图 7.2 所示为某会议室楼地面铺装图，其图示内容包括以下几个方面。

(1) 图名、比例和尺寸。图名往往是直接按房间的功能、用途等命名的；比例应写在图名右侧，字号要比图名字号小一号或半号。如图 7.2“某会议室楼地面铺装图1∶60”。

图上尺寸内容有 3 种：一是建筑结构体的尺寸；二是装饰布局和装饰结构的尺寸；三是家具、设备等尺寸。

(2) 表明装饰结构的平面布置、具体形状及尺寸，表明饰面的材料和工艺要求。地面铺装材料及其工艺要求。对于拼花造型的地面，应标注造型的尺寸、材料名称等。对于块状地面材料，应用细实线画出块状材料的分格线，以表示施工时的铺装方向，非整砖应安排在较为隐蔽的位置。图 7.2 中说明了室内地面使用的是樱桃木地板。

(3) 室内家具、设备、陈设、织物、绿化的摆放位置及说明。

(4) 表明门窗的开启方式及尺寸。门窗的位置要在平面图中表示清楚，表示的方法和建筑平面图相同，而且在尺寸标注中也应该标明门窗的尺寸。图 7.2 中标明门的尺寸为 1 400mm。

(5) 画出各面墙的立面投影符号(或剖切符号)。为了表示立面在平面图上的位置，应在平面图上用内饰符号注明视点的位置，方向及立面编号，如图 7.2 所示。

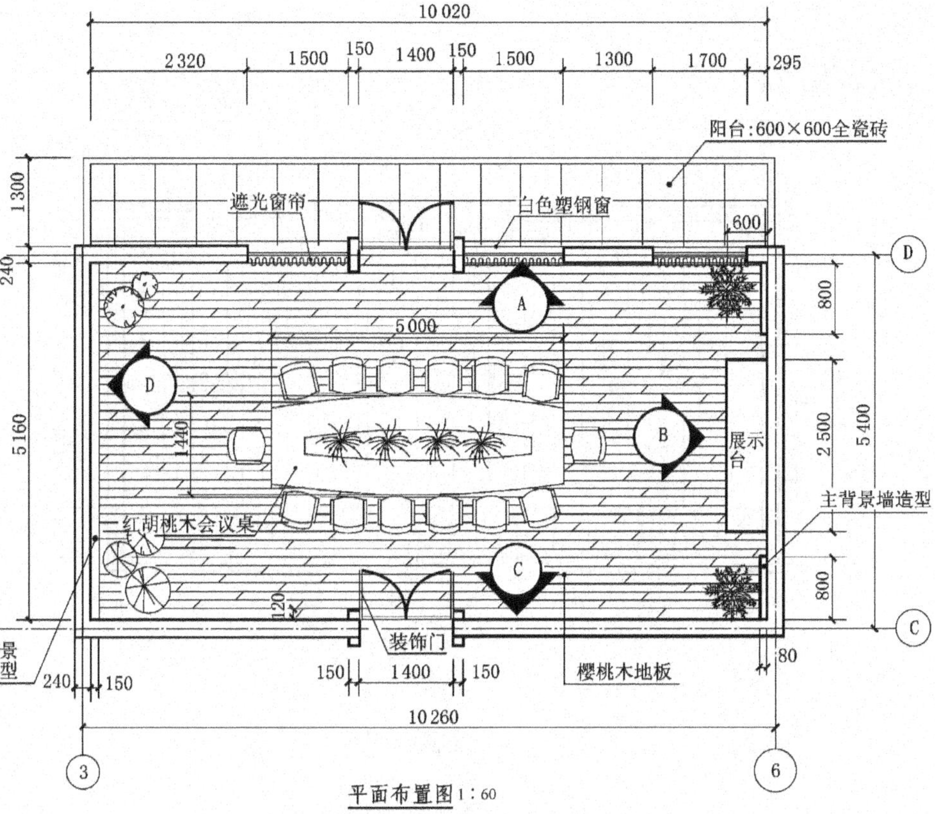

图 7.2　某会议室楼地面铺装图

7.2.2　顶棚平面图

1. 顶棚平面图的形成

用一个假想的水平剖切平面，沿需装饰房间的门窗洞口处作水平全剖切，移去下面部分，对剩余的上面部分所作的镜像投影就是顶棚平面图。顶棚平面图用以表达顶棚的造型、材料、灯具和消防、空调系统的位置。

2. 顶棚平面图的内容

顶棚平面图的内容如图 7.3、图 7.4 所示。

(1) 表明图名和比例。顶棚平面图的图名必须与平面图布置图的图名协调一致，如图 7.3所示“某会议室顶棚平面图”。

(2) 表明墙柱和门窗洞口的位置。顶棚平面图中门窗洞口的位置也要和平面布置图中的门窗协调一致，顶棚平面图中的门窗可以不用注写尺寸大小。

(3) 表明顶棚装饰造型的平面形式和尺寸，并通过附加文字说明其所用材料、色彩、及工艺要求。

(4) 表明顶部灯具的种类、式样、规格、数量及布置形式和安装位置。吊顶的灯具不仅用作照明，更突出的是起到装饰的作用。用于吊顶的灯具种类繁多，图 7.4 主要用灯槽板造型。

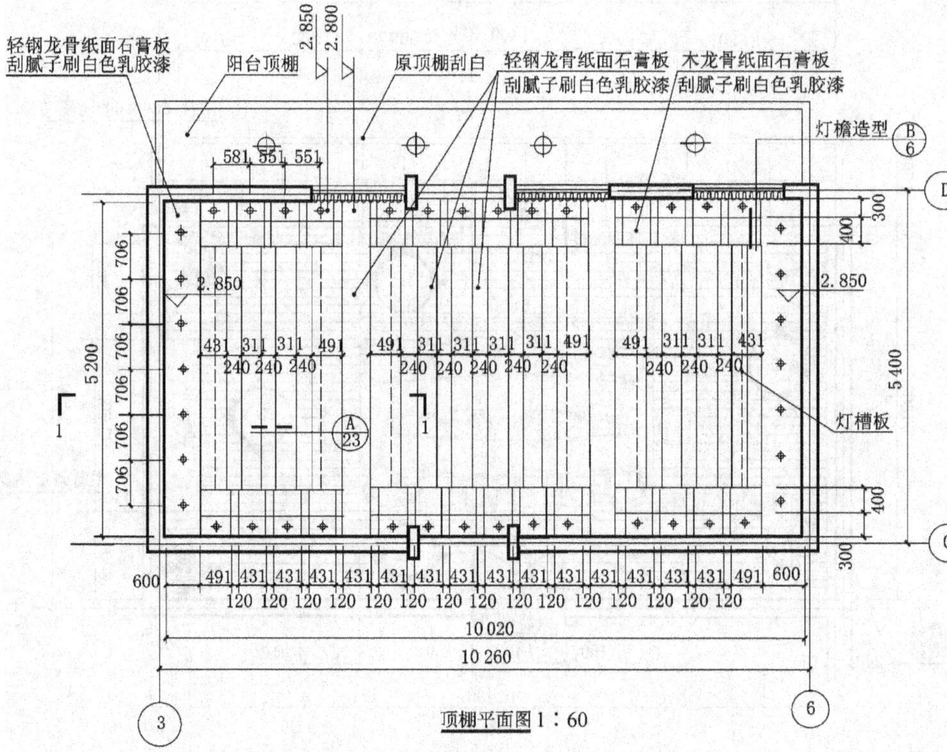

图 7.3　某会议室顶棚平面图

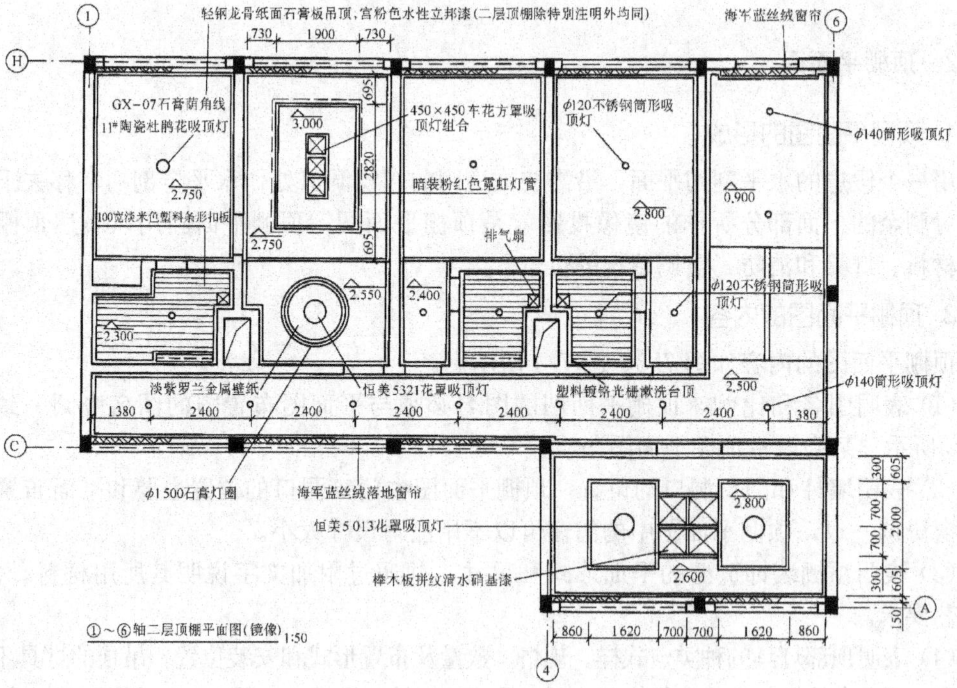

图 7.4　顶棚平面图

(5) 表明空调通风口、顶部消防报警等装饰内容及设备的位置等。

(6) 顶棚平面图中还有索引符号，以便于详图的阅读。

7.2.3 建筑装饰平面图的画法

(1) 选比例、定图幅。画出建筑主体结构(如墙、柱、门、窗等)的平面图，比例选用 1∶50 或大于 1∶50 时，墙身应画出饰面材料轮廓线(用细实线表示)，如图 7.5 所示。

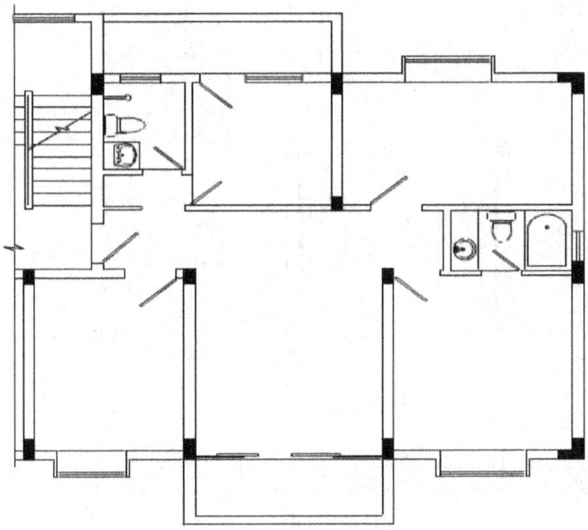

图 7.5 建筑装饰平面图的画法(1)

(2) 画出家具、厨房设备、卫生洁具、电气设备、隔断、装饰构件等的布置，如图 7.6所示。

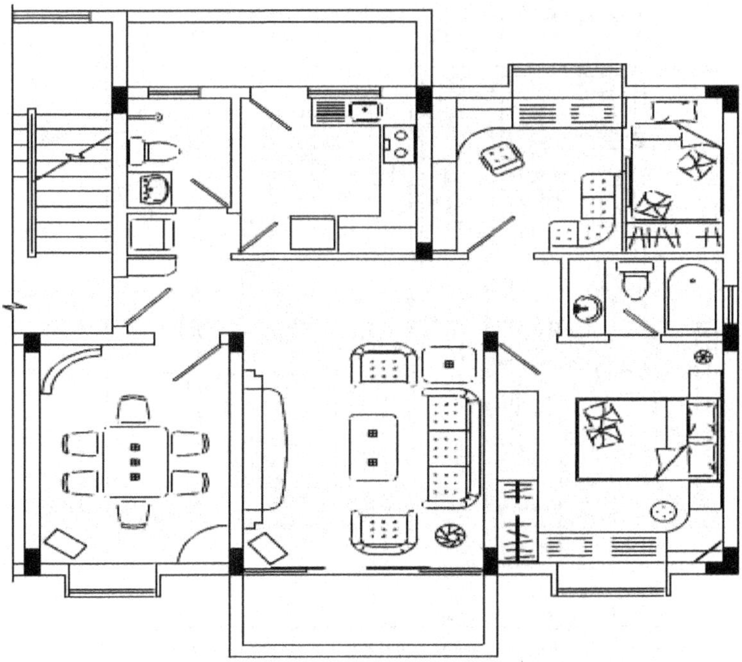

图 7.6 建筑装饰平面图的画法(2)

(3) 标注尺寸、剖面符号、详图索引符号、图例名称、文字说明等，如图 7.7 所示；

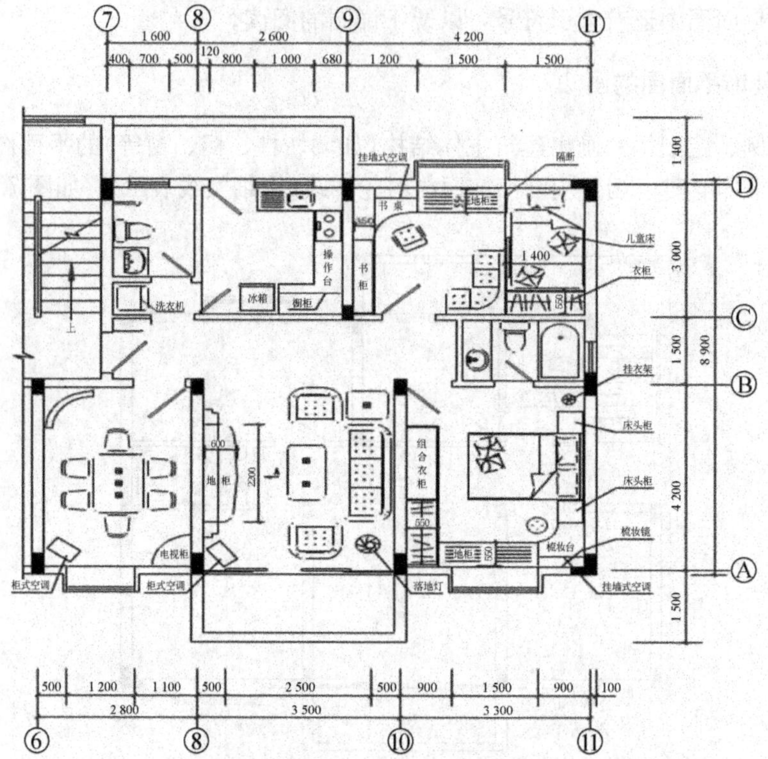

图 7.7 建筑装饰平面图的画法(3)

(4) 画出地面的拼花造型图案、绿化等。描粗整理图线，结果如图 7.8 所示；

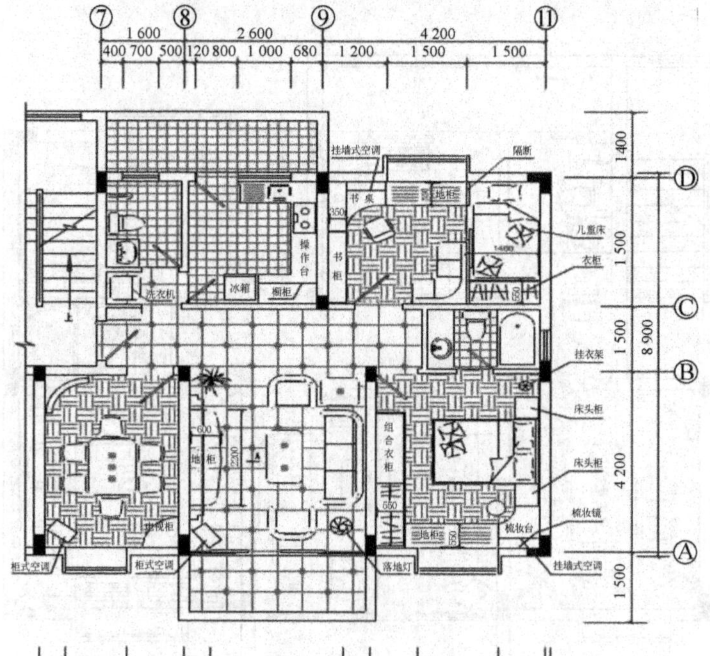

图 7.8 建筑装饰平面图的画法(4)

7.3 装饰立面图

装饰立面图主要用于表明室内装修的造型和样式。在装饰立面图中，不仅需要表现出室内立面上各种装饰品，如壁画、壁挂、金属等的式样、位置和大小尺寸，还需要体现出门窗、花格、装修隔断等构件的高度尺寸和安装尺寸，以及家具和室内配套产品的安放位置和尺寸等内容。前面都是从平面的角度，详细讲述了墙体平定轴线、墙体平面图、平面布局图以及天花装饰图等施工图，但是这并不能构成一套完整的装修图纸，还必须从立面的角度，分别将房间各向立面的具体装饰概况等内容，使用立面图的方式详细表达出来。这样通过各平面、立面图的组合，才能基本上将整个空间内的装修概况完整展现出来，构成一套完整的装饰施工图。

7.3.1 装饰立面图的图示方法

室内装饰立面图是将建筑物装饰的外观墙面或内部墙面向铅直的投影面所作的正投影图。立面图的名称结合内饰符号的编号而定。

装饰立面图用来表达内墙立面的造型、所用材料及其规格、色彩与工艺要求，以及装饰构件等。一般不考虑陈设与吊顶，因其与墙面不存在结构上的必然联系。

装饰立面图所用比例为 1∶100、1∶50 或 1∶25。室内墙面的装饰立面图一般选用较大比例，如 1∶80。

7.3.2 内视符号(立面投影符号)

为了表达室内立面在平面图中的位置，应在平面图上用内视符号注明视点位置、方向及立面编号，如图 7.9、图 7.10 所示。

内视符号用直径为 8～12mm 的细实线圆圈加实心箭头和字母表示。箭头和字母所在的方向表示立面图的投影方向，同时相应字母也被作为对应立面图的编号。如箭头指向 A 方向的立面图被称之为 A 立面图，箭头指向 B 方向的立面图被称之为 B 立面图等。

图 7.9 内视符号

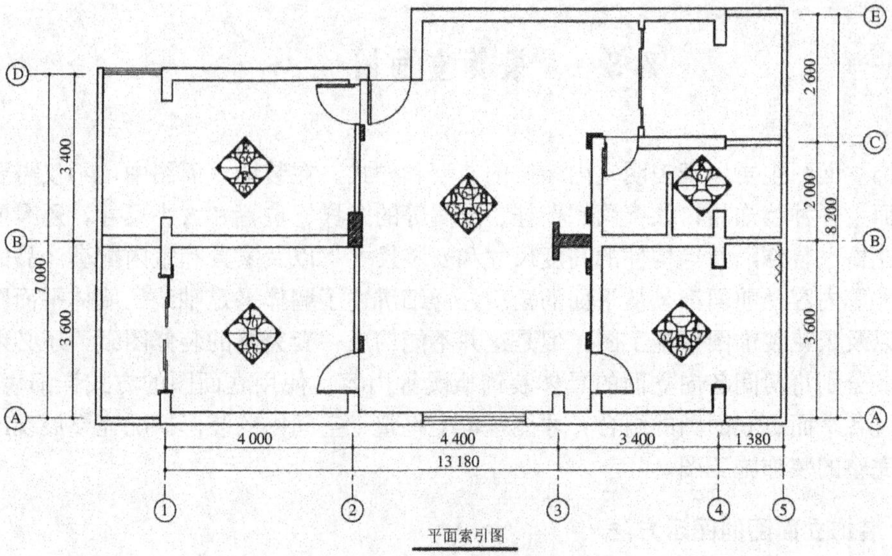

图 7.10 内视符号示例

7.3.3 图示内容

装饰立面图图示内容如图 7.11 所示。

(1) 图中用相对于本层地面的标高，标注地台、踏步等的位置尺寸。

(2) 棚面的距地标高及其叠级(凸出或凹进)造型的相关尺寸。

(3) 墙面造型的样式及饰面的处理。

(4) 墙面与顶棚面相交处的收边做法。

(5) 门窗的位置、形式及墙面、顶棚面上的灯具及其他设备。

(6) 固定家具、壁灯、挂画等在墙面中的位置、立面形式和主要尺寸。

(7) 墙面装饰的长度及范围，以及相应的定位轴线符号、剖切符号等。

(8) 建筑结构的主要轮廓及材料图例。

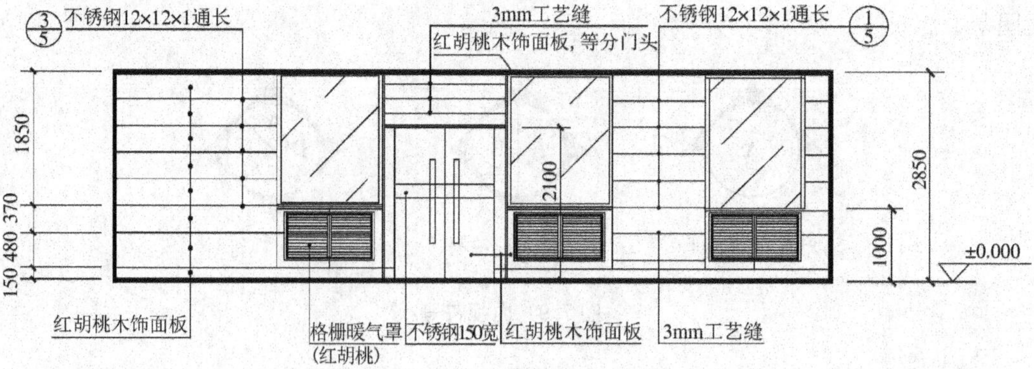

A向立面图 1∶80

(a)

图 7.11 室内装饰立面图

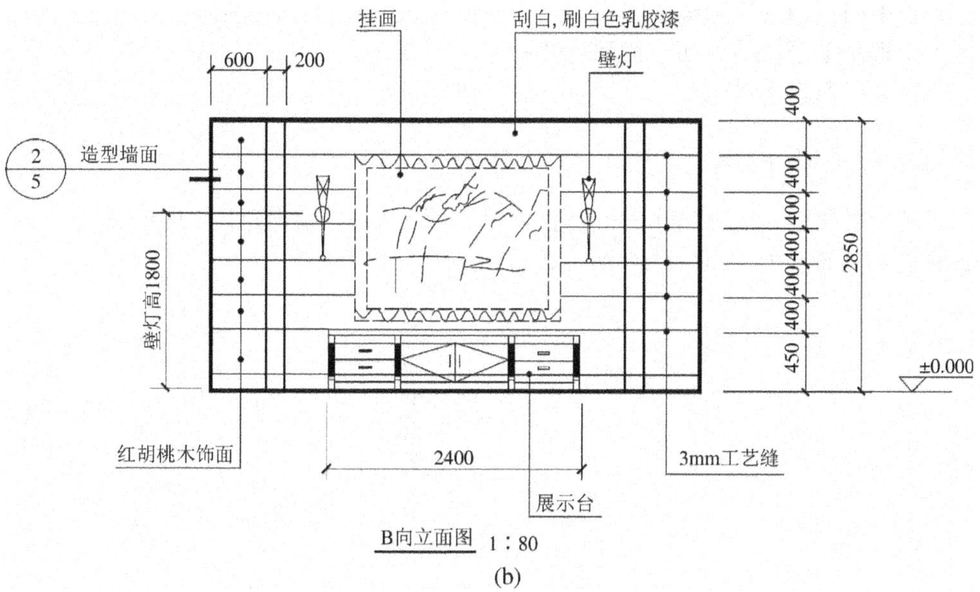

(b)

图 7.11 室内装饰立面图(续)

7.3.4 装饰立面图的识读

(1) 识读图名、比例：与装饰平面图进行对照，明确视图投影关系和视图位置，如图 7.12所示。

(2) 与装饰平面图进行对照识读，了解室内家具、陈设、壁挂等的立面造型。

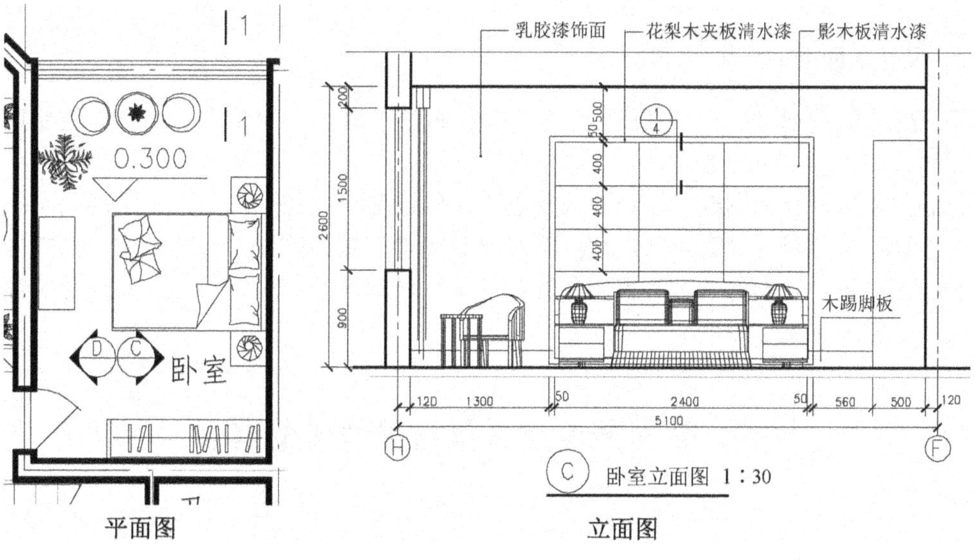

图 7.12 装饰立面图与装饰平面图进行对照

(3) 根据图中尺寸、文字说明，了解室内家具、陈设、壁挂等规格尺寸、位置尺寸、装饰材料和工艺要求。

(4) 了解内墙面的装饰造型的式样、饰面材料、色彩和工艺要求。

(5) 了解吊顶顶棚的断面形式和高度尺寸。

(6) 注意详图索引符号。

7.3.5 装饰立面图的画法

(1) 结合平面图，取适当比例(常用 1∶100、1∶50)，绘制建筑结构的轮廓(一般要剖过门或窗等洞口部位)，如图 7.13 所示。

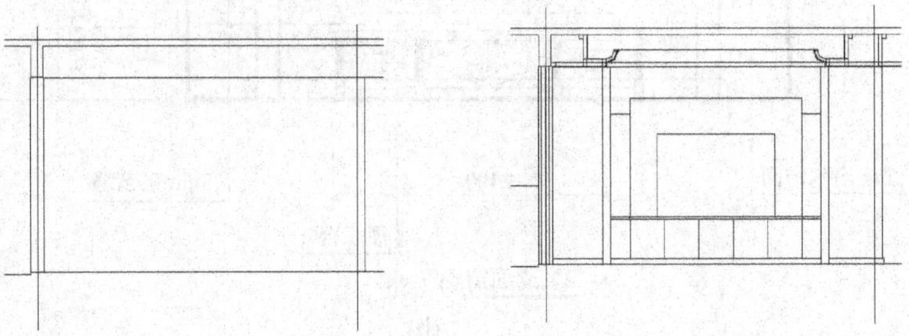

(a)　　(b)

图 7.13 装饰立面图的画法

(2) 标注各装饰面的材料、色彩。

(3) 标注相关尺寸，某些部位若须绘制详图，应绘制相应的索引符号、剖面符号，书写图名和比例。

(4) 描粗整理图线，其中建筑主体结构的梁、板、墙用粗实线表示。墙面的主要造型轮廓线用中实线表示，次要的轮廓线如装饰线、浮雕轮廓线用细实线表示。

7.3.6 展开立面图的识读

为了能让人们通过一个图样就能了解一个房间所有墙面的装饰内容，可以绘制内墙展开立面图。

绘制内墙展开立面图时，用粗实线绘制连续的墙面外轮廓、面与面转折的阴角线、内墙面、地面、顶棚等的轮廓，然后用细实线绘制室内家具、陈设、壁挂等的立面轮廓；为了区别墙面位置，在图的两端和墙阴角处标注与平面图一致的轴线编号。另外还标注该相关的尺寸、标高和文字说明。

7.4 建筑装饰剖面图与建筑装饰详图

7.4.1 建筑装饰剖面图

1. 装饰剖面图的形成

装饰剖面图是将装饰面(或装饰体)整体剖开(或局部剖开)后，得到的反映内部装饰结构与饰面材料之间关系的正投影图，如图 7.14 所示。主要有墙身剖面图和吊顶剖面图。

装饰剖面图一般比例较大，通常采用 1∶10～1∶50 的比例，有时也画出主要轮廓、尺寸及做法。

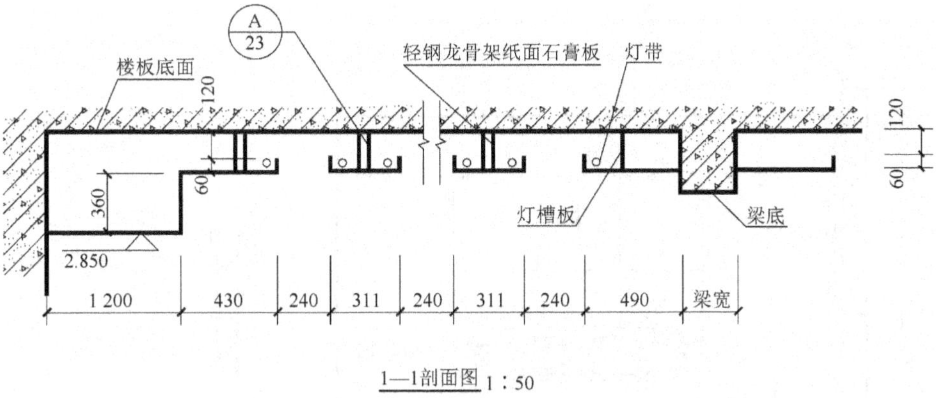

图 7.14 装饰剖面图

2. 建筑装饰剖面图的内容

(1) 表示出建筑的剖面基本结构和剖切空间的基本形状，并注出所需的建筑主体结构的有关尺寸和标高。

(2) 表示出结构装饰的剖面形状、构造形式、材料组成及固定与支撑构建的相互关系。

(3) 表示出结构装饰与建筑主体结构之间的衔接尺寸与连接方式。

(4) 表示出剖切空间内可见实物的形状、大小与位置。

(5) 表示出结构装饰和装饰面上的设备安装方式或固定方法。

(6) 表示出某些装饰构件、配件的尺寸，工艺做法与施工要求，另有详图的可概括表明。

(7) 表示出节点详图和构配件详图的所示部位与详图所在位置。

(8) 表示出图名、比例和被剖切墙体的定位轴线及其编号，以便于平面布置图和顶棚平面图对照阅读。

7.4.2 建筑装饰详图

建筑装饰详图是前面所述各种图样中未明之处，用较大的比例画出的用于施工图的图样(也称作大样图)。

1. 详图的形成

在前面的装饰平面图、顶棚图和内墙立面图识读完之后，有一些装饰内容仍然未表达清楚，因此根据情况，还需绘制剖面图与节点图。

详图通常以剖面图或局部节点大样图来表达。剖面图是将装饰面整个剖切或局部剖切，以表达它内部构造和装饰面与建筑结构的相互关系的图样；节点大样图是将在平面图、立面图和剖面图中未表达清楚的部分，以大比例绘制的图样。

2. 详图的识读

(1) 应首先根据图名，在平面图、立面图中找到相应的剖切符号或索引符号，弄清楚剖切或索引的位置及视图投影方向，图 7.15 所示为某会议室墙身节点详图。

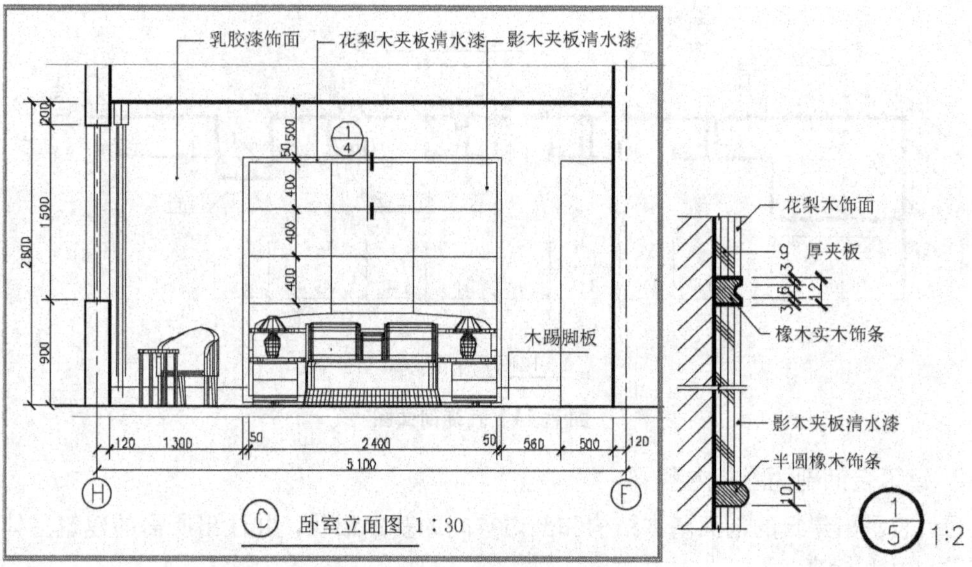

图 7.15 会议室墙身节点详图

(2) 在详图中了解有关构件、配件和装饰面的连接形式、材料、截面形状和尺寸等内容，如图 7.16、图 7.17 所示。

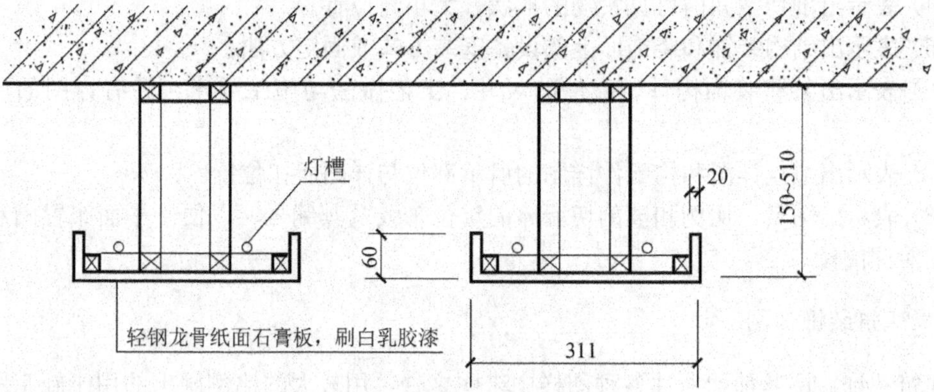

图 7.16 会议室顶棚节点详图

3. 详图的画法

(1) 取适当比例，根据物体的尺寸，绘制大体轮廓。

(2) 考虑细节，将图中较重要的部分用粗、细线条加以区分。

(3) 绘制材料符号。

(4) 详细标注相关尺寸与文字说明，书写图名和比例。

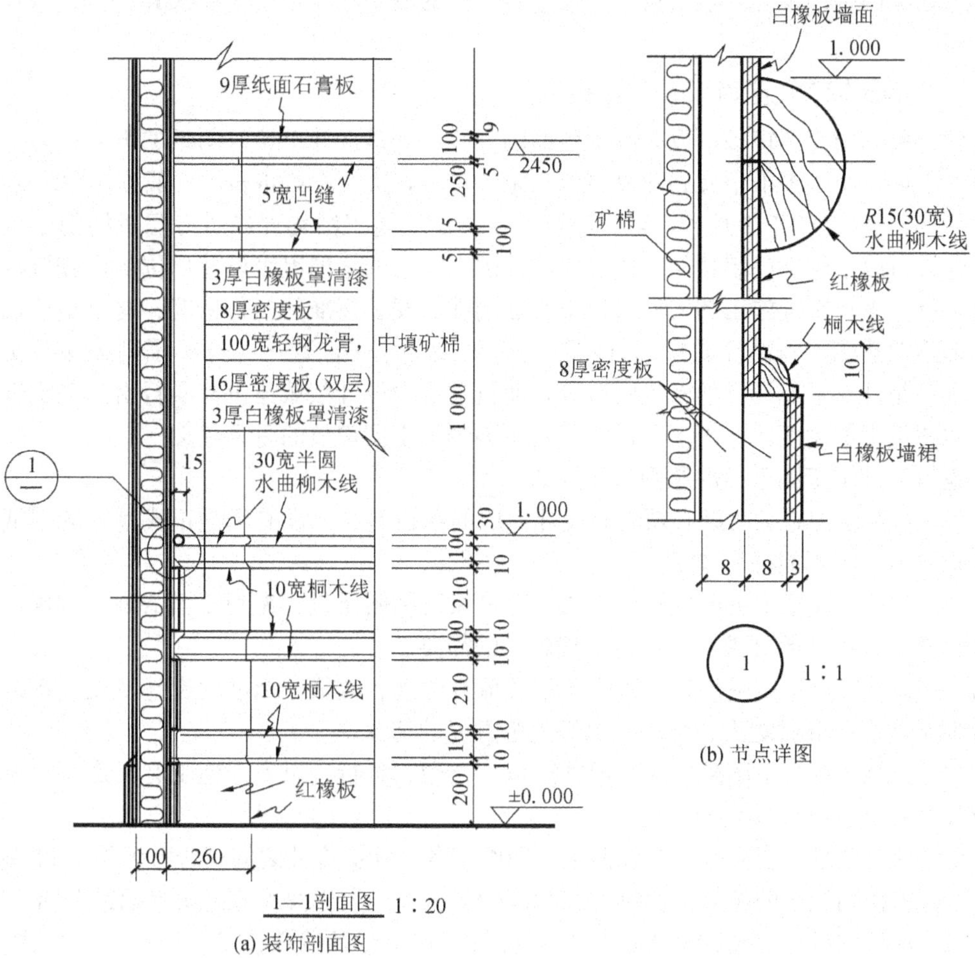

图 7.17 墙的装饰剖面及节点详图

7.5 建筑装饰施工图设计的相关知识

7.5.1 建筑装饰施工图审核与技术交底

1. 建筑装饰施工图审核的重要性

建筑装饰施工图设计文件在室内设计施工过程中起着主导作用。建筑装饰施工图阶段是以“标准”为主要内容，再好的构思，再美的表现图，倘若离开建筑装饰施工图作为控制标准，则可能使设计意图无法得到合理实施和有效体现。

在建筑装饰施工图绘制过程中，如果出现尺寸标错、文字含混、前后矛盾，甚至图纸漏项、各专业衔接冲突等原则性问题，则会严重影响图纸的质量，给施工带来极大的不方便，同时也可能会造成一定的经济损失。可见建筑装饰施工图的审核工作就显得十分重要，这是室内装饰设计工程项目中一个不容忽视的重要环节，是一项极其严肃、认真的技术工作。

2. 建筑装饰施工图审核的原则和要点

建筑装饰施工图审核可以有两个层面的理解：一是设计单位对图纸的审核；另一个是工程开工前，施工图纸下发到建设单位和施工单位，进行图纸审核，一般称作图纸会审。

另外，从2000年1月起，有关建筑工程的设计施工图均要经过专门机构的审查，主要由建设行政主管部门组建的审核机构或经国家审批的全国甲级设计单位的审查机构进行图纸审查，重点审查施工图文件对安全及强制性法规、标准的执行情况。这也是建设行政主管部门对建筑工程设计质量进行监管的有效途径之一。这一关过不了则无法开工。当然，这只是针对建筑设计的施工图审查，而目前室内设计领域还没有实行由相关主管部门进行的图纸审核制度，但也至少说明了建筑装饰施工图审核的重要意义。

建筑装饰施工图审核的原则和要点如下。

(1) 建筑装饰施工图纸必须是有设计资质的单位签署，没有经过正式签署的图纸不具备法律效力，更不能进行施工。

(2) 建筑装饰施工图纸应遵循制图标准，保证制图质量，做到图面清晰、准确，符合设计、施工、存档的要求，以满足工程施工的需要。

(3) 建筑装饰施工图设计应依据国家及地方法规、政策、标准化设计及相关规定，应着重说明装饰在遵循防火、生态环保等规范方面的情况。

(4) 建筑装饰施工图采用的处理方法是否合理、可行，对安全施工有无影响；是否有影响设备功能及结构安全的情况。

(5) 核对图纸是否齐全，有无漏项，图纸与各个相关专业之间配合有无矛盾和差错。

(6) 审核图纸中的符号、比例、尺寸、标高、节点大样及构造说明有无错误和矛盾。

(7) 审核图纸中对设计提出的一些新材料、新工艺及特殊技术、构造有无具体交待，施工是否具有可行性。

(8) 审核选定的材料样板与图纸中的材料做法说明是否相吻合。审核图纸时发现的问题和差错，应及时通知相关设计人员进行修改和调整。

3. 建筑装饰施工图审核的程序

建筑装饰施工图作为室内装修工程施工的依据，体现了图纸对设计质量、施工标准、安全要求等方面的严格要求，建筑装饰施工图审核也具有一套严格的管理制度和程序。

(1) 一般是设计人自查、校对者核对、审核人审查、审定人审定一系列程序，各负其责，逐级审核。发现问题，及时修改，最后由设计人开始，依次逐级签字出图。

(2) 大型或相对较正规的工程，需要若干专业相互配合。若需要专业(如电气给排水)出图，则应经过该专业逐级审核、签字后，由相关工种对图纸进行会签。

(3) 建筑装饰施工图设计的各个设计阶段，其设计依据资料、变更文件等均应统计、整理、归档，以备今后查阅。

4. 技术交底

技术交底的概念有若干层面的涵义，它指工程项目施工之前，就设计文件和有关工程的各项技术要求向施工单位作出具体解释和详细说明，使参与施工的技术人员了解项目的特点、技术要求、施工工艺重点难点等。

技术交底分为口头交底、书面交底、样板交底等。严格意义上，一般应以书面交底为主，辅助以口头交底。书面交底应由各方进行签字归档。

1）图纸交底

前面已经强调，建筑装饰施工图审核是设计单位应该应该认真进行的一项工作，为了使设计意图、设计效果在施工中得到更准确的体现，设计单位作出详细技术说明。其目的就是设计单位对建筑装饰施工图文件的要求、做法、构造、材料等向施工单位的技术人员进行详细地说明、交代和协商，并由施工方对图纸进行咨询提出相关问题，落实解决办法。

图纸交底中确定的有关技术问题和处理办法，应作详细记录、认真整理和汇总，经各单位技术负责人会签，建设单位盖章后，形成正式设计文件。

图纸技术交底的文件记录具有与建筑装饰施工图同等的法律效力。

2）施工组织设计交底

施工组织设计交底就是施工单位向施工班组及技术人员介绍，具体交代本工程的特点、施工方案、进度要求、质量要求及管理措施等。

3）设计变更交底

对施工变更的结果和内容及时通知施工管理人员和技术人员，以避免出现差错，同时也利于经济核算。

4）分项工程技术交底

这是各级技术交底的重要环节。就分项工程的具体内容，包括施工工艺、质量标准、技术措施、安全要求以及对新材料、新技术、新工艺的特殊要求等进行具体说明。

7.5.2 图纸会审与设计变更

1. 图纸会审的基本概念

图纸会审是指工程项目在施工前，由甲方组织设计单位、施工单位及监理单位共同参加，对图纸进一步熟悉和了解。目的是领会设计意图，明确技术要求，发现问题和差错，以便能够及时调整和修改，从而避免带来技术问题和经济损失。可见，这是一项非常重要的技术环节。

2. 图纸会审的基本程序

由于工程项目的规模大小不一、要求不同，施工单位也存在资质登记的差别，因此对图纸会审的理解和操作可能也会有所不同，但一般还适应遵循一定的基本程序。

1）熟悉图纸

由施工单位在施工前，组织相关专业的技术人员认真识读有关图纸，了解图纸对本专业、本工种的技术标准、工艺要求等内容。

2）初审图纸

在熟悉图纸的基础上，由项目部组织本专业技术人员核对图纸的具体细部，如节点、构造、尺寸等内容。

3）会审图纸

初审图纸后，各个专业找出问题、消除差错，共同协商，配合施工。使装修与建筑土建质检、装修与给排水之间、装修与电气之间、装修与设备之间等进行良好的、有效的协作。

4）综合会审

综合会审指在图纸会审的前提下，协调各专业质检的配合，寻求较为合理、可行的协作办法。图纸会审记录是工程施工的正式文件，不得随意更改内容或涂改。

3. 设计变更的概念

设计变更就是设计单位根据某些变化，对原设计进行局部调整和修改。在施工过程中，有可能会出现设计上诸如尺寸的变化、造型的改变、色彩的调整等情况，这时，就需要通过设计变更来体现。有时候出现项目的增加和减少，可能也会产生设计变更。

施工单位不得擅自变更设计及与设计相关的内容要求。

特别提示

设计变更要办理相关手续，要有设计变更通知书。变更文件、图纸、资料要注意整理、归档，以免将来出现管理混乱、互不知情的现象。但是，设计变更的办理必须限定在施工工期规定的一定限期范围内，特别是施工后期，设计的大效果、大模样也逐渐显露出来，对一些视觉上的或细部处理的半成品状态，极有可能会出现因没有达到甲方某领导预想中的所谓效果，而频繁要求进行设计变更的情况。因此必须设定一个变更截止日期。否则设计单位无暇进行有效工作，施工工期也很难保证，可能会没完没了地拖下去。

4. 洽商记录的概念

洽商记录是对施工过程中的一些变更、修改、调整、增减项等情况进行记录，其主要作用是确定工程量，并贯穿于施工全过程，同时也是绘制竣工的依据。在装饰装修工程中，办理洽商是相当频繁的，也是一项很艰巨的工作。洽商记录既要靠平时积累，也要注意不要出现漏项的情况，应及时办理，否则结算时或有麻烦，审计单位也不予承认。

严格意义上，施工中每次洽商记录上应有监理或甲方、施工方、审计方代表签字确认。

7.5.3 相关技术规范和法规

1. 材料环保

材料环保概念一般有两个层面的理解：一是材料自身的环保性，即材料的内部构成物质不存在危害人类或者自然生态环境的成分，不会向外界散发有害物质；二是材料的再生性，即材料能否循环使用的特性。

材料的环保性在某种程度上是可以转化的动态概念，同一种材料由于受到内因或外因的作用，在某种状态下是环保的，但在一定状态下可能又是非环保的。以目前最常用的天然木材与石材为例，木材本身的植物属性决定了材质的环保性，但大量滥伐森林的短视行为以及改变性质加入填充料的人造板材，却使木材使用的环保性质发生了变化。石材用于建筑外墙和用于室内就是两种概念，放射性物质含量的标准就成为石材是否环保的界限。

由于材料的环保逆转特性，在强调绿色设计的大环境下，我们一方面期待新型环保材料的不断出现，另一方面要在现有材料的应用中尽可能地、因地制宜地使用符合环保概念的材料。

目前室内装修污染物主要有以下几类。

甲醛、苯系物(苯、甲苯、二甲苯)、总挥发性有机化合物(TVOC)游离甲苯二异氰酸酯(TDI)、氡、氨以及可溶性铅、镉、汞等重金属元素。

甲醛是一种无色、有强烈刺激性气味的气体，易溶于水、醇和醚。甲醛在常温下是气态，通常以水溶液形式出现。35％～40％的甲醛水溶液称为福尔马林。甲醛分子中有醛基发生缩聚反应，得到酚醛树脂(电木)。甲醛是一种重要的有机原料，主要用于塑料工业(如制酚醛树脂、脲醛塑料—电玉)、合成纤维(如合成维尼纶—聚乙烯醇缩甲醛)、皮革工业、医药、染料等。

甲醛对健康危害主要有以下几个方面。

(1) 刺激作用。甲醛的主要危害表现为对皮肤黏膜的刺激作用，甲醛是原浆毒物质，能与蛋白质结合，吸入高浓度甲醛时出现呼吸道严重的刺激和水肿、眼刺激、头痛。

(2) 致敏作用。皮肤直接接触甲醛可引起过敏性皮炎、色斑、坏死，吸入高浓度甲醛时可诱发支气管哮喘。

(3) 致突变作用。高浓度甲醛还是一种基因毒性物质。实验动物在实验室吸入高浓度甲醛的情况下，可引起鼻咽肿瘤。

(4) 突出表现，如头痛、头晕、乏力、恶心、呕吐、胸闷、眼痛、嗓子痛、胃纳差、心悸、失眠、体重减轻、记忆力减退以及植物神经紊乱等；孕妇长期吸入可能导致胎儿畸形，甚至死亡，男子长期吸入可导致男子精子畸形、死亡等。

新装修的房子里一般甲醛都会超标，只要在新房里放上一两盆吊兰，甲醛就会被部分吸收，但是由于甲醛的挥发时间长达3～15年，所以单纯依靠植物来清除甲醛是不行的，必要时可以考虑专业的空气治理机构或产品。

特别提示

家庭去除甲醛的办法

1) 植物吸收

可通过养植物来吸收空气中的有害气体，或用微生物、酶进行生物氧化、分解，这也是消除装修污染的小窍门。

一叶兰、龟背竹可以清除空气中的有害物质，虎吊兰和吊兰可以吸收室内20％以上的甲醛等有害气体；芦荟是吸收甲醛的好手，米兰、腊梅等能有效地清除空气中的二氧化硫、一氧化碳等有害物；兰花、桂花、腊梅等植物的纤毛能截留并吸附空气中的飘浮微粒及烟尘。

常青藤、铁树能有效地吸收室内的苯，吊兰能“吞食”室内的甲醛和过氧化氮，天南星也能吸收40%的苯，50%的三氯乙烯。玫瑰、桂花、紫罗兰、茉莉、石竹等花卉气味中的挥发性油类物质还具有显著的杀菌作用。

植物净化室内甲醛时要注意的原则如下。

(1) 根据室内环境污染有针对性地选择植物。有的植物对某种有害物质的净化吸附效果比较强，如果在室内有针对性地选择和养植，可以起到一定的辅助污染治理效果。

(2) 根据室内环境污染程度选择植物。一般室内环境污染在轻度污染、污染值超过国家标准1倍以下的环境，采用植物净化可以产生比较好的效果。

(3) 根据房间的不同功能选择和摆放植物。夜间植物呼吸作用旺盛，放出二氧化碳，卧室内摆放过多植物不利于夜间睡眠。卫生间、书房、客厅、厨房装修材料不同污染物质也不同，可以选择不同净化功能的植物。

(4) 根据房间面积的大小选择和摆放植物。植物净化室内环境与植物的叶面表面积有直接关系，所以，植株的高低、冠径的大小、绿量的大小都会影响到净化效果。一般情况下，$10m^2$左右的房间，1.5m高的植物放两盆比较合适。

2) 光触媒

它就像光合作用一样利用自然光能催化分解甲醛、苯等多种有害气体，并且光触媒的主要成分二氧化钛是非常安全的，允许微量添加到食品与化妆品中。目前市场上品牌较多，日本在光触媒的发展比较好。

3) 活性炭或竹炭吸附法清除甲醛

活性竹炭是国际公认的吸毒能手，活性竹炭口罩，防毒面具都使用活性炭。本品利用活性炭的物理作用除臭，去毒，无任何化学添加剂，对人身无影响，吸附慢，容易饱和。活性炭分很多种，市面上有椰壳炭、果壳炭、煤质活性炭等。

4) 化学清除剂

化学清除剂针对甲醛的污染能作用污染源，针对甲醛基本能解决甲醛的污染问题，是一种针对性单一的、非常好的产品。

5) 空气净化器

空气净化器不但能起到加湿室内空气的作用，而且室内空气有轻微污染的情况，能起到非常好的净化室内环境的作用。

甲醛去除是一个缓慢的过程。人体接触可以清水冲洗。工作环境中有甲醛可以戴防毒口罩。家庭装修尽量不要使用太多的装饰。简单就是美。

2. 材料防火

按照国家现行的标准《建筑内部装修设计防火规范》可将内部装饰材料的燃烧等级分为4个等级：A——不燃性；B_1——难燃性；B_2——可燃性；B_3——易燃性。

1) 按照材料等级规定使用装饰材料时，应注意的几个方面

(1) 装修材料的燃烧性能等级，应按规范附录A的规定，由专业检测机构检测确定。B_3级装修材料可不进行检测。

(2) 安装在钢龙骨上燃烧性能达到B_1级的纸面石膏板、矿棉吸声板，可作为A级装修材料使用。

(3) 当胶合板表面涂覆一级饰面型防火涂料时，可作为 B_1 级装修材料使用。当胶合板用于顶棚和墙面装修并且不内含电器、电线等物体时，宜仅在胶合板外表面涂覆防火涂料；当胶合板用于顶棚和墙面装修并且内含有电器、电线等物体时，胶合板的内、外表面以及相应的木龙骨应涂覆防火涂料，或采用阻燃浸渍处理达到 B_1 级。

(4) 单位重量小于 $300g/m^2$ 的纸质、布质壁纸，当直接粘贴在 A 级基材上时，可作为 B_1 级装修材料使用。

(5) 施涂于 A 级基材上的无机装饰涂料，可作为 A 级装修材料使用；施涂于 A 级基材上，湿涂覆比小于 $1.5kg/m^2$ 的有机装饰涂料，可作为 B_1 级装修材料使用。涂料施涂于 B_1、B_2 级基材上时，应将涂料连同基材一起按规范附录 A 的规定确定其燃烧性能等级。

(6) 当采用不同装修材料进行分层装修时，各层装修材料的燃烧性能等级均应符合规范的规定。复合型装修材料应由专业检测机构进行整体测试并划分其燃烧性能等级。

(7) 常用建筑内部装修材料燃烧性能等级划分，可按规范附录 B 的举例确定。

2) 民用建筑

(1) 当顶棚或墙面表面局部采用多孔或泡沫状塑料时，其厚度不应大于 15mm，且面积不得超过该房间顶棚或墙面积的 10%。

(2) 除地下建筑外，无窗房间的内部装修材料的燃烧性能等级，除 A 级外，应在规范规定的基础上提高一级。

(3) 图书室、资料室、档案室和存放文物的房间，其顶棚、墙面应采用 A 级装修材料，地面应采用不低于 B_1 级的装修材料。

(4) 大中型电子计算机房、中央控制室、电话总机房等放置特殊贵重设备的房间，其顶棚和墙面应采用 A 级装修材料，地面及其他装修应采用不低于 B_1 级的装修材料。

(5) 消防水泵房、排烟机房、固定灭火系统钢瓶间、配电室、变压器室、通风和空调机房等，其内部所有装修均应采用 A 级装修材料。

(6) 无自然采光楼梯间、封闭楼梯间、防烟楼梯间及其前室的顶棚、墙面和地面均应采用 A 级装修材料。

(7) 建筑物内设有上下层相连通的中庭、走马廊、开敞楼梯、自动扶梯时，其连通部位的顶棚、墙面应采用 A 级装修材料，其他部位应采用不低于 B_1 级的装修材料。

(8) 防烟分区的挡烟垂壁，其装修材料应采用 A 级装修材料。

(9) 建筑内部的变形缝(包括沉降缝、伸缩缝、抗震缝)两侧的基层应采用 A 级材料，表面装修应采用不低于 B_1 级的装修材料。

(10) 建筑内部的配电箱不应直接安装在低于 B_1 级的装修材料上。

(11) 照明灯具的高温部位，当靠近非 A 级装修材料时，应采取隔热、散热等防火保护措施。灯饰所用材料的燃烧性能等级不应低于 B_1 级。

(12) 公共建筑内部不宜设置采用 B_3 级装饰材料制成的壁挂、雕塑、模型、标本，当需要设置时，不应靠近火源或热源。

(13) 地上建筑的水平疏散走道和安全出口的门厅，其顶棚装饰材料应采用 A 级装修材料，其他部位应采用不低于 B_1 级的装修材料。

(14) 建筑内部消火栓的门不应被装饰物遮掩，消火栓门四周的装修材料颜色应与消火栓门的颜色有明显区别。

（15）建筑内部装修不应遮挡消防设施、疏散指示标志及安全出口，并且不应妨碍消防设施和疏散走道的正常使用。因特殊要求做改动时，应符合国家有关消防规范和法规的规定。

（16）建筑物内的厨房，其顶棚、墙面、地面均应采用A级装修材料。

（17）经常使用明火器具的餐厅、科研试验室，装修材料的燃烧性能等级，除A级外，应在规范规定的基础上提高一级。

3）单层、多层民用建筑

（1）单层、多层民用建筑内部各部位装修材料的燃烧性能等级不应低于表7－3的规定。

表7－3　单层、多层民用建筑内部各部位装修材料的燃烧性能等级

建筑物及场所	建筑规模、性质	装修材料燃烧性能等级							
		顶棚	墙面	地面	隔断	固定家具	装饰织物		其他装饰材料
							窗帘	帷幕	
候机楼的候机大厅、商店、餐厅、贵宾候机室、售票厅等	建筑面积＞10 000m² 的候机楼	A	A	B_1	B_1	B_1	B_1		B_1
	建筑面积≤10 000m² 的候机楼	A	B_1	B_1	B_1	B_2	B_2		B_2
汽车站、火车站、轮船客运站的候车（船）室、餐厅、商场等	建筑面积＞10 000m² 的车站、码头	A	A	B_1	B_1	B_2	B_2		B_2
	建筑面积≤10 000m² 的车站、码头	B_1	B_1	B_1	B_2	B_2	B_2		B_2
影院、会堂、礼堂、剧院、音乐厅	＞800座位	A	A	B_1	B_1	B_1	B_1	B_1	B_1
	≤800座位	A	B_1	B_1	B_1	B_2	B_1	B_1	B_2
体育馆	＞3 000座位	A	A	B_1	B_1	B_1	B_1	B_1	B_2
	≤3 000座位	A	B_1	B_1	B_1	B_2	B_2	B_1	B_2
商场营业厅	每层建筑面积＞3 000m² 或总建筑面积＞9 000m² 的营业厅	A	B_1	A	A	B_1	B_1		B_2
	每层建筑面积1 000～3 000m² 或总建筑面积为3 000～9 000m² 的营业厅	A	B_1	B_1	B_1	B_2	B_1		
	每层建筑面积＜1 000m² 或总建筑面积＜3 000m² 的营业厅	B_1	B_1	B_1	B_2	B_2	B_2		

续表

建筑物及场所	建筑规模、性质	装修材料燃烧性能等级							
		顶棚	墙面	地面	隔断	固定家具	装饰织物		其他装饰材料
							窗帘	帷幕	
饭店、旅馆的客房及公共活动用房等	设有中央空调系统的饭店、旅馆	A	B_1	B_1	B_1	B_2	B_2		B_2
	其他饭店、旅馆	B_1	B_1	B_2	B_2	B_2	B_2		
歌舞厅、餐馆等娱乐餐饮建筑	营业面积>100^2	A	B_1	B_1	B_1	B_2	B_1		B_2
	营业面积≤100^2	B_1	B_1	B_1	B_2	B_2	B_2		B_2
幼儿园、托儿所、中小学、医院病房楼、疗养院、养老院		A	B_1	B_2	B_1	B_2	B_1		B_2
纪念馆、展览馆、博物馆、图书馆、档案馆、资料馆	国家级、省级	A	B_1	B_1	B_1	B_2	B_1		B_2
	省级以下	B_1	B_1	B_2	B_2	B_2	B_2		B_2
办公楼、综合楼	设有中央空调系统的办公楼、综合楼	A	B_1	B_1	B_1	B_2	B_2		B_2
	其他办公楼、综合楼	B_1	B_1	B_2	B_2	B_2			
住宅	高级住宅	B_1	B_1	B_1	B_1	B_2	B_2		B_2
	普通住宅	B_1	B_2	B_2	B_2	B_2			

(2) 单层、多层民用建筑内面积小于 $100m^2$ 的房间，当采用防火墙和甲级防火门窗与其他部位分隔时，其装修材料的燃烧性能等级可在表 7-3 的基础上降低一级。

(3) 当单层、多层民用建筑需做内部装修的空间内装有自动灭火系统时，除顶棚外，其内部装修材料的燃烧性能等级可在表 7-3 规定的基础上降低一级；当同时装有火灾自动报警装置和自动灭火系统时，其顶棚装修材料的燃烧性能等级可在表 7-3 规定的基础上降低一级，其他装修材料的燃烧性能等级可不限制。

4) 高层民用建筑

(1) 高层民用建筑内部各部位装修材料的燃烧性能等级，不应低于表 7-4 的规定。

(2) 除 100m 以上的高层民用建筑及大于 800 座位的观众厅、会议厅，顶层餐厅外，当设有火灾自动报警装置和自动灭火系统时，除顶棚外，其内部装修材料的燃烧性能等级可在表 7-4 规定的基础上降低一级。

表 7-4 高层民用建筑内部各部位装修材料的燃烧性能等级

建筑物	建筑规模、性质	装修材料燃烧性能等级									
		顶棚	墙面	地面	隔断	固定家具	装饰织物				其他装饰材料
							窗帘	帷幕	床罩	家具包布	
高级旅馆	＞800 座位的观众厅、会议厅；顶层餐厅	A	B_1	B_1	B_1	B_1	B_1	B_1		B_1	B_1
	≤800 座位的观众厅、会议厅	A	B_1	B_1	B_1	B_2	B_1	B_1		B_2	B_1
	其他部位	A	B_1	B_1	B_2	B_2	B_1	B_2	B_1	B_2	B_1
商业楼、展览楼、综合楼、商住楼、医院病房楼	一类建筑	A	B_1	B_1	B_1	B_2	B_1	B_1		B_2	B_1
	二类建筑	B_1	B_1	B_2	B_2	B_2	B_2	B_2		B_2	B_2
电信楼、财贸金融楼、邮政楼、广播电视楼、电力调度楼、防灾指挥调度楼	一类建筑	A	A	B_1	B_1	B_1	B_1	B_1		B_2	B_1
	二类建筑	B_1	B_1	B_2	B_2	B_2	B_1	B_2		B_2	B_2
教学楼、办公楼、科研楼、档案楼、图书馆	一类建筑	A	B_1	B_1	B_1	B_2	B_1	B_1		B_1	B_1
	二类建筑	B_1	B_1	B_2	B_1	B_2	B_1	B_2		B_2	B_2
住宅、普通旅馆	一类普通旅馆、高级住宅	A	B_1	B_2	B_1	B_2	B_1		B_1	B_2	B_1
	二类普通旅馆、普通住宅	B_1	B_1	B_2	B_2	B_2	B_2		B_2	B_2	B_2

注：①"顶层餐厅"包括设在高空的餐厅、观光厅等。

② 建筑物的类别、规模、性质应符合现行国家标准《高层民用建筑设计防火规范》的有关规定。

（3）高层民用建筑的裙房内面积小于 500m^2 的房间，当设有自动灭火系统，并且采用耐火等级不低于 2h 的隔墙、甲级防火门、窗与其他部位分隔时，顶棚、墙面、地面的装修材料的燃烧性能等级可在表 7-4 规定的基础上降低一级。

（4）电视塔等特殊高层建筑的内部装修，装修织物应不低于 B_1 级，其他均应采用 A 级装修材料。

5）地下民用建筑

（1）地下民用建筑内部各部位装修材料的燃烧性能等级不应低于表 7-5 的规定。

注：地下民用建筑是指单层、多层、高层民用建筑的地下部分，单独建造在地下的民用建筑以及平战结合的地下人防工程。

(2) 地下民用建筑的疏散走道和安全出口的门厅，其顶棚、墙面和地面的装修材料应采用A级装修材料。

(3) 单独建造的地下民用建筑的地上部分，其门厅、休息室、办公室等内部装修材料的燃烧性能等级可在表7-5的基础上降低一级要求。

(4) 地下商场、地下展览厅的售货柜台、固定货架、展览台等，应采用A级装修材料。

表7-5　地下民用建筑内部各部位装修材料的燃烧性能等级

建筑物及场所	装修材料燃烧性能等级						
	顶棚	墙面	地面	隔断	固定家具	装饰织物	其他装饰材料
休息室和办公室等旅馆和客房及公共活动用房等	A	B_1	B_1	B_1	B_1	B_2	B_2
娱乐场所、旱冰场等舞厅、展览厅等，医院的病房、医疗用房等	A	A	B_1	B_1	B_1	B_1	B_2
电影院的观众厅，商场的营业厅	A	A	A	B_1	B_1	B_1	B_2
停车库，人行通道，图书资料库、档案库	A	A	A	A	A		

6) 工业厂房

(1) 厂房内部各部位装修材料的燃烧性能等级，不应低于表7-6的规定。

表7-6　工业厂房内部各部位装修材料的燃烧性能等级

工业厂房分类	建筑规模	装修材料燃烧性能等级			
		顶棚	墙面	地面	隔断
甲、乙类厂房 有明火的丁类厂房		A	A	A	A
丙类厂房	地下厂房	A	A	A	B_1
	高层厂房	A	B_1	B_1	B_2
	高度＞24m的单层厂房 高度≤24m的单层、多层厂房	B_1	B_1	B_2	B_2
无明火的丁类厂房 戊类厂房	地下厂房	A	A	B_1	B_1
	高层厂房	B_1	B_1	B_2	B_2
	高度＞24m的单层厂房 高度≤24m的单层、多层厂房	B_1	B_2	B_2	B_2

(2) 当厂房中房间的地面为架空地板时，其地面装修材料的燃烧性能等级不应低于 B_1 级。

(3) 装有贵重机器、仪器的厂房或房间，其顶棚和墙面应采用 A 级装修材料；地面和其他部位应采用不低于 B_1 级的装修材料。

(4) 厂房附设的办公室、休息室等的内部装修材料的燃烧性能等级应符合表 7-6 的规定。

3. 装修材料燃烧性能等级划分

1) 试验方法

(1) A 级装修材料的试验方法，应符合现行国家标准《建筑材料不燃性试验方法》的规定。

(2) B_1 级顶棚、墙面、隔断装修材料的试验方法，应符合现行国家标准《建筑材料难燃性试验方法》的规定；B_2 级顶棚、墙面、隔断装修材料的试验方法，应符合现行国家标准《建筑材料可燃性试验方法》的规定。

(3) B_1 级和 B_2 级地面装修材料的试验方法，应符合现行国家标准《铺地材料临界辐射通量的测定辐射热源法》的规定。

(4) 装饰织物的试验方法，应符合现行国家标准《纺织织物阻燃性能测试垂直法》的规定。

(5) 塑料装修材料的试验方法，应符合现行国家标准《塑料燃烧性能试验方法氧指数法》、《塑料燃烧性能试验方法垂直燃烧法》《塑料燃烧性能试验方法水平燃烧法》的规定。

2) 等级的判定

(1) 在进行不燃性试验时，同时符合下列条件的材料，其燃烧性能等级应定为 A 级。

① 炉内平均温度不超过 50℃。

② 试样平均持续燃烧时间不超过 20s。

③ 试样平均失重率不超过 50%。

(2) 顶棚、墙面、隔断装修材料，经难燃性试验，同时符合下列条件，应定为 B_1 级。

① 试件燃烧的剩余长度平均值≥150mm。其中没有一个试件的燃烧剩余长度为零。

② 没有一组试验的平均烟气温度超过 200℃。

③ 经过可燃性试验，且能满足可燃性试验的条件。

(3) 顶棚、墙面、隔断装修材料，经可燃性试验，同时符合下列条件，应定为 B_2 级。

① 对下边缘无保护的试件，在底边缘点火开始后 20s 内，5 个试件火焰尖头均未到达刻度线。

② 对下边缘有保护的试件，除符合以上条件外，应附加一组表面点火，点火开始后的 20s 内，5 个试件火焰尖头均未到达刻度线。

(4) 地面装修材料，经辐射热源法试验，当最小辐射通量大于或等于 $0.45W/cm^2$ 时，应定为 B_1 级；当最小辐射通量大于或等于 $0.22W/cm^2$ 时，应定为 B_2 级。

(5) 装饰织物，经垂直法试验，并符合表 7-7 中的条件，应分别定为 B_1 和 B_2 级。

表7-7 装饰织物燃烧性能等级判定

级别	损毁长度/mm	续燃时间/s	阻燃时间/s
B_1	≤150	≤5	≤5
B_2	≤200	≤15	≤10

(6) 塑料装饰材料，经氧指数、水平和垂直法试验，并符合表7-8中的条件，应分别定为 B_1 和 B_2。

表7-8 塑料燃烧性能判定

级别	氧指数法	水平燃烧法	垂直燃烧法
B_1	≥32	1级	0级
B_2	≥27	1级	1级

(7) 固定家具及其他装饰材料的燃烧性能等级(见表7-9)，其试验方法和判定条件应根据材料的材质，按有关规定确定。

表7-9 常用建筑内部装修材料燃烧性能等级划分举例

材料类别	级别	材料举例
各部位材料	A	花岗石、大理石、水磨石、水泥制品、混凝土制品、石膏板、石灰制品、黏土制品、玻璃、瓷砖、马赛克、钢铁、铝、铜合金等
顶棚材料	B_1	纸面石膏板、纤维石膏板、水泥刨花板、矿棉装饰吸声板、玻璃棉装饰吸声板、珍珠岩装饰吸声板、难燃胶合板、难燃中密度纤维板、岩棉装饰板、难燃木材、铝箔复合材料、难燃酚醛胶合板、铝箔玻璃钢复合材料等
墙面材料	B_1	纸面石膏板、纤维石膏板、水泥刨花板、矿棉板、玻璃棉板、珍珠岩板、难燃胶合板、难燃中密度纤维板、防火塑料装饰板、难燃双面刨花板、多彩涂料、难燃墙纸、难燃墙布、难燃仿花岗岩装饰板、氯氧镁水泥装配式墙板、难燃玻璃钢平板、PVC塑料护墙板、轻质高强复合墙板、阻燃模压木质复合板材、彩色阻燃人造板、难燃玻璃钢等
	B_2	各类天然木材、木制人造板、竹材、纸制装饰板、装饰微薄木贴面板、印刷木纹人造板、塑料贴面装饰板、聚酯装饰板、复塑装饰板、塑纤板、胶合板、塑料壁纸、无纺贴墙布、墙布、复合壁纸、天然材料壁纸、人造革等
地面材料	B_1	硬PVC塑料地板、水泥刨花板、水泥木丝板、氯丁橡胶地板等
	B_2	半硬质PVC塑料地板、PVC卷材地板、木地板氯纶地毯等
装饰织物	B_1	经阻燃处理的各类难燃织物等
	B_2	纯毛装饰布、纯麻装饰布、经阻燃处理的其他织物等
其他装饰材料	B_1	聚氯乙烯塑料、酚醛塑料、聚碳酸酯塑料、聚四氟乙烯塑料；三聚氰胺、脲醛塑料、硅树脂塑料装饰型材、经阻燃处理的各类织物等；另见顶棚材料和墙面材料内中的有关材料
	B_2	经阻燃处理的聚乙烯、聚丙烯、聚氨酯、聚苯乙烯、玻璃钢、化纤织物、木制品等

7.5.4 建筑装饰施工图制图规范注意事项

在建筑装饰施工图设计中应该遵循标准，保证制图质量，做到图面清晰、准确，符合设计、施工、存档的要求，以适应工程建设的需要。

建筑装饰施工图绘制的图纸规范要求应在以下各方面予以注意。

(1) 图纸幅面规格。

(2) 标题栏与会签栏。

(3) 图线的粗细及含义。

(4) 字体。

(5) 比例。

(6) 符号(如剖切符号、索引符号、详图符号、作文字说明引出线及标高符号)。

(7) 尺寸标注(如尺寸的尺寸界线、尺寸线、起止符号、数字)。

7.5.5 建筑面积计算方法

建筑面积是建筑物各层面积之和。

建筑面积包含使用面积、结构面积和辅助面积。

1. 计算建筑面积的范围

(1) 单层建筑物不论其高度如何均按一层计算，其建筑面积按建筑物外墙勒脚以上的外围水平面积计算。单层建筑物内如带有部分楼层者，也应计算建筑面积。

(2) 高低联跨的单层建筑物，如需分别计算建筑面积，当高跨为边跨时，其建筑面积按勒脚以上两端山墙外表面间的水平长度乘以勒脚以上外墙表面到高跨中柱外边线的水平宽度计算；当高跨为中跨时，其建筑面积按勒脚以上两端山墙外表面间的水平长度乘以中柱外边线的水平宽度计算。

(3) 多层建筑物的建筑面积按各层建筑面积总和计算，其底层按建筑物外墙勒脚以上外围水平面积计算，二层及二层以上按外墙水平面积计算。

(4) 地下室、半地下室、地下车间、仓库、商店、地下指挥部及相应出入口的建筑面积按其上口外墙(不包括采光井、防潮层及其保护墙)外围的水平面积计算。

(5) 用深基础做地下架空层加以利用，层高超过 2.2m 的，按架空层外围的水平面积的一半计算建筑面积。

(6) 坡地建筑物利用吊脚做架空层加以利用且层高超过 2.2m 的，按围护外围水平面积计算建筑面积。

(7) 穿过建筑物的通道、建筑物内的门厅、大厅不论其高度如何，均按一层计算建筑面积。门厅、大厅内回廊部分按其水平投影面积计算建筑面积。

(8) 图书馆的书库按书架计算建筑面积。

(9) 电梯井、提物井、垃圾道、管道井等均按建筑物自然层计算建筑面积。

(10) 舞台灯光控制室按围护结构外围水平面积乘以实际层数计算建筑面积。

(11) 建筑物内的技术层，层高超过 2.2m 的，应计算建筑面积。

(12) 有柱雨篷按住外围水平面积计算建筑面积；独立柱的雨篷按其顶盖的水平投影

面积的一半计算建筑面积。

(13) 有柱的车棚、货棚、站台等按柱外围水平面积计算建筑面积；单排柱、独立柱的车棚、货棚、站台等按其顶盖的水平投影面积的一半计算建筑面积。

(14) 突出屋面的有围护结构的楼梯间、水箱间、电梯机房等按围护结构外围水平面积计算建筑面积。

(15) 突出墙外的门斗按围护结构外围水平面积计算建筑面积。

(16) 封闭式阳台、挑廊，按其水平投影面积计算建筑面积。凹阳台、挑阳台按其水平投影面积的一半计算建筑面积。

(17) 建筑物墙外有顶盖和柱的走廊、檐廊按柱的外边线水平面积计算建筑面积，无柱的走廊、檐廊按其投影面积的一半计算建筑面积。

(18) 两个建筑物间有顶盖的架空通廊，按通廊的投影面积计算建筑面积；无顶盖的架空通廊按其投影面积的一半计算建筑面积。

(19) 室外楼梯作为主要通道和用于疏散的均按每层水平投影面积计算建筑面积；楼内有楼梯室外楼梯按其水平投影面积的一半计算建筑面积。

(20) 跨越其他建筑物、构筑物的高架单层建筑物，按其水平投影面积计算建筑面积，多层者按多层计算。

2. 不计算建筑面积的范围

(1) 突出墙面的构件配件和艺术装饰，如柱、垛、勒脚、台阶、无柱雨篷等。

(2) 检修、消防等用的室外爬梯。

(4) 构筑物，如独立烟囱、烟道、油罐、水塔、储油(水)池、储仓、圆库、地下人防干、支线等。

(5) 建筑物以内的操作平台、上料平台，及利用建筑物的空间安置箱罐的平台。

(6) 有围护结构的屋顶水箱，舞台及后台悬挂幕布、布景的天桥、挑台。

(7) 单层建筑物内分隔的操作间、控制室、仪表间等单层房间。

(8) 层高小于 2.2m 的深基础地下架空层、坡地建筑物吊脚架空层。

7.6 装饰施工图预算

7.6.1 工程预算的基本概念及分类

装饰装修工程预算是指在执行基本建设程序工程中，根据不同阶段的装饰装修工程文件的内容和国家规定的装饰装修工程定额、各项费用的取费标准及装饰装修材料预算价格等资料，预先计算和确定装饰装修工程所需的全部投资额。

1. 工程估算

根据设计任务书规定的工程规模，依照概算指标所确定的工程投资等经济指标称为工程估算，工程估算是设计或计划任务书的主要内容之一，也是项目审批或工程立项的主要内容依据之一。目前，对于一些小型装饰装修工程，大多数按单价每平方米大致估算其造价。

2. 设计概算

设计概算是指在初步设计阶段，由设计单位根据初步设计图纸、概算定额或概算指标、各项费用定额或取费标准等资料，预先计算和确定装饰装修的费用。

设计概算是控制建设总投资、编制工程的依据，也是确定工程最高投资限额的依据，是项目贷款的依据和银行办理拨款的依据，是控制装饰施工图预算造价的标准，装饰施工图预算造价应控制在概算范围内。

设计概算文件是设计文件的重要组成部分，包括单项工程概算、项目总概算及相应种类的设计概算。工程项目招投标底必须以设计概算为准。

3. 装饰施工图预算

装饰施工图预算是指在施工图设计完成时，由设计单位根据施工图计算的工程量、施工组织设计和国家(或地方)规定的现行预算定额、各项费用定额(或取费标准)及价格等有关资料，预先计算和确定装饰装修工程的费用。

装饰施工图预算是确定工程造价的直接依据，是施工合同的主要依据，是施工单位编制施工计划的依据，是拨款、贷款和工程结算(决算)的依据，也是工程施工的法律文件。

装饰施工图预算是施工招投标的重要依据。施工招投标均以装饰施工图预算为依据来编制标底，进行开标和决标。

装饰施工图预算造价应控制在概算范围内，是概预算总投资的组成部分。

4. 施工预算

施工预算是由施工单位内部编制的，指施工单位在装饰施工图预算的控制下，根据装饰施工图计算的工程量、施工定额、施工组织设计等资料，预先计算和确定完成工程所需的人工、材料、机械消耗量及其相应费用的计划文件。

施工预算是签发施工任务单、领料、定额包干、实行按劳分配的依据。它主要包括工料分析、构件加工、材料消耗量、机械等分析计算资料。

5. 竣工决算

工程竣工后，根据施工实际完成情况，按照装饰施工图预算的规定和编制方法所编制的工程施工实际造价以及各项费用的经济文件称为竣工决算。它反映竣工项目实际造价和投资效果，是竣工验收报告的重要组成部分，是办理交付使用验收的依据，是最终的付款凭据，也是竣工决算建设单位和银行的付款凭据。竣工决算经建设单位和银行审核后方可生效。

设计概算、装饰施工图预算、施工预算是装饰装修工程预算的 3 个组成部分。

7.6.2 装饰施工图预算与设计概算的区别

1. 编制依据不同

装饰施工图预算主要以装饰施工图、预算定额和单位估价表、施工组织设计、图纸会审资料等为依据。设计概算主要以初步设计、概算定额或概算指标等为依据。

2. 包含内容不同

装饰施工图预算的内容主要包括施工工程费用及安装工程费用。设计概算的内容除上述两项费用之外，还包括与整个工程有关的设备费用、家具、陈设费用等。

7.6.3 装饰施工图预算与施工预算的区别

1. 编制依据不同

施工预算的编制是以施工定额为主要依据。装饰施工图预算的编制则是以预算定额及单位估价表为主要依据。

2. 使用范围不同

施工预算是施工单位内部的文件，与建设单位(甲方)无直接关系。施工图预算均适用于甲、乙方，双方结算时也均需要装饰施工图预算。

7.6.4 其他相关概念

装饰装修工程预算的对象是针对性的，这里有必要对一些相关概念作以下阐述。

1. 建设项目的概念

指具有计划任务书和总体设计、经济独立核算并具有独立组织形式的基本建设单位。项目分期、分段建设时，仍作为一个项目，而非几个建设项目。

一个建设项目可有一个或几个单项工程。

2. 单项工程的概念

单项工程也可称为工程项目。是具有独立的设计文件，竣工后可独立发挥其功能效应的一个完整工程，是建设项目的组成部分。如学校的教学楼、图书馆、宿舍等，均属于具体的单项工程。

3. 单位工程的概念

单位工程是指具有独立设计、可以独立组织施工的工程。它是单项工程的组成部分。

一个单项工程按其构成，可包括土建工程、幕墙工程、电气(强弱电)工程、空调工程、照明工程、内部装修工程及其他设备安装工程等单位工程。

每个单位工程又由许多分部工程组成。

4. 分部工程的概念

它是单位工程的组成部分，如地面、墙面、吊顶、门窗等，每一部分都是由不同工种、不同材料、不同工具共同协作完成的，均称为分部工程。

分部工程又按不同的施工方法、不同材料、不同规格等，可分成若干分项工程。

5. 分项工程的概念

分项工程一般通过具体的施工过程均可完成，但并无独立存在的意义，只是一种基本的构成要素，如墙面的局部木饰面施工、龙骨施工、软包施工、油漆施工等，可以明确计算施工或安装的单位工程造价。

7.6.5 装修工程费用组成

1. 工程定额的概念

工程定额是指为完成装饰装修工程，消耗在单位装饰装修基本分项工程上的人工、材料、机械的数量标准与费用额度。

定额不仅规定了数据，还规定了内容、质量及安全要求。定额实际上是对工程量进行具体量化标准的体现。装饰装修工程定额具有统一、时效性、强制性和科学性。

2. 预算定额基价

预算定额基价由人工费、材料费、机械费组成。

预算定额基价是编制工程预算造价的基本依据，是完成单位分项工程所投入费用的标准数值。

人工费＝定额合计用量×定额日工资标准

材料费 $= \sum$（定额材料用量×材料预算价格）

机械费 $= \sum$（定额机械台班使用量×台班使用量）

3. 装饰装修工程费用构成

定额直接费＝人工费＋材料费＋机械使用费

现场管理费＝临时设施费＋现场经费（属于工程直接费）

临时设施费是指施工单位为进行工程施工所必须的生产和生活用临时设施费用。主要包括临时宿舍、库房、办公室、加工车间级现场安全和环境保护所采取的必要措施等。

现场经费是指施工单位的项目经理部组织施工过程中所发生的费用。包括行政、技术、保安等工作及服务人员的工资、保险、津贴以及现场人员的工资附加费，办公费，差旅费，劳保费，对材料、构建进行鉴定、实验的检验试验费等。

工程直接费＝定额直接费＋临时设施费＋现场经费

临时设施费＝人工费×费率（分装饰工程或安装工程）

现场经费＝人工费×费率

企业管理费＝人工费×费率

企业管理费实际上是指施工单位行政管理部门日常为管理和组织经营活动而发生的费用。

利润＝（直接费＋企业管理费）×费率 7%

税金＝（直接费＋企业管理费＋利润）×3.4%

税金指计入工程造价的营业税、城市维护建设税、教育附加费等。

装饰装修工程造价＝直接费＋企业管理＋利润＋税金

应该说明的是，这里介绍的只是有关工程预算的基本知识，实际上具体操作起来比想象的要复杂，可以借助预算软件进行计算。

需要说明的是，目前也有不少项目是以工程量清单进行报价的，这里暂不讲述。

7.7 竣工图绘制

竣工图是正规、严谨的室内装饰工程设计的重要环节，是工程竣工资料中不可缺少的重要组成部分，也是工程完成之后主要凭证性技术资料，更是工程竣工验收结算的必备条件和维修、管理的主要依据。

因此，竣工图的绘制也是装饰装修设计人员需要掌握的一项基本内容。

7.7.1 绘制竣工图的意义

室内装饰工程的施工是依照装饰施工图进行的，而装饰施工图最原始的底图一般是画在硫酸纸上的。施工现场使用的装饰施工图是用硫酸纸晒出来的若干套蓝图，而装饰施工图底图则是由设计方留作存档。

施工期间，施工方按装饰施工图要求进行施工，此过程中难免会出现由于各种原因产生的修改和变更、增项或减项。因为当施工竣工后，必须留下根据工程的变更、修改或增减项形成的技术资料，以备工程完成后结算以及将来使用中维修、管理之需。这份在原装饰施工图的基础上而产生的图纸，即是室内装饰工程的竣工图。

当然，若在施工过程中未发生设计变更、工程增减项，完全按施工图进行施工，可直接将原装饰施工图的新图加盖竣工图章后作为竣工图。

7.7.2 竣工图画法的类型

原则上竣工图一般可分为3种：利用原施工蓝图改绘后形成的竣工图；在二底图上修改产生的竣工图；重新绘制的竣工图。目前最好的方法还是采用重新绘制竣工图较为便捷。由于电脑在室内设计行业的广泛使用，传统意义上的依靠绘图工具进行手绘装饰施工图或竣工图的办法，已经与时代发展和工程施工的要求不再相适应，显得颇为落伍。况且，发挥电脑有利于修改的优势，可以更方便、更快捷地储存原施工图文件基础上进行的修改、调整。因此，利用电脑重新绘制竣工图，是一种有效的方法。

当然，也有一些不那么正规的小工程或家装工程，一般对竣工图的要求不太高(甚至不需要)，这种状况的装饰施工图设计通常以手绘的形式出现。若需要提供竣工图，采用前两种竣工图画法的情况居多。

这里重点介绍的，还是以计算机为手段，重新绘制竣工图的方法。虽然图纸量大，但借助于电脑，工作量也并非想象的那么可怕，重要的是能保证图纸质量。

7.7.3 竣工图绘制的依据

1. 原装饰施工图

它是竣工图绘制的重要依据之一。也就是说，竣工图就是将原来装饰施工图根据竣工的真实情况修改后，形成的更接近真实的装饰施工图。如果某些原装饰施工图没有改动的地方，也可以理解成，按装饰施工图施工而没有任何变更的图纸，即可转作竣工图，并加盖竣工图章。

2. 洽商记录

洽商记录贯穿于整个施工全过程，其主要作用是确定工作量，并为竣工图绘制提供依据。应根据洽商的内容，如门窗型号的改变、某些材料的变化、灯具开关型号的调整及设备配置位置的变化等，对原装饰施工图进行绘制。

3. 设计变更

在施工过程中，有可能会出现设计上诸如尺寸的变化、造型的改变、色彩的调整等情况，这时，就需要在竣工图上体现出来。

4. 工程增减项

有些工程会有增加或减少某些小项的可能，比如增加某几个原本不属于该工程的项目，都会引起工程造价的变化。通过竣工图，补充或减少因增减项目而涉及设计方面的部分图纸。

这里需要重点强调的是，上述若干依据的罗列，只是为了让大家感觉条理清晰而已，实际上，无论是设计变更还是工程的增减项，都要通过洽商的形式体现出来。严格意义上说，施工中每次洽商记录上应有监理或甲方、施工方、设计方等签字认可。

7.7.4 竣工图文件的具体要求

(1) 竣工图文件应具有明显的“竣工图”字样，并包括编制单位的名称、制图人、审核人、技术负责人和编制日期等内容。

(2) 竣工图签章是竣工图的标志和依据，图纸出现竣工图签章，修改后的原施工图就转化为竣工图，编制单位名称、制图人、审核人、技术负责人应对本竣工图负责。

(3) 重新绘制的竣工图应在图纸的右下角绘制竣工图签，封面、图纸目录可不出现竣工图签；用蓝图或二底图改绘的竣工图及封面、图纸目录，应在图纸的右上角加盖竣工图图章。

(4) 原装饰施工图中作废的、修改的、增补的图纸，均要在原装饰施工图的图纸目录上重新调整，使之转化为竣工图目录。

(5) 一套完整的竣工图绘制后，应作为竣工资料提交给监理或甲方，以便竣工验收和存档。由于重新绘制的竣工图是在原装饰施工图的基础上调整、修改的结果，因此也应该同时要求原装饰施工图内容完整无误，以便于相互比较。

7.7.5 竣工图绘制的注意事项

(1) 绘制竣工图应按照制图规范和要求进行，必须参照原装饰施工图和专业的统一图例，不得出现与原装饰施工图图示不符的表达方法。

(2) 按原装饰施工图施工而没有任何变更的图纸，可直接作为竣工图。但需要在图纸右下角使用竣工图图签。

(3) 如果有一些数字、文字以及变化不太大的、不影响比例关系的尺寸变更，可在电脑上将原装饰施工图变动处直接修改。

(4) 如果原装饰施工图改动较大，或在原位置上改绘比较困难，应重新绘制该张图纸的竣工图。

(5) 如果有新增补的洽商图，应按正规设计图纸要求绘制，注明新增的图名、图号，并在图纸目录上增列出图名、图号。

(6) 某些洽商可能会引起图纸的一系列变化，凡涉及的图纸部位、尺寸，均应按规定修改，不能只改一处而不改其他地方。这方面还特别容易出现问题，例如，一个标高的变动，可能会涉及平、立、剖面及局部大样，均要改正，别怕麻烦。

根据洽商内容、设计变更重新绘制的竣工图，一般应通过制图的方法表达其内容。如果仍不能表达清楚，可用精炼的规范用语在图纸上反映洽商内容。比如装饰材料的变更，在图纸上只能以文字的形式说明其变更。

总之，竣工图的绘制与装饰施工图绘制尽管存在许多相同之处，但二者作用仍不同，性质也不同。装饰施工图绘制是为了更具体地体现设计创作的构思，使设计能通过装饰施工图以及设计施工得以实施。而竣工图则是结合设计变更、洽商记录等，对装饰施工图作进一步修改、调整、增减后形成的工程竣工资料。

竣工图绘制步骤除要掌握基本的制图方法和构造知识外，还应了解有关竣工资料方面的知识，尤其对工程洽商记录、设计变更等资料的掌握，是竣工图绘制能否真实、全面反映竣工效果的关键所在。因此，画好竣工图，会涉及有关制图、构造、设备等技术知识以及工程监理、工程验收等方面的知识。实际上，如果对装饰施工图绘制有了一定基础，再充实些相关的技术、管理等知识，那么对于竣工图的绘制就应该不会遇到多大的困难和阻力。

本章小结

本章主要介绍了建筑装饰施工图的基本知识，建筑装饰平面铺装图，建筑装饰立面图，建筑装饰剖面图，建筑装饰详图。讲述了建筑装饰施工图的形成、识读、绘制，而且通过实际的案例重点对建筑装饰施工图进行了详细的讲解。

习　题

一、 填空题

1. 建筑装饰图纸中，相互平行的图线，其间隙不宜小于其中的________，且不宜小于________。

2. 图例线________不得与文字、数字或符号重叠、混淆，不可避免时，应首先保证________等的清晰。

3. 建筑形体投影图中，________是确定建筑形体上各基本体形状大小的尺寸。

4. 建筑物的形成通常要经过立项、设计、施工、验收与交付使用几个阶段。其中，由设计人员按正投影原理及国家有关标准绘制的拟建建筑图样，用以指导施工，称为________。

5. 建筑形体投影图的具体形状，必须掌握在三面投影图中各基本体的相对位置，________、________和________。

6. 建筑工程图中，常用的剖面图有________、________、________、展开剖面图和局部剖面图等。

7. 装饰材料品种繁多，可从各种角度进行分类，如按建筑装饰材料的化学成分不同分为________、________、________等。

8. 装饰材料侵入水中吸收水分的能力为材料________。

9. 根据形成的地条件不同，岩石通常可为为________、________和________。

10. 装饰使用的石膏制品主要是各种石膏板，如____________和____________等。

11. 装饰工程中，常用的装饰水泥有________和________。

12. 胶凝材料按照硬化条件分类可分为________、________、________、________。

13. 在建筑工程常用的混凝土外加剂主要有________、________、________及速凝剂、缓凝剂、防水剂、抗冻剂等。

14. 混凝土的和易性包括________________和________________两个方面。

15. 建筑装饰中常用的精陶品种有________、________、________等。

16. 水泥的化学性质的主要指标是________________和________________。

二、判断题

1. 建筑装饰施工图包括总平面图、结构平面布置图、立面图、剖面图和详图。( )

2. 在建筑装饰平面图中，横向定位轴线用大写拉丁字母从左到右连续编写。( )

3. 在装饰施工图中，两道承重墙中如有隔墙，隔墙的定位轴线应为附加轴线。附加轴线的编号应采用与横向定位轴线一样的形式。( )

4. 在装饰施工图中，标高可分为相对标高和绝对标高。( )

5. 标高符号是高度为 8mm 的等腰直角三角形，在装饰施工图中，标高以“m”为单位，小数点后保留 3 位小数。( )

6. 装饰施工图中，如某一局部另绘有详图，应以索引符号索引，索引符号是用直径为 3mm 的细实线绘制的圆圈。在符号中，分母表示详图所在图纸的编号，分子表示详图编号。( )

7. 装饰施工图中，引出线采用水平方向的直线，或与水平方向成 30°、45°、60°、90°的直线，或经上述角度再折为水平线。( )

8. 在装饰施工图中，指北针的圆的直径为 24mm，细实线绘制。( )

9. 建筑施工图中，建筑总平面图主要表示新建房屋的位置、朝向、与原有建筑物的关系以及周围道路、绿化和给排水、供电重要条件等方面的情况。( )

10. 建筑总平面图常用的比例为 1∶5、1∶50、1∶100、1∶200 等。( )

11. 建筑平面图常用的比例为 1∶50、1∶100、1∶200。( )

12. 在建筑平面图中，沿房屋二层门窗口剖切所得到的平面图称为二层平面图。( )

13. 因建筑平面图是剖面图，故应按剖面图的方法绘制。( )

14. 钢化玻璃属于安全玻璃。( )

15. 不锈钢制品在建筑装饰上应用最多的是各种管材。( )

16. 轻钢龙骨的主要缺点是刚度小。( )

17. 铝合金饰面板有易加工的特点。( )

18. 挑选胶合板时，如果手敲胶合板各部位，声音发脆，则证明质量良好，无散胶现象。( )

19. 建筑装饰塑料与传统材料相比缺点是比强度低。( )

20. 玻璃纤维的优点是耐高温、耐腐蚀、吸声性能好。( )

21. 环氧树脂是一种人造树脂。( )

22. 梁中箍筋的主要作用是抗剪和固定其它的钢筋。(　　)
23. 单向板是指板的长边和短边尺寸都差不多的板。(　　)
24. 单向板肋形楼盖中，次梁梁的跨度一般为5～8m。(　　)
25. 建筑物中起承重作用的部分称为结构。(　　)
26. 在自然界中，不存在有真正的刚体。(　　)
27. 在物体上加上或减去一个平衡力系，不会对原力系对物体的作用效应。(　　)
28. 力偶可以用一个力代替。(　　)
29. 停在地面的飞机是非自由体。(　　)
30. 结构可以是几何可变体系，只要能保证其构件的强度。(　　)

三、选择题

1. 建筑工程施工图中设备施工图不包括(　　)。
   A. 给、排水施工图
   B. 采暖通风施工图
   C. 总平面图
   D. 电气施工图
2. 不属于建筑装饰工程图的是(　　)。
   A. 建筑装饰施工图　　B. 效果图
   C. 建筑结构平面图　　D. 室内设备施工图
3. 装饰结构的平面形式和位置在下面哪个图应纸里？(　　)。
   A. 地面材料标志图
   B. 装饰平面布置图
   C. 综合顶棚图
   D. 电气设备定位图
4. 看装饰详图的时候，首先应看的是(　　)。
   A. 看其系统组成
   B. 看出处，看它由哪个部位索引而来
   C. 看图名和比例
   D. 看构造详图的构造做法、构造层次、构造说明及构造尺度
5. 装饰门详图一般不包括(　　)。
   A. 门平面图
   B. 门立面图
   C. 门节点剖面详图
   D. 门套详图
6. 天然花岗石和天然大理石相比，性能较差的是(　　)
   A. 强度　　B. 耐腐蚀性
   C. 耐热性　　D. 装饰性

7. 在下列人造石材中，化学性能最好的是(　　)
   A. 水泥型人造大理石
   B. 树脂型人造大理石
   C. 复合型人造石材
   D. 烧结型人造石
8. 下列涂料中，对环境污染最大的是(　　)
   A. 乳液型涂料
   B. 溶剂型涂料
   C. 水溶胶涂料
   D. 水性涂料
9. 用于胶接非受力部位的胶黏剂的粘料主要是(　　)
   A. 热塑性树脂和橡胶
   B. 天然树脂
   C. 热固性树脂
   D. 合成树脂
10. 使石油沥青具有良好的塑性和粘结力的成分是(　　)
    A. 油分　　B. 树脂
    C. 地沥青质　　D. 蜡
11. 对材料吸声性能影响不太的因素是(　　)
    A. 材料的组成成分
    B. 材料的孔隙特征
    C. 材料的表观密度
    D. 材料背后的空气层
12. 下列钢筋不是板中的钢筋(　　)
    A. 架立钢筋
    B. 受力钢筋
    C. 构造筋
    D. 分布钢筋
13. 固定铰支座的约束反力一般有(　　)
    A. 1 个　　B. 2 个
    C. 3 个　　D. 4 个
14. 平面汇交力系独立的平衡方程有(　　)
    A. 1 个　　B. 2 个
    C. 3 个　　D. 4 个
15. 工程中常见的单跨静定梁有简支梁、悬臂梁和(　　)
    A. 屋面梁　　B. 主梁
    C. 次梁　　D. 外伸梁

四、 识读如下装饰施工图

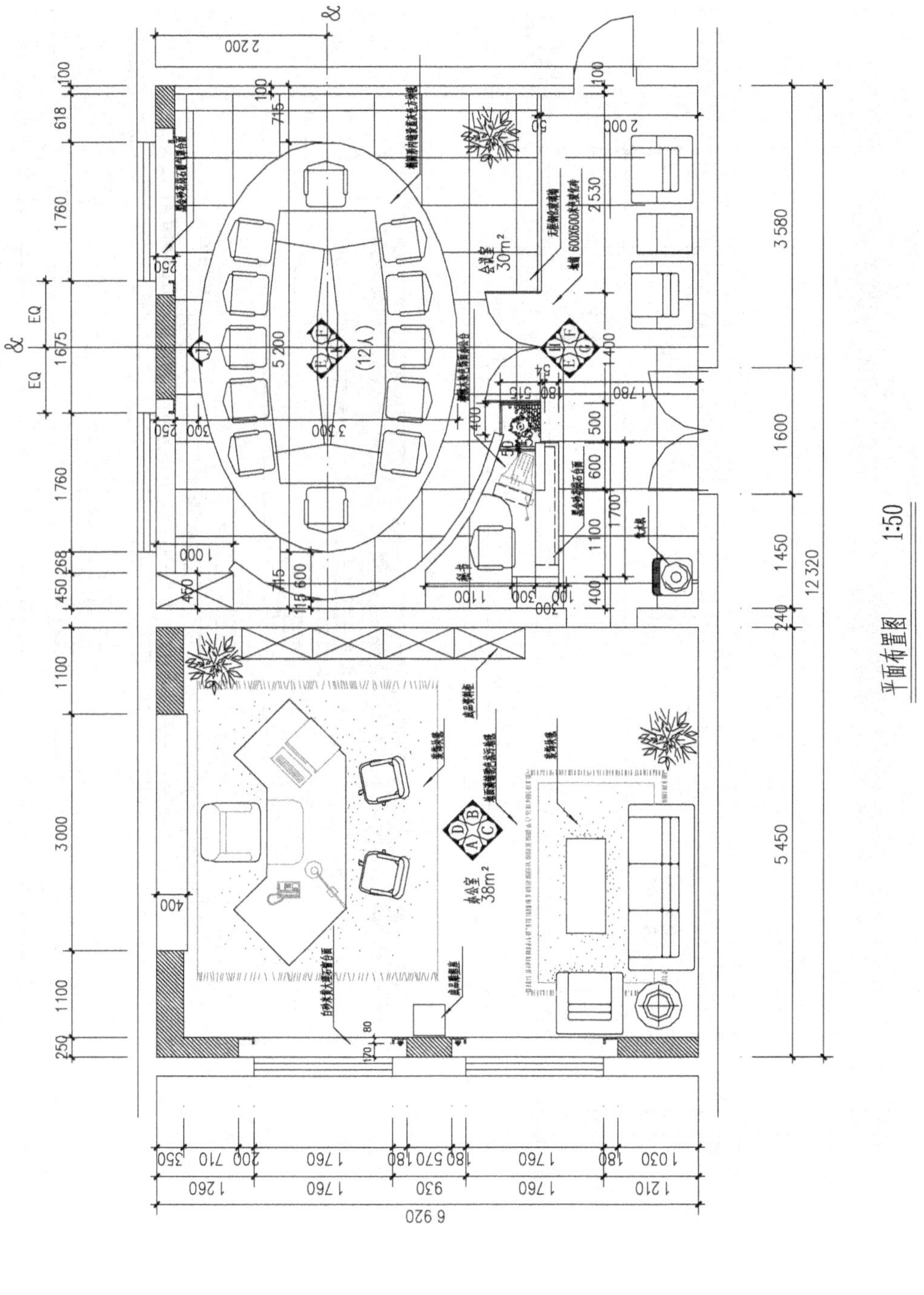

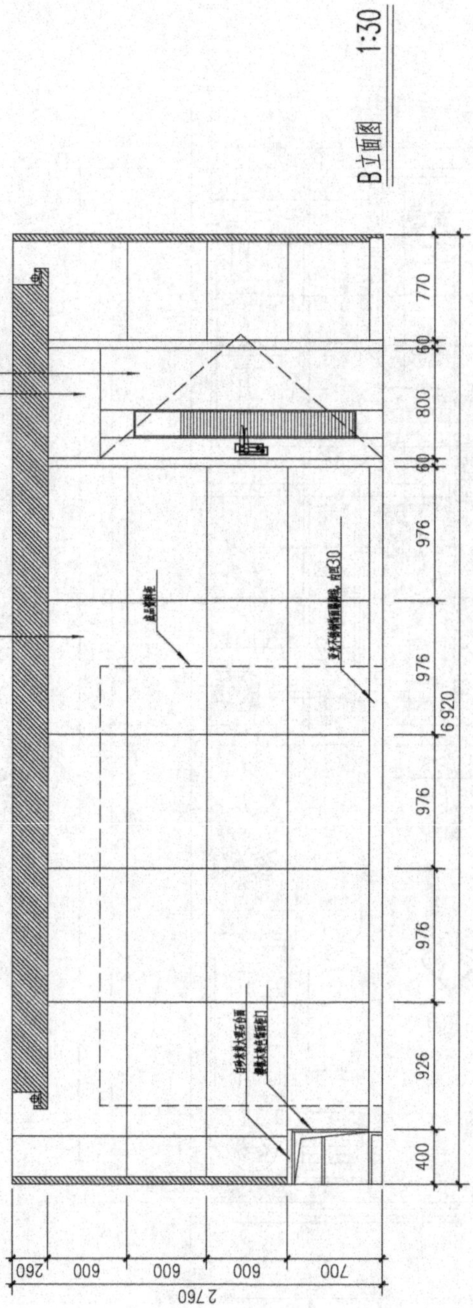
B立面图
1:30

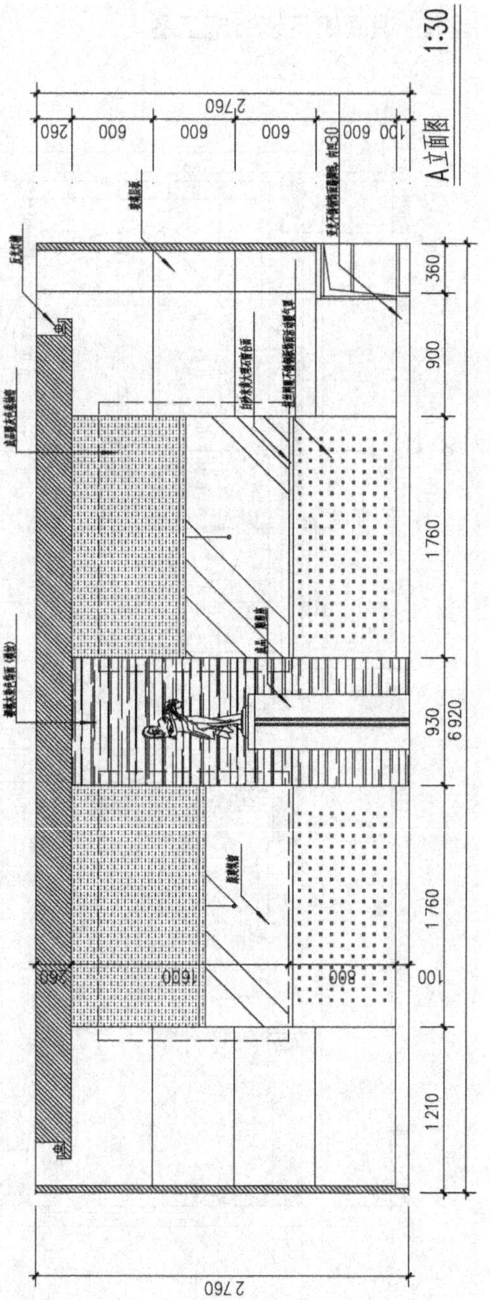
A立面图
1:30

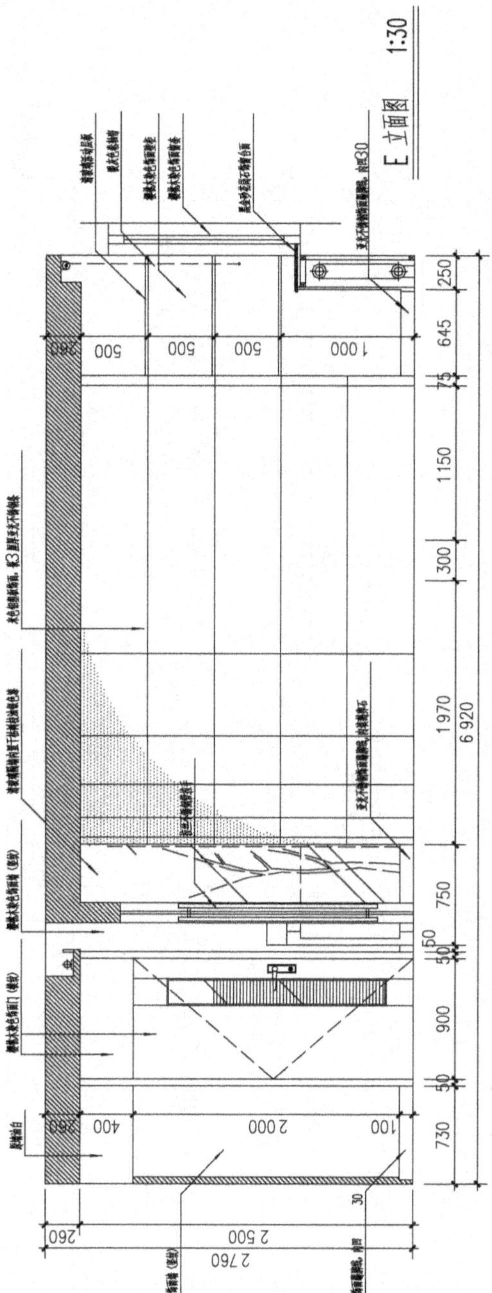
E 立面图 1:30

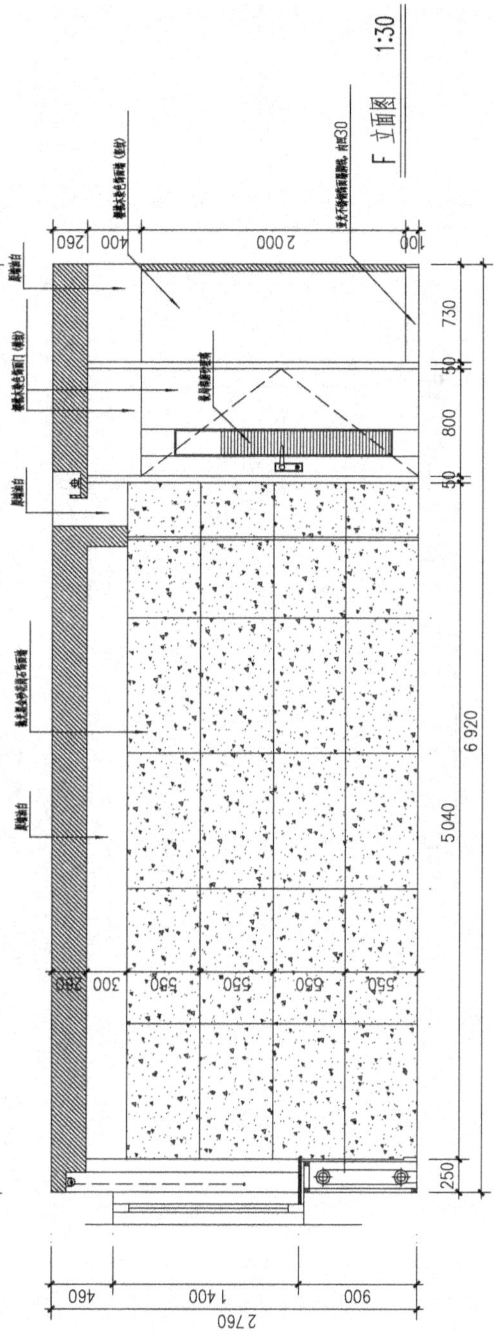
F 立面图 1:30

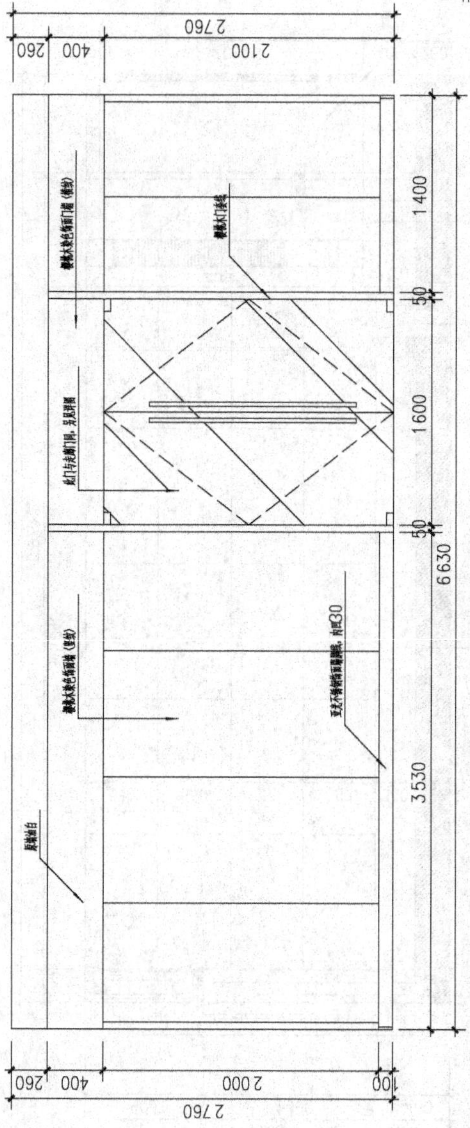

G立面图 1:30

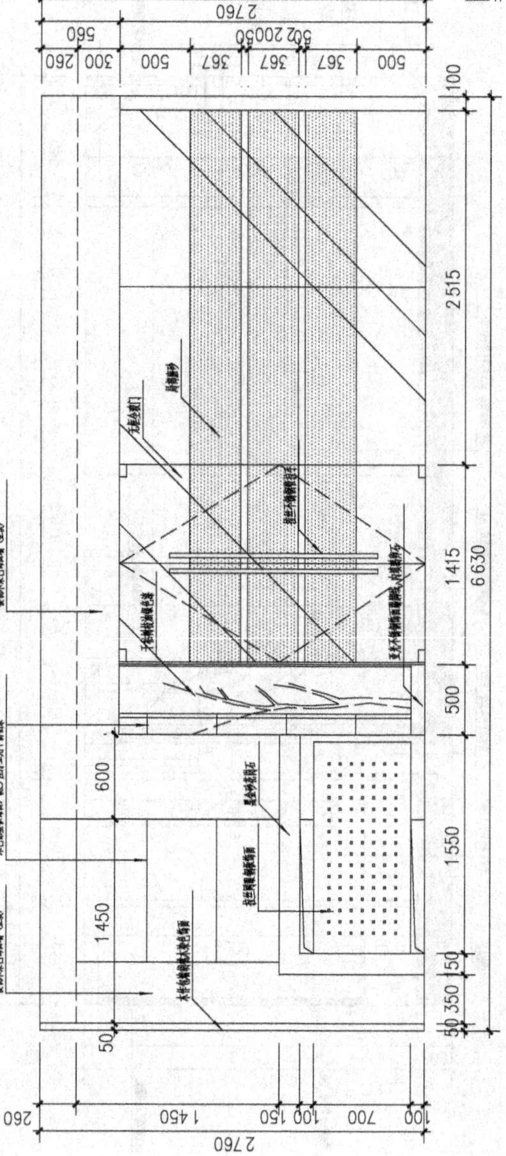

H立面图 1:30

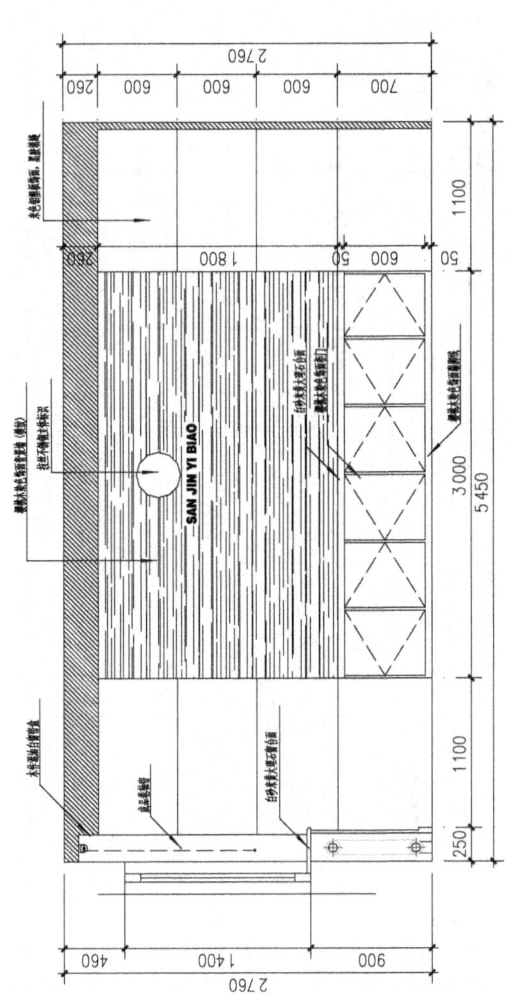

D立面图 1:30

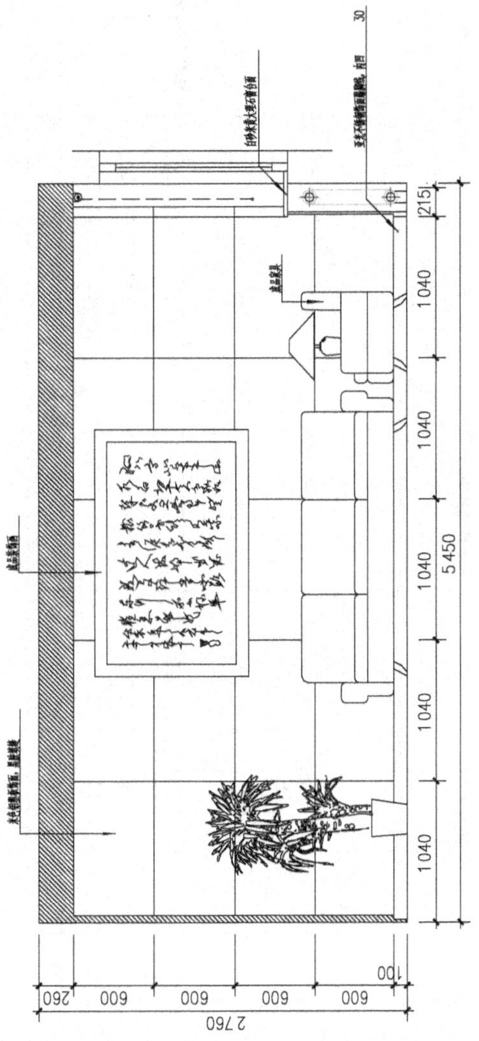

C立面图 1:30

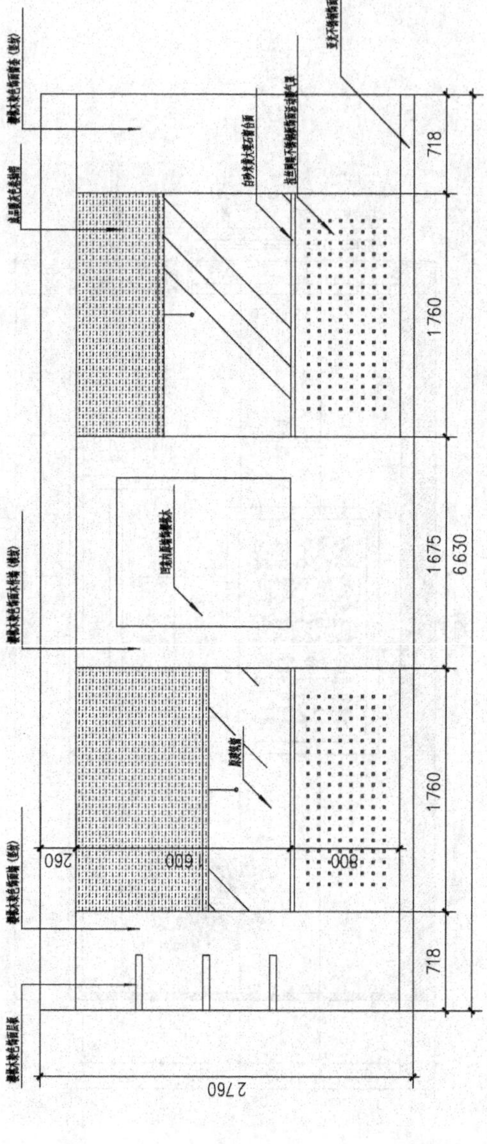

J 立面图 1:30

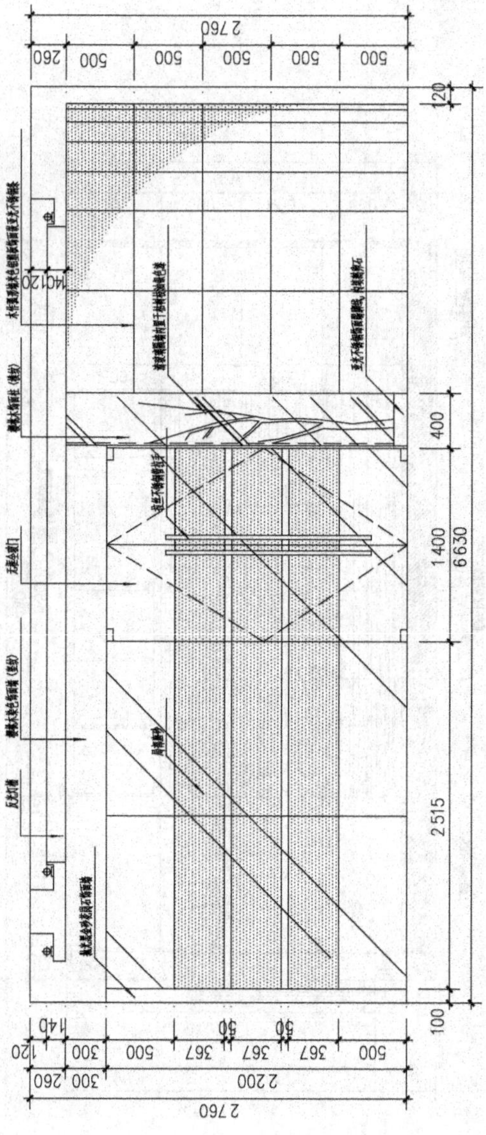

K 立面图 1:50

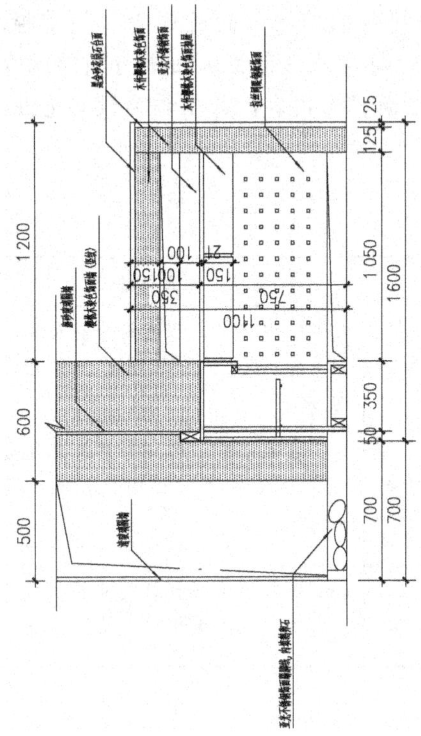

秘书接待台背立面图 1:20

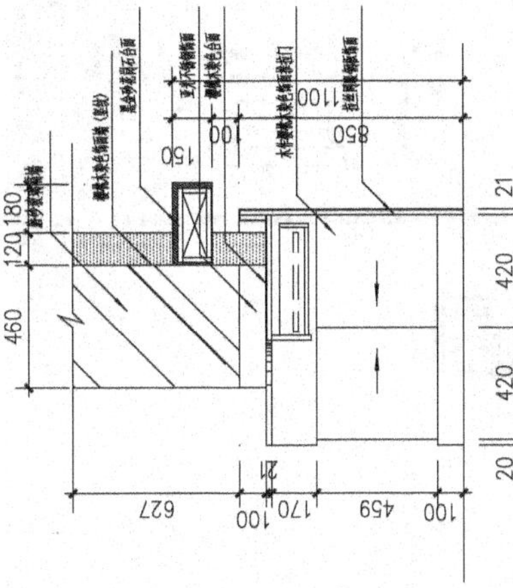

② 1:20

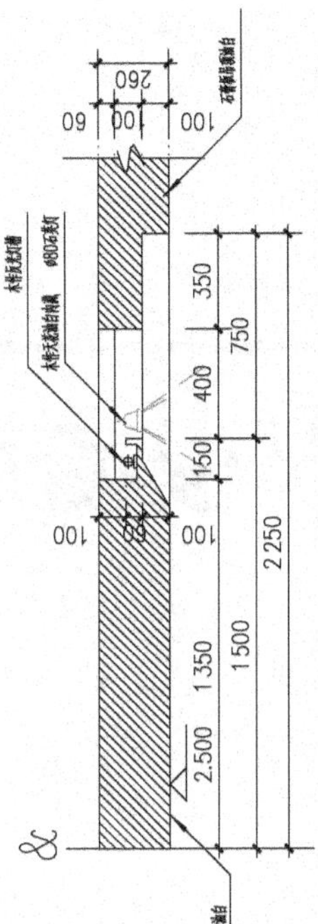

1-1 总经理办公室天棚剖面图 1:20

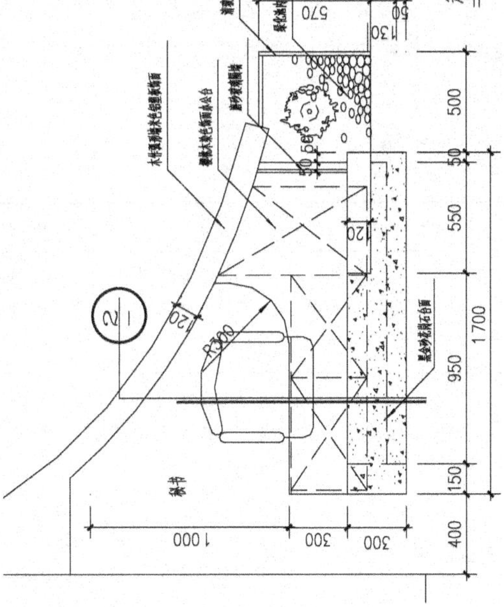

秘书办工桌平面图 1:20

第8章

建筑设备施工图

学习目标

通过本章学习，会对建筑设备施工图有一定的认识。掌握给水排水工程图、室内采暖工程图以及电气施工图的绘制和识读，这都是在做建筑装饰施工的时候所必须掌握的内容，对以后的建筑装饰施工有很大的帮助。本章知识对建筑设备施工图进行简单的介绍，只是从室内装饰的角度出发，所以本章的内容只是了解性的内容，并不作为设备专业的学生做专业学习。

学习要求

知识要点	能力目标	相关知识
给水排水工程图	(1) 了解给水排水工程图的基本知识 (2) 掌握给水排水工程图的识读和绘制方法	(1) 给水排水工程图的分类及其组成 (2) 给水排水工程图的识读和绘制方法
室内采暖工程图	(1) 了解室内采暖工程图的概述 (2) 掌握室内采暖工程图识读与绘制方法	(1) 室内采暖工程图分类及其组成 (2) 室内采暖工程图的识读与绘制方法
电气施工图	(1) 了解电气施工图的概述 (2) 掌握电气施工图识读与绘制方法	(1) 电气施工图的分类及其组成 (2) 电气施工图识读与绘制方法

引例

为了满足生产生活需求，提供卫生舒适的生活和工作环境，要求在建筑物内设置给水排水、供暖通风、电器照明、消防报警、电话通信等设备系统，设备施工图就是表达它们的组成、安装等内容的图纸。

建筑设备施工图是房屋建筑图的重要组成部分，也是建筑装饰专业必须要掌握的知识，是建筑装饰施工的重要指导文件和依据。建筑装饰施工图主要包括：给水排水施工图、采暖施工图、电气施工图。

8.1 给水排水施工图

8.1.1 给水排水施工图的组成

给水排水施工图是表达室外给水、室外排水及室内给水排水工程设施的结构形状、大小、位置、材料以及有关技术要求的图样，以供交流设计和施工人员按图施工。给水排水施工图一般由基本图和详图组成，基本图包括管道设计平面布置图、剖面图、系统轴测图以及原理图、说明等；详图表明各局部的详细尺寸及施工要求。

8.1.2 给水排水施工图的一般规定及图示特点

1. 一般规定

绘制给水排水工程图必须遵循国家标准《房屋建筑制图统一标准》(GB/T 50001—2010)及《建筑给水排水制图标准》(GB/T 50106—2010)等相关制图标准。

2. 图示特点

(1) 给水排水施工图中所表示的设备装饰和管道一般均采用统一图例，在绘制和识读给水排水施工图前，应查阅和掌握与图纸有关的图例及其所代表的内容。

(2) 给水排水管道的布置往往是纵横交叉，给水排水施工图中一般采用轴测投影法画出管道系统的直观图。

(3) 给水排水施工图中管道设备安装应与土建施工图相互配合，尤其是留洞、预埋件、管沟等方面对土建的要求，必须在图纸说明上表示和注明。

8.1.3 给水排水施工图中的常用图例

1. 管道图例

管道图例见表8-1。

表8-1 管道图例

序号	名 称	图 例	备 注
1	生活给水管	—— J ——	
2	热水给水管	—— RJ ——	

续表

序号	名　称	图　例	备　注
3	热水回水管	——RH——	
4	中水给水管	——ZJ——	
5	循环给水管	——XJ——	
6	循环回水管	——Xh——	
7	热媒给水管	——RM——	
8	热媒回水管	——RMH——	
9	蒸汽管	——Z——	
10	凝结水管	——N——	
11	废水管	——F——	可与中水源水管合用
12	压力废水管	——YF——	
13	通气管	——T——	
14	污水管	——W——	
15	压力污水管	——YW——	
16	雨水管	——Y——	
17	压力雨水管	——YY——	
18	膨胀管	——PZ——	
19	保温管		
20	多孔管	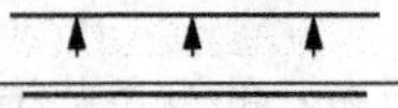	
21	地沟管		
22	防护套管		
23	管道立管	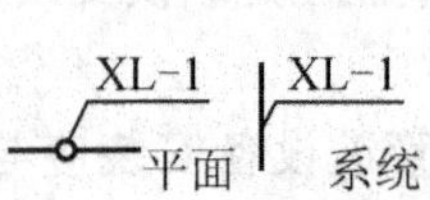	X：管道类别 L：立管 1：编号
24	伴热管		
25	空调凝结水管	——KN——	
26	排水明沟	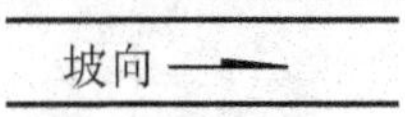	
27	排水暗沟		

注：分区管道用加注角标方式表示：如J1、J2、RJ1、RJ2…。

2. 管道连接图例

管道连接图例见表8－2、表8－3。

表 8-2 管道连接(一)

序号	名称	图例	备注
1	套管伸缩器		
2	方形伸缩器		
3	刚性防水套管	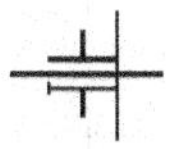	
4	柔性防水套管	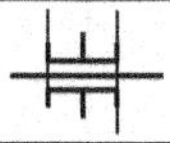	
5	波纹管		
6	可曲挠橡胶接头	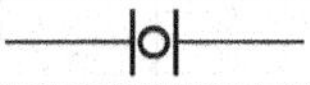	
7	管道固定支架		
8	管道滑动支架		
9	立管检查口	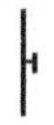	
10	清扫口	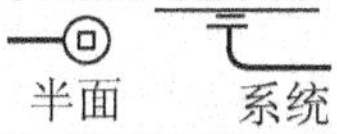	
11	通气帽	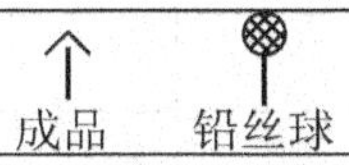	
12	雨水斗	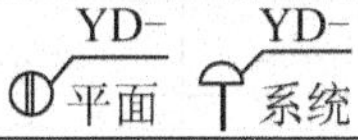	
13	排水漏斗	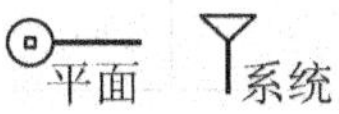	
14	圆形地漏		通用。如为无水封，地漏应加存水弯
15	方形地漏	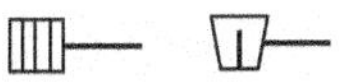	
16	自动冲洗水箱	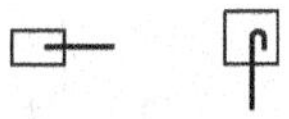	
17	挡墩	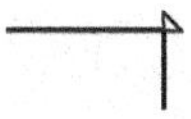	
18	减压孔板	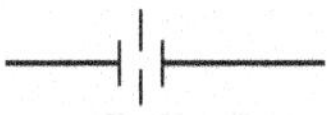	
19	Y形除污器		
20	毛发聚集器		
21	防回流污染止回阀		
22	吸气阀		

表 8-3　管道连接(二)

序　号	名　　称	图　　例	备　　注
1	法兰连接	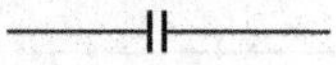	
2	承插连接	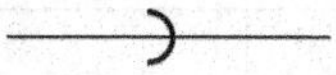	
3	活接头	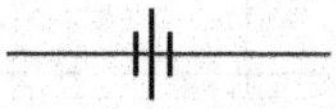	
4	管堵		
5	法兰堵盖		
6	弯折管		表示管道向后及向下弯转 90°
7	三通连接		
8	四通连接	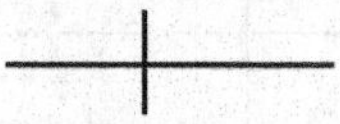	
9	盲板		
10	管道丁字上接	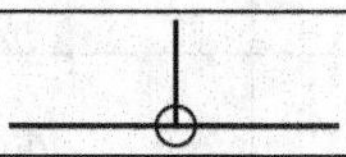	
11	管道丁字下接	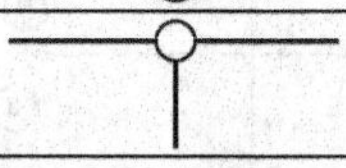	
12	管道交叉		在下方和后面的管道应断开

3. 管件的图例

管件的图例见表 8-4。

表 8-4　管件的图例

序　号	名　　称	图　　例	备　　注
1	偏心异径管	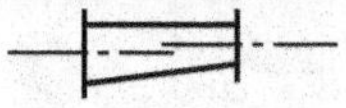	
2	异径管	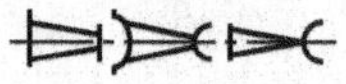	
3	乙字管		
4	喇叭口		
5	转动接头		

续表

序　号	名　　称	图　　例	备　　注
6	短管		
7	存水弯	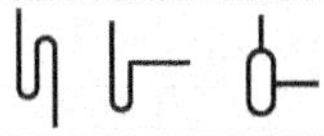	
8	弯头	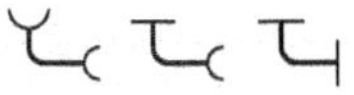	
9	正三通	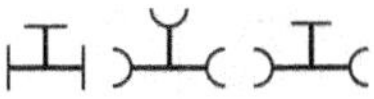	
10	斜三通		
11	正四通		
12	斜四通	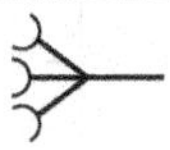	
13	浴盆排水件		

4. 阀门的图例

阀门的图例见表 8－5。

表 8－5　阀门的图例

序　号	名　　称	图　　例	备　　注
1	闸阀		
2	角阀	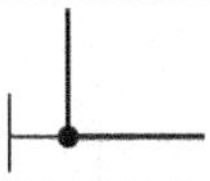	
3	三通阀		
4	四通阀	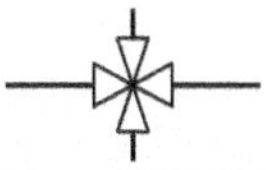	
5	截止阀	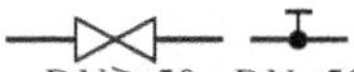	
6	电动阀		
7	液动阀	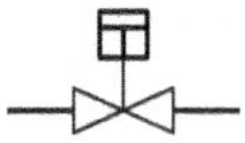	

续表

序　号	名　　称	图　　例	备　　注
8	气动阀		
9	减压阀		左侧为高压端
10	旋塞阀		
11	底阀		
12	球阀		
13	隔膜阀		
14	气开隔膜阀		
15	气闭隔膜阀		
16	温度调节阀		
17	压力调节阀		
18	电磁阀		
19	止回阀		
20	消声止回阀		
21	蝶阀		
22	弹簧安全阀	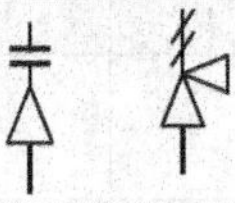	左为通用
23	平衡锤安全阀	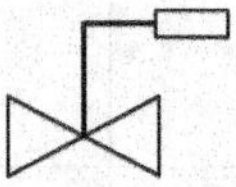	
24	自动排气阀	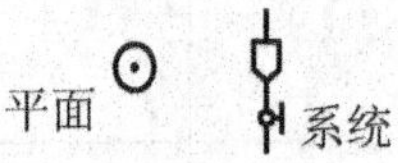	
25	浮球阀	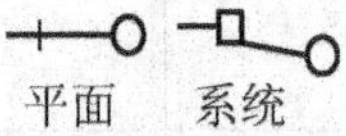	
26	延时自闭冲洗阀		
27	吸水喇叭口	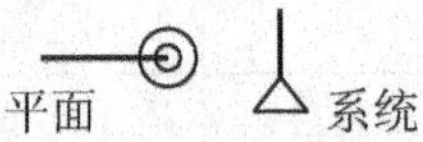	
28	疏水器		

8.1.4 给水排水管线的表示方法

1. 管道图示

管线即指管道，是指液体或气体沿管子流动的通道。

1）单线管道图

在同一张图上的给水、排水管道，习惯上用粗实线表示给水管道，粗虚线表示排水管道。

2）双线管道图

双线管道图就是用两条粗实线表示管道，不画管道中心轴线，一般用于重力管道纵断面图，如室外排水管道纵断面图。

3）三线管道图

三线管道图就是用两条粗实线画出管道轮廓线，用一条点画线画出管道中心轴线，同一张图纸中不同类别管道常用文字注明。此种管道图广泛地用于给水排水施工图中的各种详图，如室内卫生设备安装详图等。

2. 管道的标注

1）管径标注

管道尺寸应以 mm 为单位，对不同的管道进行标注，其中最常用的是用管道公称直径 *DN* 来表示。

2）标高标注

根据《建筑给水排水制图标准》规定，应标注管道的起讫点、转角点、连接点、变坡点、交叉点的标高。对于压力管道宜标注管中心标高；对于室内外重力管道宜标注管内底标高。若在室内有多种管道架空敷设且共同支架时，为了方便标高的标注，对于重力管道也可标注管中心标高，但图中应加以说明。室内管道应标注相对标高，室外管道宜标注绝对标高，必要时也可标注相对标高。

8.1.5 室内给水排水施工图

室内给水排水施工图，是指房屋建筑内需要供水的厨房、卫生间等房间，以及工矿企业中的锅炉房、浴室、实验室、车间内的用水设备等的给水和排水工程，主要包括设计说明、主要材料统计表、管道平面布置图、管路系统轴测图以及详图。

室内给水系统由房屋引入管、水表节点、给水管网(由干管、立管、横支管组成)、给水附件(水龙头、阀门)、用水设备(卫生设备等)、水泵、水箱等附属设备组成。室内排水系统由污废水收集器、排水横支管、排水立管、排水干管和排出管组成。室内给排水管网的组成如图 8.1 所示。

1. 室内给水排水施工图的特点

(1) 给水排水施工图中的管道设备常常采用统一的图例和符号表示，这些图例符号并不能完全表示管道设备的实样。

(2) 给水排水管道系统图的图例线条较多，绘制识读时，要根据水源的流向进行。

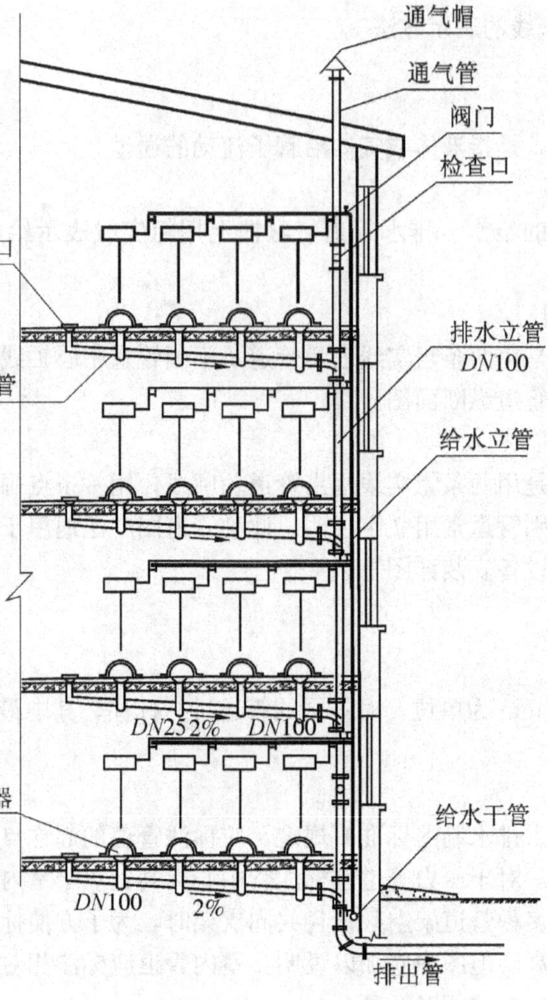

图 8.1　室内给水排水管网的组成

(3) 在给排水施工图中常用轴测投影的方法画出管道的空间位置情况，这种图称为管道系统轴测图，简称管道系统图。

(4) 给排水施工图与土建施工图有紧密的联系，尤其是留洞、打孔、预埋件等对土建的要求必须在图纸上明确表示和注明。

2. 室内给水排水施工图的内容

1) 设计说明

设计说明用于反映设计人员的设计思路及用图无法表示的部分，同时也反映设计者对施工的具体要求，主要包括设计范围、工程概况、管材的选用、管道的连接方式、卫生洁具的安装、标准图集的代号等。

2) 主要材料统计表

主要材料统计表是设计者为使图纸能顺利实施而规定的主要材料的规格型号。小型施工图可省略此表。

3）平面图

平面图表示建筑物内给排水管道及卫生设备的平面布置情况，它包括如下内容。

(1) 用水设备的类型及位置。

(2) 各立管、水平干管、横支管的各层平面位置、管径尺寸、立管编号以及管道的安装方式。

(3) 各管道零件如阀门、清扫口的平面位置。

(4) 在底层平面图上，还反映给水引入管、污水排出管的管径、走向、平面位置及与室外给水、排水管网的组成联系。

图 8.2 所示为某工程集体宿舍楼室内给排水管道平面布置图。

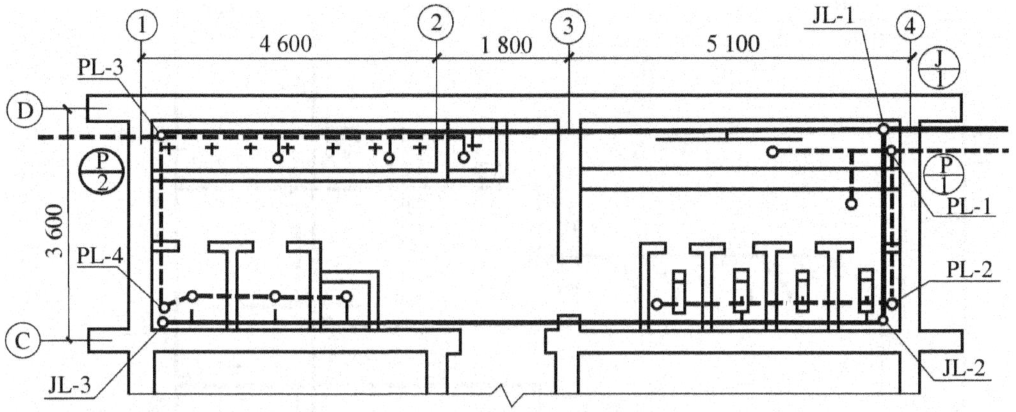

(a) 底层平面图1:50

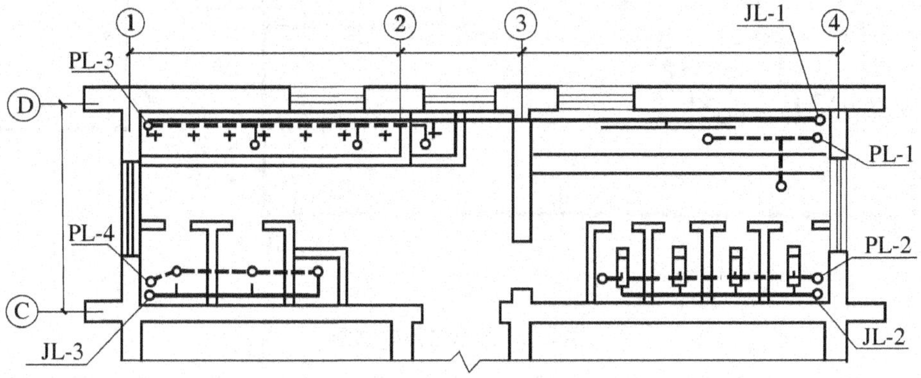

(b) 二～四层平面图

图 8.2　某工程集体宿舍楼室内给排水管道平面布置图

3. 系统轴测图

系统轴测图可分为给水系统轴测图和排水系统轴测图，它是用轴测投影的方法，根据各层平面图中卫生设备、管道及竖向标高绘制而成的，分别表示给排水管道系统的上、下层之间，前后、左右之间的空间关系。

在系统中除注有各管径尺寸及立管编号外，还注有管道的标高和坡度。

(1) 识读给水系统轴测图时，从引入管开始，沿水流方向经过干管、立管、支管到用水设备，如图 8.3 所示。

(2) 识读排水系统轴测图时，可从上而下自排水设备开始，沿污水流向经横支管、立管、干管到总排出管，如图 8.3 所示。

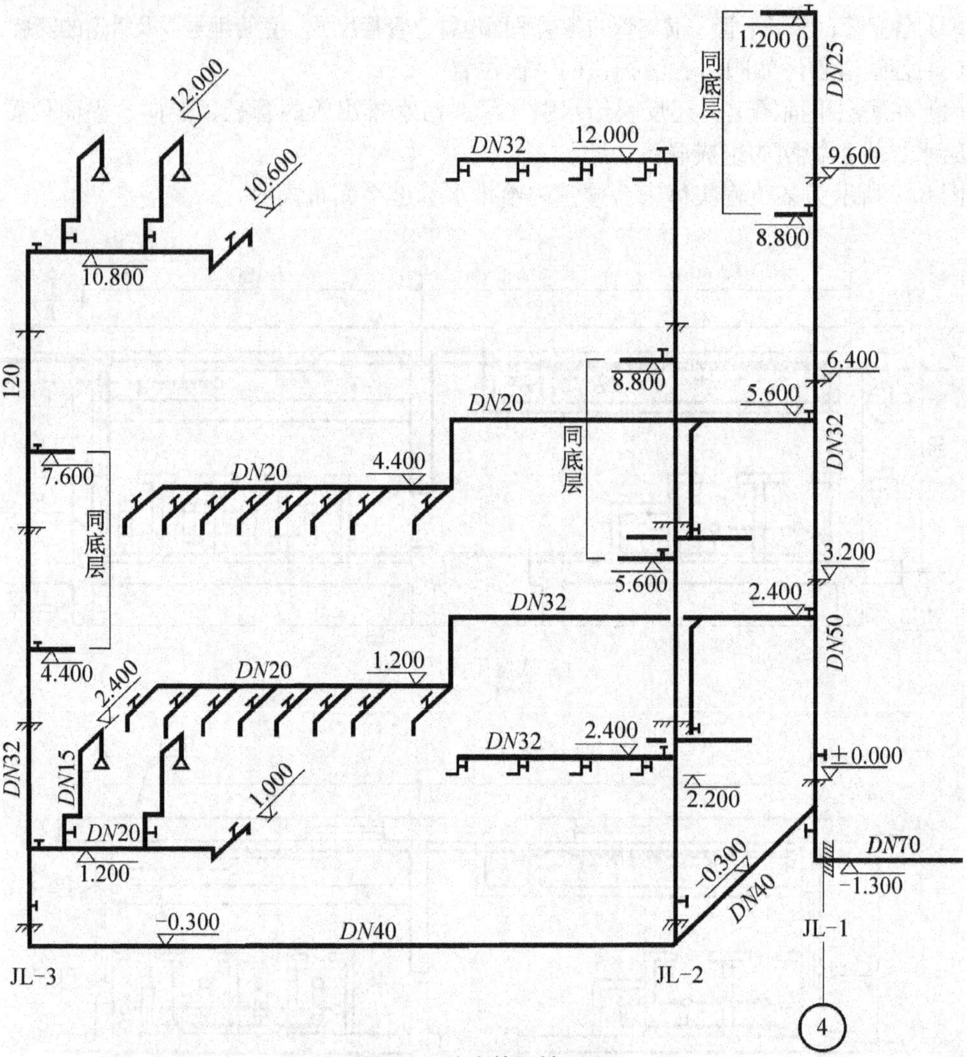

图 8.3　给水管网轴测图

(3) 在给水排水管网平面图中，表明了各管道穿过楼板、墙的平面位置，而在给水排水管网轴测图中，还表明了各管道穿过楼板、墙的标高。

(4) 系统轴测图绘制的要求如下。

① 系统轴测图，一般按斜等轴测投影原理绘制，与坐标轴平行的管道在轴测图中反映实长。

② 当空间交叉的管道在系统轴测图中相交时，要判别前后、上下的关系，然后按给水排水施工图中常用图例交叉管的画法画出，即在下方、后面的要断开。

③ 系统轴测图中给水管道仍用粗实线表示，排水管道用粗虚线表示。

④ 排水管应标出坡度，如在排水管图线上标注为$\xrightarrow{2\%}$，箭头表示坡降方向。

⑤ 给水系统与排水系统轴测图的画图步骤基本相同，相同层高的管道尽可能布置在同一张图纸的同一水平线上。

4. 详图

详图又称大样图，它表明某些给排水设备或管道节点的详细构造与安装要求。图 8.4 是水池管道的详图，它表明了水池安装与给排水管道的相互关系及安装控制尺寸。有些详图可直接查阅有关标准图集或室内给水排水设计手册，如水表安装详图、卫生设备安装详图等。

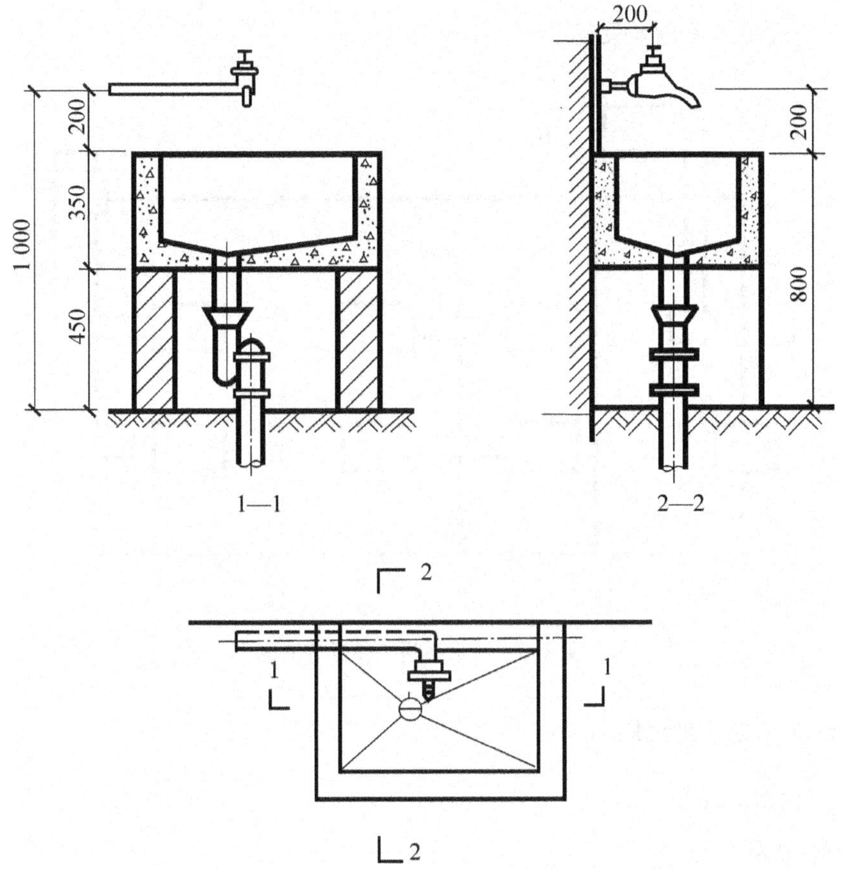

图 8.4 水池管道的详图

特别提示

画图时的注意事项

(1) 采用的比例可与建筑平面图相同，也可根据需要将比例放大绘成，其中定位轴线编号、尺寸一定要与建筑平面图相同。

(2) 各层的卫生设备用为宽度 $b/2$ 的中实线直接抄绘到平面图上，不标注尺寸，如果有特殊要求则注上安装时的定位尺寸。

(3) 平面布置图中的管道，无论管径大小一律用宽度为 b 的粗实线表示。

(4) 系统轴测图。

8.2 室内采暖施工图

建筑设备中经常采用的是集中供热方式。集中供热，就是由锅炉将水加热成热水(或蒸汽)，然后由室外供热管送至各个建筑物，由各干管、立管、支管送至各散热器，经散热降温后由支管、立管、干管、室外管道送回锅炉重新加热，继续循环供热。

图 8.5 为机械循环热水采暖系统工作原理简图。

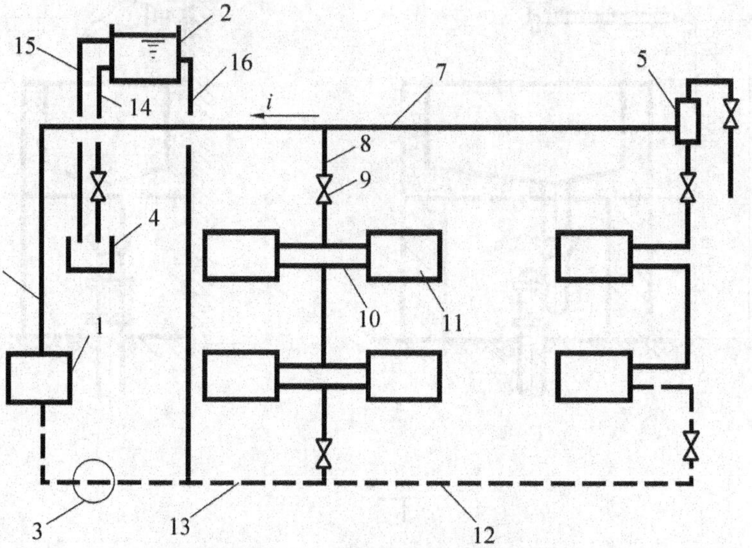

图 8.5 热水采暖工作原理简图

8.2.1 暖通施工图的常用图例

1. 水、汽管道代号

水、汽管道代号见表 8-6。

表 8-6 水、汽管道代号

序号	代号	管道名称	备注
1	R	(供暖、生活、工艺用)热水管	(1) 用粗实线、粗虚线区分供水、回水时，可省略代号 (2) 可附加阿拉伯数字 1、2 区分供水、回水 (3) 可附加阿拉伯数字 1、2、3…表示一个代号、不同参数的多种管道
2	Z	蒸汽管	需要区分饱和、过热、自用蒸汽时，可在代号前分别附加 B、G、Z
3	N	凝结水管	

续表

序号	代号	管道名称	备　注
4	P	膨胀水管、排污管、排气管、旁通管	需要区分时，可在代号后附加一位小写拼音字母，即 Pz、Pw、Pq、Pt
5	G	补给水管	
6	X	泄水管	
7	Y	溢排管	
8	L	空调冷水管	
9	LR	空调冷/热水管	
10	LQ	空调冷却水管	
11	n	空调冷凝水管	
12	RH	软化水管	
13	CY	除氧水管	
14	YS	盐液管	
15	FQ	氟汽管	
16	FY	氟液管	

2. 水、汽管道阀门和附件

水、汽管道阀门和附件见表 8-7。

表 8-7　水、汽管道阀门和附件

序　号	名　称	图　例	附　注
1	阀门(通用)截止阀	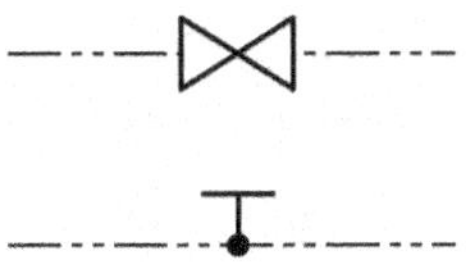	1. 没有说明时，表示螺纹连接 法兰连接时  焊接时  2. 轴测图画法 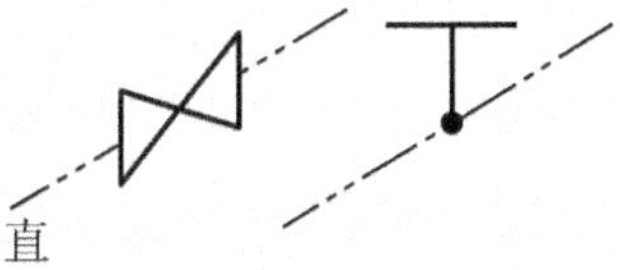 阀杆为垂直 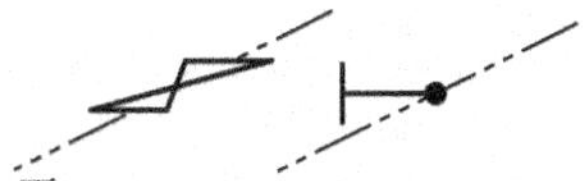 阀杆为水平

续表

序　号	名　　称	图　　例	附　　注
2	闸阀		
3	手动调节阀		
4	球阀、转心阀		
5	蝶阀	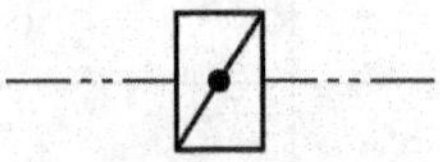	
6	角阀	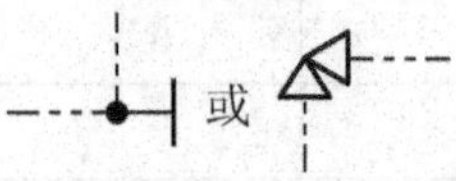	
7	平衡阀		
8	三通阀	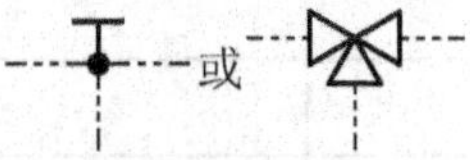	
9	四通阀	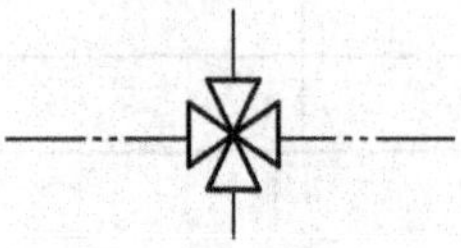	
10	节流阀		
11	膨胀阀	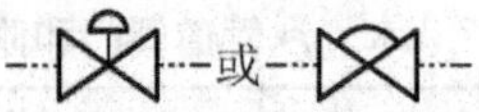	也称“隔膜阀”
12	旋塞		
13	快放阀		也称快速排污阀
14	止回阀	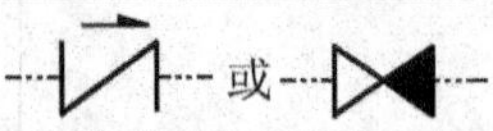	左图为通用，右图为升降式止回阀，流向同左。其余同阀门类推
15	减压阀	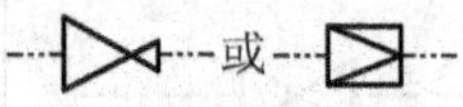	左图小三角为高压端，右图右侧为高压端。其余同阀门类推
16	安全阀		左图为通用，中为弹簧安全阀，右为重锤安全阀

3. 风道

1）风道代号

风道代号见表 8－8。

表8-8 风道代号

代号	风道名称	代号	风道名称
K	空调风管	H	回风管（一、二次回风可附加1、2区别）
S	送风管	P	排风管
X	新风管	PY	排烟管或排风、排烟共用管道

2）风道、阀门及附件图例

风道、阀门及附件图例见表8-9。

表8-9 风道、阀门及附件图例

序号	名称	图例	附注
1	砌筑风、烟道	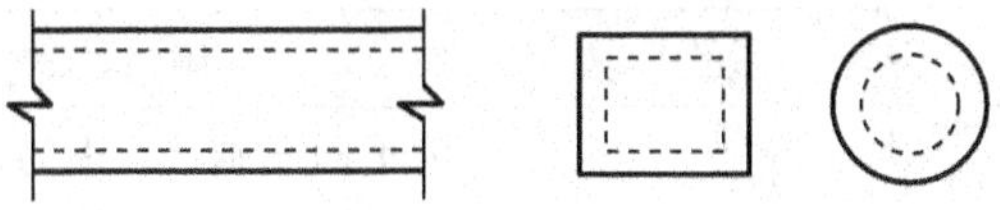	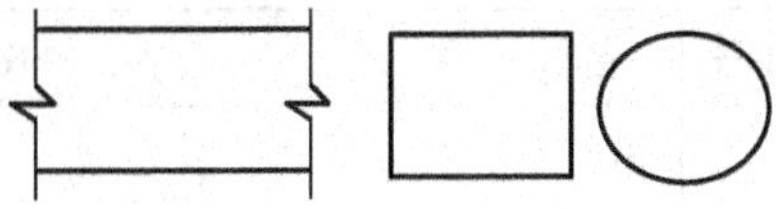
2	带导流片弯头	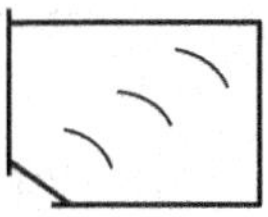	
3	消声器消声弯管	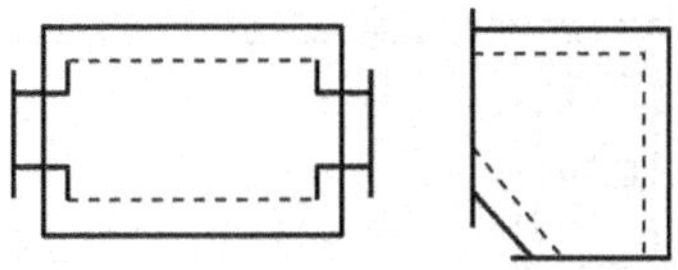	也表示为：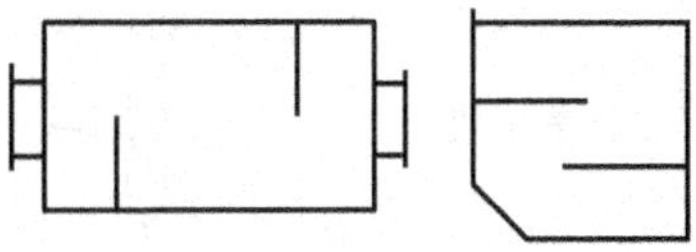
4	插板阀	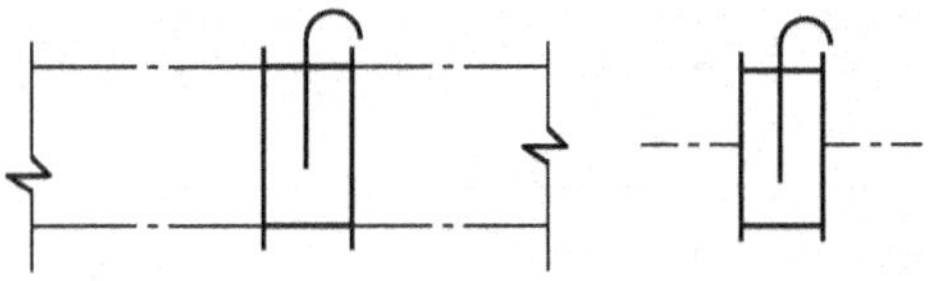	
5	天圆地方	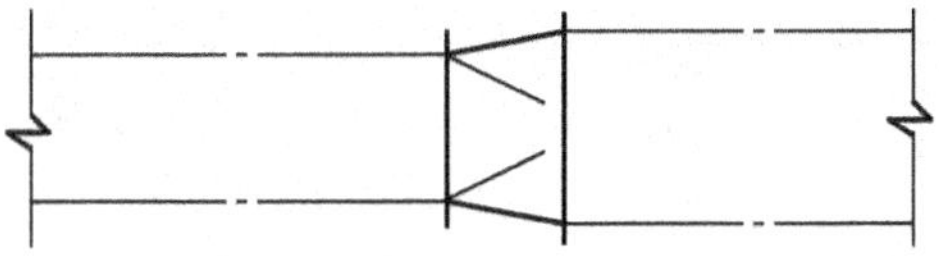	左接矩形风管、右接圆形风管
6	蝶阀	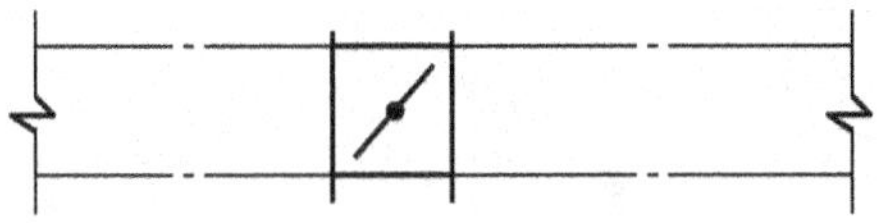	
7	对开多叶调节阀	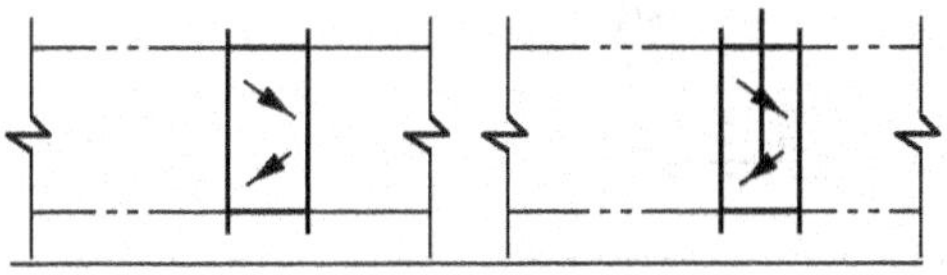	左为手动，右为电动

续表

序号	名称	图例	附注
8	风管止回阀	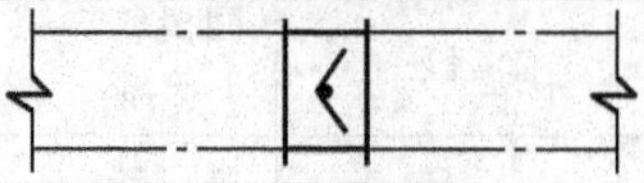	
9	三通调节阀	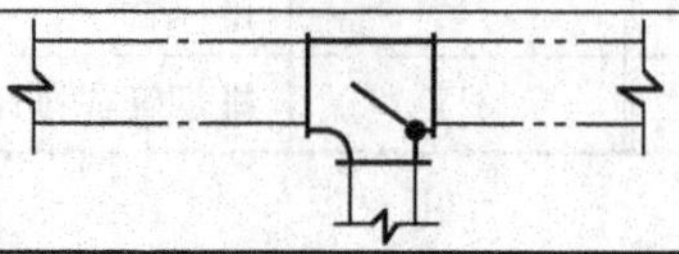	

4. 暖通空调设备图例

暖通空调设备图例见表 8－10。

表 8－10　暖通空调设备图例

序号	名　称	图　例	附　注
1	散热器及手动放气阀	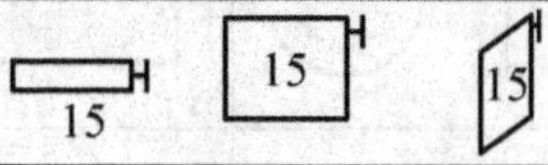	左为平面图画法，中为剖面图画法，右为系统图、Y 轴测图画法
2	散热器及控制阀	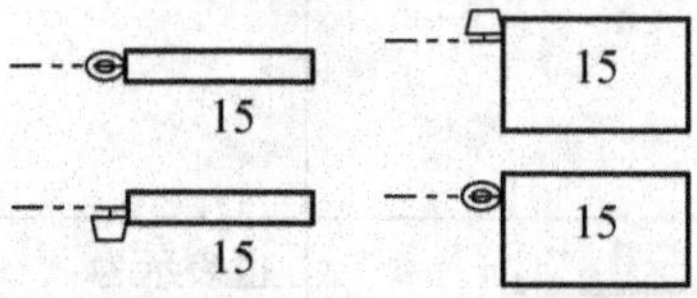	左为平面图画法，右为剖面图画法
3	轴流风机	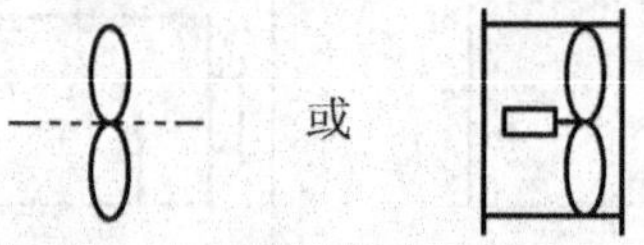	
4	离心风机	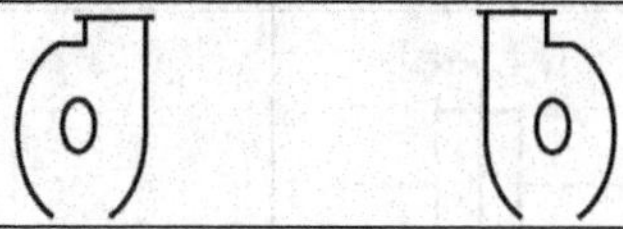	左为左式风机，右为右式风机
5	水泵	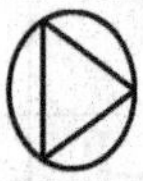	左侧为进水，右侧为出水
6	穿气加热、冷却器		左、中分别为单加热、单冷却，右为双功能换热装置
7	板式换热器	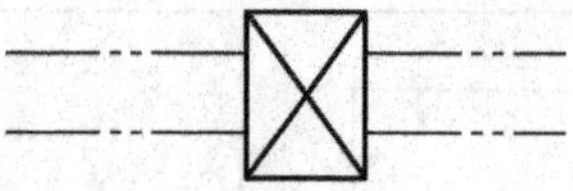	
8	空气过滤器	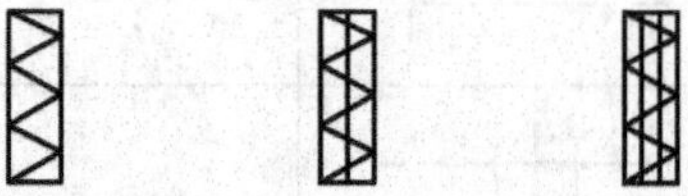	左为粗效，中为中效，右为高效
9	电加热器		
10	加湿器		

续表

序号	名　　称	图　　例	附　　注
11	挡水板		
12	窗式空调器		
13	分体空调器	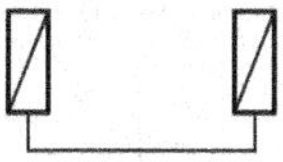	

8.2.2　采暖施工图的组成

采暖施工图一般分为室外和室内两部分。室外部分表示一个区域的采暖管网，包括总平面图、管道横纵剖面图、详图及设计施工说明。室内部分表示一幢建筑物的采暖工程，包括采暖系统平面图、轴测图、详图及设计、施工说明。

采暖施工图常用图例见表 8-6～表 8-10。

8.2.3　室内采暖施工图的内容

1. 采暖平面图

1) 首层平面图(图 8.6)

(1) 供热总管和回水总管的进出口，并注明管径、标高及回水干管的位置，管径坡度、固定支架位置等。

(2) 立管的位置及编号。

(3) 散热器的位置及每组散热器的片数，散热器的安装与立、支管的连接方式。

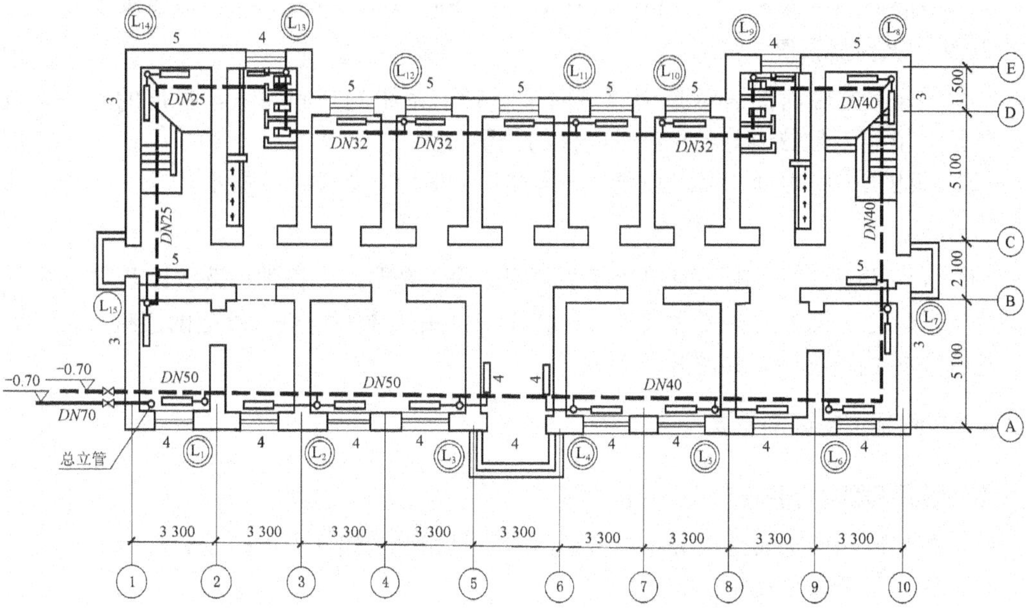

图 8.6　底层平面采暖图

2) 楼层平面图(即中间层平面图)(图 8.7)。

(1) 立管的位置及编号。

(2) 散热器的位置及每组散热器的片数，散热器的安装与立、支管的连接方式。

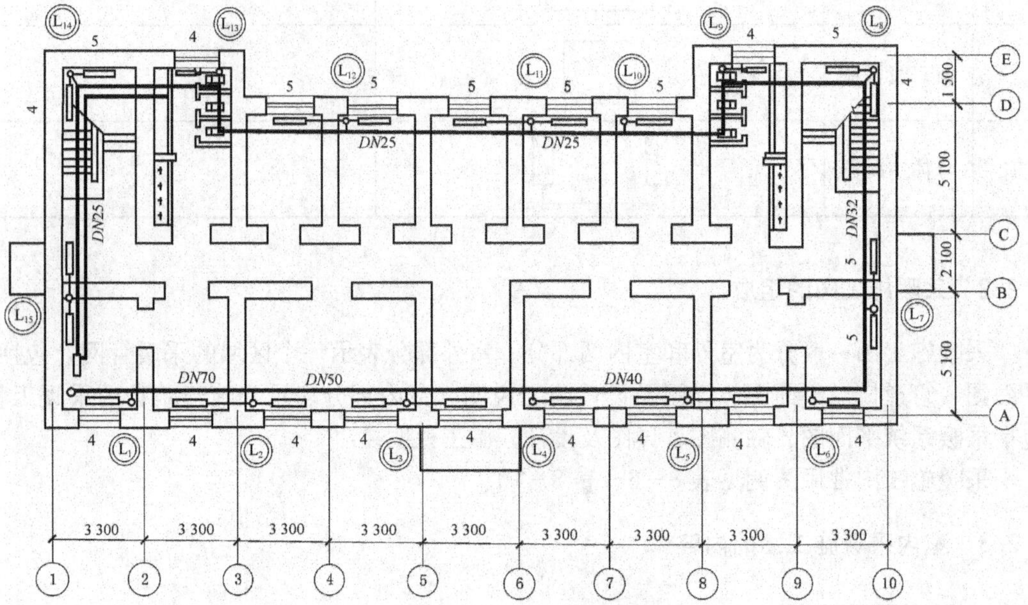

图 8.7 二层平面采暖图

3) 顶层平面图

(1) 供热干管的位置、管径、坡度、固定支架位置等。

(2) 管道最高处集气罐、放风装置、膨胀水箱的位置、标高、型号等。

(3) 立管的位置及编号。

(4) 散热器的位置及每组散热器的片数，散热器的安装与立、支管的连接方式。

2. 采暖系统轴测图

(1) 采暖系统轴测图表示整个建筑内采暖管道系统的空间关系，管道的走向及其标高、坡度，立管及散热器等各种设备配件的位置等。

(2) 轴测图中的比例、标注必须与平面图一一对应，如图 8.8 所示。

3. 详图

(1) 详图主要表明采暖平面图和系统轴测图中复杂节点的详细构造及设备安装方法。

(2) 采暖施工图中的详图有散热器安装详图，集气罐的构造、管道的连接详图，补偿器、疏水器的构造详图，如图 8.9 所示。

8.2.4 采暖施工图画图步骤

1. 采暖平面图的画法

(1) 按比例用中实线抄绘房屋建筑平面图，只需绘出建筑平面的主要内容。

(2) 绘出各组散热器的位置。

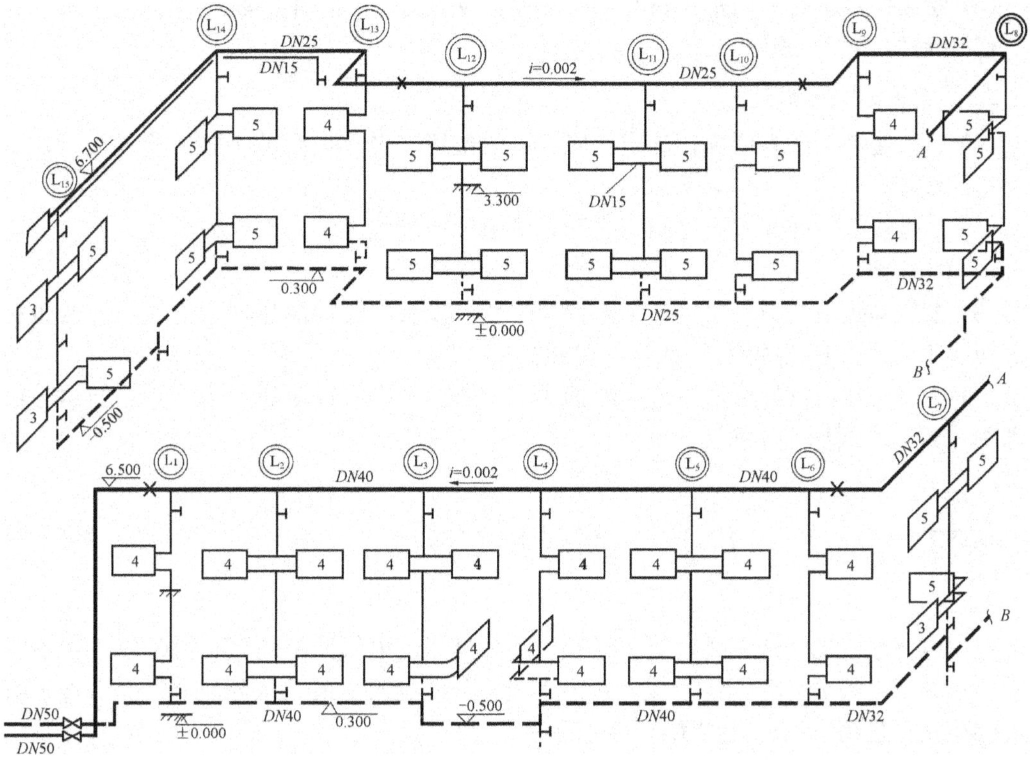

图 8.8 采暖系统轴测图

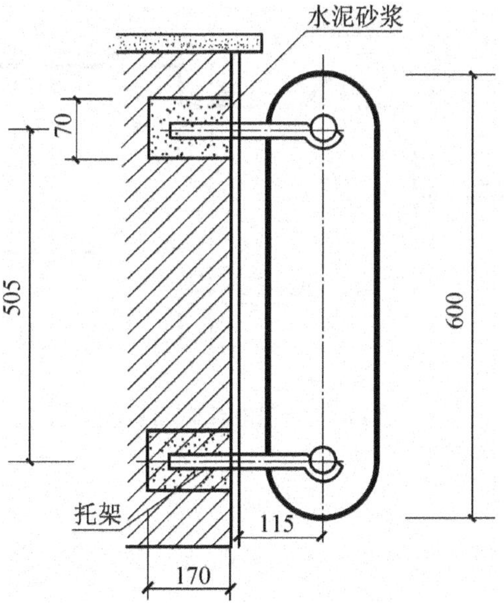

图 8.9 散热器安装详图

(3) 绘出总立管及各个立管的位置。

(4) 绘出立管与支管、散热器的连接。

(5) 绘出供水干管、回水干管与立管的连接及管道上的附件设备。

(6) 标注尺寸。

2. 系统轴测图的画法

(1) 以采暖平面图为依据，确定各层标高的位置，带有坡度的干管，绘成与 x 轴或 y 轴平行的线段。

(2) 从供热入口处开始，先画总立管，后画顶层供热干管，干管的位置、走向一定与采暖平面图一致。

(3) 根据采暖平面图，绘出各个立管的位置，以及各层的散热器、支管，绘出回水立管、回水干管以及管路中设备(如集气罐)的位置。

(4) 标注尺寸，对各层楼、地面的标高，管道的直径、坡度、标高，立管的编号，散热器的片数等均须标注，如图 8.9 所示。

8.3 电气施工图

室内电气系统的组成和配电方式是：由室外低压配电线路引到(引入线)建筑物内总配电箱，从总配电箱分出若干组干线，每组干线接分配电箱，最后从分配电箱引出若干组支线(回路)接至各用电设备，如图 8.10 所示。

室内线路的敷设方式有明敷和暗敷两种。

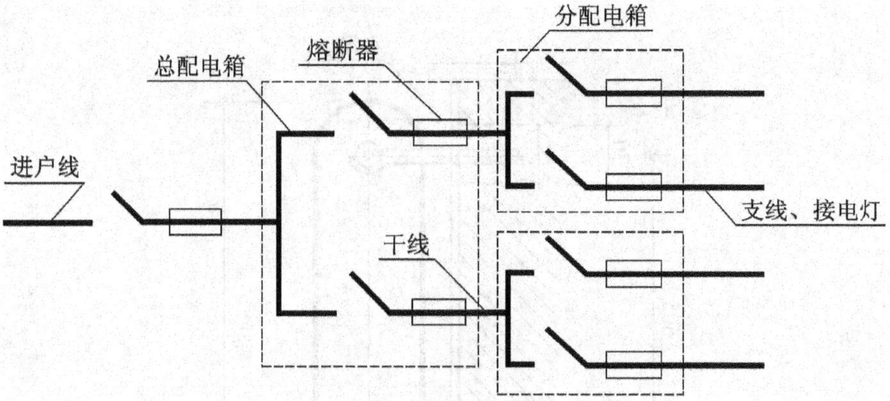

图 8.10 用电系统示意图

8.3.1 电气施工图的内容

(1) 电气施工图一般由施工说明、电气平面图、电气系统图、设备布置图、电气原理接线图、详图组成。

(2) 施工说明主要说明电源的来路、线路的敷设方法、电气设备的规格及安装要求等。

(3) 电气平面图是电气安装的重要依据，它是将同一层内不同高度的电气设备及线路都投影到同一平面上来表示的。图 8.11、图 8.12 是某办公楼电气照明平面图实例。

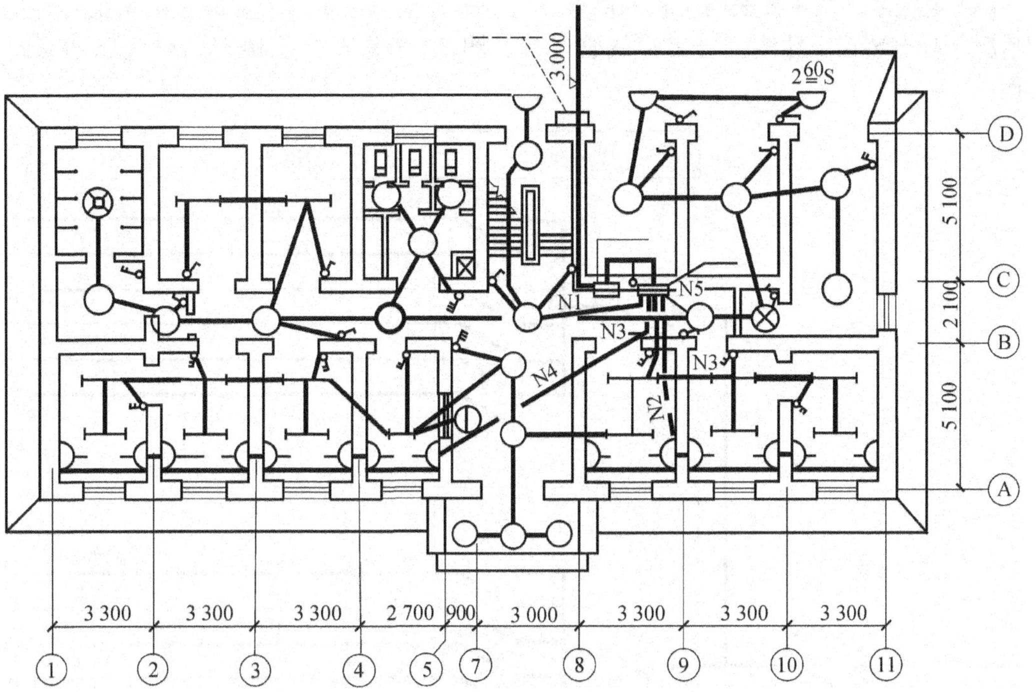

图 8.11 一层照明平面图(1：100)

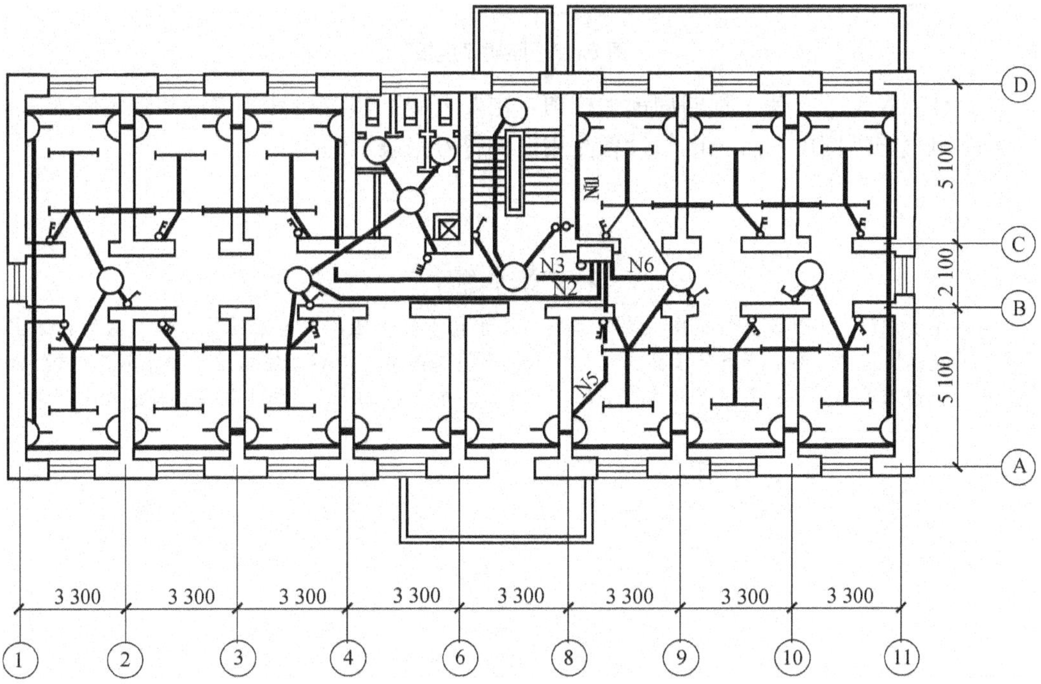

图 8.12 二层照明平面图

(4) 电气系统图主要表明工程的供电方案，标有整个建筑物内部的配电系统和容量分配情况、配电装置、导线型号、穿线管径等。图 8.13 是某办公楼室内电气照明系统图实例。

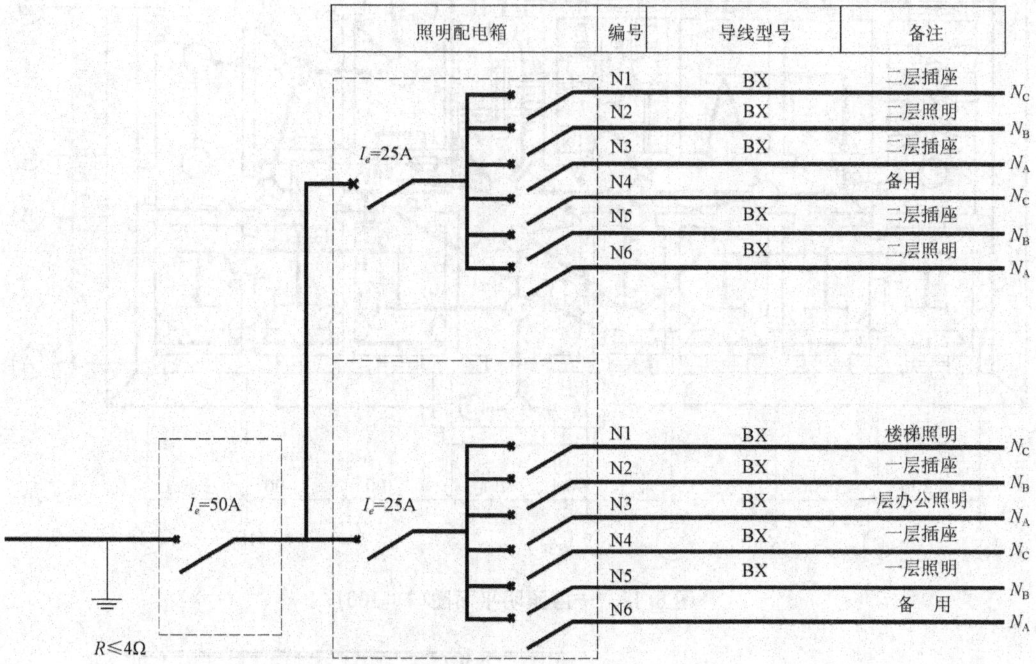

图 8.13 照明系统图

(5) 详图是电气安装工程的局部大样图，主要表明某部位的具体构造和安装要求。

(6) 电气施工图中，各种电气设备是用图例符号来表示的。

本章小结

本章主要讲解了建筑设备施工图，要掌握室内给水排水施工图，室内采暖施工图、电气施工图，对于这些施工图，只需要掌握其识读和画法。给水排水施工图主要讲解了室内给水排水施工图的识读和绘制，室内采暖施工图主要讲解了室内施工图的识读，电气施工图主要讲解了电气施工图的识读

习　　题

一、识读给水排水施工图

		工程名称	别墅	
		业主名称		
设计号		图别	水施	共1页 第1页

图纸目录

序号	图纸名称	图幅规格	图号	备注
1	给水排水设计总说明	A2	S-01	
2	给水排水图例	A2	S-02	
3	首层给水排水及消防平面图	A3	S-03	
4	二层给水排水及消防平面图	A3	S-04	
5	三层给水排水及消防平面图	A3	S-05	
6	屋面给水排水平面图	A3	S-06	
7	生活给水管道系统图	A3	S-07	
8	生活热水管道系统图	A3	S-08	
9	生活污水管道系统图	A3	S-09	
10	雨水管道系统图／空调冷凝水管道系统图	A3	S-10	

给水排水设计总说明

1. 设计概况

1.1　工程概况

本工程位于大连市。

工程性质为低层住宅，耐火等级为二级。

总建筑面积490.43m^2。

地下0层，地上3层，建筑高度12.88m。

1.2　设计范围

包括红线以内的：生活给水系统、热水系统、排水系统、雨水排除系统、空调冷凝水系统、建筑灭火器配置。

2. 设计依据

2.1　建设单位提供的本工程有关资料和要求

2.2　建筑装修等工种提供的作业图和有关资料

2.3　建筑给水排水设计规范 GB 50015—2003（2009年版）

2.4　建筑给水钢塑复合管管道工程技术规程 CECS 125：2001

2.5　建筑给水聚丙烯管道工程技术规范 GB/T 50349—2005

2.6　埋地硬氯乙烯排水管道工程技术规程 CECS 122：2001

2.7　建筑排水塑料管道工程技术规程 CJJ/T 29—2010

2.8　建筑小区塑料排水检查井应用技术规程 CECS 227：2007

2.9　住宅建筑规范 GB 50368—2005

2.10　住宅设计规范 GB 50096—2011

2.11　建筑灭火器配置设计规范 GB 50140—2005

3. 生活给水系统

3.1　水渠

由市政给水管网供水，管径为*DN*150，水压为0.30MPa。

3.2　生活用水量

用水定额300L/人，设计秒流量为0.66L/s。

3.3　系统设计

由市政给水管网直接供水，水表设置于水表井内，根据实际抄表方便设置，系统设计所需压力为0.24MPa

4. 生活热水系统

设置1台290L太阳能热水器（带电辅助加热）于屋面图示位置，分别供卫生间及厨房使用热水。

5. 生活排水系统

本工程污、废水采用合流制排水系统。

生活污水先排入化粪池，然后进入小区污水管道，最后进入小区污水处理站或城镇污水处理站进行处理。

立管顶端设置伸顶通气管，伸出屋面。

6. 雨水排除系统

6.1　雨水、污水分流排放，雨水由一层直接排入小区雨水管道。

6.2　屋面雨水排水系统设计重现期采用3年。

6.3　屋面天沟及较大的露台雨水设雨斗排放，采用87型雨水斗或侧入式雨水斗；较小的露台雨水采用直立或侧墙式地漏排放。

6.4　空调冷凝水间接排放，采用PVC管，立管明装在建筑主体墙外；未注明的立管在室外地面100mm处排至室外地面，并应在每层顶留冷凝水接口（详见大样）；未注明冷凝水排水管管径均$dn25$。

7. 设备与管道安装

7.1　各类设备、管材、管件、阀门等到货后，应检查并确认符合制造厂的技术规定和本设计的技术要求方可进行安装。

7.2　管材及接口

7.2.1　室外埋地给水管道管材与接口详总图。

7.2.2　室内给水管道，分户水表前采用冷水型涂塑镀锌焊接钢管，可锻铸铁管件，$DN<100$mm时螺纹连接，$DN\geqslant100$mm时沟槽式连接或法兰连接；分户水表后采用S5系列PP—R给水塑料管，热熔连接。

7.2.3　室内热水及回水管道采用S3.2系列PP—R给水塑料管，热熔连接。

7.2.4　室外埋地排水管道采用PVC—U埋地排水塑料管，承插粘接接口。

7.2.5　室内排水管道(含接至室外检查井的排出管)采用PVC—U排水塑料管，承插粘接接口。明装在建筑物外墙上的雨水管道采用方形管道，其余所有的排水管道采用圆形管道。

7.2.6　检查井采用塑料排水检查井，井筒采用硬聚氯乙烯管材，绿地上的井盖采用硬聚氯乙烯材质的井盖，车行道上的井盖采用有防护盖座的井盖。

7.3　阀门

原则上当$DN\leqslant50$mm时用铜截止阀，当$DN>50$mm时用闸阀或蝶阀，但在环状管网上的阀门及各种排空泄水阀一律用闸阀或蝶阀。

7.4　排水管附件

7.4.1　所有卫生器具自带或配套的存水弯，其水封深度不得小于5mm，水封不得重复设置。

7.4.2　地漏顶面标高应低于所在地面5～10mm，地面应坡向地漏，禁止采用钟罩（扣碗）式地漏。

7.4.3　排水立管检查口，除标明者外，在乙字弯管上都应设检查口。

7.4.4　在水流转角<135°的污水横管上，应设检查口或清扫口。

7.4.5　雨水立管上应设检查口，从检查口中心至地面的距离，宜为1.0m。

7.5　管道敷设

7.5.1　室内生活给水管道，其横管安装时宜有0.002～0.005的坡度坡向泄水装置。

7.5.2　热水横管安装时坡度不应<0.003，以便放气和泄水。7.5.3　室内给水管道、热水管道根据具体情况分别在管井、吊顶、墙体、楼板找平层、楼板板槽内暗设。

7.5.4　排水管道的横管与横管、横管与立管的连接，应采用45°三通或45°四通、90°斜三通、90°斜四通，也可采用直角顺水三通或直角顺水四通等配件。

7.5.5　排水立管与排出管端部的连接，应采用两个45°弯头或弯曲半径不小于4倍管径的90°弯头。

7.5.6　排水管坡度，除围中注明者外，均按下列坡度敷设：

*dn*50　i=0.035　*dn*75　i=0.025　*dn*110　i=0.020　*dn*125　i=0.015　*dn*160　i=0.010　*dn*200　i=0.008

7.5.7　除注明者外，连接大便器的排水横管为*dn*110，卫生间地漏的排水横管为*dn*75，浴盆的排水横管为*dn*50，洗脸盆详见大样

7.5.8　包在管井、吊顶、墙体内的立管检查口和阀门处，均应设检修门。

7.5.9　塑料排水立管每层设置一个伸缩节。

7.5.10　室外给排水管埋地敷设时，基础应根据基底的土质而定，管道如敷设在未经扰动的原土上，不做基础，直接敷设即可。当超挖时，可用中砂回填至管底设计标高，如遇回填土，应将回填土分层夯实后，再进行敷设。

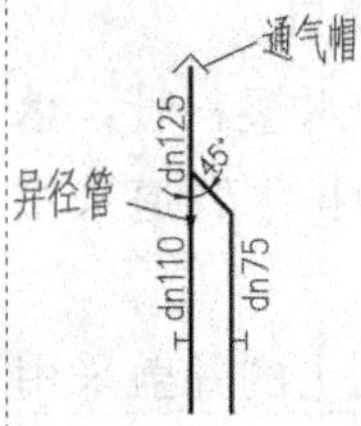

7.5.11　伸顶通气管汇合连接时，连接处作法参见左图。

7.6　管道支、吊、托架要求：管道支、吊、托架的设置和固定，应参照国标图集《室内管道支架及吊架》03S402进行。

7.7　管道预埋、留洞要求：

7.7.1　所有管道穿墙、穿楼板处的预留洞或预埋管必须的砼浇筑前进行仔细检查、核对，防止遗漏出错。

7.7.2　给水管道凡需横过柱子的地方，不应打凿混凝土柱，在客厅、餐厅、卧房等空间可沿柱边楼板暗设，在卫生间内则下拐沉箱暗设（参见下面）。

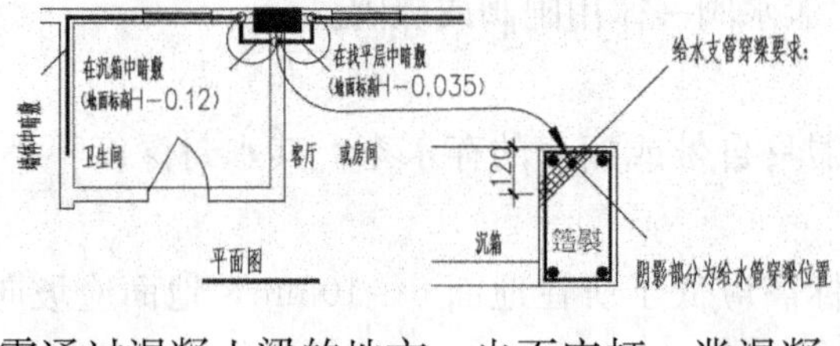

7.7.3　给水管道需通过混凝土梁的地方，也不应打、凿混凝土梁，应在梁内适当位置预埋套管或视情况采取其它不破坏梁结构的办法（参见上图）。

7.8 套管

7.8.1 管道穿越地下室外墙、层面、钢筋混凝土水池（箱）底板和池壁等需防水的地方时，应预埋钢性防水套管。

7.8.2 管道穿越不需防水的混凝土板、剪力墙、混凝土梁等地方时，应预埋钢制套管。

7.9 管道保温

管道井、吊顶、屋面的冷、热水及回水管采用橡塑保温材料，厚20mm。

7.10 管道防腐

埋地钢管（包括热镀锌钢管、钢塑复合管）先在外壁涂冷底子油一道，再涂石油沥青两道，外包玻璃布做保护层。

7.11 管道试压

7.11.1 本工程生活给水管道系统试验压力及试压方法按现行的《建筑给水聚丙烯管道工程技术规范》、《建筑给水排水及采暖工程施工质量验收规范》的规定执行。

7.11.2 排水管道系统的灌水试验应符合《建筑给水排水及采暖工程施工质量验收规范》GB 50242—2002的规定。

8. 图注尺寸

8.1 尺寸单位：管道长度和标高以米计，其余均以毫米计。

8.2 本工程室内首层地面±0.000相当于黄海高程系米。（见总图）

8.3 管道标高的表示法，所注管道标高均以室内首层地面±0.000作基准推算的相对标高，给水管道的标高是指管中心线标高。例如H2＋1.200表示该管安装在二层楼面以上1.200米处；排水管道的标高是指管道内底面（取各种管渠流槽面景低点）的标高，例如－1.300表示该处管内底面标高比±0.000低1.300米。

9. 建筑灭火器配置

本工程建筑灭火器配置场所火灾种类：A类火灾；火灾危险等级：中危险级。

10. 除设计图中已有安装大样外，一般设备安装均参照本工程图纸目录中指定的国家建筑标准设计图集或按设备厂家提供的安装说明进行安装。

11. 本工程按《建筑给水排水及采暖工程施工质量验收规范》GB 50242—2002进行施工和验收。

12. 主要器材表(所有卫生器具和配件均选用节水型产品，不得选用一次冲水量大于6L的坐便器)

给水排水图例

序号	名称	图例	备注
1 管道图例			
1.0	给排水管道通用	————	用于一张图中只有一种管道
1.1	生活给水管	——J——	
1.2	消火栓给水管	——X——	
1.3	自动喷淋给水管	——ZP——	
1.4	热水给水管	——R——	
1.5	热水回水管	——RH——	
1.6	废水管	– – F – –	
1.7	污水管	– – W – –	
1.8	雨水管	– – Y – –	
1.9	排水暗沟(渠)		
1.10	水流方向	→	
1.11	公称直径	*DN*	用于水煤气钢管、铸铁管、钢塑复合管等
1.12	公称外径	*de dn*	用于排水塑料管、铝塑复合管、其他塑料管等
1.13	外径X壁厚	Dx壁厚	用于钢管、不锈钢管、无缝钢管、焊接钢管等
1.14	管道内径	*D*	钢筋砼管或砼管
1.15	坡度	i=0.01	
1.16	管长(米)	L=5.0	
1.17	给水立管	JL–n	–n为立管编号，下同
1.18	消火栓立管	XL–n	
1.19	自动喷淋立管	ZPL–n	
1.20	热水给水立管	RL–n	
1.21	热水回水立管	RHL–n	
1.22	废水立管	FL–n	排生活废水
1.23	污水立管	WL–n	含生活废水污水合流
1.24	雨水立管	YL–n	水施图表示方法
		n	建施图表示方法
2 阀门图例			
2.1	闸阀		
2.2	角阀		
2.3	截止阀	DN>50 DN≤50	
2.4	蝶阀		
2.5	止回阀		
2.6	消声止回阀		
2.7	电磁阀		
2.8	减压阀		左侧为高压端
2.9	泄压阀		
2.10	自闭式冲洗阀		
2.11	自动排气阀		
2.12	浮球阀		左侧为平面图
2.13	底阀		右侧为系统图
2.14	喇叭口		

序号	名称	图例 平面	图例 系统	备注
3 消防设施图例				
3.1	消火栓给水管	——X——		
3.2	自动喷淋给水管	——ZP——		
3.3	室外消火栓			
3.4	室内消火栓(单口)			白色为开启面
3.5	室内消火栓(双口)			
3.6	消防水泵接合器			
3.7	闭式喷头			下喷
3.8	闭式喷头			上喷
3.9	闭式喷头			上下喷
3.10	闭式喷头			侧墙式
3.11	闭式喷头			侧喷式
3.12	开式喷头			
3.13	湿式报警阀			
3.14	信号阀			
3.15	水流指示器			
3.16	水力警铃			
3.17	末端试水装置			
3.18	手提式灭火器			ABC类干粉
3.19	推车式灭火器			BC类干粉
3.20	灭火器表示方法	图例 X–XXXX 灭火器数量		灭火器型号
4 给排水仪表、设备图例				
4.1	水表			
4.2	压力表			
4.3	压力控制器			
4.4	水泵			立式泵
		电机 泵		卧式泵
4.5	管道泵			
4.6	潜水泵			
4.7	开水器			
4.8	热水器			
4.9	家用洗衣机			
5 管道连接图例				
5.1	管堵			
5.2	盲板			
5.3	三通连接			
5.4	四通连接			
5.5	弯折管			表示管道向后或向下弯转90°

序号	名称	图例 平面	图例 系统	备注
5.6	管道丁字上接			
5.7	管道丁字下接			
5.8	管道交叉			在下方和后面的管道应断开
6 管道附件及管件图例				
6.1	套管伸缩器			
6.2	方形伸缩器			
6.3	刚性防水套管			
6.4	柔性防水套管			
6.5	波纹管			
6.6	可曲挠橡胶接头			
6.7	立管检查口			
6.8	减压孔板			
6.9	防回流污染止回阀			管道倒流防止器
6.10	Y形除污器			过滤器
6.11	清扫口			
6.12	透气帽		成品 铅丝球	
6.13	雨水斗	YD– YD–	YD– YD–	垂直、侧排
6.14	圆形地漏			
6.15	侧墙式地漏			
6.16	毛发聚集器			
6.17	存水弯			
6.18	放水龙头			
6.19	皮带龙头			
7 小型给水排水构筑物图例				
7.1	化粪池	HC–1		1#化粪池
7.2	隔油池	ZG–103		
7.3	雨水口			单箅
				双箅
7.4	检查井、阀门井			圆形
				矩形
7.5	水封井			
7.6	跌水井			
7.7	水表井			
7.8	检查井标注	ø700 −1.600 −1.600		ø700为井径 −1.600为井内底标高

序号	名称	图例 平面	图例 给水系统	图例 排水系统	备注
8 卫生器具及配件图例					
8.1	蹲式大便器			蹲 蹲	配中、低位水箱
8.2	坐式大便器			坐	
8.3	小便器			小 小	自闭式冲洗阀
					感应式冲洗阀
8.4	洗脸盆 立式、挂式			脸 脸	冷热水混合龙头
	洗脸盆 台式				
8.5	浴盆		热水器		配独立热水器采用单管供水
					集中热水供应
8.6	污水池(拖布池)			污 污	
8.7	厨房洗涤盆(槽)		旋转水龙头	厨厨 厨厨	
			冷热混合龙头	厨 厨	
8.8	淋浴器			淋 淋	集中热水供应采用冷热水混合龙头
8.9	淋浴房				
8.10	妇女净身盆			妇 妇	
8.11	小便槽排水栓				
8.12	家用洗衣机	给水 排水			
8.13	化验盆			化	
8.14					
8.15					
8.16					
8.17					
8.18					

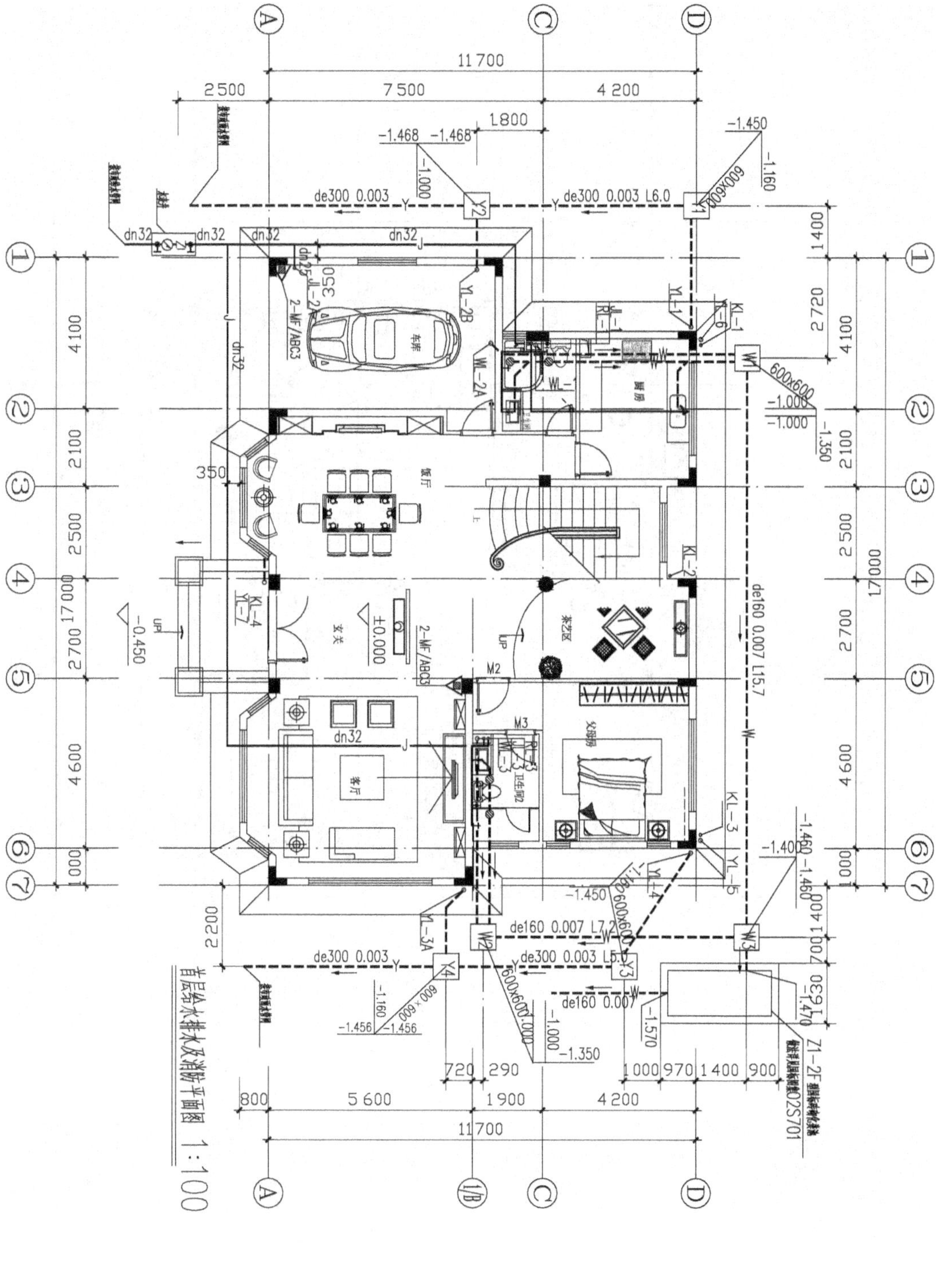

首层给水排水及消防平面图 1:100

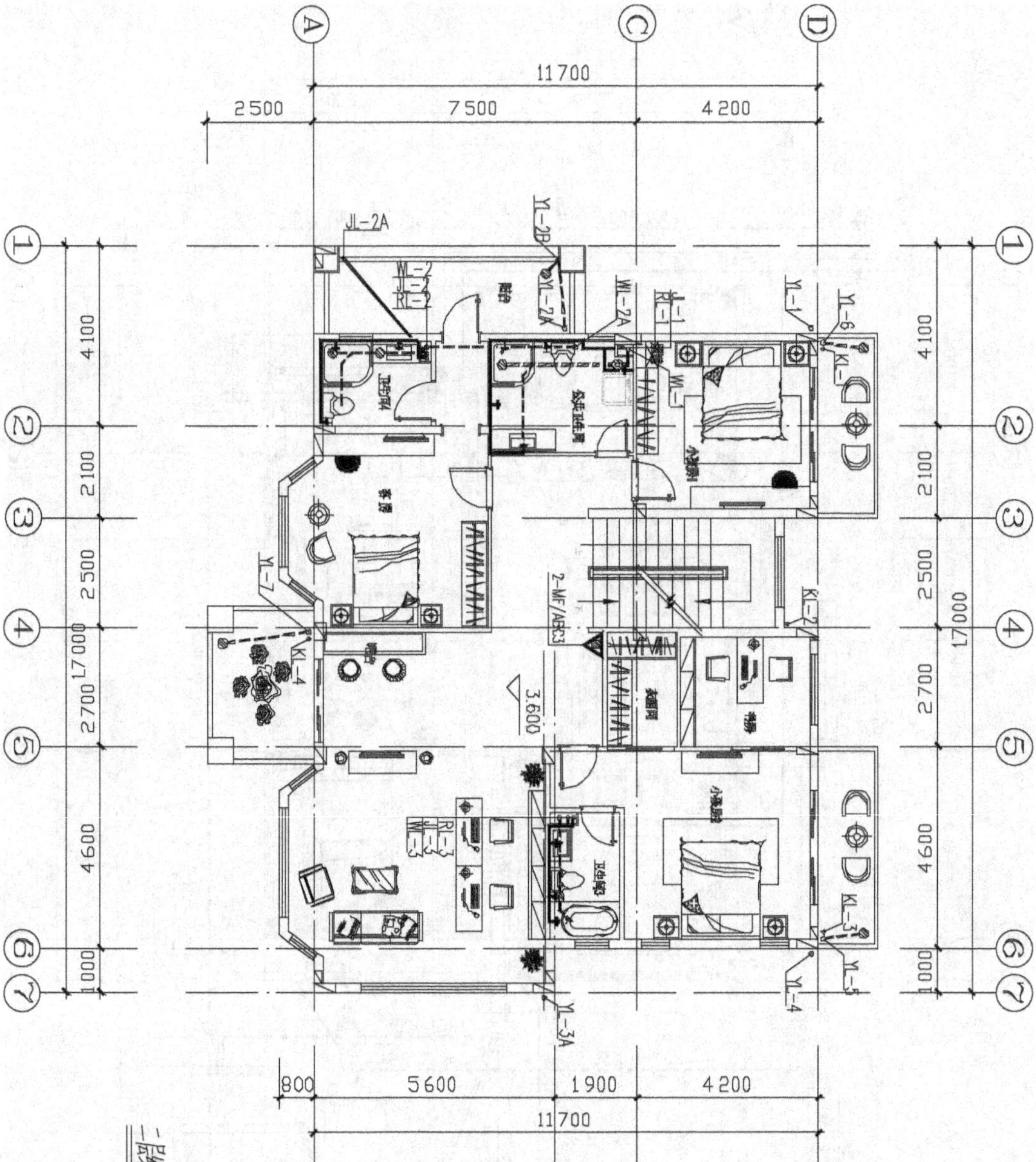

二层给水排水及消防平面图 1:100

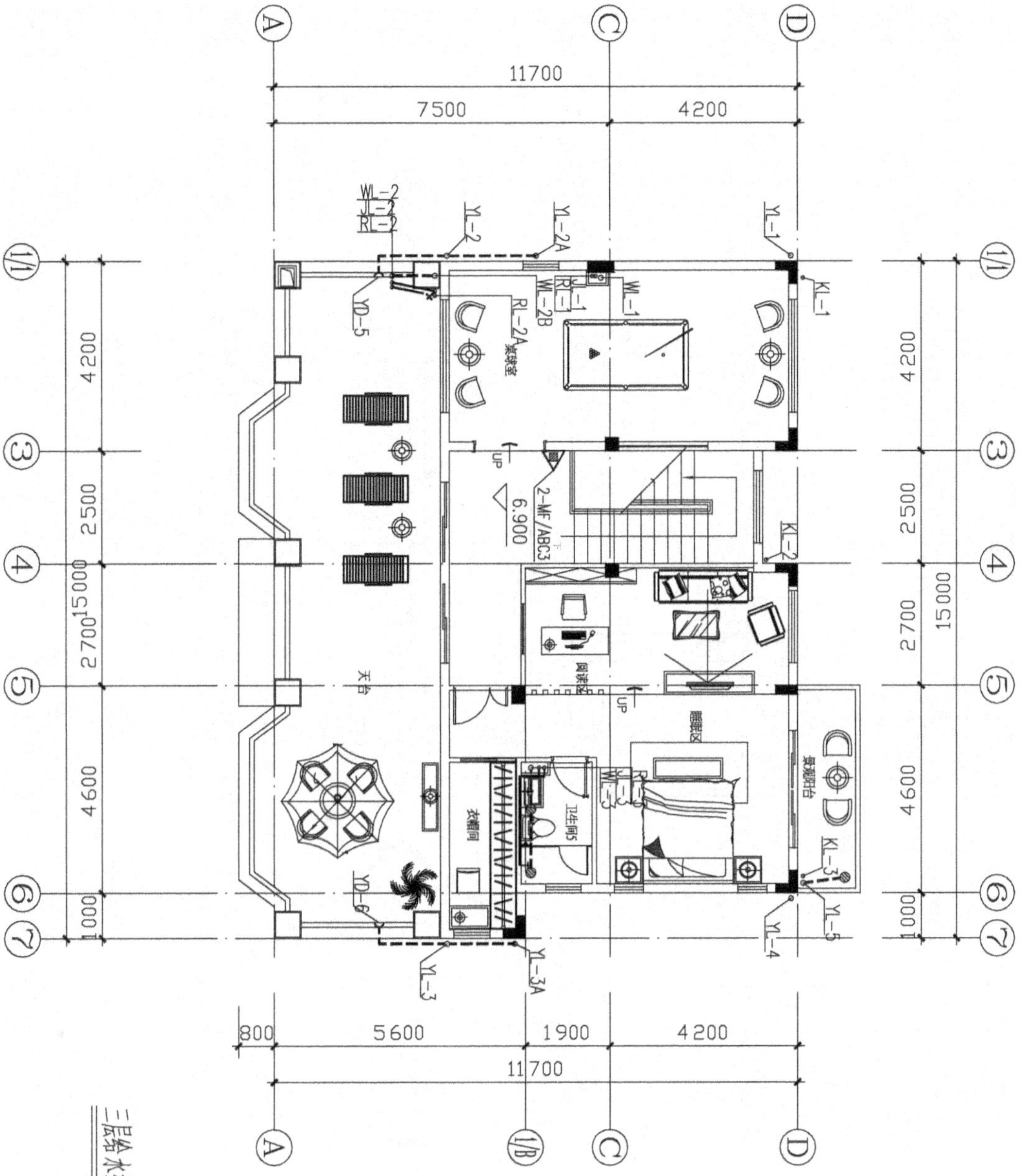

三层给水排水及消防平面图 1:100

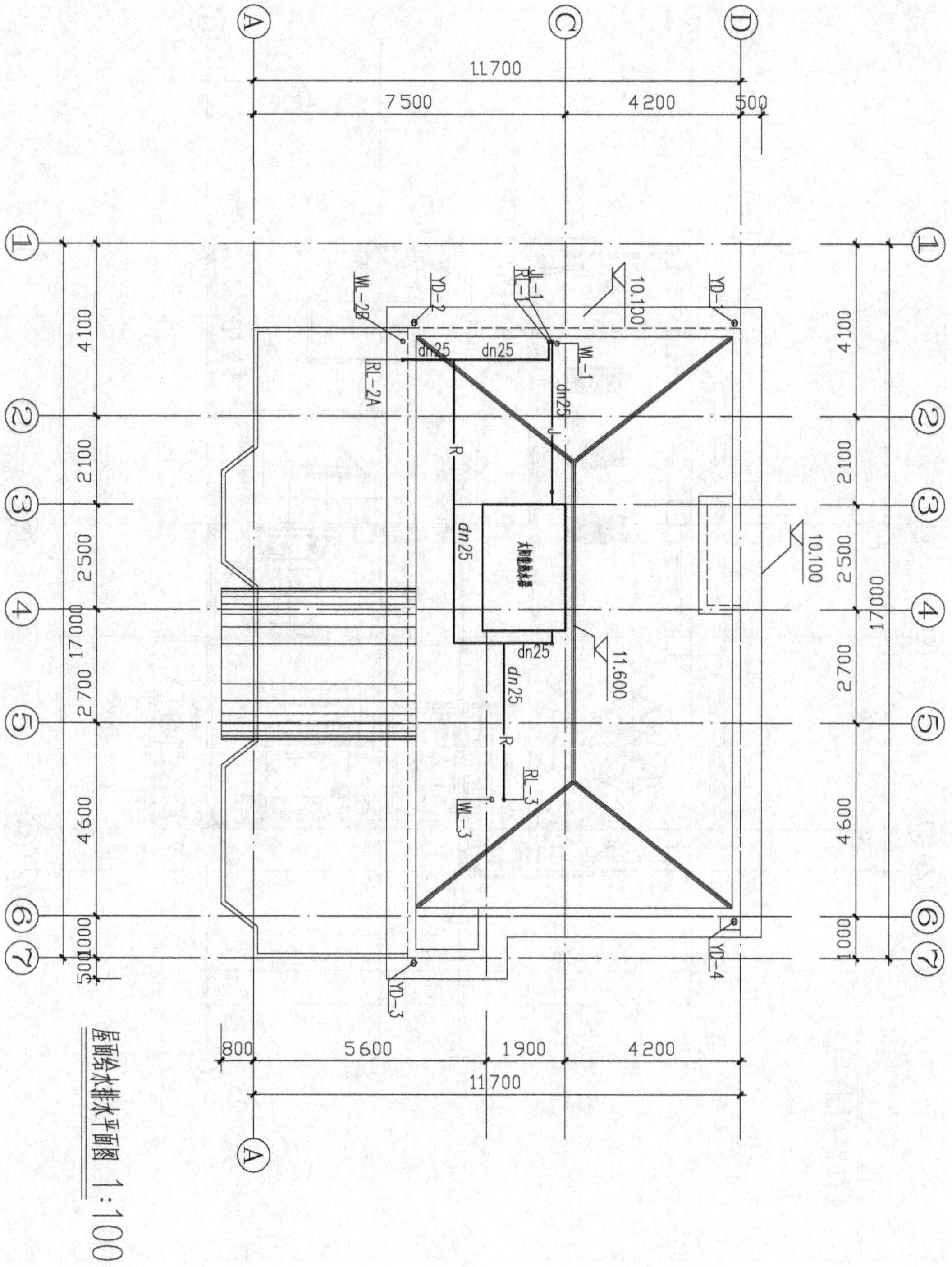

屋面给水排水平面图 1:100

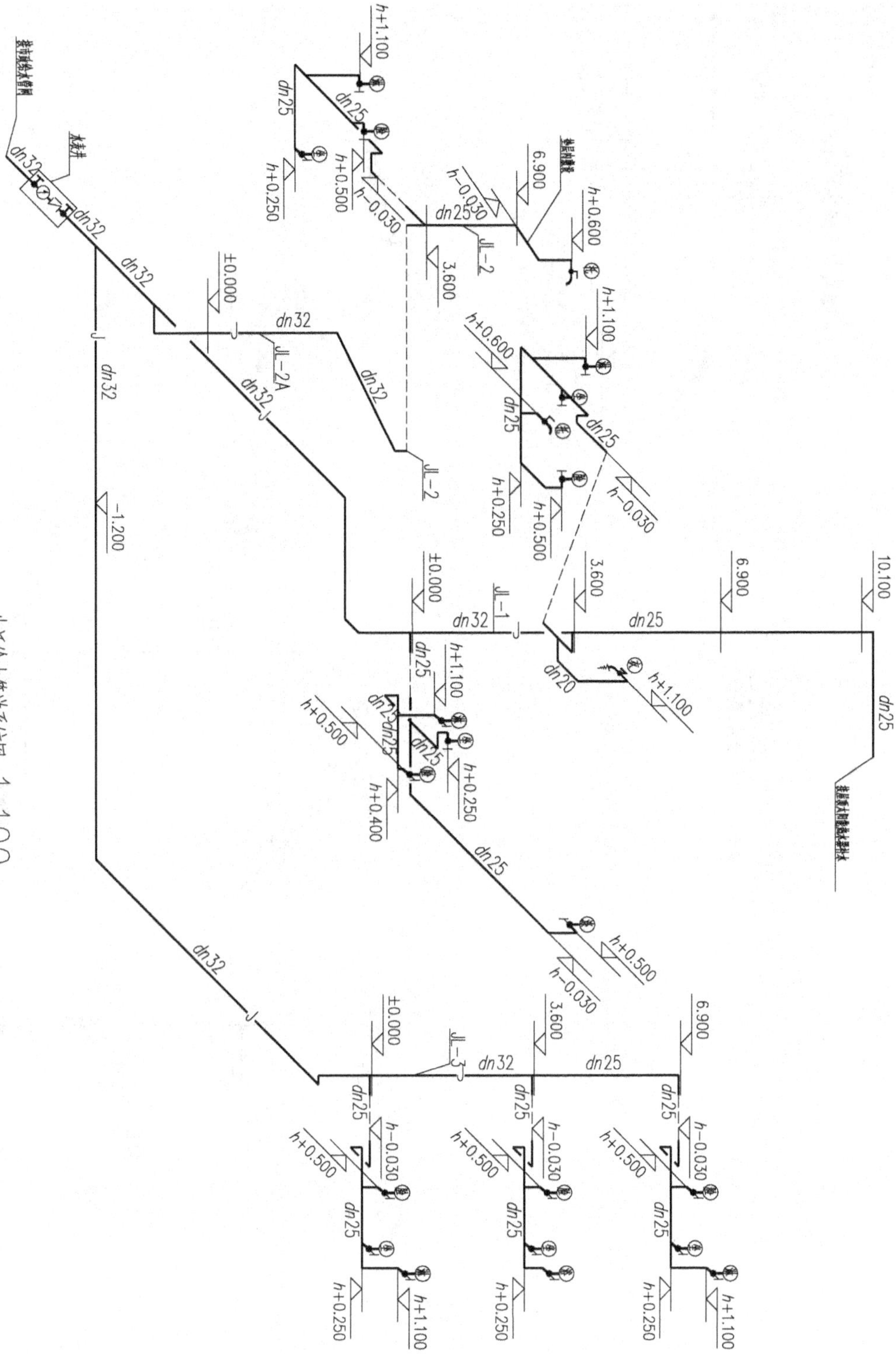

生活给水管道系统图 1:100

注：本图所示标高中的h为本层楼面完成面标高。

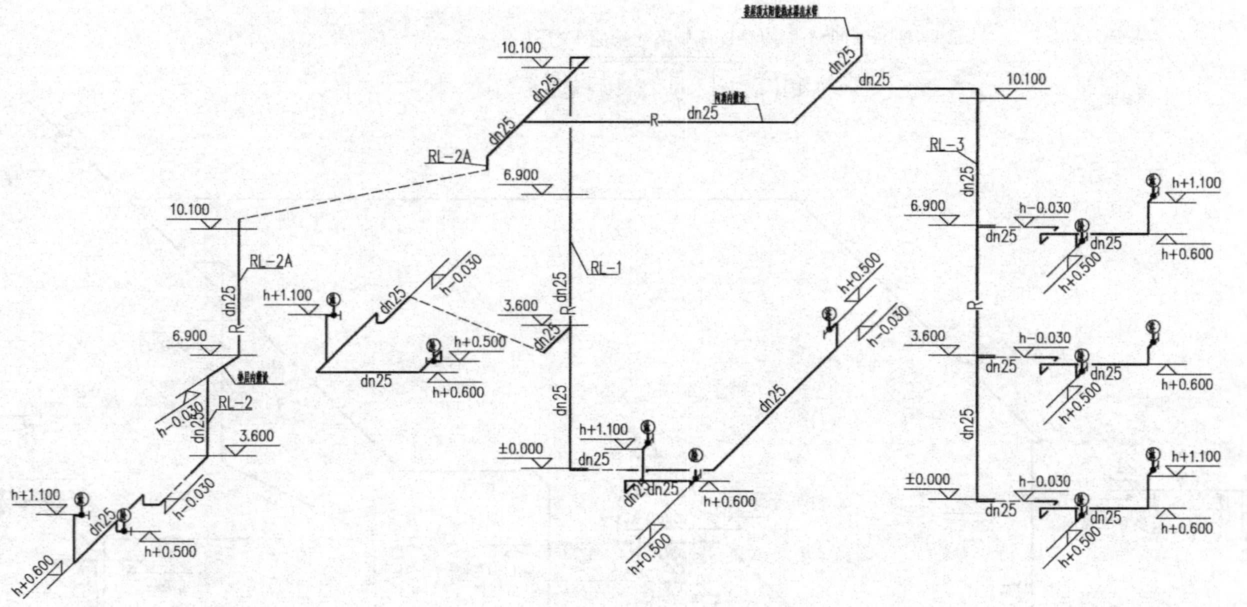

生活热水管道系统图 1:100

注：本图所示标高中的h为本层露面完成面标高。

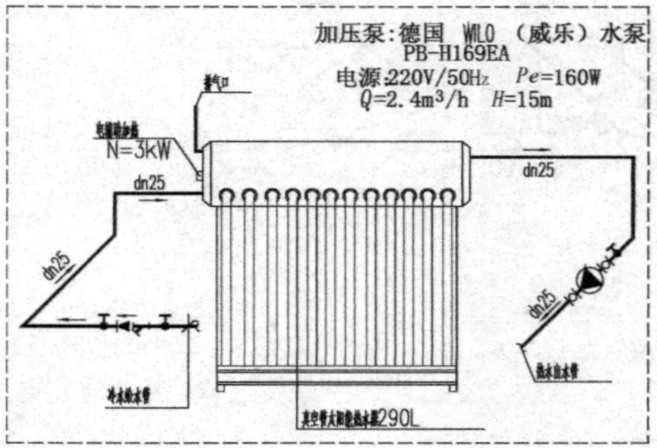

太阳能热水器安装原理图

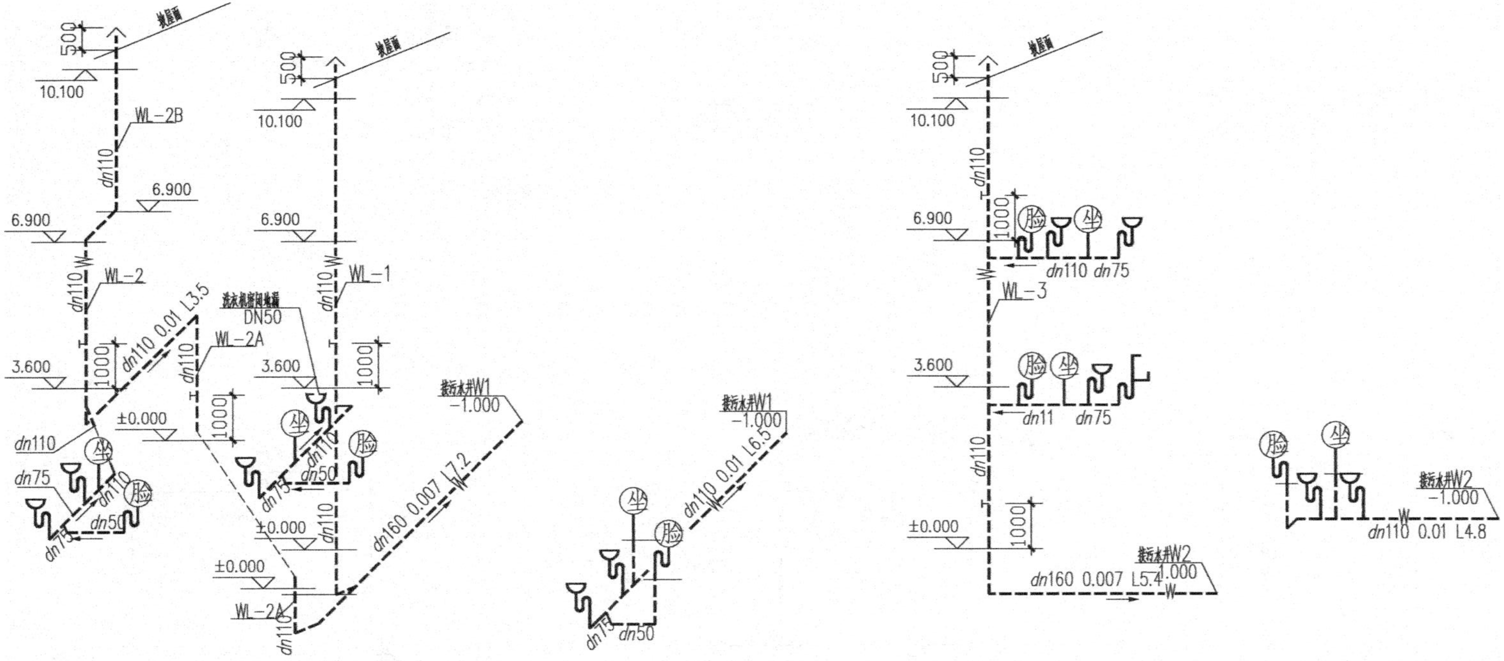

卫生间4、公共卫生间　　卫生间1、厨房　　卫生间3、5　　卫生间2

生活污水管道系统图 1:100

注：①图中未注明的排水支管坡度均为0.026。

②图中未标注的地漏均为$DN75$密闭地漏，下设存水弯。

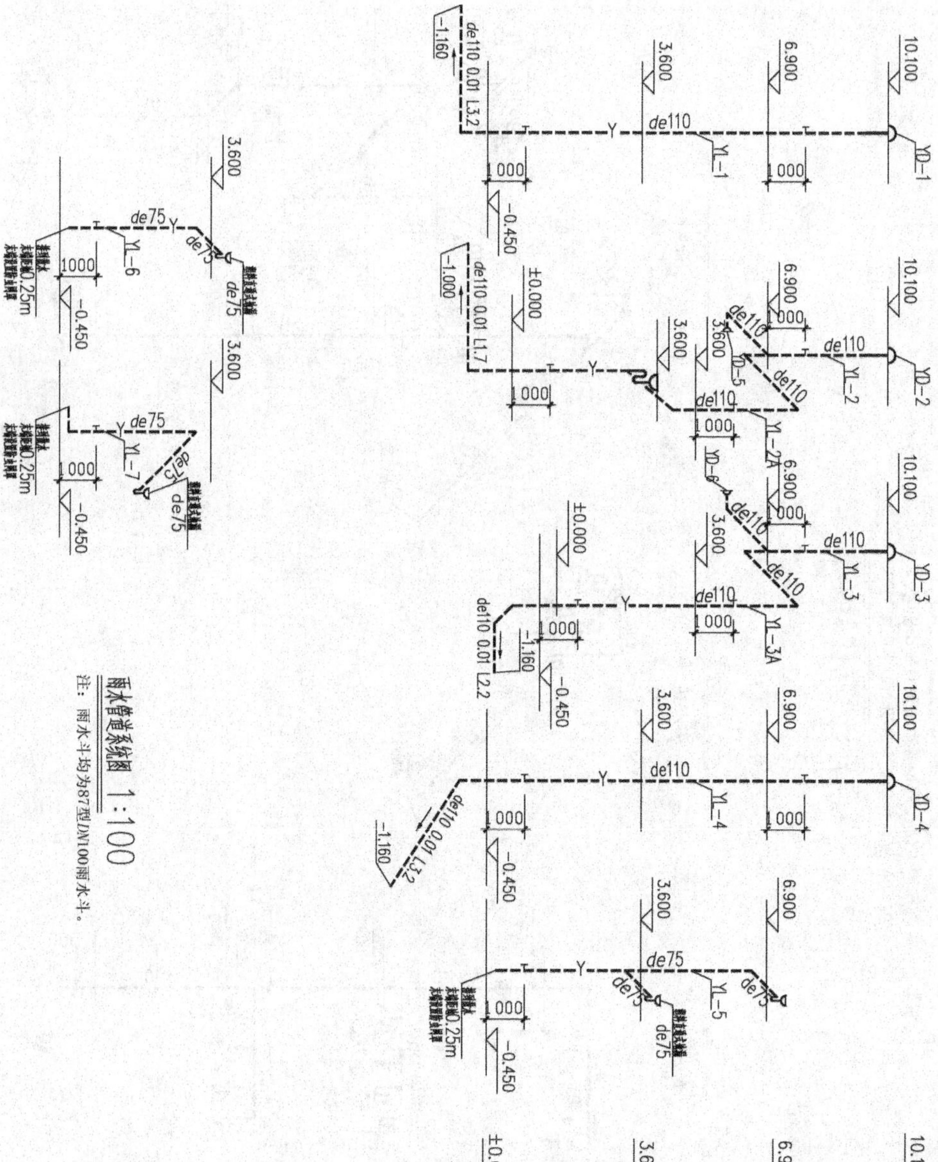

雨水管道系统图 1:100

注：雨水斗均为87型DN100雨水斗。

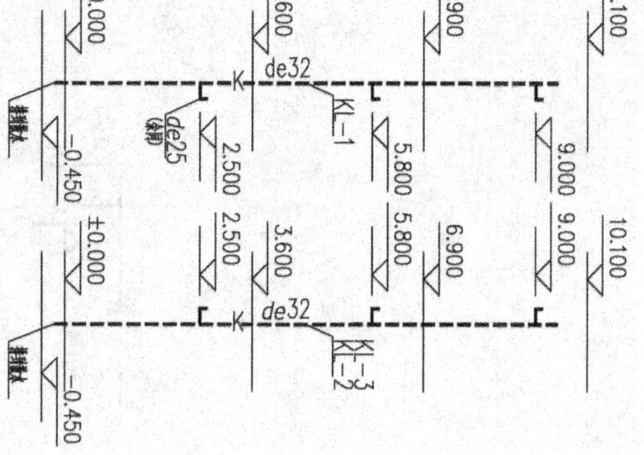

空调冷凝水管道系统图 1:100

注：排水立管末端均距离受水地面250mm。

二、识读采暖施工图

设计说明

1. 根据青岛当地气象情况及相关参数，本设计中采暖室外计算温度为：tw＝－6℃。制冷室外计算温度为：tw＝29℃。

2. 本工程采用地源热泵做为冬季热源和夏季冷源，具体选型及设计参见设计方案。

3. 本工程低温辐射采暖供水温度为45℃，回水温度为40℃，空调制冷供水温度为7℃，回水温度为12℃。

设计依据

《采暖通风与空气调节设计规范》(GB 50019—2003)

《通风与空调工程施工质量验收规范》(GB 50243—2002)

以及各专业提供的设计图纸

(一) 供暖设计说明，材料选择及基本作法要求

1. 本工程地板辐射加热管道采用 ϕ20 的耐高温聚乙烯(PE－RT)管材，或是交联聚乙烯(PEX)管材

2. 辐射用管设于面层内部分不得有接头，不应有上下凹凸和轴向扭曲现象。

弯曲半径不得小于 5D(D 为管外直径)

3. 管材固定时，固定点的间距，直管段不应大于700mm弯曲管段不应大于350mm。

4. 地暖管距外边墙为150mm。与外墙、柱的交接处，应填充厚大于10mm的软质闭孔泡沫塑料。

5. 地面辐射区域地板面积超过30m^2 或边长超过6m时，填充层应设置间距小于6m宽度大于6mm的伸缩缝。

6. 缝中填充弹性膨胀材料，管材穿越伸缩缝(墙)时，应设长度不小于400mm的柔性套管。

7. 系统安装完毕后，应进行冲洗，最后应按要求对整个系统进行试压。

试验压力应不小于0.6MPa稳压一小时后，15min内压力降不超过0.05MPa且无渗漏为合格。

8. 地下供/回水总管道采用直埋保温管，系统立管采用热镀锌钢管均采用丝接。安装前管道必须彻底清除管内污物注意防腐及保温管道井，地沟和不采暖房间等处的需保温的管道。普通焊接钢管除锈后刷红丹防锈漆两遍，然后做 δ＝25mm 聚乙烯泡沫或用 δ＝40mm (r＝48kg/m厚) 的铝箔超细玻璃棉管壳保温

其他

1. 图中标注管径钢管为公称直径。

2. 地埋聚乙烯管间距详见各施设图纸。长度表示如：L＝80m 即长度为80米。

3. 分水器入水接口处均设过滤器和铜阀，出水接口处只设铜阀即可。分水器支管管径为 $DN$25/$DN$32

4. 地板辐射采暖工程实施必须由专业队伍施工。

5. 其他未尽事宜详见《低温热水地板辐射供暖技术规程》及耐高温聚乙稀行业标准JB/T 175—2002

（二）空调部分设计说明

A、空调室外设计参数

参数＼季节	干球温度/℃	湿球温度/℃	相对温度(%)	大气压力/kPa
	空调			
夏季	29	26	64	997.2

B、空调室内设计参数

项目＼功能	℃	相对湿度(%)	单位冷负荷 W	备注
	夏季	夏季		
卧室	24	60	100	＜60dB(A)
起居室	24	60	90	＜60dB(A)
浴室	26	65		＜50dB(A)
餐厅	22	60	90	＜60dB(A)
活动健身及其他	20	55	110	＜60dB(A)

本工程空调方式采用风机盘管作为末端系统，通过水路系统将由热泵冷源的冷量输送至各个房间。

图中标明了各个供冷区域选用的风盘型号及水系统的管路布置。其余部分可参见相应的设计规范和要求。

施工注意事项

1. 穿墙、楼板处的水管施工完毕后，应将缝隙填实。

2. 竖立水管穿楼板处，需在楼板处或剪力墙侧板处作支架。

3. 水管支吊架在施工现场参照给排水全国标准图集 S161 制作。

其余未说明处参照国家相关规范执行。

施工及验收标准

1. 本工程施工及验收应按国家有关部门颁布的下列规范执行：

《通风与空调工程施工质量验收规范》GB 50243—2002

《制冷设备、空气分离设备安装工程施工及验收规范》GB 50274—2010

《机械设备安装工程施工及验收通用规范》GB 50231—2009

《现场设备、工业管道焊接工程施工规范》GB 50236—2011

《工业金属管道工程施工规范》GB 50235—2010

《工业设备及管道绝热工程施工规范》GB 50126—2008

2. 为保证施工质量，建议本工程与土建、水电等工程人员密切配合，对土建留洞、基础及各种管线安装位置等充分作好安装前后的相互协调。

3. 如设计图纸与现场实际不符，应按现场实际施工，并与设计联系。

其他未尽事宜应参照国家相应的标准规范执行。

空调系统主要材料表

空调部分					
设备序号	设备名称	设备单位	设备型号	数量	备注
1	风机盘管	台	FP-3.5	10	卧式暗装、机外余压
	风机盘管	台	FP-5.0	6	同上
	风机盘管	台	FP-6.3	7	同上
2	钢管	米	DN20	100	热镀锌钢管
	钢管	米	DN25	47	同上
	钢管	米	DN32	35	同上
	钢管	米	DN40	24	同上
	钢管	米	DN50	11	同上
3	PVC冷凝水管	米	DN20	60	
	PVC冷凝水管	米	DN25	32	
	PVC冷凝水管	米	DN32	14	
4	球阀	个	DN20	46	
5	截止阀	个	DN40	4	
	截止阀	个	DN50	2	
6	帆布软连接	套		23	
7	连接软管	个		69	
8	保温	立方米		2.4	
辐射供暖部分					
设备序号	设备名称	设备单位	设备型号	数量	备注
1	分集水器	组	5路型	2	黄铜镀镍、上排气
	分集水器	组	3路型	1	同上
2	地埋管材	米	ø20 (PE-RT)	1200	可热熔连接
3	球阀	个	DN32	6	
	球阀	个	DN20	26	
4	截止阀	个	DN32	6	
5	软接套管	个	DN32*400mm	26	PE波纹管
6	苯板	立方米	20kg/M³	9	δ=20mm
7	钢网	平方米	200*200	360	
8	扎带	袋	200/袋	10	塑料型
9	滤网	套		3	可拆卸型

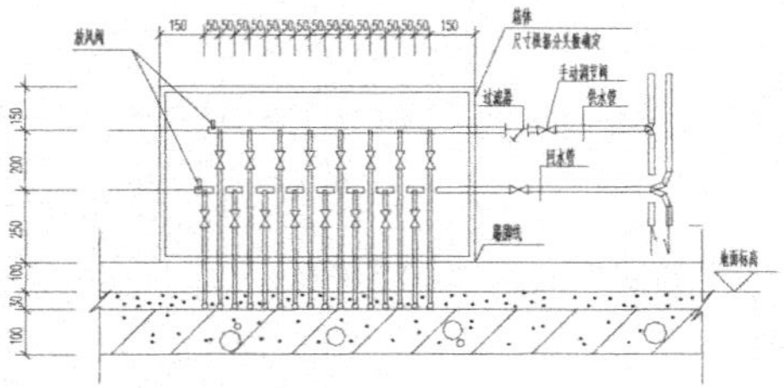

分集水器正视示意图

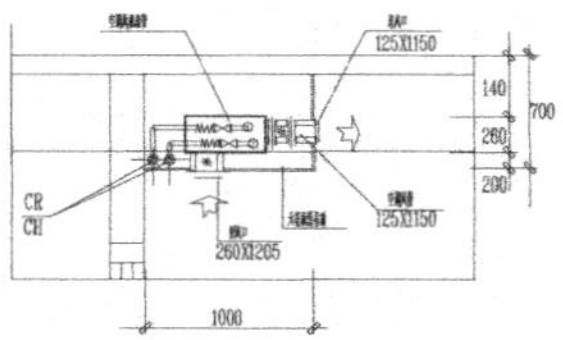

风机盘管安装大样

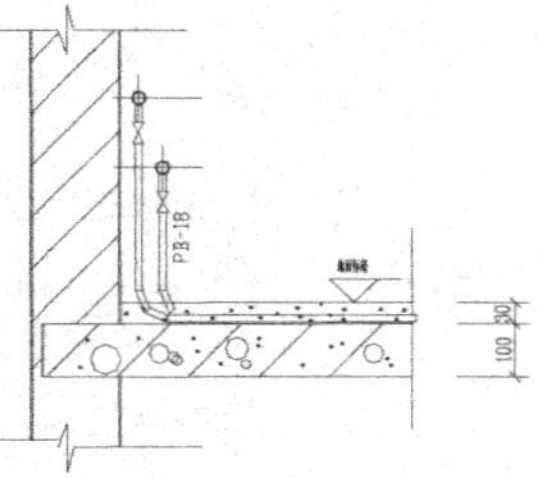

分集水器侧视示意图

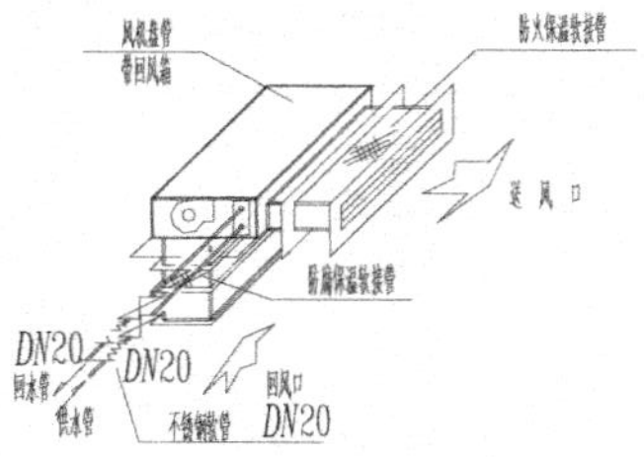

风机盘管安装示意图

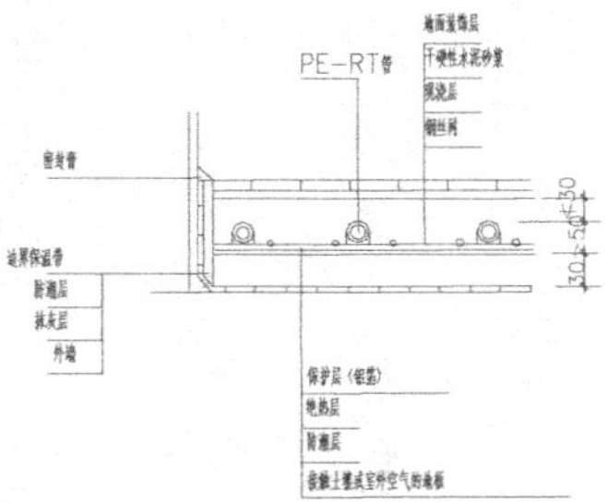

楼面地埋盘管做法示意图

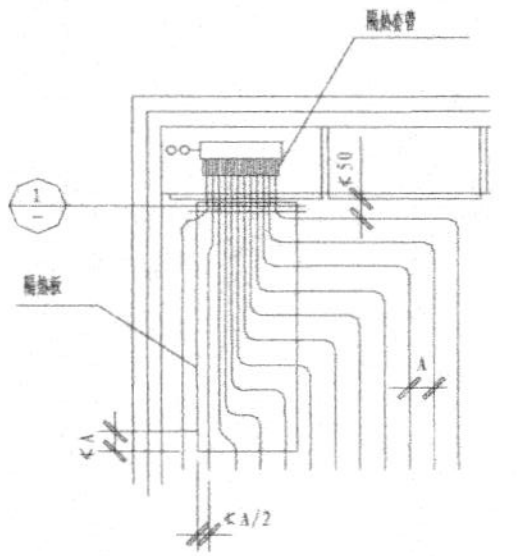

楼面管道密集处平面布置示意图

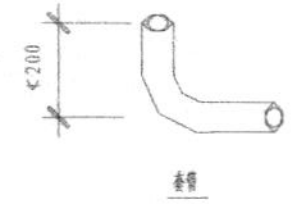

地埋管道套管布置示意图

说明：①管间距200mm，管距墙150mm。
②分水器：一组5路；
每路管线长见标注，管线总长455m。
③其余未注明部分详见设计说明

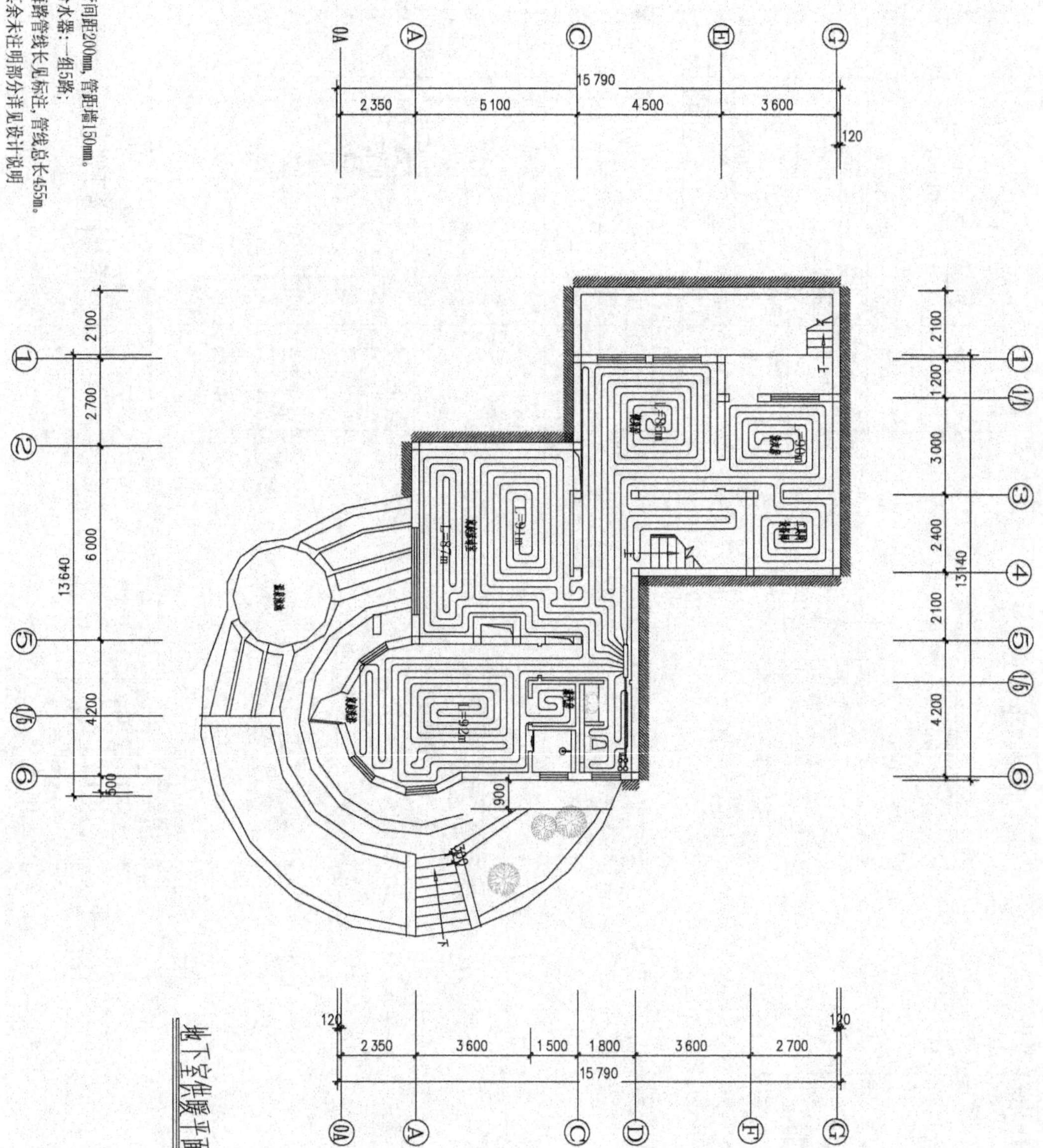

地下室供暖平面图 1:100

图例
分集水器
地暖系统供水管
地暖系统回水管

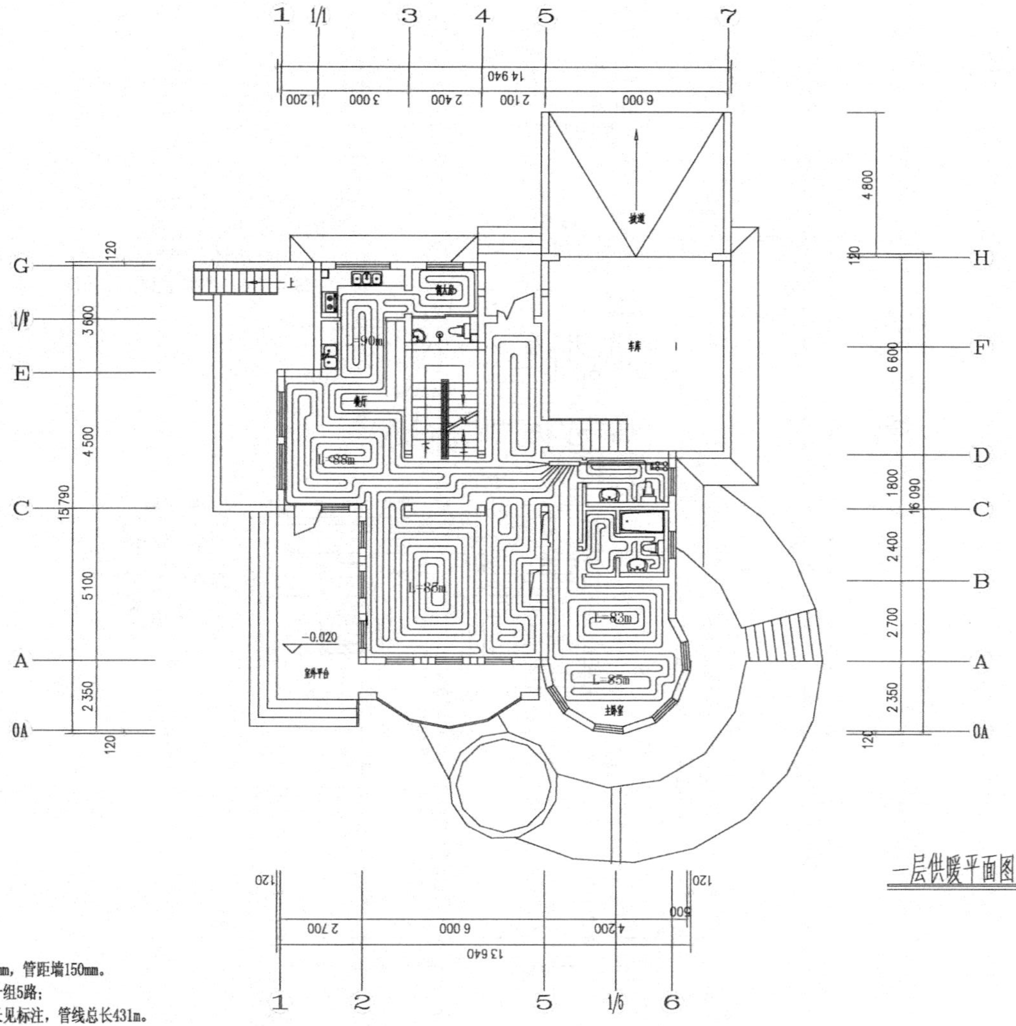

图例
分集水器
地暖系统供水管
地暖系统回水管

一层供暖平面图 1:100

说明：①管间距200mm，管距墙150mm。
②分水器：一组5路；
每路管线长见标注，管线总长431m。
③其余未注明部分详见设计说明。

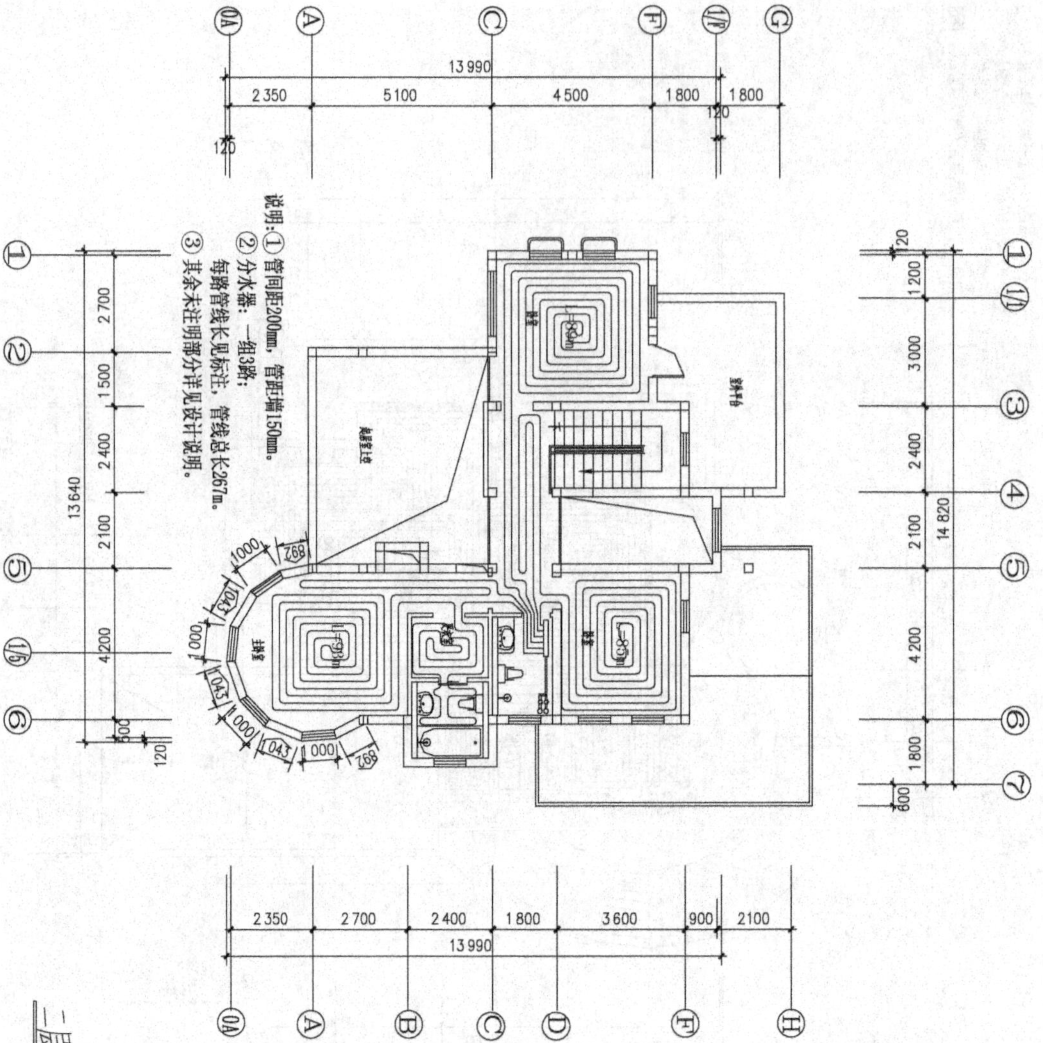

说明：① 管间距200mm，管距墙150mm。
② 分水器：一组3路；
每路管线长见标注，管线总长267m。
③ 其余未注明部分详见设计说明。

二层供暖平面图 1:100

图例

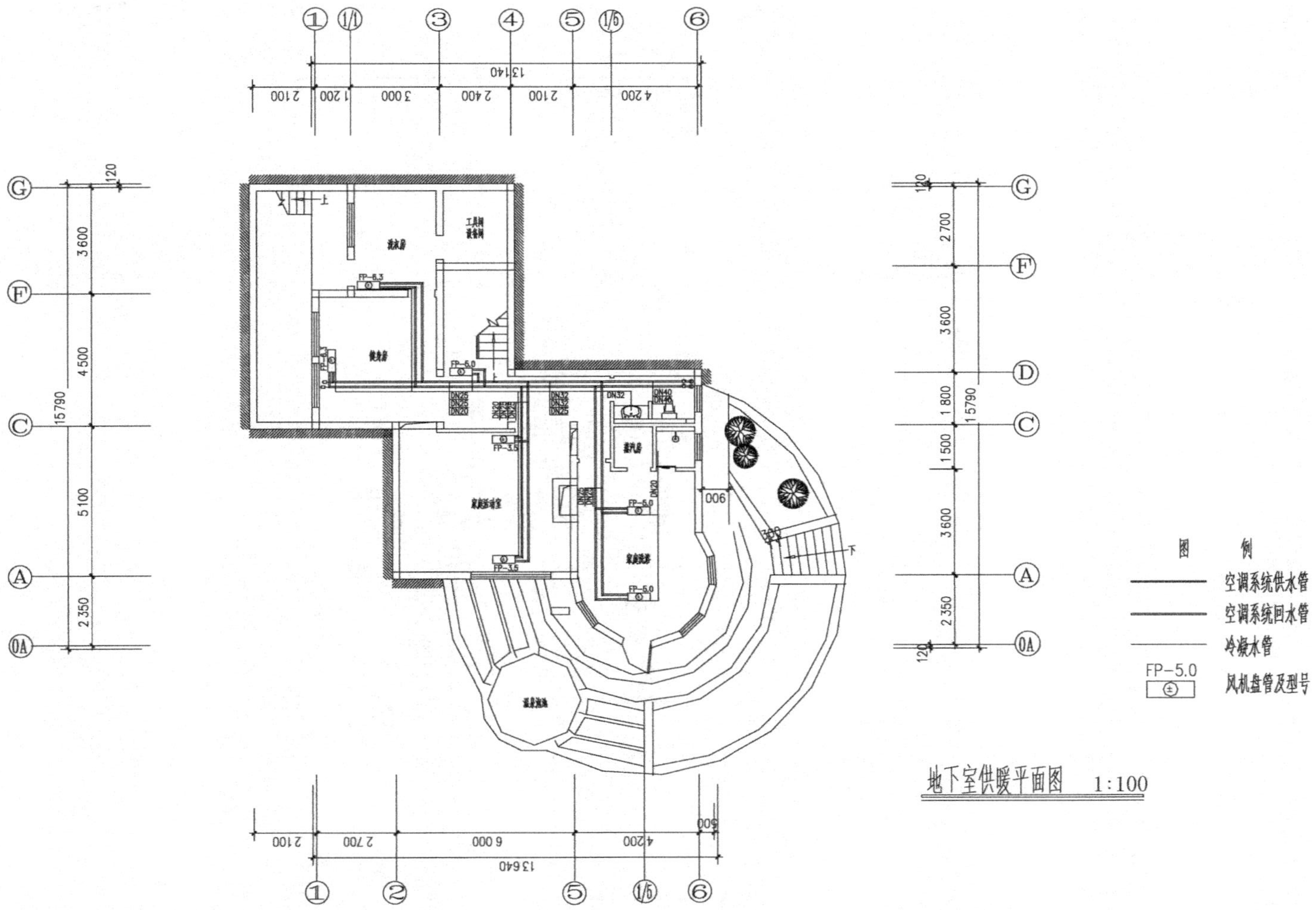

地下室供暖平面图 1:100

注：系统末端所有连接风机盘管的供回水管及冷凝水管管径均为DN20，不另标注。

注：系统末端所有连接风机盘管的供回水管及冷凝水管管径均为DN20，不另标注。

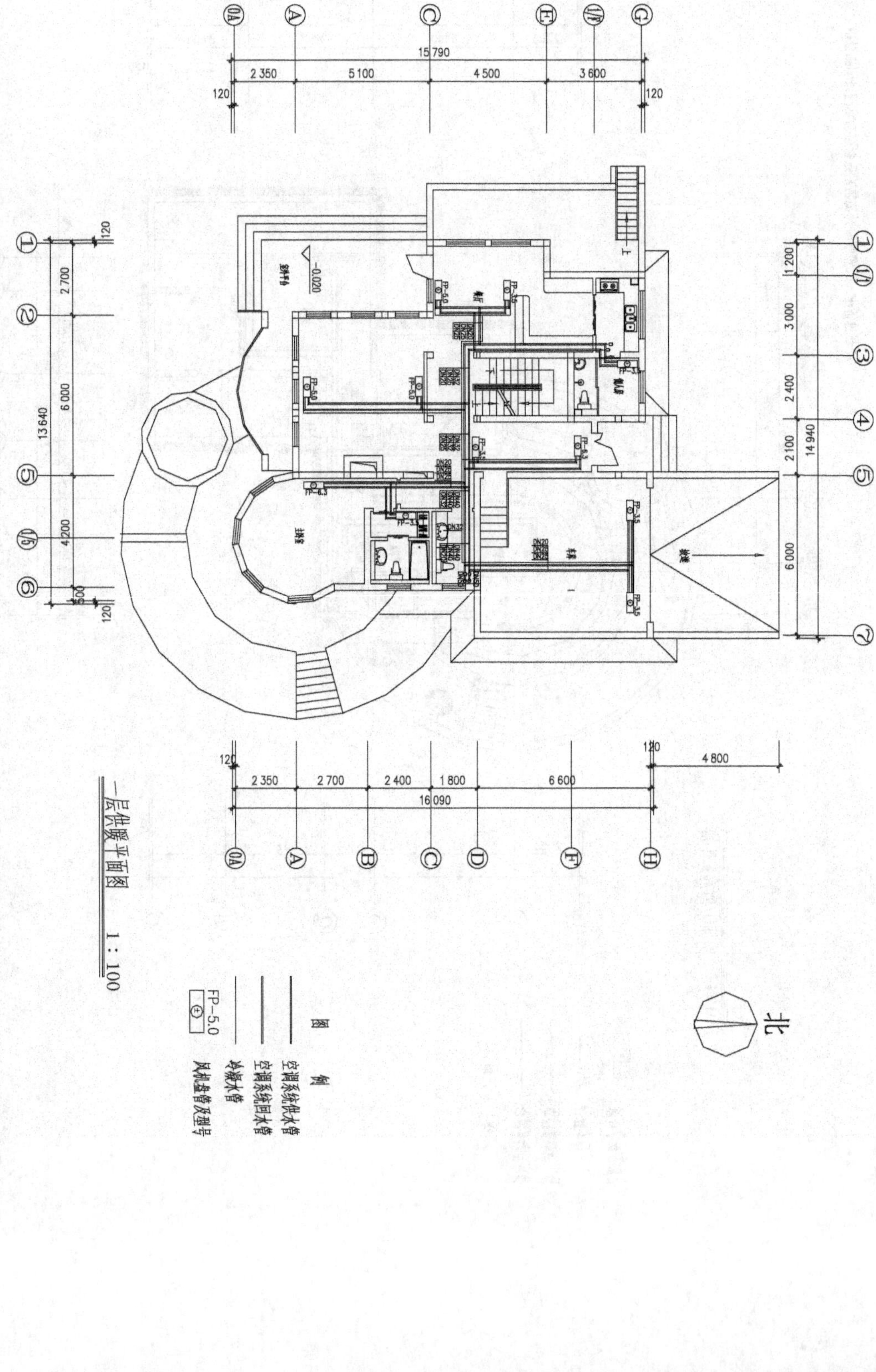

一层供暖平面图 1：100

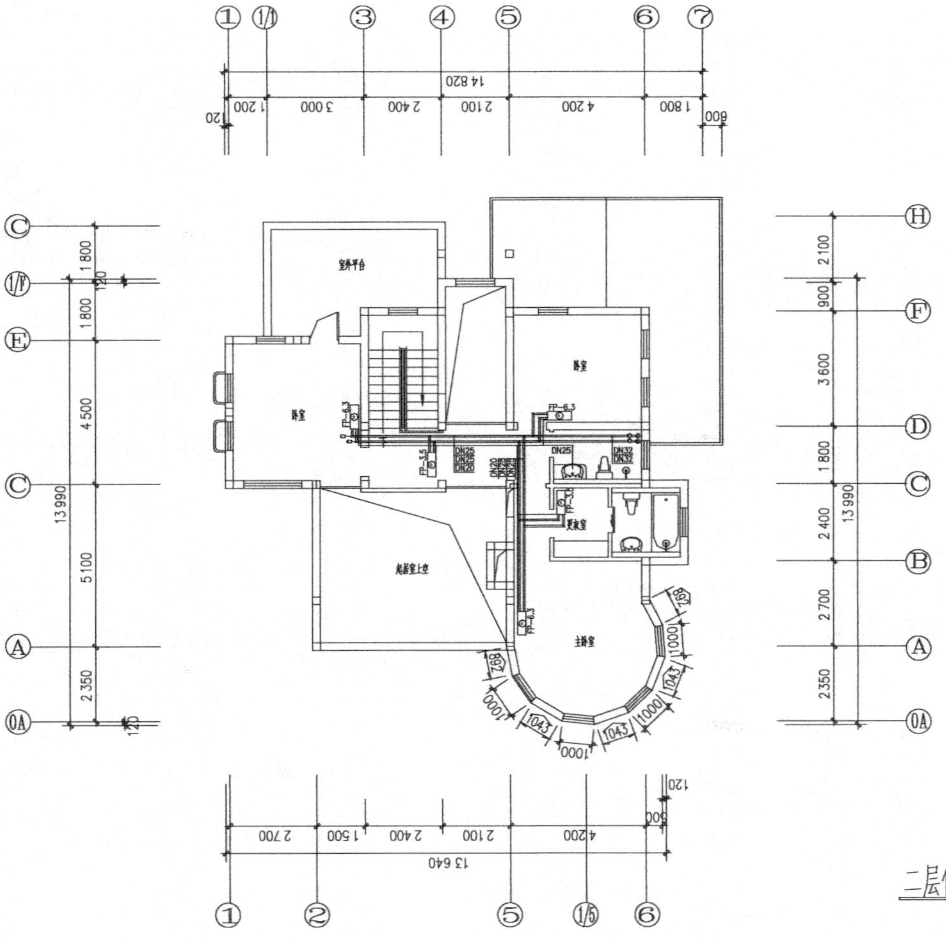

图 例

——	空调系统供水管
——	空调系统回水管
——	冷凝水管
FP-5.0	风机盘管及型号

二层供暖平面图 1:100

注：系统末端所有连接风机盘管的供回水管及冷凝水管管径均为DN20，不另标注。

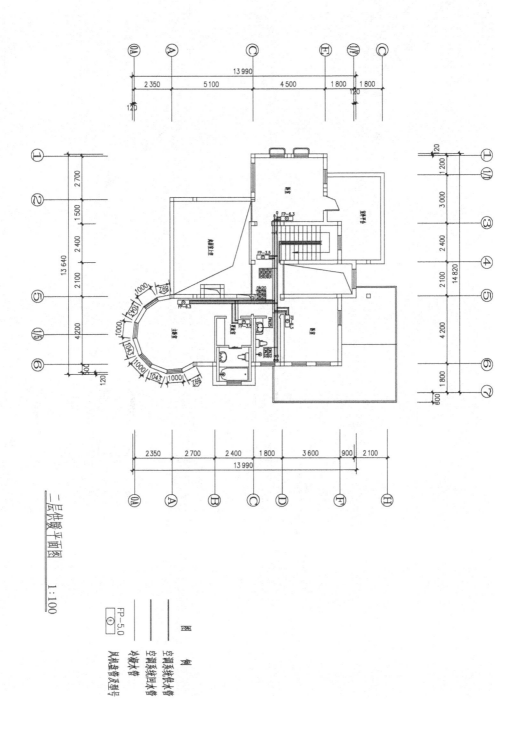

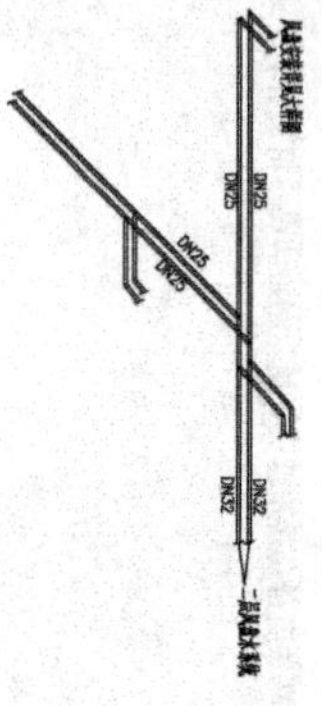

二层空调系统图 1:100

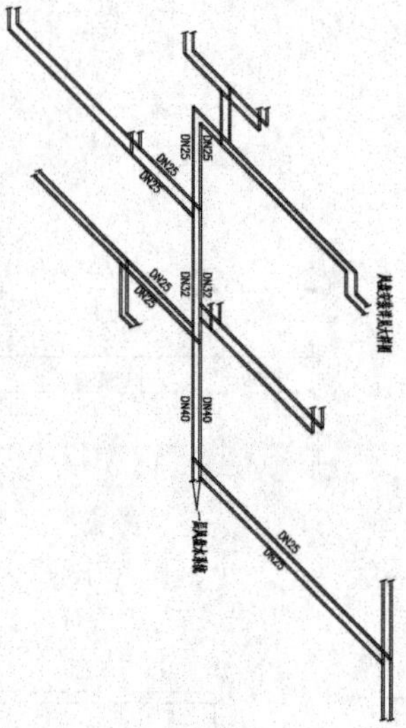

一层空调系统图 1:100

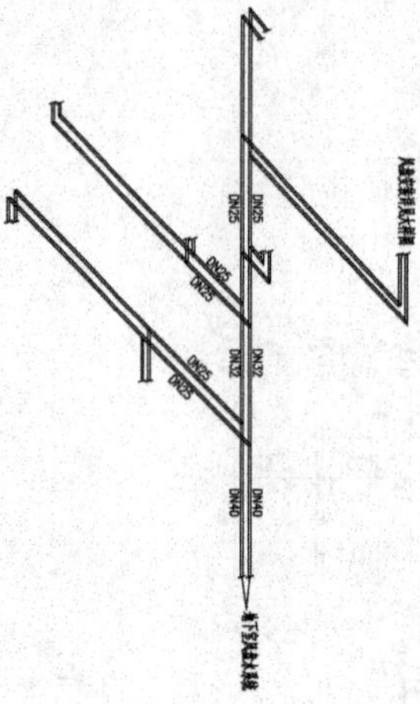

地下室空调系统图 1:100

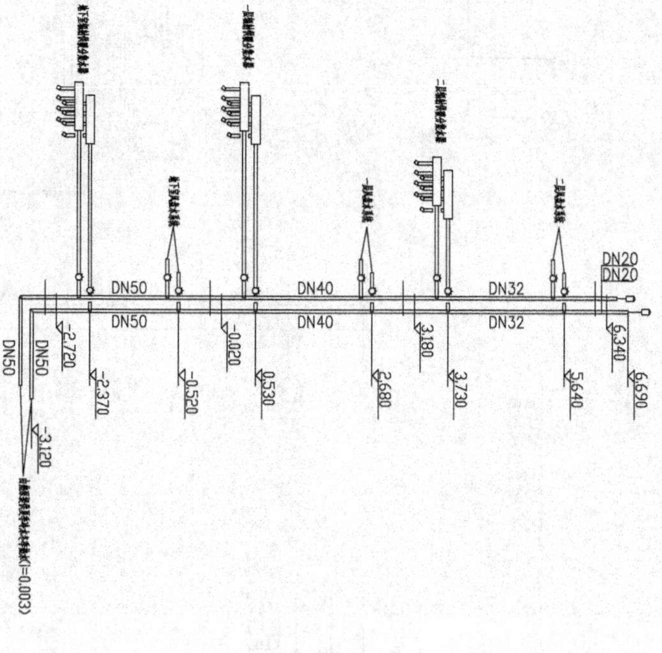

空调/供暖系统图 1:50

三、识读电气施工图

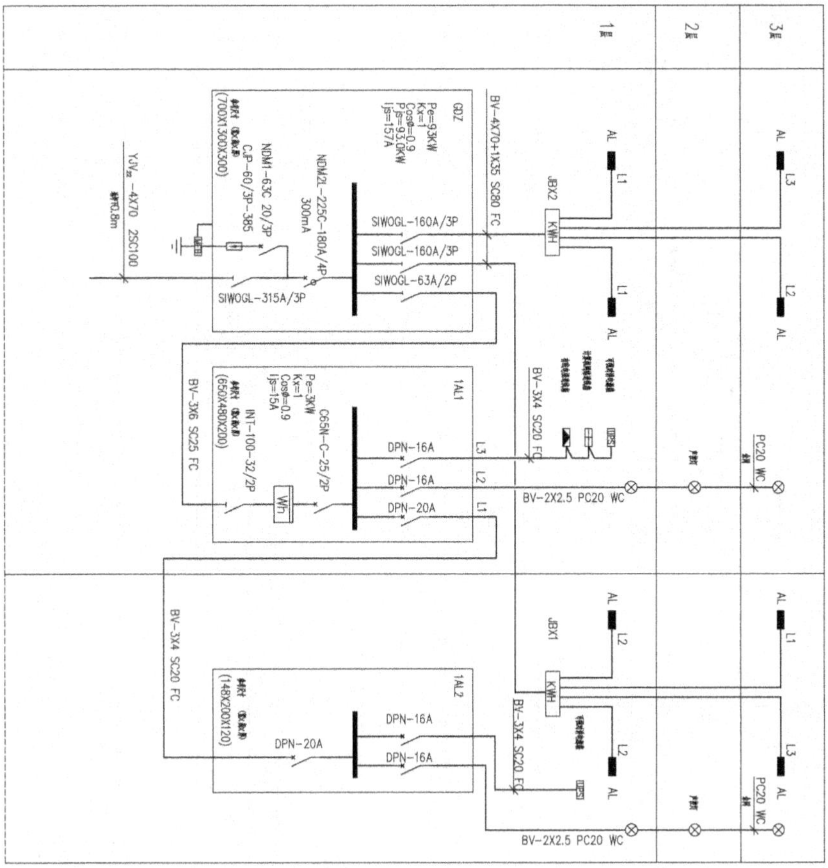

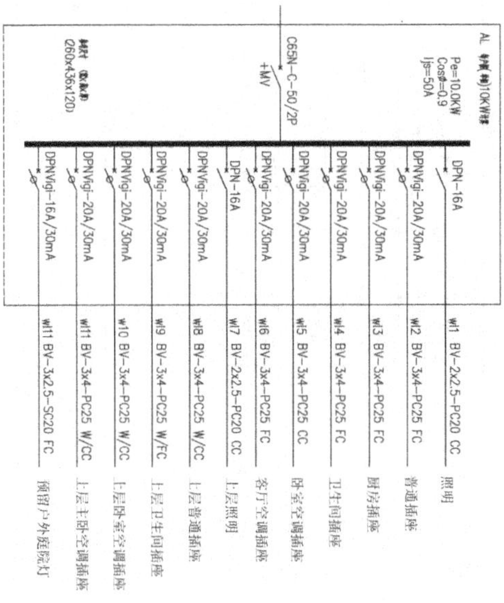

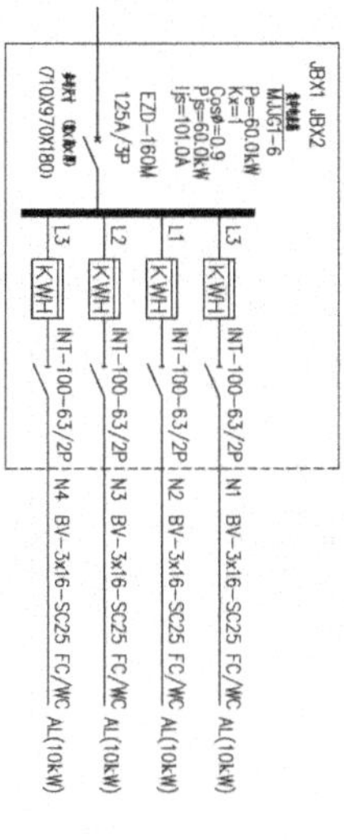

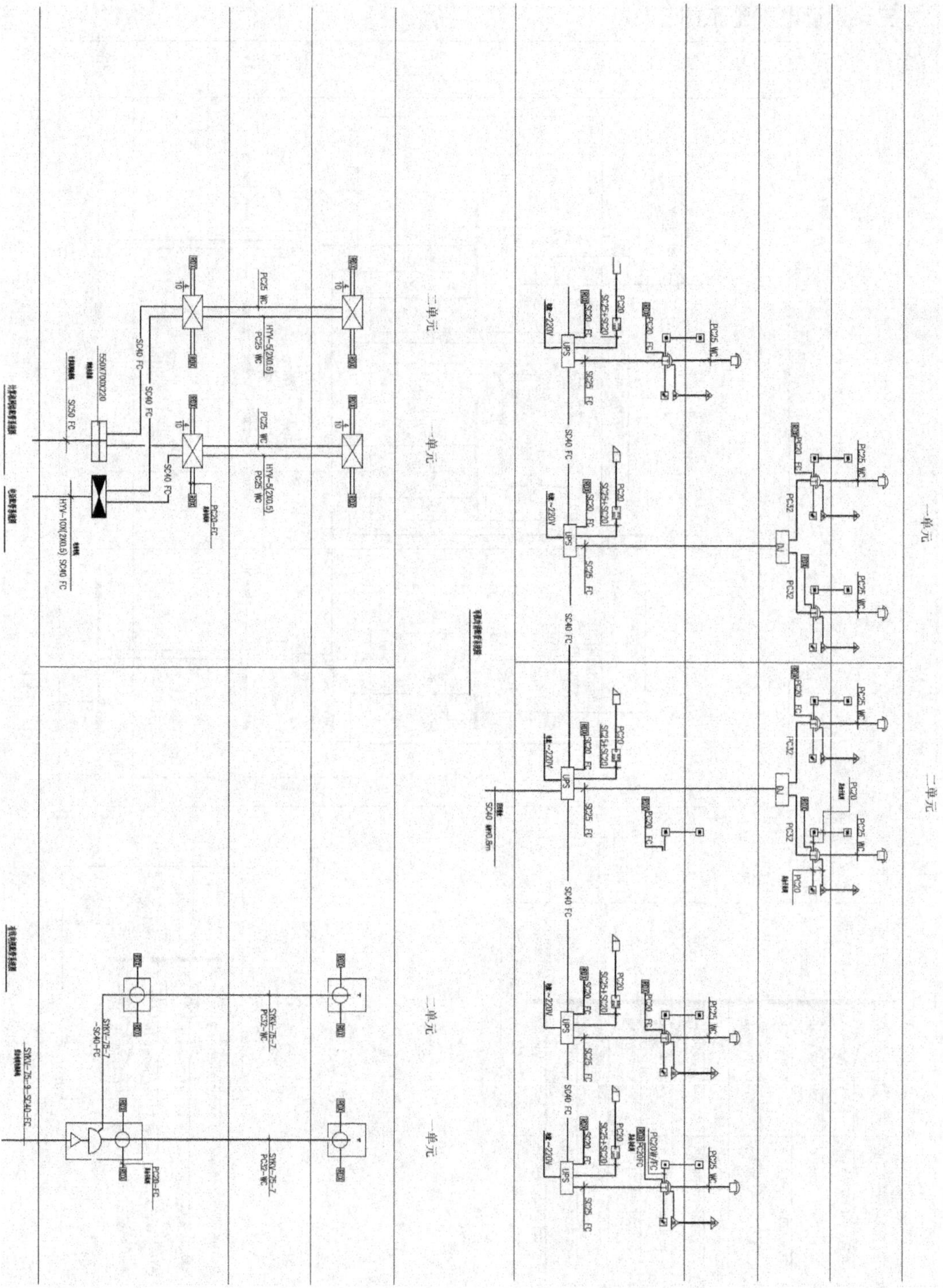

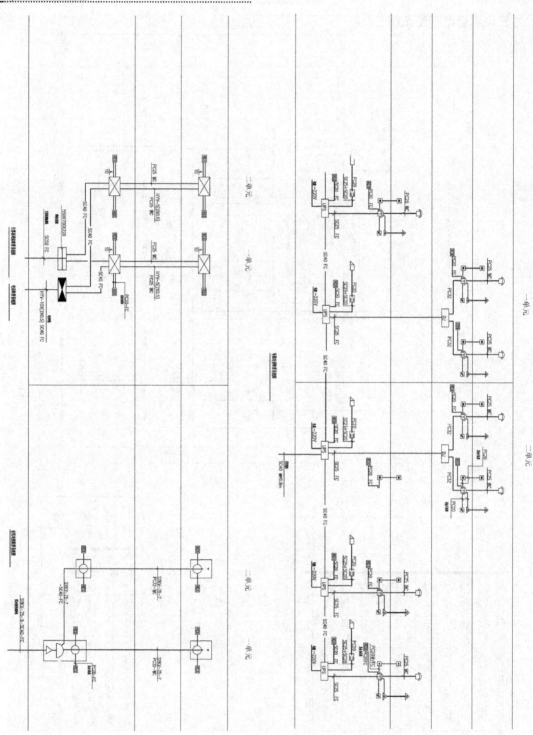

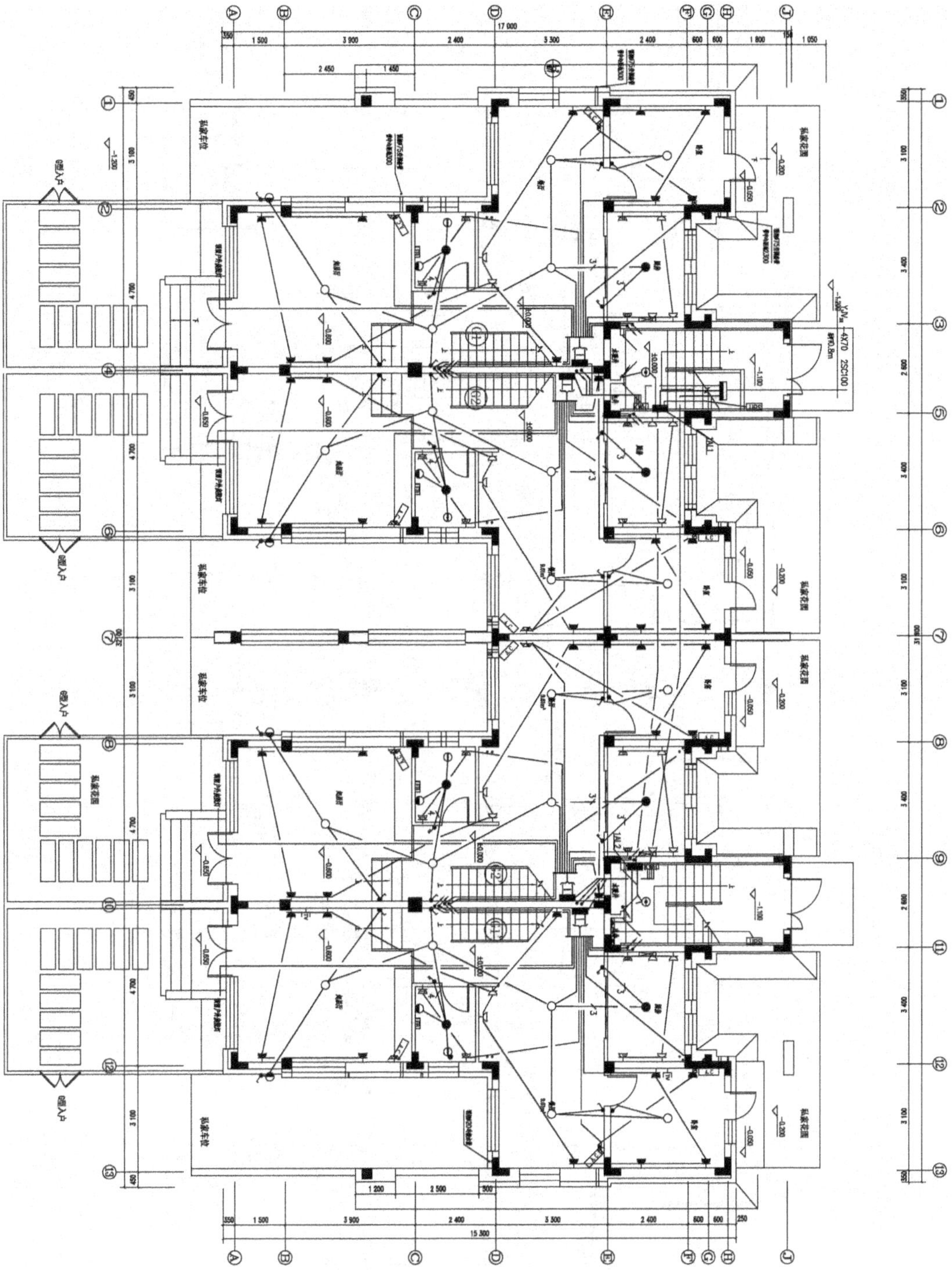

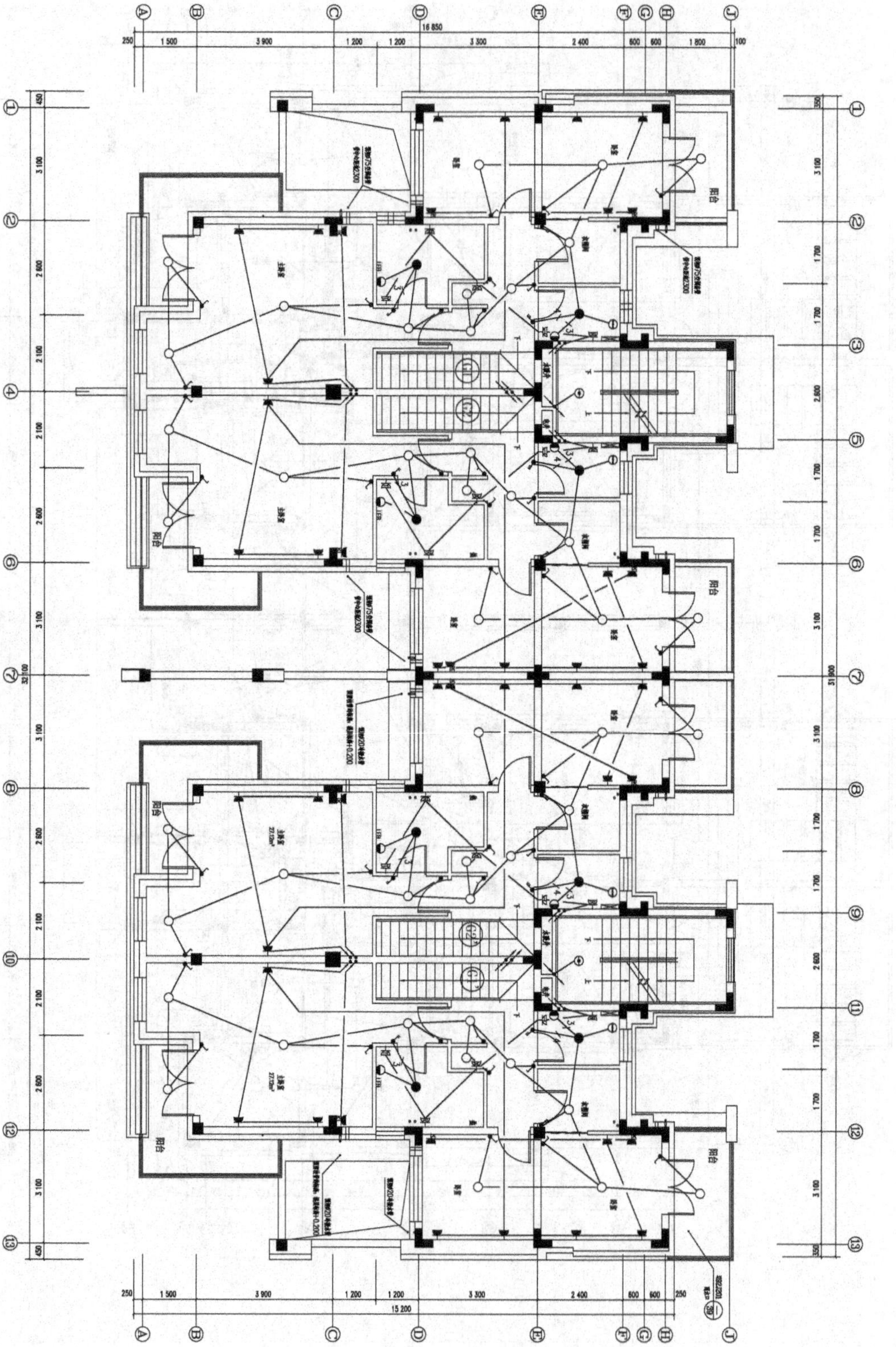

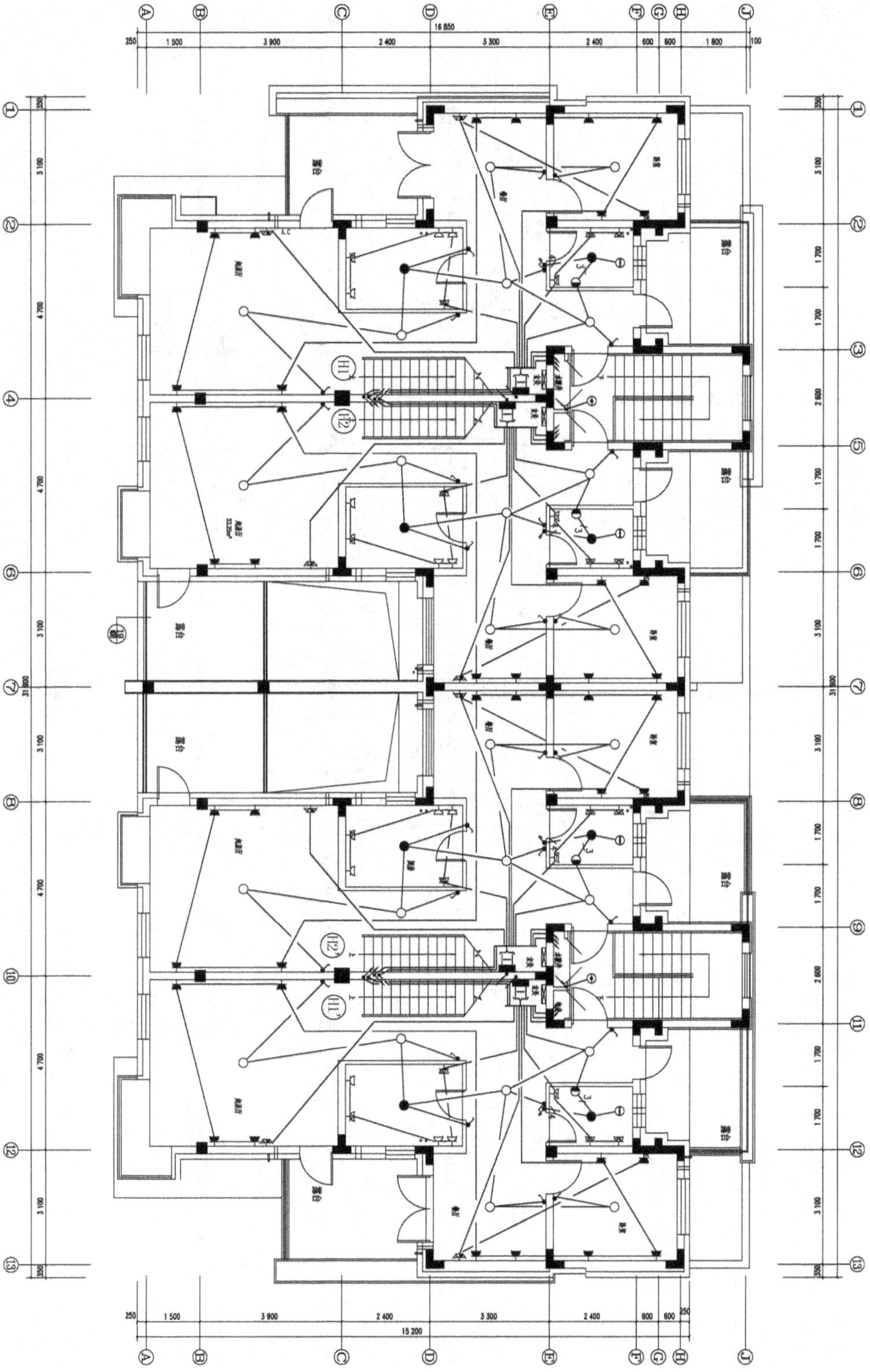

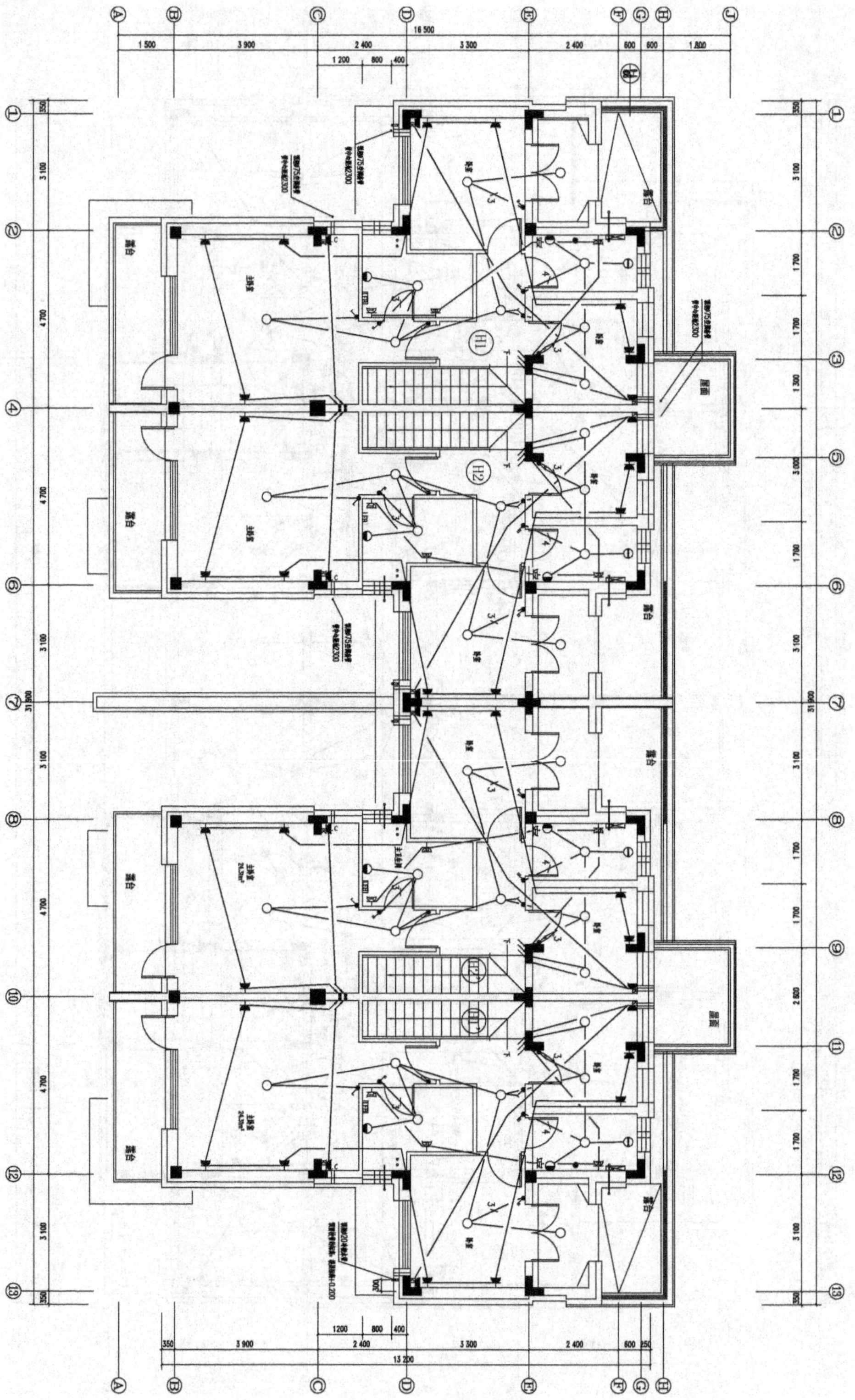

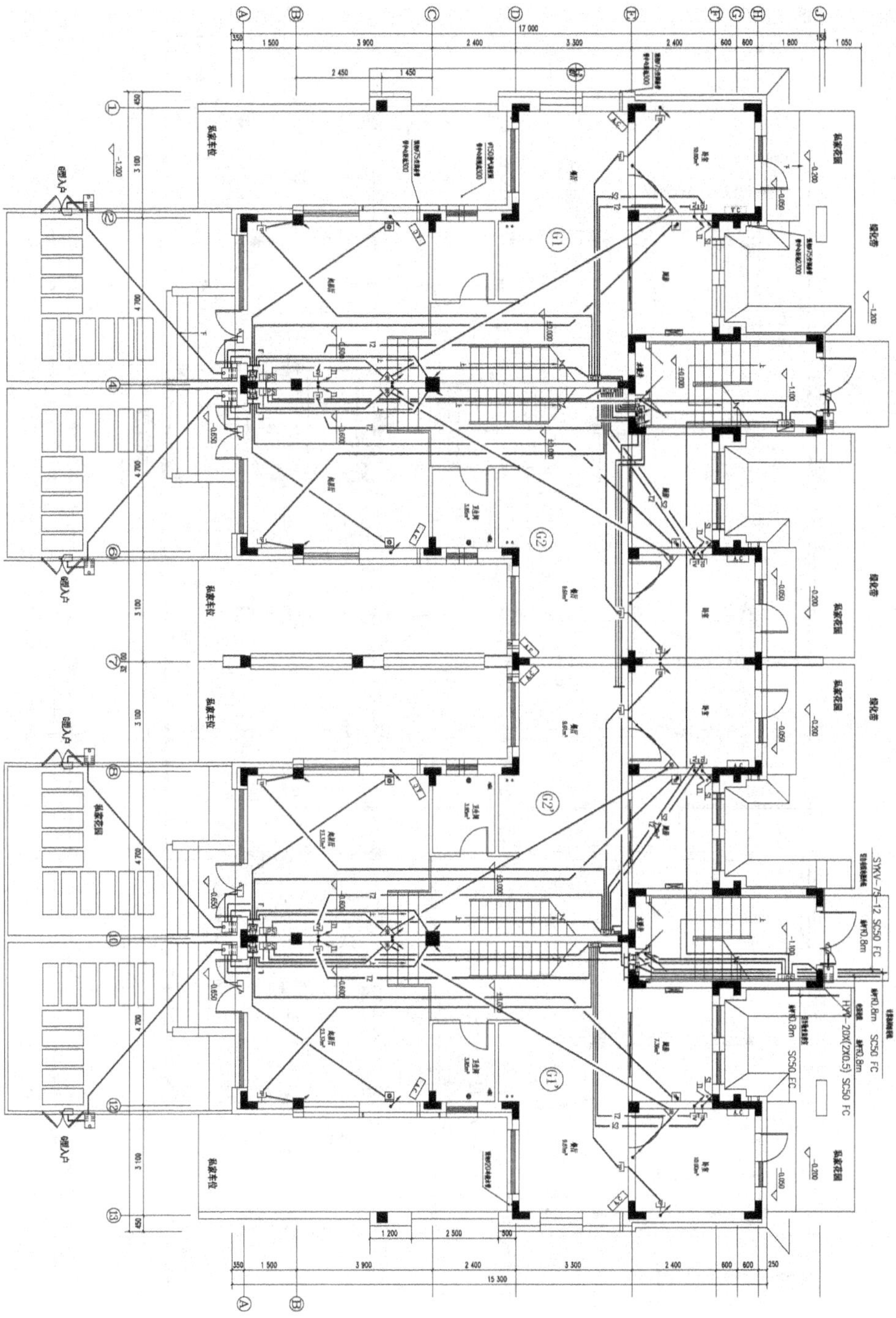

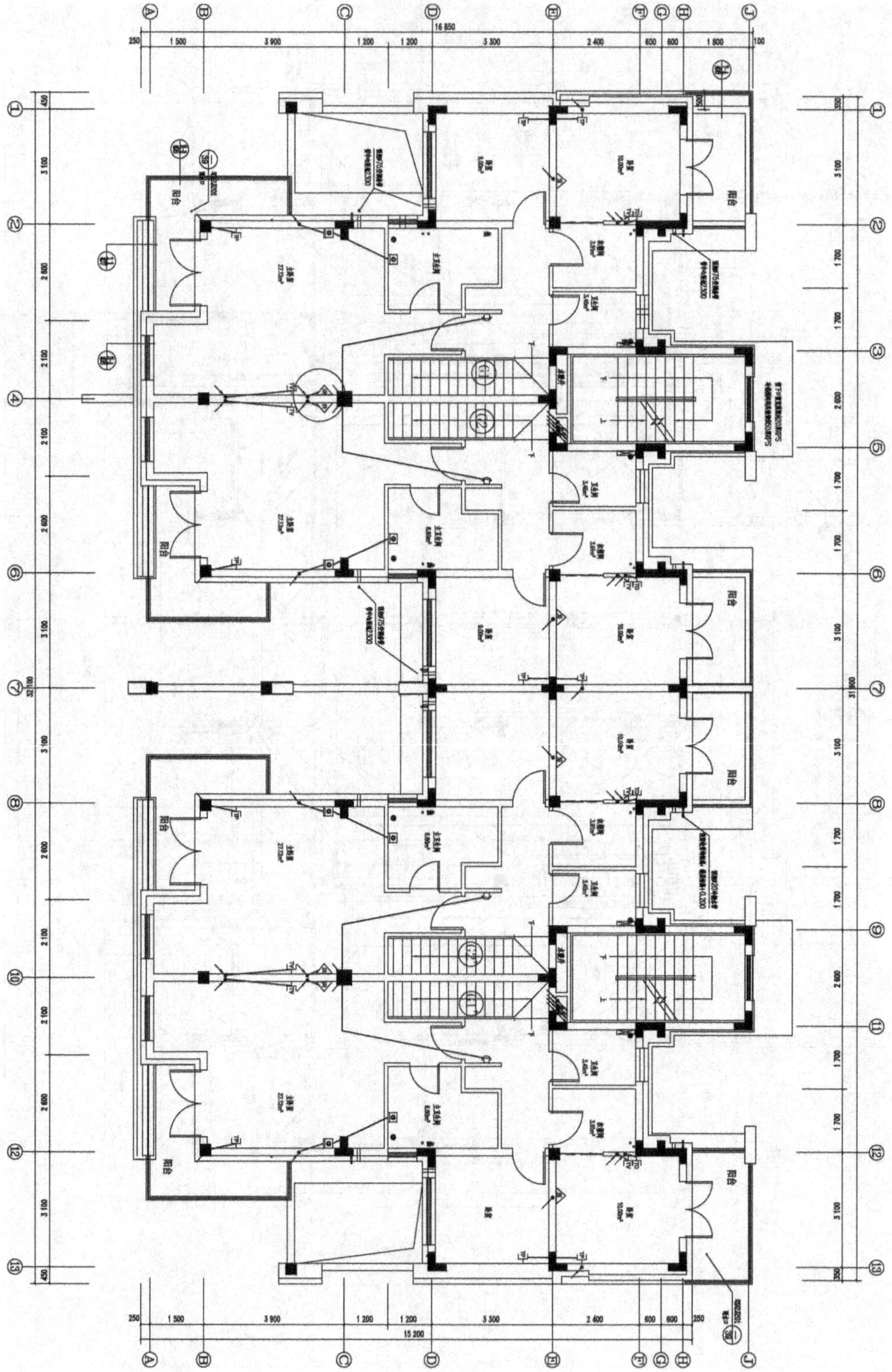

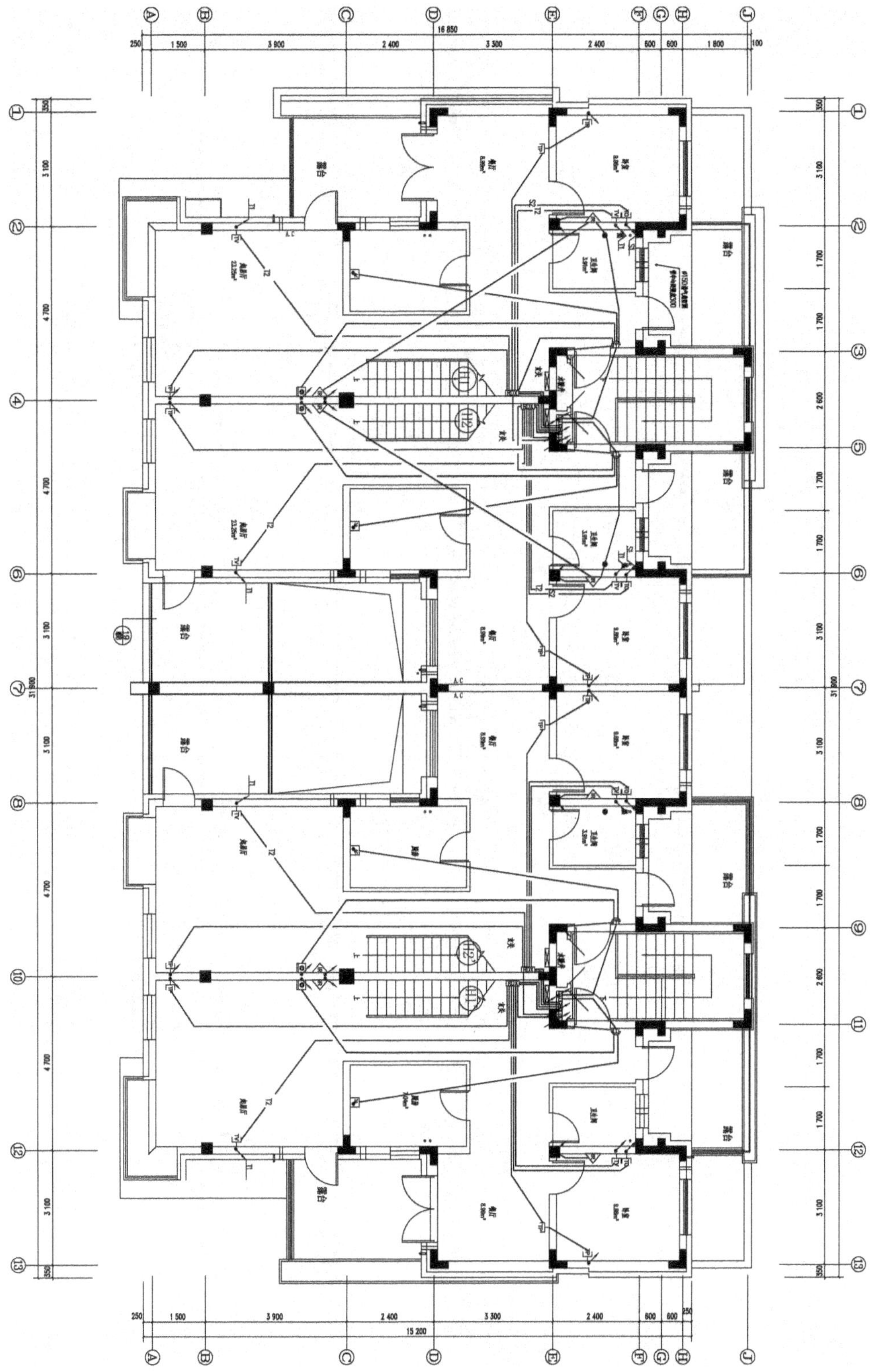

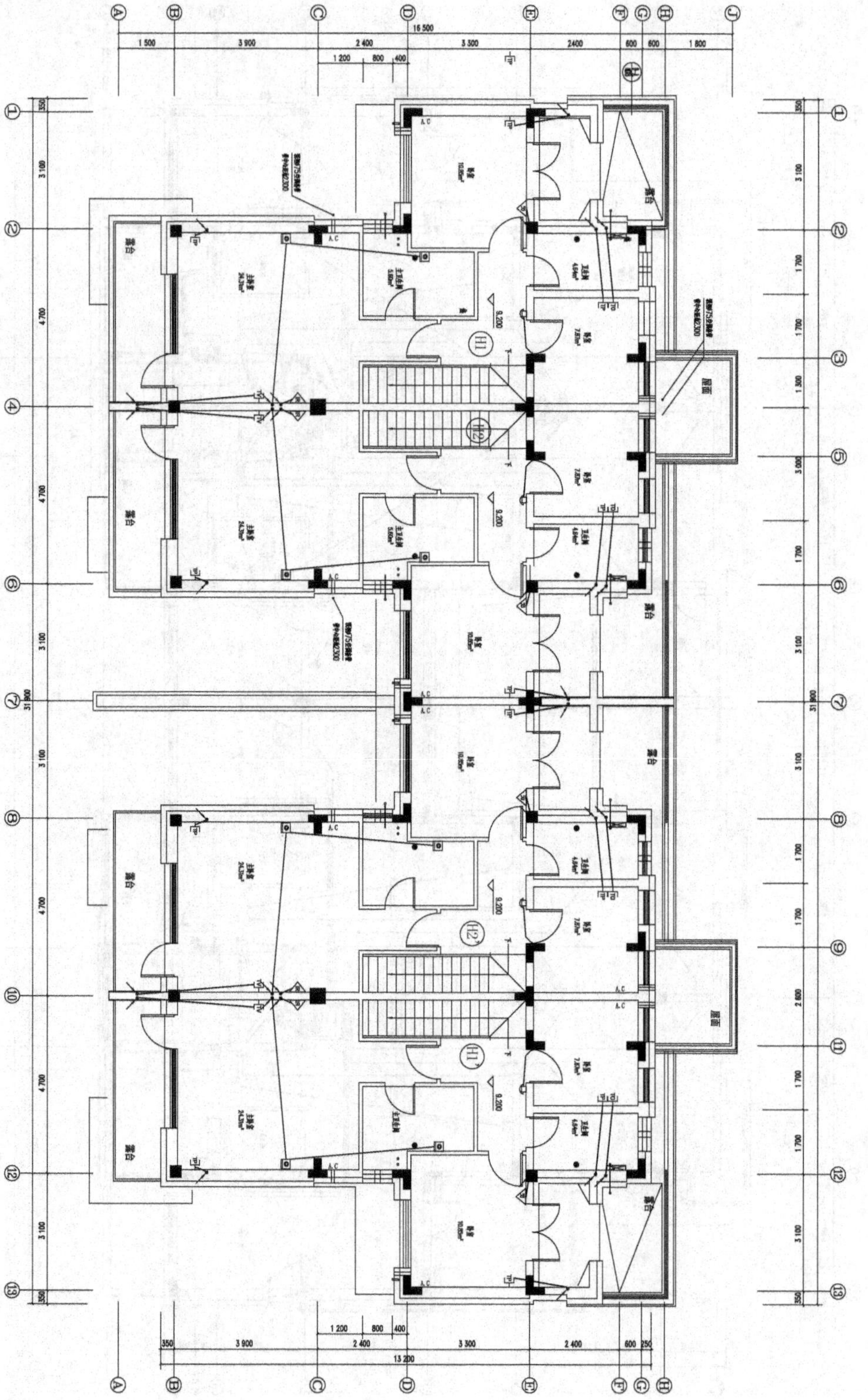
A
B
C
D
E
F
G
H
J
16 500
1 500
3 900
2 400
3 300
2400
600
600
1 800
1 200
800
400
350
3 100
4 700
31 900
1 700
1 300
3 000
2 800
13 200
250
1
2
3
4
5
6
7
8
9
10
11
12
13
9.200
H1
H2
露台
屋面

附录A　咖啡厅室内装饰施工图

图 纸 目 录

第 1 页共 1 页

工号________ 工程名称 昆山阳光咖啡吧				
序号	图号	图　　目	张数	图　幅
1	饰施 01	一层平面布置图	1	A2
2	饰施 02	一层顶面布置图	1	A2
3	饰施 03	二层平面布置图	1	A2
4	饰施 04	二层顶面布置图	1	A2
5	饰施 05	一楼大堂 A、B 立面图	1	A2
6	饰施 06	包厢(2)A 立面图、卫生间 A、B 立面图、二楼过道 A、B 立面图	1	A2
7	饰施 07	包厢(2)B 立面图、一楼柱子、沙发隔断大样图、剖面图	1	A2
8	饰施 08	楼梯立面剖面图	1	A2
说明	① 本说明(大工程)由各工种或(小工程)以单位工程在设计结束时填写，以图号为次序，每格填一张。 ② 如利用标准图，可在备注栏内注明。 ③ 末端之“工种负责人”等姓名不必着本人签字，可由填写目录者填写之。			

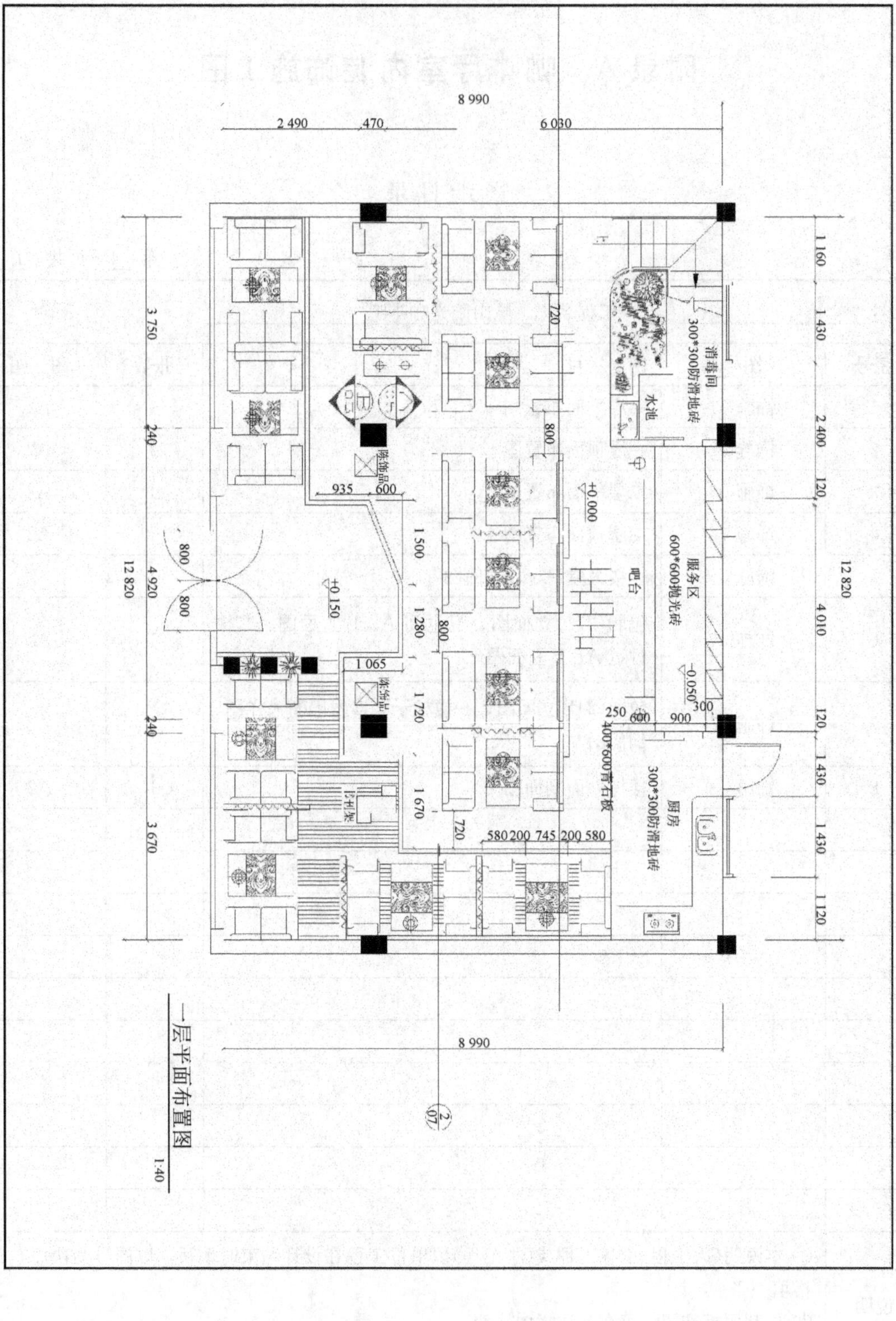
8 990
2 490
470
6 030
消毒间
300*300防滑地砖
水池
服务区
600*600抛光砖
吧台
厨房
300*300防滑地砖
400*600青石板
陈饰品
±0.000
±0.150
-0.050
12 820
3 750
4 920
3 670
1 160
1 430
2 400
4 010
1 120
580 200 745 200 580

一层平面布置图 1:40

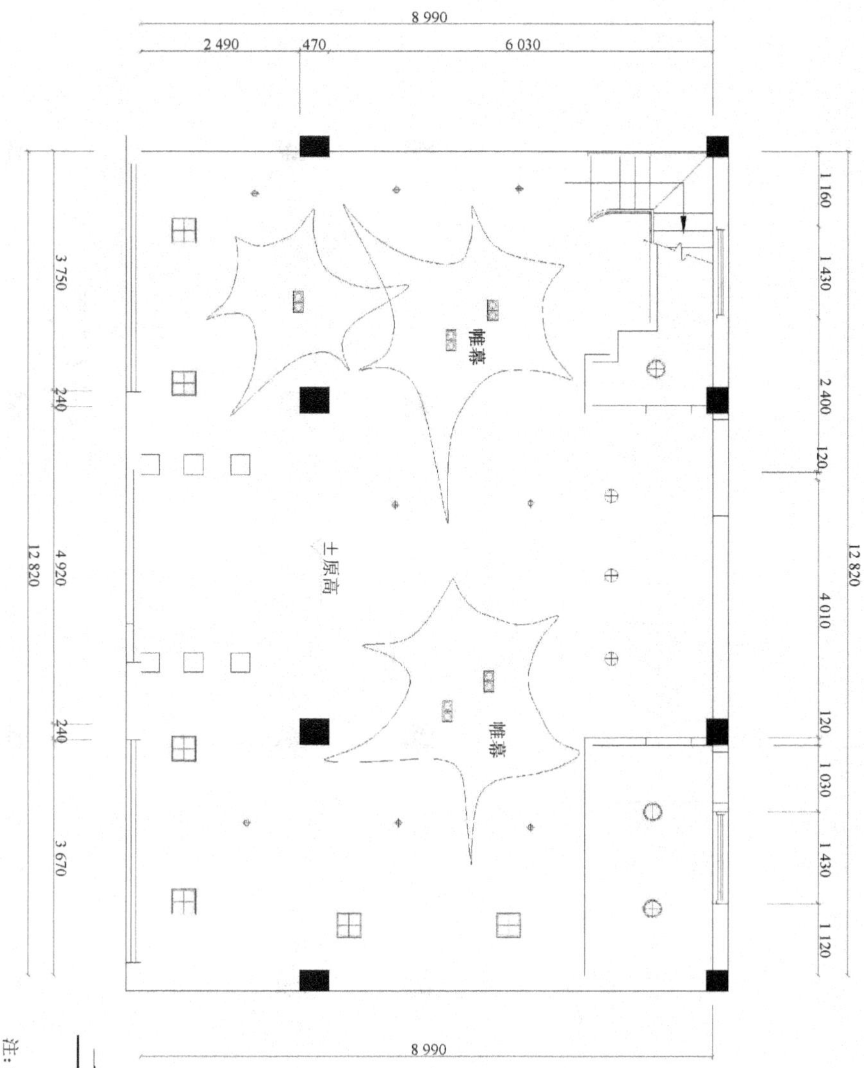

一层顶面布置图 1:40

图例	说明
	豆胆射灯
	φ160节能筒灯
	工艺吊灯
	600*600格栅灯
	换气扇
	吸顶灯
	地灯
	150*1 200日光灯

注：顶面刷深灰色乳胶漆。

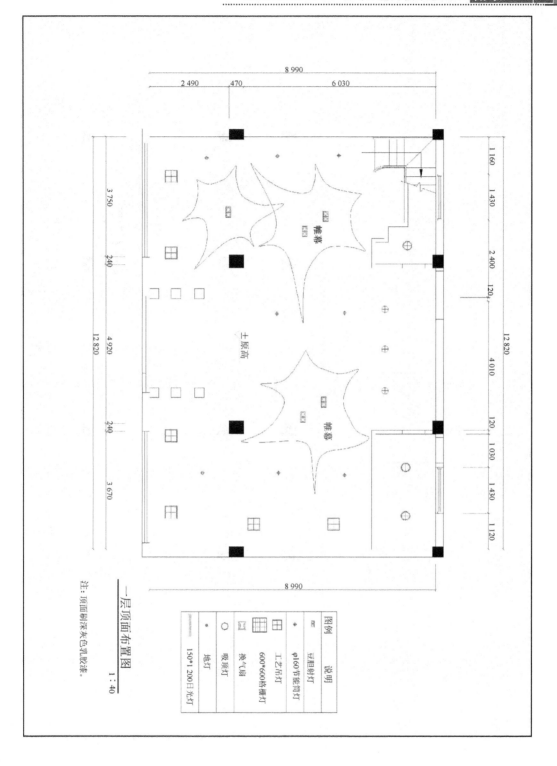

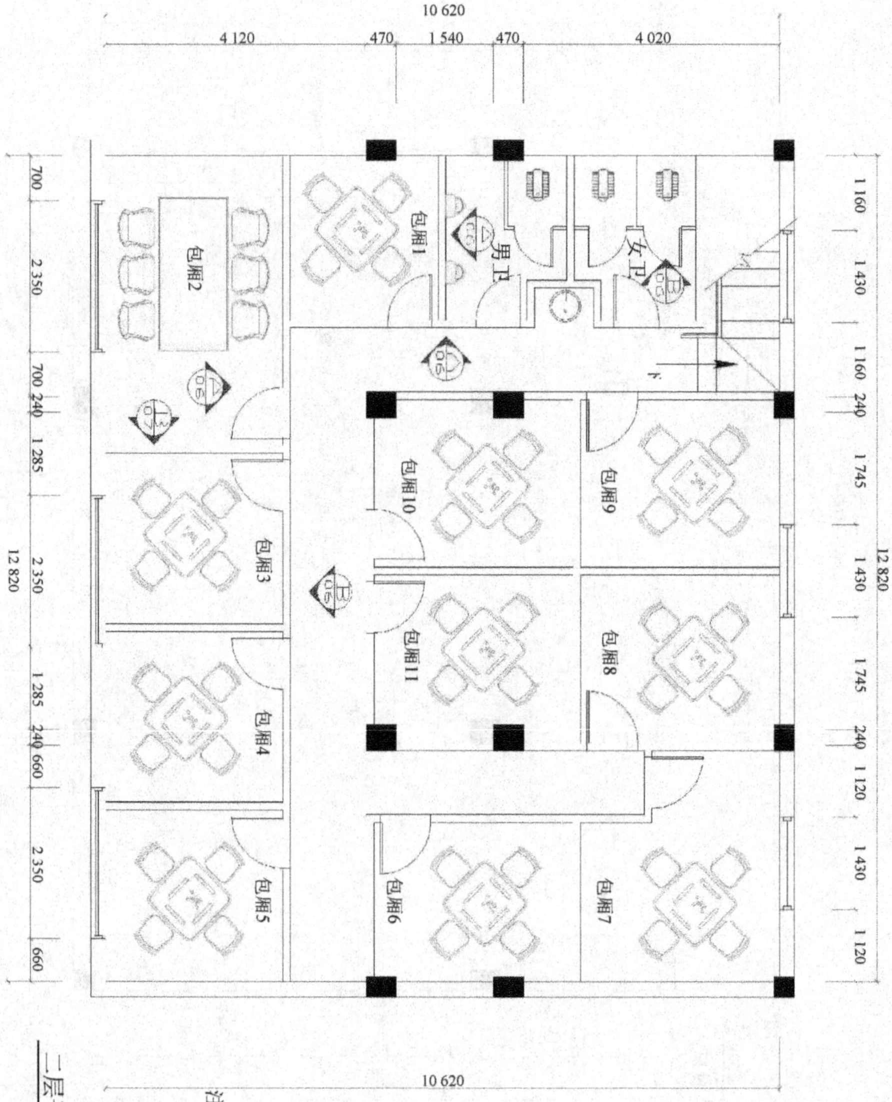

注：
过道500*500仿古砖
包厢内用强化地板

二层平面布置图 1:40

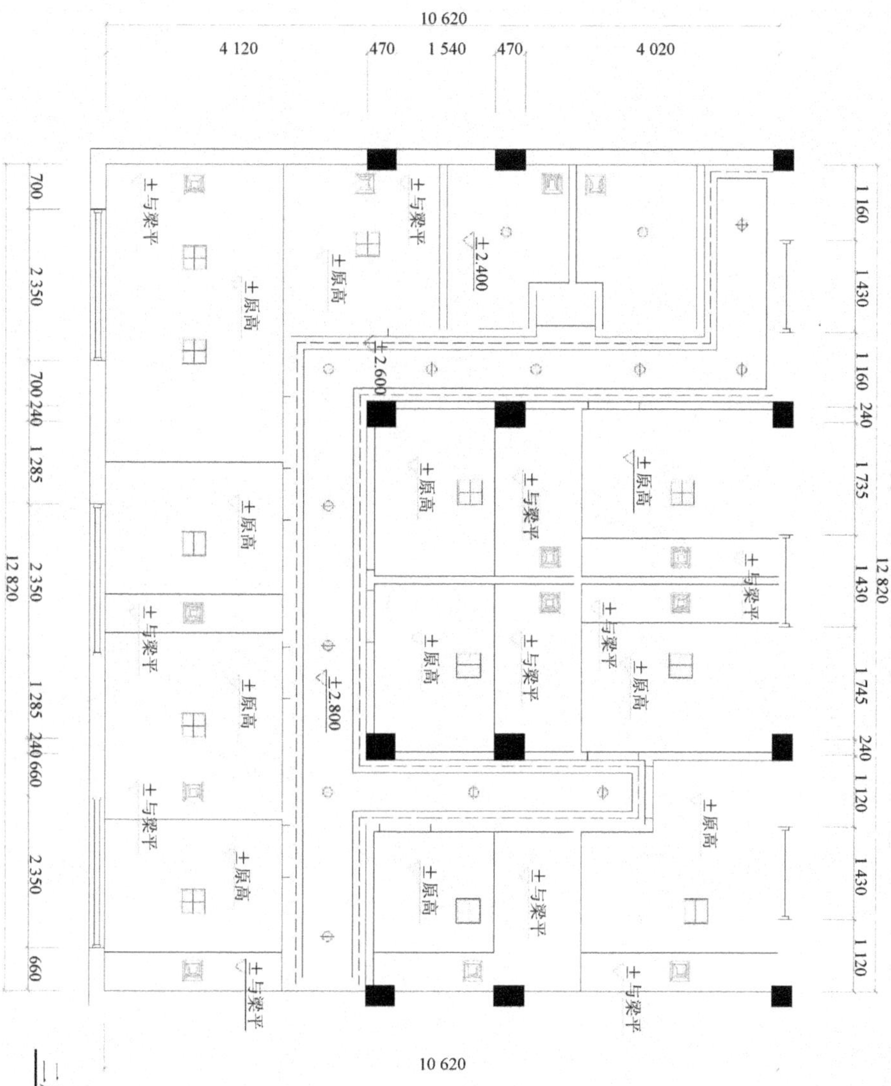

二层顶面布置图

1 : 40

图例	说明
	豆胆射灯
	Φ160节能筒灯
	工艺吊灯
	600*600格栅灯
	换气扇
	吸顶灯
	地灯
	150*1200日光灯

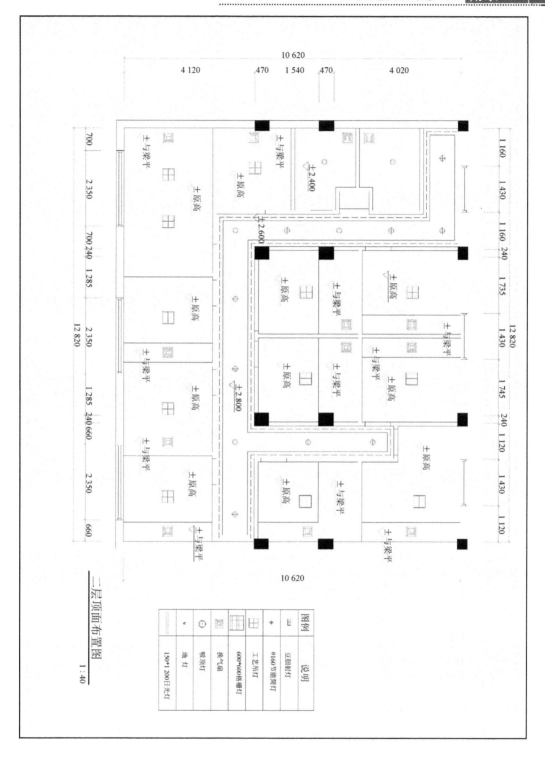

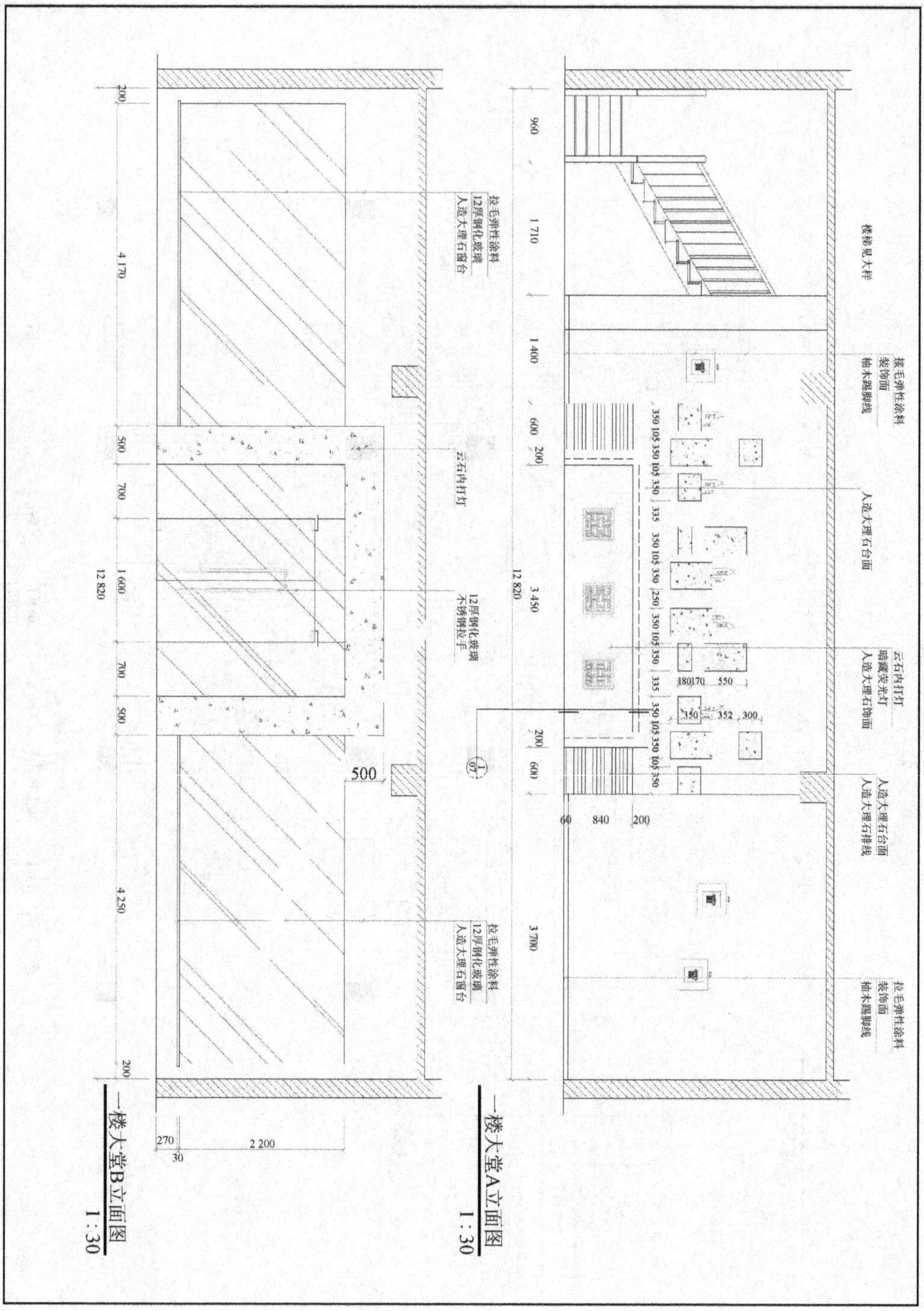
拉毛弹性涂料
12厚钢化玻璃
人造大理石窗台
云石内打灯
12厚钢化玻璃
不锈钢拉手
一楼大堂B立面图 1:30
楼梯见大样
拉毛弹性涂料
装饰面
柚木踢脚线
人造大理石台面
云石内打灯
暗藏荧光灯
人造大理石饰面
人造大理石台面
人造大理石挡线
一楼大堂A立面图 1:30

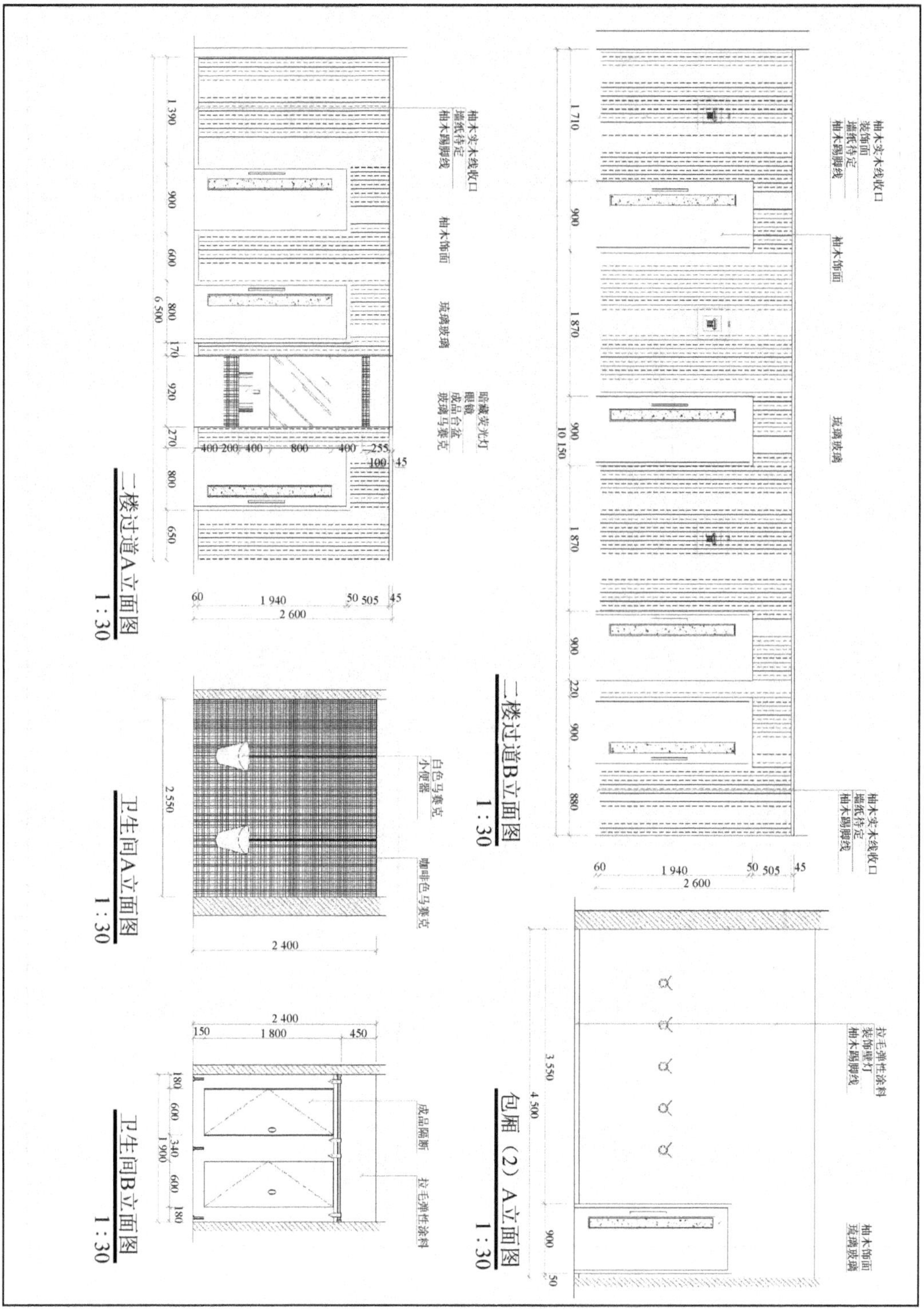
二楼过道A立面图
1∶30
柚木实木线收口
墙纸待定
柚木踢脚线
柚木饰面
琉璃玻璃
暗藏荧光灯
明镜
成品台盆
玻璃马赛克
二楼过道B立面图
1∶30
柚木实木线收口
装饰面
墙纸待定
柚木踢脚线
柚木饰面
琉璃玻璃
卫生间A立面图
1∶30
白色马赛克
小便器
咖啡色马赛克
卫生间B立面图
1∶30
成品隔断
拉毛弹性涂料
包厢（2）A立面图
1∶30
拉毛弹性涂料
装饰壁灯
柚木踢脚线
柚木饰面
琉璃玻璃

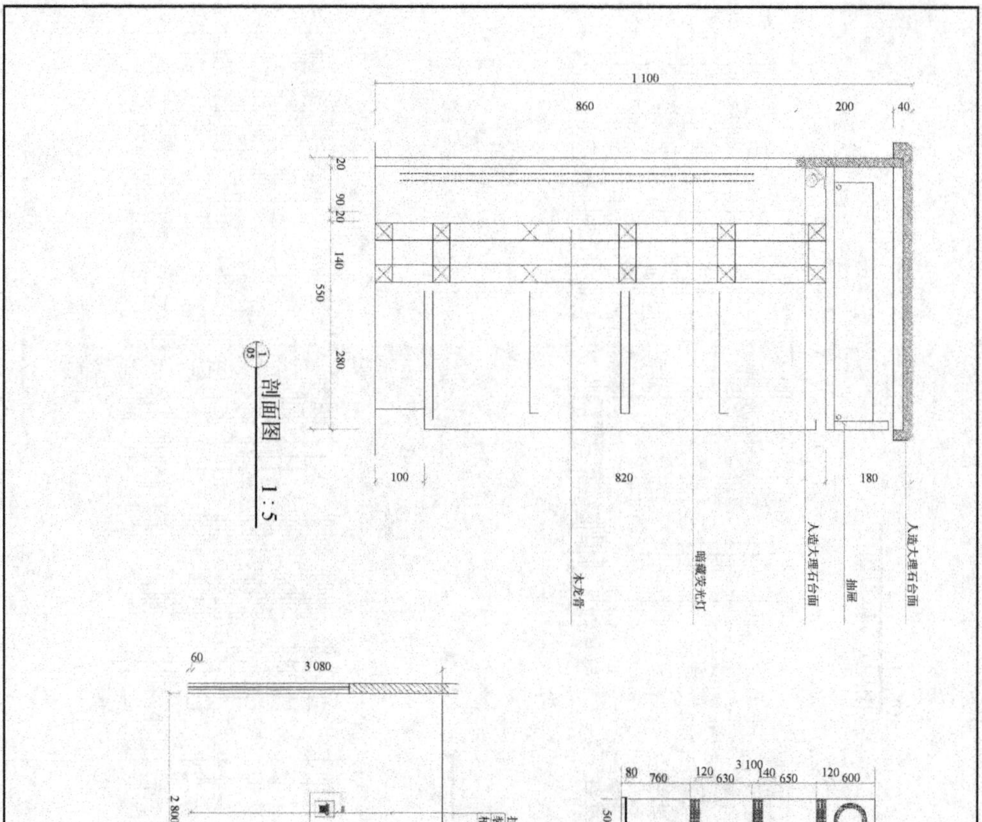
剖面图 1:5
人造大理石台面
抽屉
人造大理石台面
暗藏荧光灯
木龙骨
一楼柱子大样图 1:30
包厢（2）B立面图 1:30
一楼沙发隔断大样图 1:30
纱布
剖面图 1:5

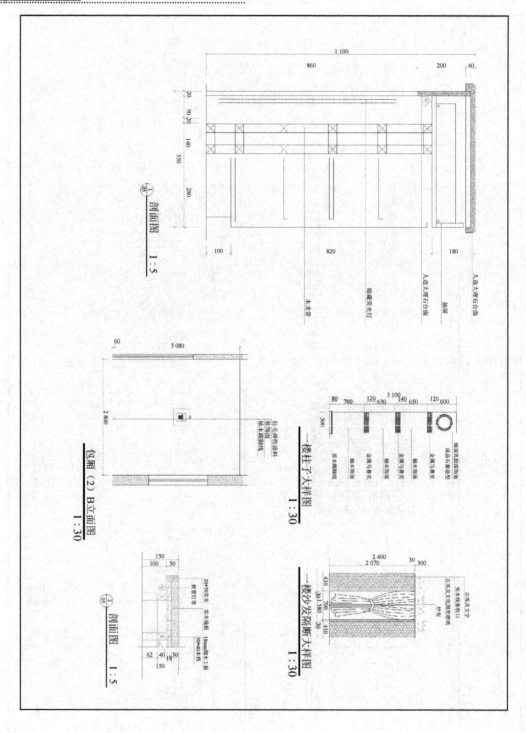

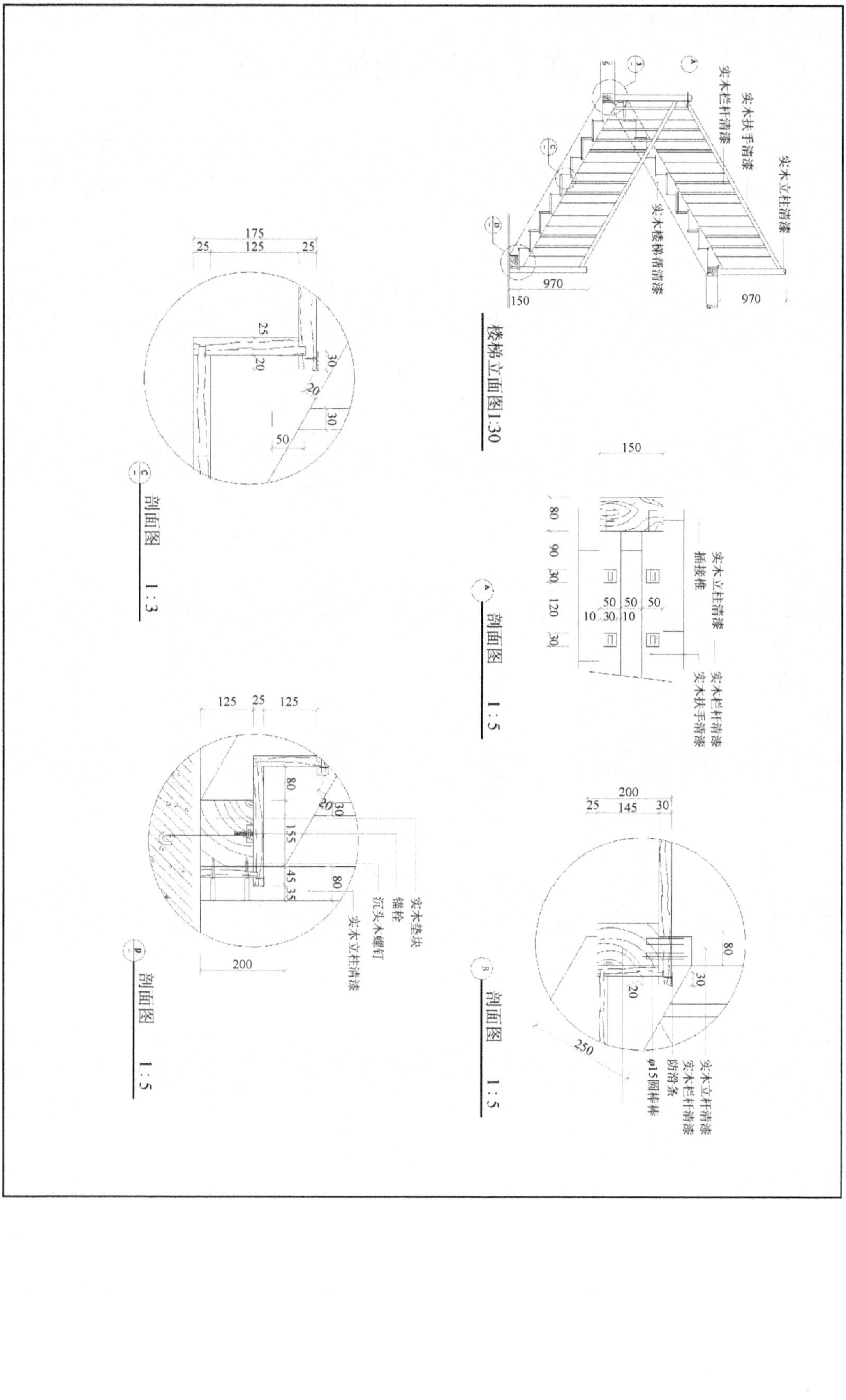
实木扶手清漆
实木栏杆清漆
实木立柱清漆
实木楼梯帮清漆
楼梯立面图1:30
剖面图 1:3
剖面图 1:5
实木立柱清漆
插接榫
实木栏杆清漆
实木扶手清漆
剖面图 1:5
实木立柱清漆
实木栏杆清漆
防滑条
φ15圆棒榫
剖面图 1:5
实木垫块
锚栓
沉头木螺钉
实木立柱清漆
剖面图 1:5

附录B 住宅装饰施工图

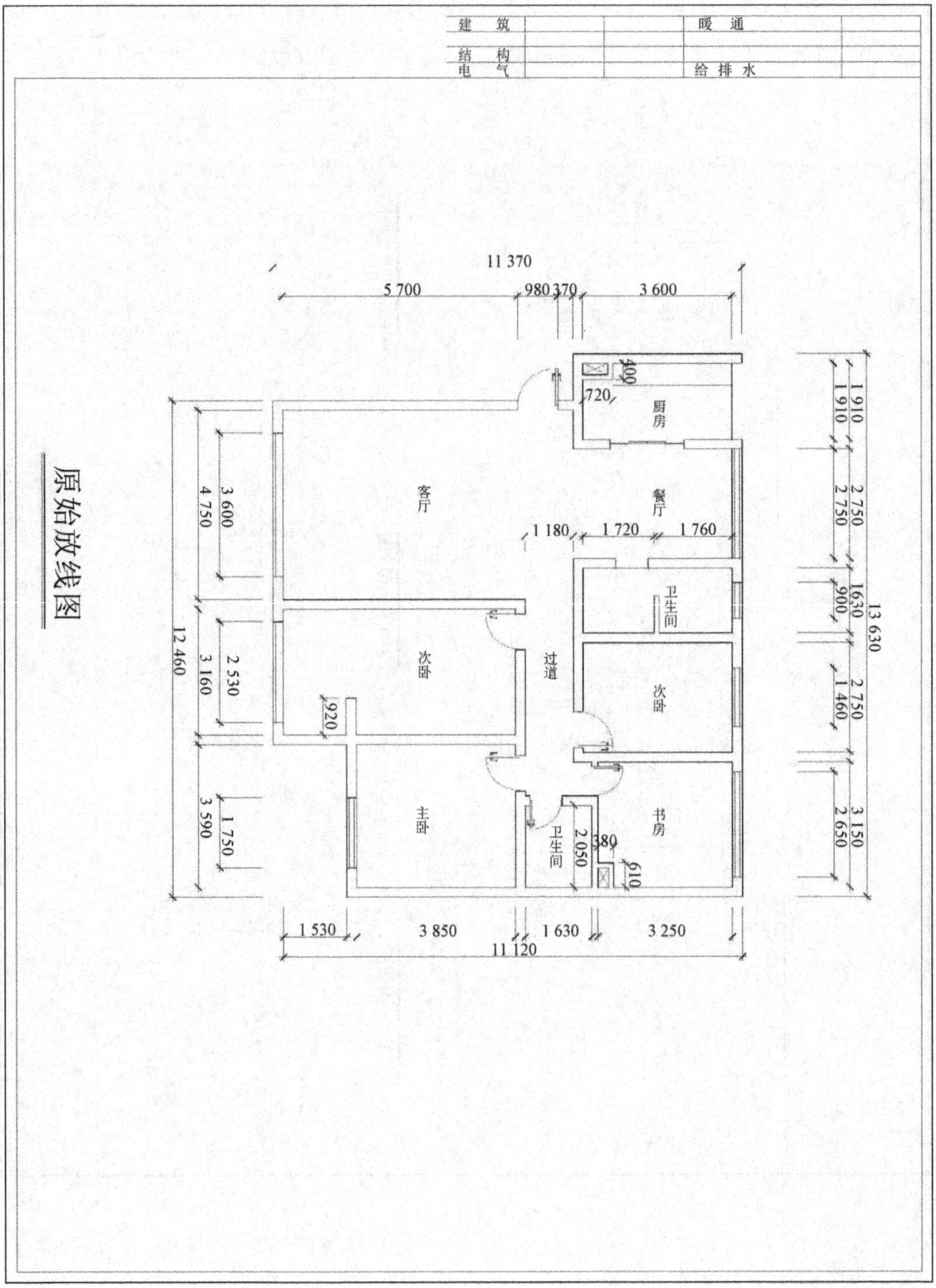

建 筑
暖 通
结 构
电 气
给 排 水
原始放线图
11 370
5 700
980
370
3 600
400
720
厨房
客厅
餐厅
1 180
1 720
1 760
卫生间
次卧
过道
次卧
主卧
卫生间
书房
920
2 050
380
610
4 750
3 600
3 160
2 530
3 590
1 750
12 460
1 910
1 910
2 750
2 750
1 630
900
2 750
1 460
3 150
2 650
13 630
1 530
3 850
1 630
3 250
11 120

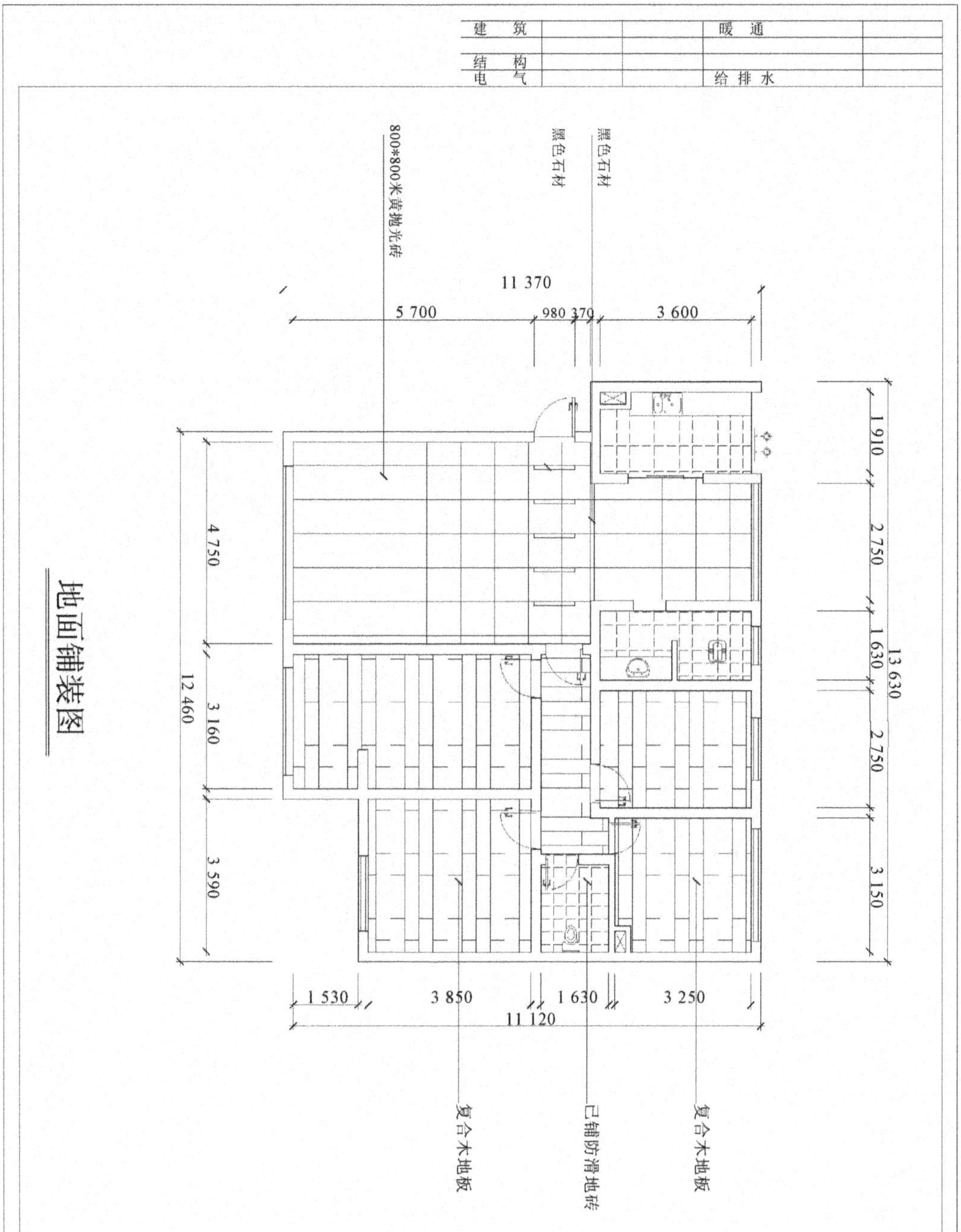
建 筑
暖 通
结 构
电 气
给排水
地面铺装图
800*800米黄抛光砖
黑色石材
黑色石材
11 370
5 700
980 370
3 600
1 910
2 750
1 630
13 630
2 750
3 150
4 750
12 460
3 160
3 590
1 530
3 850
1 630
3 250
11 120
复合木地板
已铺防滑地砖
复合木地板

建筑			暖通		
结构					
电气			给排水		

平面布置图

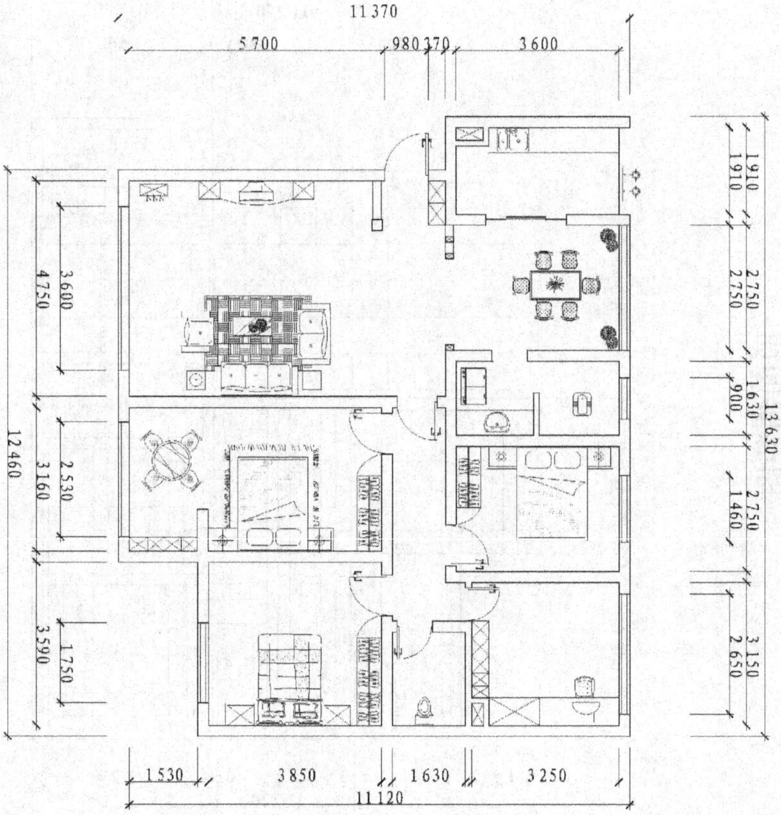

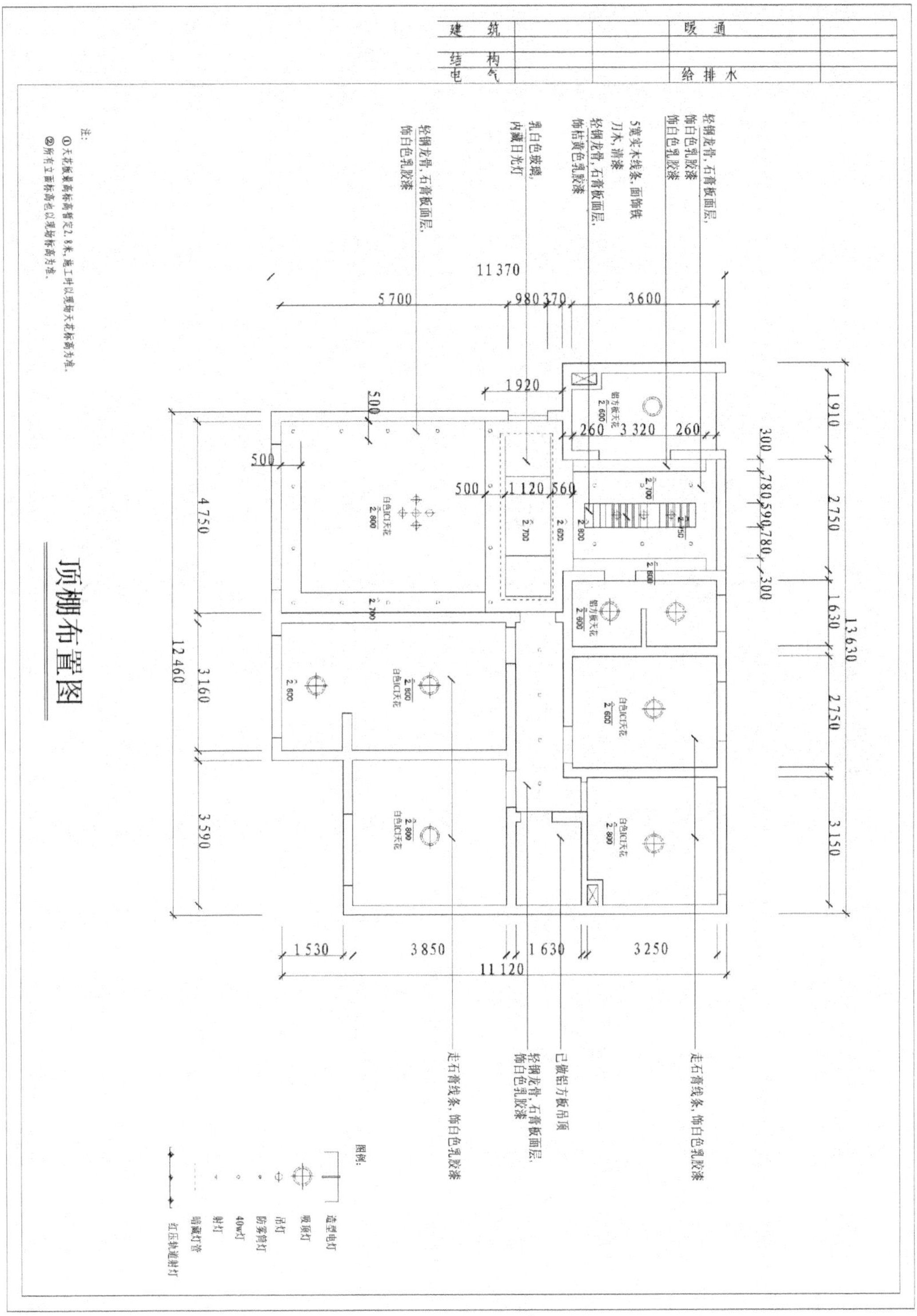
建筑
结构
电气
暖通
给排水
轻钢龙骨，石膏板面层，饰白色乳胶漆
饰白色乳胶漆
5宽实木线条，面饰铁刀木，清漆
轻钢龙骨，石膏板面层，饰桔黄色乳胶漆
乳白色玻璃，内藏日光灯
轻钢龙骨，石膏板面层，饰白色乳胶漆
走石膏线条，饰白色乳胶漆
已做铝方板吊顶
轻钢龙骨，石膏板面层，饰白色乳胶漆
走石膏线条，饰白色乳胶漆
铝方板天花
白色ICI天花
13 630
1 910
2 750
1 630
2 750
3 150
300
780
590
780
300
3 600
3 320
260
260
370
980
1 920
1 120
560
500
11 370
5 700
500
500
3 250
1 630
3 850
1 530
11 120
4 750
3 160
3 590
12 460
图例：
造型电灯
吸顶灯
吊灯
防雾筒灯
40w灯
射灯
暗藏灯管
红压轨道射灯
注：
①天花板最高标高暂定2.8米，施工时以现场天花标高为准。
②所有立面标高也以现场标高为准。
顶棚布置图

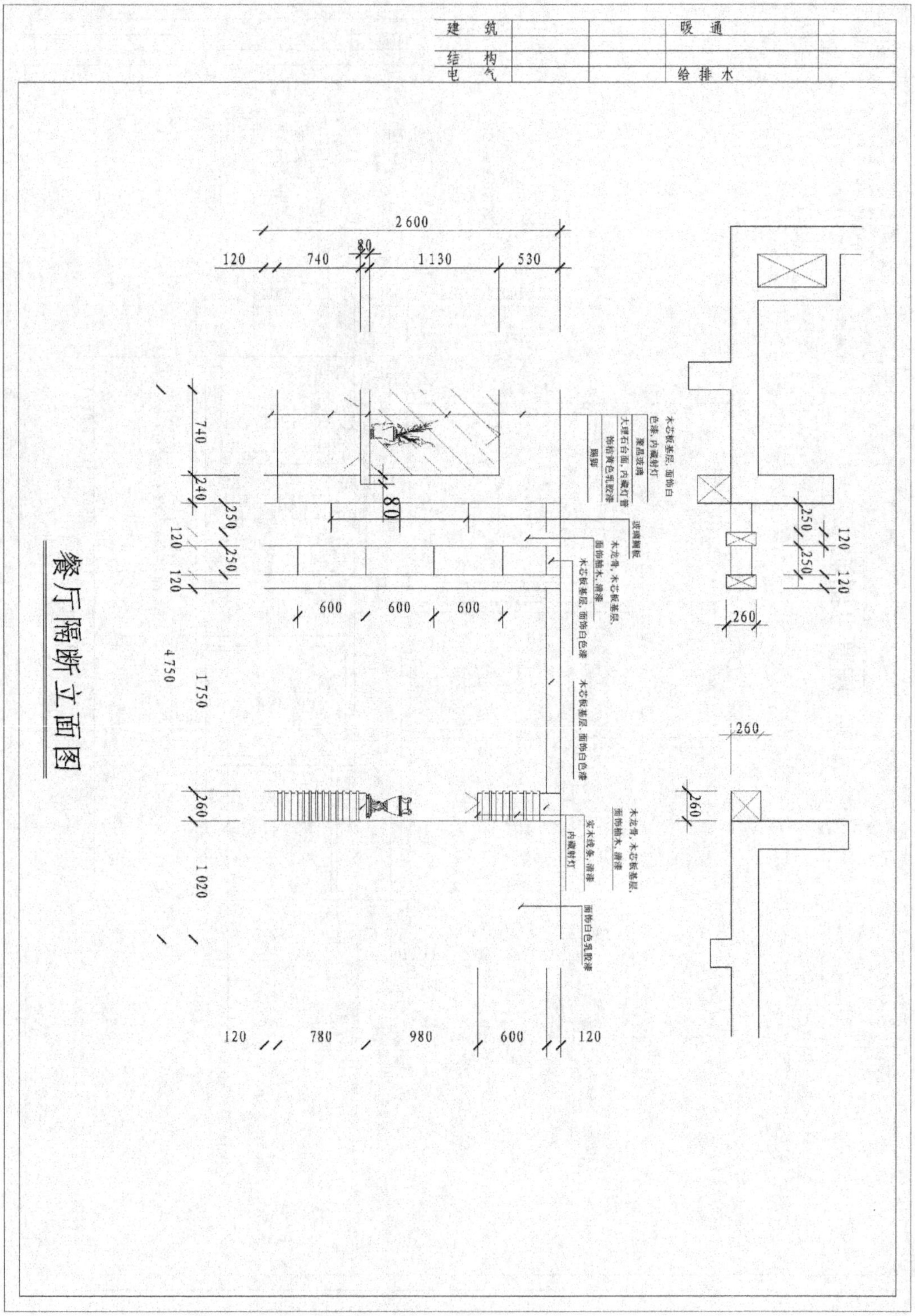
建 筑
暖 通
结 构
电 气
给 排 水
餐厅隔断立面图
2 600
120
740
80
1 130
530
240
250
120
600
4 750
1 750
260
1 020
780
980
木芯板基层，面饰白色漆，内藏射灯
大理石台面，内藏灯管
饰柏青色乳胶漆
玻璃隔板
木龙骨，木芯板基层，面饰柚木，清漆
木芯板基层，面饰白色漆
实木线条，清漆
内藏射灯
面饰白色乳胶漆

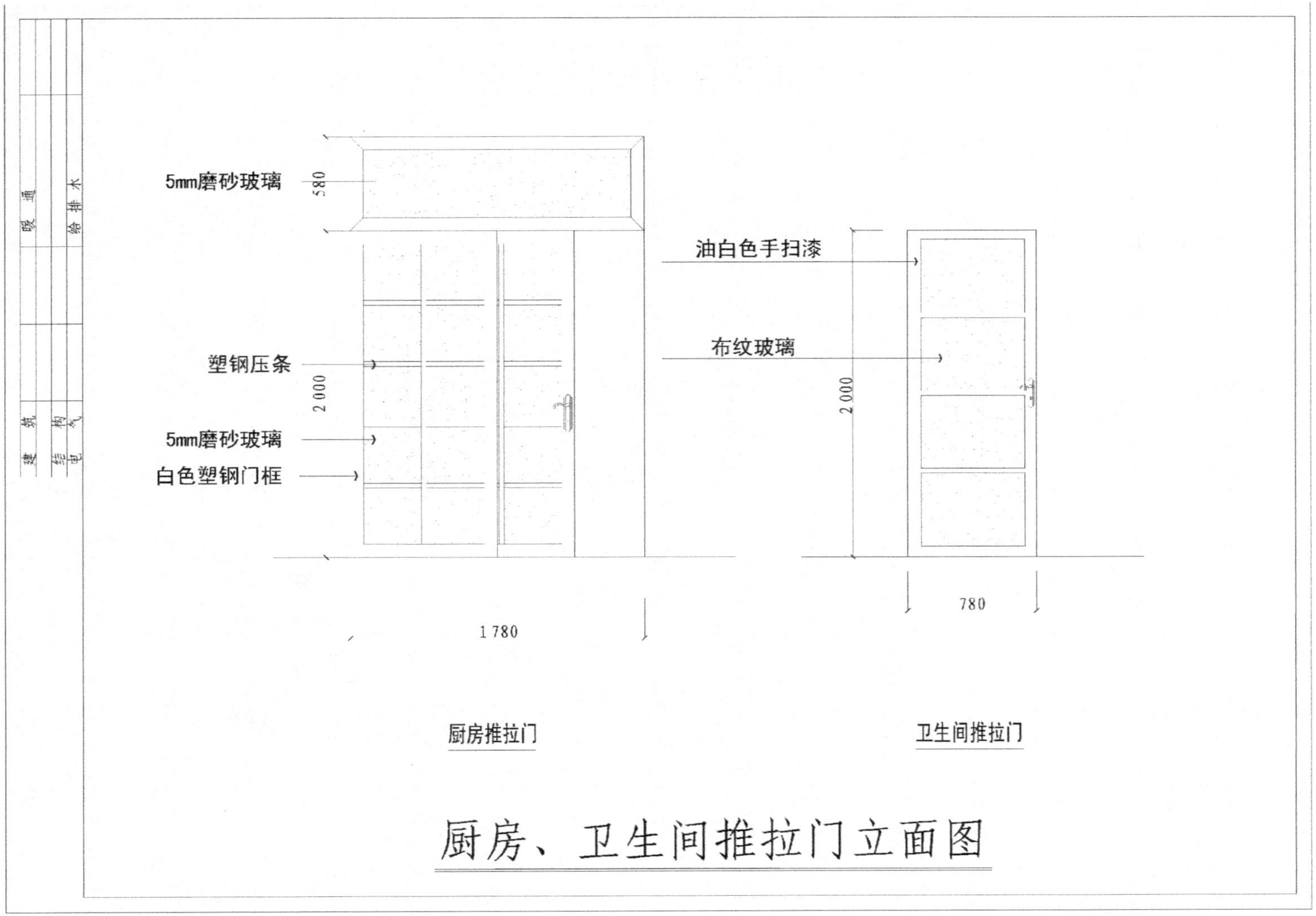
建 筑
结 构
电 气
暖 通
给 排 水
5mm磨砂玻璃
580
塑钢压条
2 000
5mm磨砂玻璃
白色塑钢门框
1 780
油白色手扫漆
布纹玻璃
2 000
780
厨房推拉门
卫生间推拉门
厨房、卫生间推拉门立面图

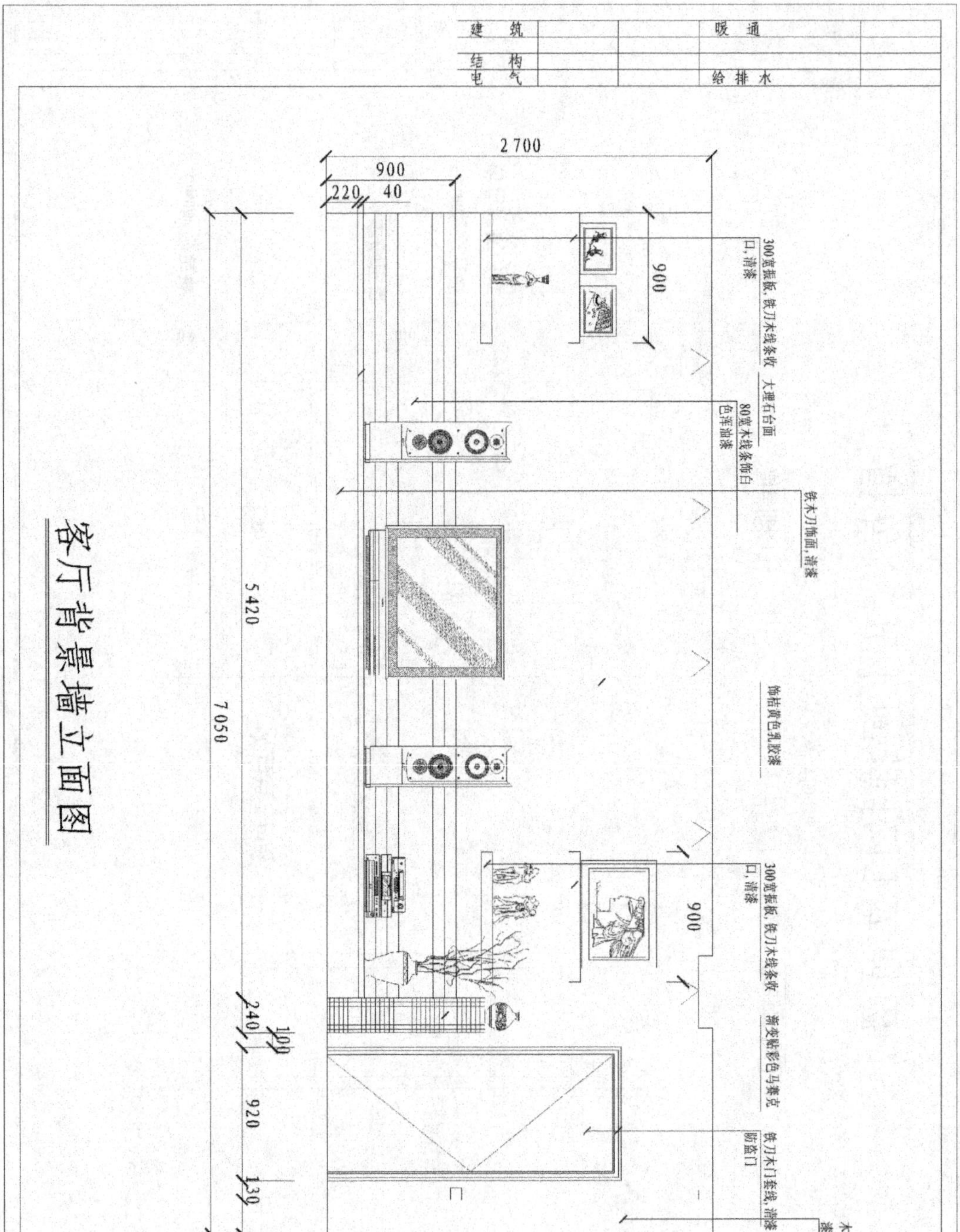
建筑
结构
电气
暖通
给排水
2 700
900
220
40
900
5420
7050
240
100
920
130
240
1 099
961
540
100
900
300宽装板，铁刀木线条收口，清漆
大理石台面
80宽木线条饰白色浑油漆
铁木刀饰面，清漆
饰桔黄色乳胶漆
300宽装板，铁刀木线条收口，清漆
渐变贴彩色马赛克
防盗门
铁刀木门套线，清漆
木芯板基层，面饰白色漆，内藏射灯

客厅背景墙立面图

建　筑			暖　通		
结　构					
电　气			给排水		

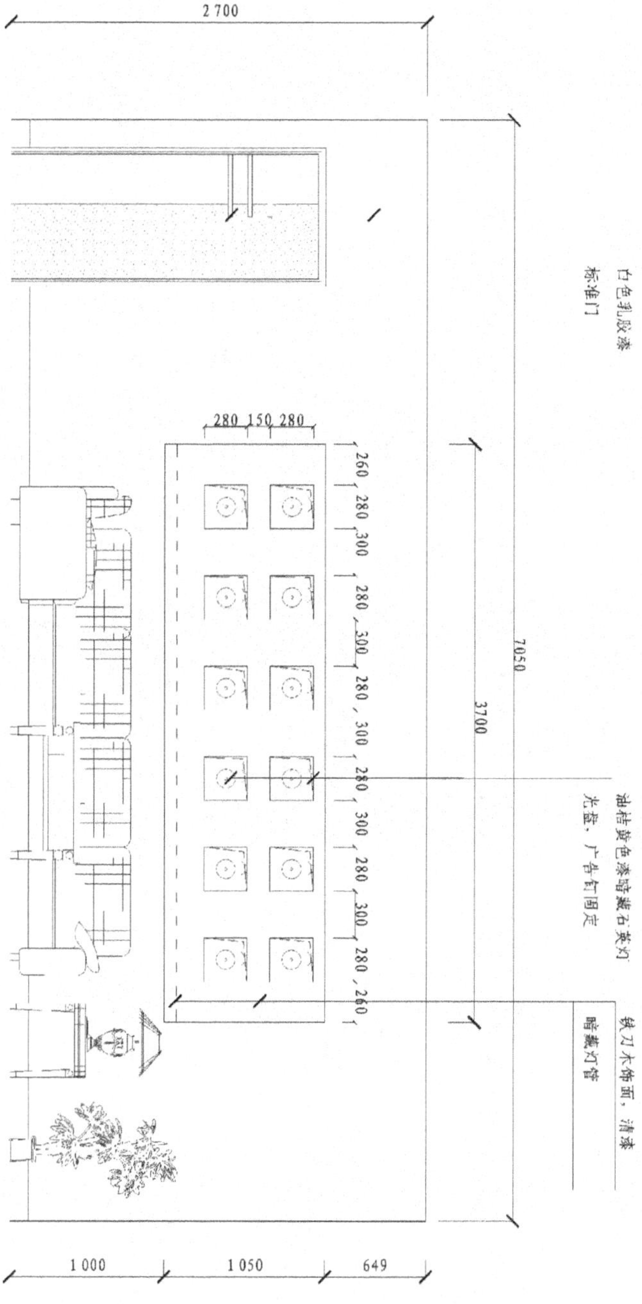

沙发背景墙立面图

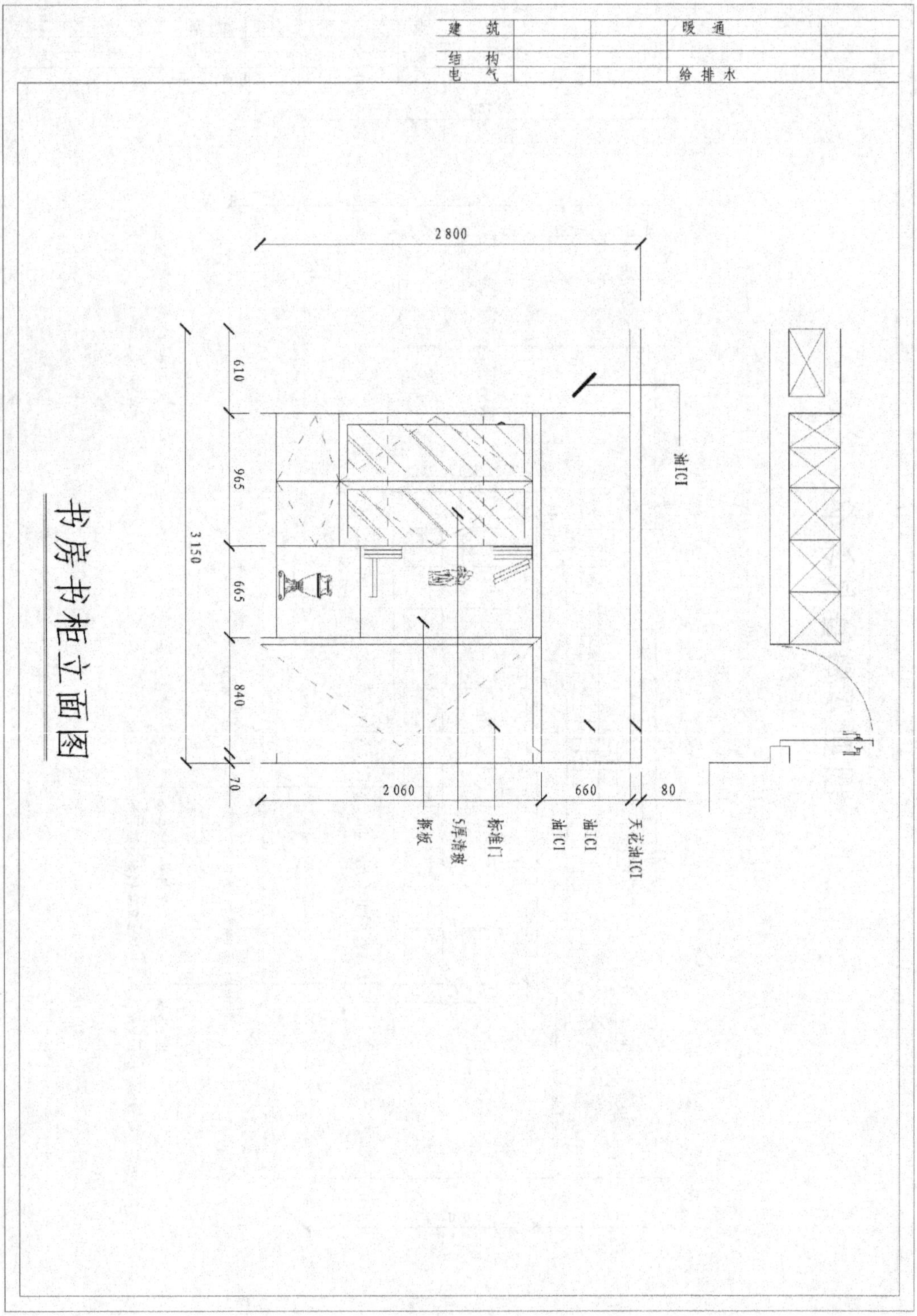
建筑
暖通
结构
电气
给排水
书房书柜立面图
2 800
610
965
665
840
70
3150
2 060
660
80
油ICI
搁板
5厚清玻
标准门
油ICI
油ICI
天花油ICI

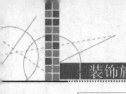

建 筑			暖 通		
结 构					
电 气			给 排 水		

书房书架立面图

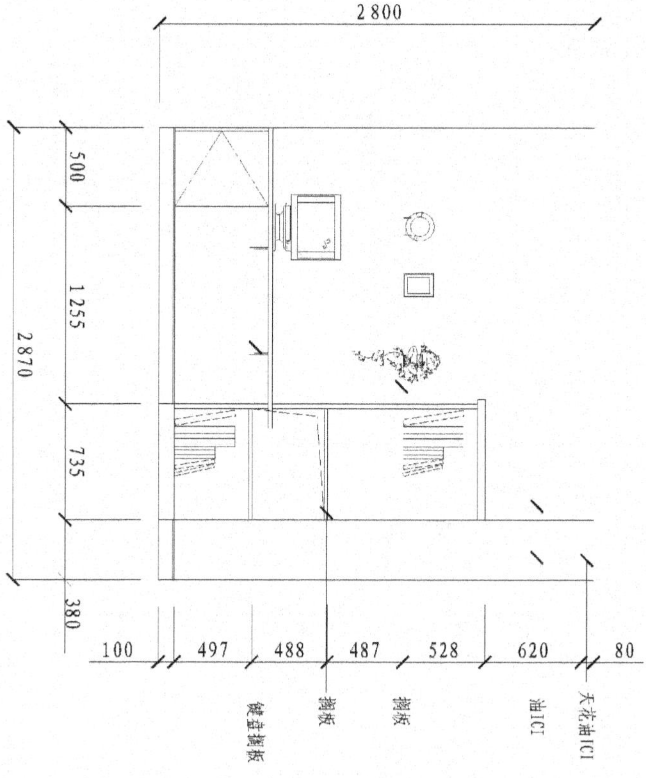

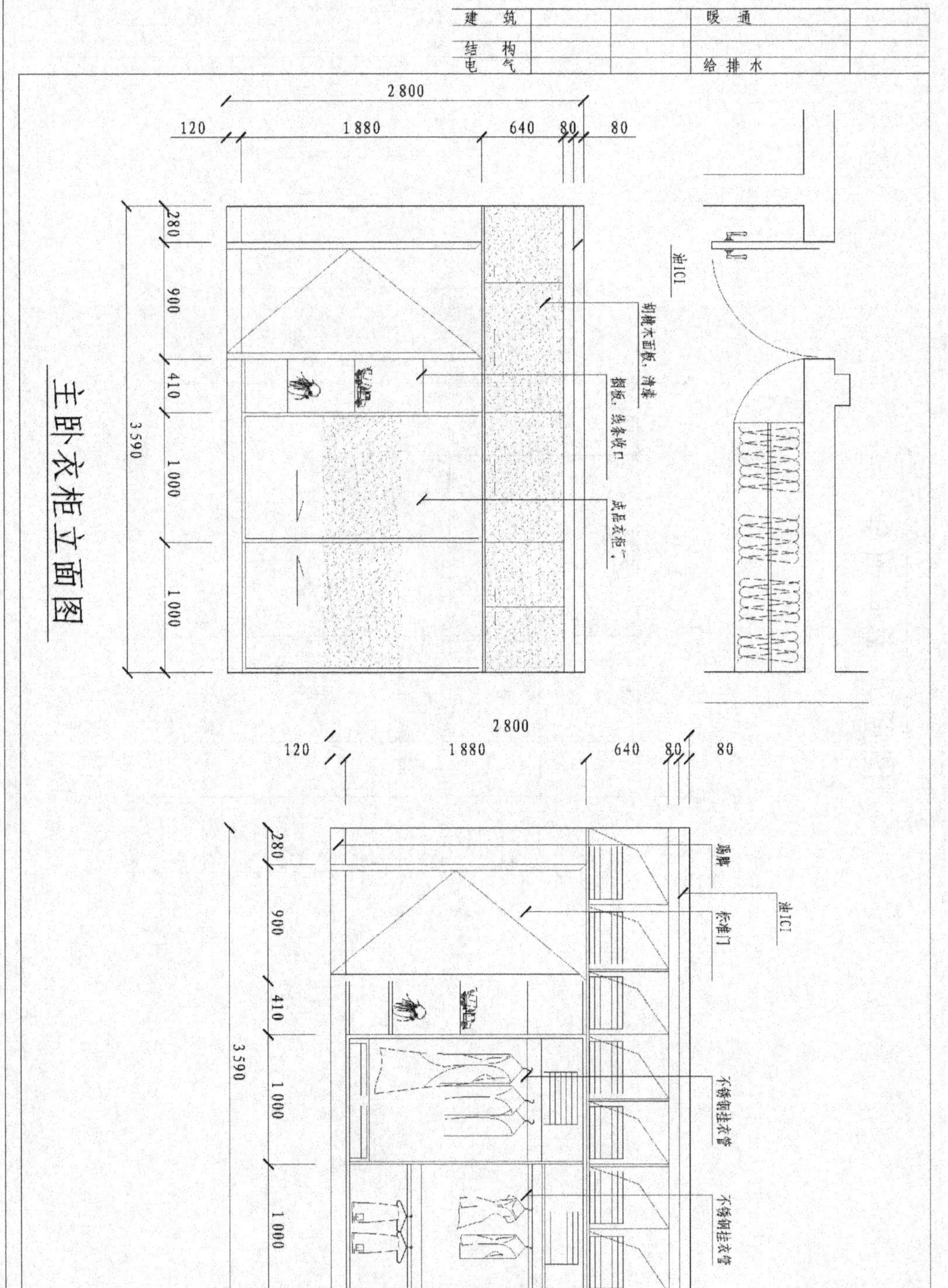

建筑
结构
电气
暖通
给排水
主卧衣柜立面图
2800
120
1880
640
80
80
280
900
410
1000
1000
3590
胡桃木面板，清漆
棚板，线条收口
成品衣帘
踢脚
不锈钢挂衣管
不锈钢挂衣管

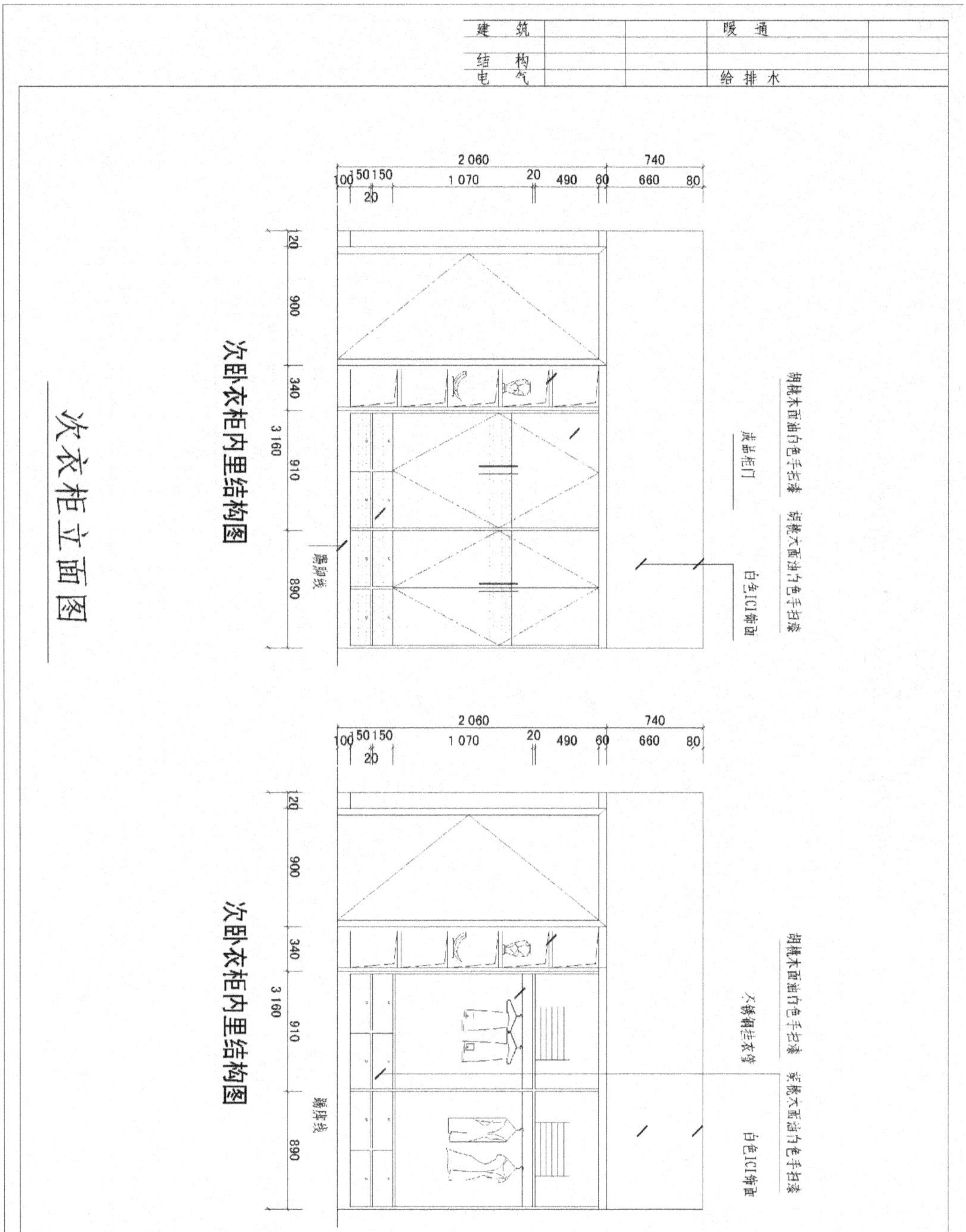
建 筑
结 构
电 气
暖 通
给 排 水
次衣柜立面图
次卧衣柜内里结构图
胡桃木面油白色手扫漆
成品柜门
白色ICI饰面
踢脚线
次卧衣柜内里结构图
胡桃木面油白色手扫漆
不锈钢挂衣管
白色ICI饰面
踢脚线

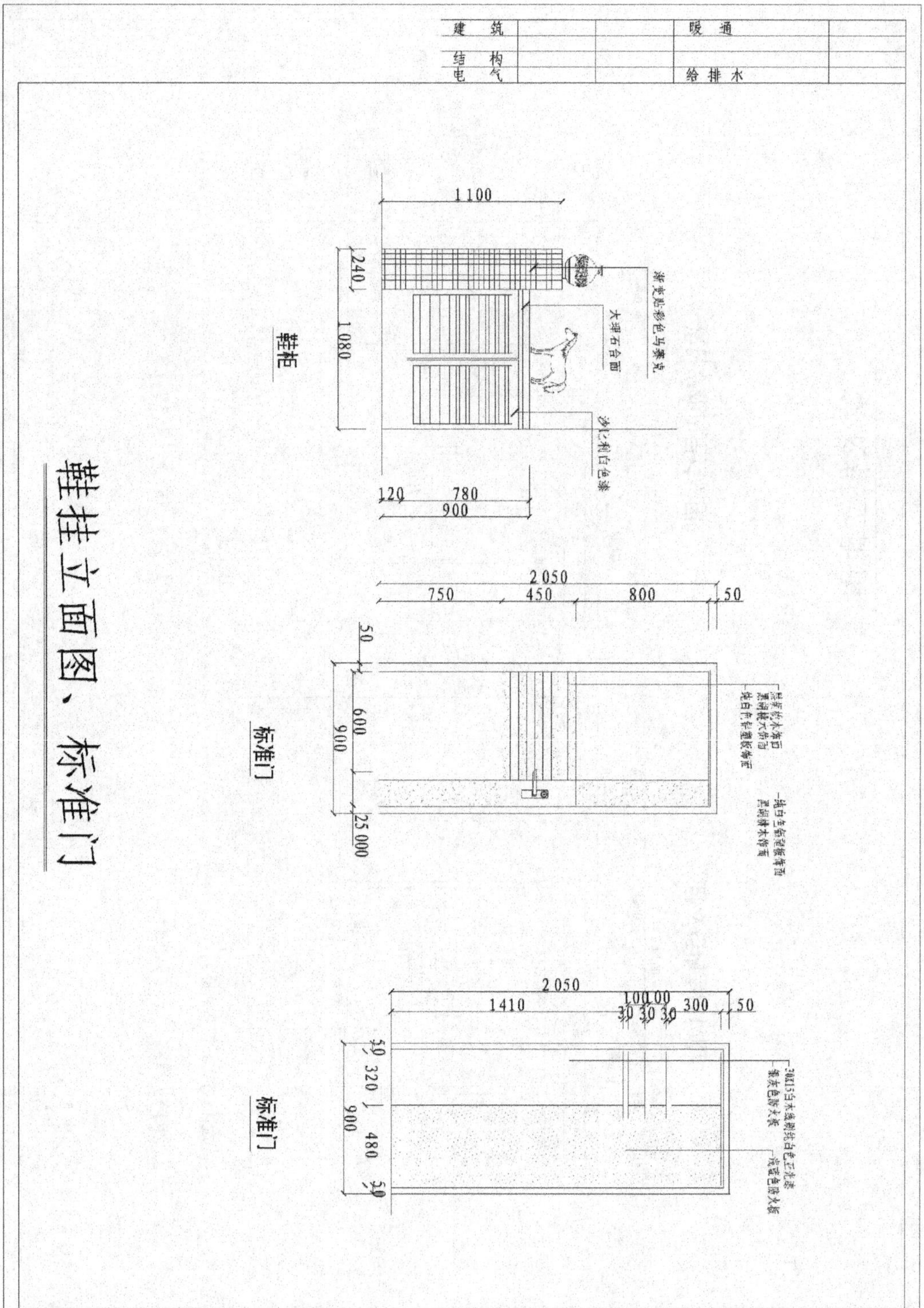
建筑
暖通
结构
电气
给排水
鞋柜立面图、标准门
鞋柜
1100
240
1080
120
780
900
大理石台面
标准门
2 050
750
450
800
50
600
900
25 000
标准门
2 050
1410
300
50
320
480
900

参考文献

[1] 孙世清．建筑装饰制图与阴影透视［M］.2版．北京：科学出版社，2005.
[2] 赵志文．建筑装饰构造［M］．北京：北京大学出版社，2009.
[3] 陈宝璠．建筑装饰材料［M］．北京：中国建材工业出版社，2009.
[4] 顾期斌．建筑装饰工程概预算［M］．北京：化学工业出版社，2010.
[5] 赵研．建筑构造［M］．北京：中国建筑工业出版社，2000.
[6] 季敏．安装工程识图与制图［M］．北京：中国建筑工业出版社，2003.
[7] 乐嘉龙．学刊建筑装饰施工图［M］．北京：中国电力出版社，2001.

北京大学出版社高职高专土建系列教材书目

序号	书　　名	书　　号	编著者	定价	出版时间	配套情况
	"互联网+"创新规划教材					
1	建筑构造(第二版)	978-7-301-26480-5	肖　芳	42.00	2016.1	ppt/APP/二维码
2	建筑装饰构造(第二版)	978-7-301-26572-7	赵志文等	39.50	2016.1	ppt/二维码
3	建筑工程概论	978-7-301-25934-4	申淑荣等	40.00	2015.8	ppt/二维码
4	市政管道工程施工	978-7-301-26629-8	雷彩虹	46.00	2016.5	ppt/二维码
5	市政道路工程施工	978-7-301-26632-8	张雪丽	49.00	2016.5	ppt/二维码
6	建筑三维平法结构图集	978-7-301-27168-1	傅华夏	65.00	2016.8	APP
7	建筑三维平法结构识图教程	978-7-301-27177-3	傅华夏	65.00	2016.8	APP
8	建筑工程制图与识图(第2版)	978-7-301-24408-1	白丽红	34.00	2016.8	APP/二维码
9	建筑设备基础知识与识图(第2版)	978-7-301-24586-6	靳慧征等	47.00	2016.8	二维码
10	建筑结构基础与识图	978-7-301-27215-2	周　晖	58.00	2016.9	APP/二维码
11	建筑构造与识图	978-7-301-27838-3	孙　伟	40.00	2017.1	APP/二维码
12	建筑工程施工技术(第三版)	978-7-301-27675-4	钟汉华等	66.00	2016.11	APP/二维码
13	工程建设监理案例分析教程(第二版)	978-7-301-27864-2	刘志麟等	50.00	2017.1	ppt
14	建筑工程质量与安全管理(第二版)	978-7-301-27219-0	郑　伟	55.00	2016.8	ppt/二维码
15	建筑工程计量与计价——透过案例学造价(第2版)	978-7-301-23852-3	张　强	59.00	2014.4	ppt
16	城乡规划原理与设计(原城市规划原理与设计)	978-7-301-27771-3	谭婧婧等	43.00	2017.1	ppt/素材
17	建筑工程计量与计价	978-7-301-27866-6	吴育萍等	49.00	2017.1	ppt/二维码
18	建筑工程计量与计价(第3版)	978-7-301-25344-1	肖明和等	65.00	2017.1	APP/二维码
19	市政工程计量与计价(第三版)	978-7-301-27983-0	郭良娟等	59.00	2017.2	ppt/二维码
20	高层建筑施工	978-7-301-28232-8	吴俊臣	65.00	2017.4	ppt/答案
21	建筑施工机械(第二版)	978-7-301-28247-2	吴志强等	35.00	2017.5	ppt/答案
22	市政工程概论	978-7-301-28260-1	郭　福等	46.00	2017.5	ppt/二维码
23	建筑工程测量(第二版)	978-7-301-28296-0	石　东等	51.00	2017.5	ppt/二维码
24	工程项目招投标与合同管理(第三版)	978-7-301-28439-1	周艳冬	44.00	2017.7	ppt/二维码
25	建筑制图(第三版)	978-7-301-28411-7	高丽荣	38.00	2017.7	ppt/APP/二维码
26	建筑制图习题集(第三版)	978-7-301-27897-0	高丽荣	35.00	2017.7	APP
27	建筑力学(第三版)	978-7-301-28600-5	刘明晖	55.00	2017.8	ppt/二维码
28	中外建筑史(第三版)	978-7-301-28689-0	袁新华等	42.00	2017.9	ppt/二维码
29	建筑施工技术(第三版)	978-7-301-28575-6	陈雄辉	54.00	2017.9	ppt/二维码
30	建筑工程经济(第三版)	978-7-301-28723-1	张宁宁等	36.00	2017.9	ppt/答案/二维码
	"十二五"职业教育国家规划教材					
1	★建筑工程应用文写作(第2版)	978-7-301-24480-7	赵立等	50.00	2014.8	ppt
2	★土木工程实用力学(第2版)	978-7-301-24681-8	马景善	47.00	2015.7	ppt
3	★建设工程监理(第2版)	978-7-301-24490-6	斯　庆	35.00	2015.1	ppt/答案
4	★建筑节能工程与施工	978-7-301-24274-2	吴明军等	35.00	2015.5	ppt
5	★建筑工程经济(第2版)	978-7-301-24492-0	胡六星等	41.00	2014.9	ppt/答案
6	★建设工程招投标与合同管理(第3版)	978-7-301-24483-8	宋春岩	40.00	2014.9	ppt/答案/试题/教案
7	★工程造价概论	978-7-301-24696-2	周艳冬	31.00	2015.1	ppt/答案
8	★建筑工程计量与计价(第3版)	978-7-301-25344-1	肖明和等	65.00	2017.1	APP/二维码
9	★建筑工程计量与计价实训(第3版)	978-7-301-25345-8	肖明和等	29.00	2015.7	
10	★建筑装饰施工技术(第2版)	978-7-301-24482-1	王　军	37.00	2014.7	ppt
11	★工程地质与土力学(第2版)	978-7-301-24479-1	杨仲元	41.00	2014.7	ppt
	基础课程					
1	建设法规及相关知识	978-7-301-22748-0	唐茂华等	34.00	2013.9	ppt
2	建设工程法规(第2版)	978-7-301-24493-7	皇甫婧琪	40.50	2014.8	ppt/答案/素材
3	建筑工程法规实务(第2版)	978-7-301-26188-0	杨陈慧等	49.50	2017.6	ppt
4	建筑法规	978-7-301-19371-6	董伟等	39.00	2011.9	ppt
5	建设工程法规	978-7-301-20912-7	王先恕	32.00	2012.7	ppt
6	AutoCAD 建筑制图教程(第2版)	978-7-301-21095-6	郭　慧	38.00	2013.3	ppt/素材
7	AutoCAD 建筑绘图教程(第2版)	978-7-301-24540-8	唐英敏等	44.00	2014.7	ppt
8	建筑 CAD 项目教程(2010 版)	978-7-301-20979-0	郭　慧	38.00	2012.9	素材
9	建筑工程专业英语(第二版)	978-7-301-26597-0	吴承霞	24.00	2016.2	ppt
10	建筑工程专业英语	978-7-301-20003-2	韩薇等	24.00	2012.2	ppt

序号	书　　名	书　　号	编著者	定价	出版时间	配套情况
11	建筑识图与构造(第2版)	978-7-301-23774-8	郑贵超	40.00	2014.2	ppt/答案
12	房屋建筑构造	978-7-301-19883-4	李少红	26.00	2012.1	ppt
13	建筑识图	978-7-301-21893-8	邓志勇等	35.00	2013.1	ppt
14	建筑识图与房屋构造	978-7-301-22860-9	贠禄等	54.00	2013.9	ppt/答案
15	建筑构造与设计	978-7-301-23506-5	陈玉萍	38.00	2014.1	ppt/答案
16	房屋建筑构造	978-7-301-23588-1	李元玲等	45.00	2014.1	ppt
17	房屋建筑构造习题集	978-7-301-26005-0	李元玲	26.00	2015.8	ppt/答案
18	建筑构造与施工图识读	978-7-301-24470-8	南学平	52.00	2014.8	ppt
19	建筑工程识图实训教程	978-7-301-26057-9	孙　伟	32.00	2015.12	ppt
20	建筑工程制图与识图(第2版)	978-7-301-24408-1	白丽红	34.00	2016.8	APP/二维码
21	建筑制图习题集(第2版)	978-7-301-24571-2	白丽红	25.00	2014.8	
22	◎建筑工程制图(第2版)(附习题册)	978-7-301-21120-5	肖明和	48.00	2012.8	ppt
23	建筑制图与识图(第2版)	978-7-301-24386-2	曹雪梅	38.00	2015.8	ppt
24	建筑制图与识图习题册	978-7-301-18652-7	曹雪梅等	30.00	2011.4	
25	建筑制图与识图(第二版)	978-7-301-25834-7	李元玲	32.00	2016.9	ppt
26	建筑制图与识图习题集	978-7-301-20425-2	李元玲	24.00	2012.3	ppt
27	新编建筑工程制图	978-7-301-21140-3	方筱松	30.00	2012.8	ppt
28	新编建筑工程制图习题集	978-7-301-16834-9	方筱松	22.00	2012.8	
	建筑施工类					
1	建筑工程测量	978-7-301-16727-4	赵景利	30.00	2010.2	ppt/答案
2	建筑工程测量(第2版)	978-7-301-22002-3	张敬伟	37.00	2013.2	ppt/答案
3	建筑工程测量实验与实训指导(第2版)	978-7-301-23166-1	张敬伟	27.00	2013.9	答案
4	建筑工程测量	978-7-301-19992-3	潘益民	38.00	2012.2	ppt
5	建筑工程测量	978-7-301-13578-5	王金玲等	26.00	2008.5	
6	建筑工程测量实训(第2版)	978-7-301-24833-1	杨凤华	34.00	2015.3	答案
7	建筑工程测量	978-7-301-22485-4	景　铎等	34.00	2013.6	ppt
8	建筑施工技术	978-7-301-12336-2	朱永祥等	38.00	2008.8	ppt
9	建筑施工技术	978-7-301-16726-7	叶　雯等	44.00	2010.8	ppt/素材
10	建筑施工技术	978-7-301-19499-7	董　伟等	42.00	2011.9	ppt
11	建筑施工技术	978-7-301-19997-8	苏小梅	38.00	2012.1	ppt
12	建筑施工机械	978-7-301-19365-5	吴志强	30.00	2011.10	ppt
13	基础工程施工	978-7-301-20917-2	董　伟等	35.00	2012.7	ppt
14	建筑施工技术实训(第2版)	978-7-301-24368-8	周晓龙	30.00	2014.7	
15	土木工程力学	978-7-301-16864-6	吴明军	38.00	2010.4	ppt
16	PKPM 软件的应用(第2版)	978-7-301-22625-4	王　娜等	34.00	2013.6	
17	◎建筑结构(第2版)(上册)	978-7-301-21106-9	徐锡权	41.00	2013.4	ppt/答案
18	◎建筑结构(第2版)(下册)	978-7-301-22584-4	徐锡权	42.00	2013.6	ppt/答案
19	建筑结构学习指导与技能训练(上册)	978-7-301-25929-0	徐锡权	28.00	2015.8	ppt
20	建筑结构学习指导与技能训练(下册)	978-7-301-25933-7	徐锡权	28.00	2015.8	ppt
21	建筑结构	978-7-301-19171-2	唐春平等	41.00	2011.8	ppt
22	建筑结构基础	978-7-301-21125-0	王中发	36.00	2012.8	ppt
23	建筑结构原理及应用	978-7-301-18732-6	史美东	45.00	2012.8	ppt
24	建筑结构与识图	978-7-301-26935-0	相秉志	37.00	2016.2	
25	建筑力学与结构(第2版)	978-7-301-22148-8	吴承霞等	49.00	2013.4	ppt/答案
26	建筑力学与结构(少学时版)	978-7-301-21730-6	吴承霞	34.00	2013.2	ppt/答案
27	建筑力学与结构	978-7-301-20988-2	陈水广	32.00	2012.8	ppt
28	建筑力学与结构	978-7-301-23348-1	杨丽君等	44.00	2014.1	ppt
29	建筑结构与施工图	978-7-301-22188-4	朱希文等	35.00	2013.3	ppt
30	生态建筑材料	978-7-301-19588-2	陈剑峰等	38.00	2011.10	ppt
31	建筑材料(第2版)	978-7-301-24633-7	林祖宏	35.00	2014.8	ppt
32	建筑材料与检测(第2版)	978-7-301-25347-2	梅　杨等	35.00	2015.2	ppt/答案
33	建筑材料检测试验指导	978-7-301-16729-8	王美芬等	18.00	2010.10	
34	建筑材料与检测(第二版)	978-7-301-26550-5	王　辉	40.00	2016.1	ppt
35	建筑材料与检测试验指导(第二版)	978-7-301-28471-1	王　辉	23.00	2017.7	ppt
36	建筑材料选择与应用	978-7-301-21948-5	申淑荣等	39.00	2013.3	ppt
37	建筑材料检测实训	978-7-301-22317-8	申淑荣等	24.00	2013.4	
38	建筑材料	978-7-301-24208-7	任晓菲	40.00	2014.7	ppt/答案
39	建筑材料检测试验指导	978-7-301-24782-2	陈东佐等	20.00	2014.9	ppt
40	◎建设工程监理概论(第2版)	978-7-301-20854-0	徐锡权等	43.00	2012.8	ppt/答案
41	建设工程监理概论	978-7-301-15518-9	曾庆军等	24.00	2009.9	ppt
42	◎地基与基础(第2版)	978-7-301-23304-7	肖明和等	42.00	2013.11	ppt/答案
43	地基与基础	978-7-301-16130-2	孙平平等	26.00	2010.10	ppt
44	地基与基础实训	978-7-301-23174-6	肖明和等	25.00	2013.10	ppt
45	土力学与地基基础	978-7-301-23675-8	叶火炎等	35.00	2014.1	ppt

序号	书　　名	书　　号	编著者	定价	出版时间	配套情况
46	土力学与基础工程	978-7-301-23590-4	宁培淋等	32.00	2014.1	ppt
47	土力学与地基基础	978-7-301-25525-4	陈东佐	45.00	2015.2	ppt/答案
48	建筑工程质量事故分析(第2版)	978-7-301-22467-0	郑文新	32.00	2013.9	ppt
49	建筑工程施工组织设计	978-7-301-18512-4	李源清	26.00	2011.2	ppt
50	建筑工程施工组织实训	978-7-301-18961-0	李源清	40.00	2011.6	ppt
51	建筑施工组织与进度控制	978-7-301-21223-3	张廷瑞	36.00	2012.9	ppt
52	建筑施工组织项目式教程	978-7-301-19901-5	杨红玉	44.00	2012.1	ppt/答案
53	钢筋混凝土工程施工与组织	978-7-301-19587-1	高　雁	32.00	2012.5	ppt
54	钢筋混凝土工程施工与组织实训指导(学生工作页)	978-7-301-21208-0	高　雁	20.00	2012.9	ppt
55	建筑施工工艺	978-7-301-24687-0	李源清等	49.50	2015.1	ppt/答案
		工程管理类				
1	建筑工程经济	978-7-301-24346-6	刘晓丽等	38.00	2014.7	ppt/答案
2	施工企业会计(第2版)	978-7-301-24434-0	辛艳红等	36.00	2014.7	ppt/答案
3	建筑工程项目管理(第2版)	978-7-301-26944-2	范红岩等	42.00	2016. 3	ppt
4	建设工程项目管理(第二版)	978-7-301-24683-2	王　辉	36.00	2014.9	ppt/答案
5	建设工程项目管理(第2版)	978-7-301-28235-9	冯松山等	45.00	2017.6	ppt
6	建筑施工组织与管理(第2版)	978-7-301-22149-5	翟丽旻等	43.00	2013.4	ppt/答案
7	建设工程合同管理	978-7-301-22612-4	刘庭江	46.00	2013.6	ppt/答案
8	建筑工程资料管理	978-7-301-17456-2	孙　刚等	36.00	2012.9	ppt
9	建筑工程招投标与合同管理	978-7-301-16802-8	程超胜	30.00	2012.9	ppt
10	工程招投标与合同管理实务	978-7-301-19035-7	杨甲奇等	48.00	2011.8	ppt
11	工程招投标与合同管理实务	978-7-301-19290-0	郑文新等	43.00	2011.8	ppt
12	建设工程招投标与合同管理实务	978-7-301-20404-7	杨云会等	42.00	2012.4	ppt/答案/习题
13	工程招投标与合同管理	978-7-301-17455-5	文新平	37.00	2012.9	ppt
14	工程项目招投标与合同管理(第2版)	978-7-301-24554-5	李洪军等	42.00	2014.8	ppt/答案
15	建筑工程商务标编制实训	978-7-301-20804-5	钟振宇	35.00	2012.7	ppt
17	建筑工程安全管理(第2版)	978-7-301-25480-6	宋　健等	42.00	2015.8	ppt/答案
18	施工项目质量与安全管理	978-7-301-21275-2	钟汉华	45.00	2012.10	ppt/答案
19	工程造价控制(第2版)	978-7-301-24594-1	斯　庆	32.00	2014.8	ppt/答案
20	工程造价管理(第二版)	978-7-301-27050-9	徐锡权等	44.00	2016.5	ppt
21	工程造价控制与管理	978-7-301-19366-2	胡新萍等	30.00	2011.11	ppt
22	建筑工程造价管理	978-7-301-20360-6	柴　琦等	27.00	2012.3	ppt
23	建筑工程造价管理	978-7-301-15517-2	李茂英等	24.00	2009.9	
24	工程造价案例分析	978-7-301-22985-9	甄　凤	30.00	2013.8	ppt
25	建设工程造价控制与管理	978-7-301-24273-5	胡芳珍等	38.00	2014.6	ppt/答案
26	◎建筑工程造价	978-7-301-21892-1	孙咏梅	40.00	2013.2	ppt
27	建筑工程计量与计价	978-7-301-26570-3	杨建林	46.00	2016.1	ppt
28	建筑工程计量与计价综合实训	978-7-301-23568-3	龚小兰	28.00	2014.1	
29	建筑工程估价	978-7-301-22802-9	张　英	43.00	2013.8	ppt
30	安装工程计量与计价(第3版)	978-7-301-24539-2	冯　钢等	54.00	2014.8	ppt
31	安装工程计量与计价综合实训	978-7-301-23294-1	成春燕	49.00	2013.10	素材
32	建筑安装工程计量与计价	978-7-301-26004-3	景巧玲等	56.00	2016.1	ppt
33	建筑安装工程计量与计价实训(第2版)	978-7-301-25683-1	景巧玲等	36.00	2015.7	
34	建筑水电安装工程计量与计价(第二版)	978-7-301-26329-7	陈连姝	51.00	2016.1	ppt
35	建筑与装饰装修工程工程量清单(第2版)	978-7-301-25753-1	翟丽旻等	36.00	2015.5	ppt
36	建筑工程清单编制	978-7-301-19387-7	叶晓容	24.00	2011.8	ppt
37	建设项目评估(第二版)	978-7-301-28708-8	高志云等	38.00	2017.9	ppt
38	钢筋工程清单编制	978-7-301-20114-5	贾莲英	36.00	2012.2	ppt
39	混凝土工程清单编制	978-7-301-20384-2	顾　娟	28.00	2012.5	ppt
40	建筑装饰工程预算(第2版)	978-7-301-25801-9	范菊雨	44.00	2015.7	ppt
41	建筑装饰工程计量与计价	978-7-301-20055-1	李茂英	42.00	2012.2	ppt
42	建设工程安全监理	978-7-301-20802-1	沈万岳	28.00	2012.7	ppt
43	建筑工程安全技术与管理实务	978-7-301-21187-8	沈万岳	48.00	2012.9	ppt
44	工程造价管理(第2版)	978-7-301-28269-4	曾　浩等	38.00	2017.5	ppt/答案
		建筑设计类				
1	◎建筑室内空间历程	978-7-301-19338-9	张伟孝	53.00	2011.8	
2	建筑装饰CAD项目教程	978-7-301-20950-9	郭　慧	35.00	2013.1	ppt/素材
3	建筑设计基础	978-7-301-25961-0	周圆圆	42.00	2015.7	
4	室内设计基础	978-7-301-15613-1	李书青	32.00	2009.8	ppt
5	建筑装饰材料(第2版)	978-7-301-22356-7	焦　涛等	34.00	2013.5	ppt
6	设计构成	978-7-301-15504-2	戴碧锋	30.00	2009.8	ppt

序号	书　　名	书　　号	编著者	定价	出版时间	配套情况
7	基础色彩	978-7-301-16072-5	张　军	42.00	2010.4	
8	设计色彩	978-7-301-21211-0	龙黎黎	46.00	2012.9	ppt
9	设计素描	978-7-301-22391-8	司马金桃	29.00	2013.4	ppt
10	建筑素描表现与创意	978-7-301-15541-7	于修国	25.00	2009.8	
11	3ds Max 效果图制作	978-7-301-22870-8	刘　晗等	45.00	2013.7	ppt
12	3ds max 室内设计表现方法	978-7-301-17762-4	徐海军	32.00	2010.9	
13	Photoshop 效果图后期制作	978-7-301-16073-2	脱忠伟等	52.00	2011.1	素材
14	3ds Max & V-Ray 建筑设计表现案例教程	978-7-301-25093-8	郑恩峰	40.00	2014.12	ppt
15	建筑表现技法	978-7-301-19216-0	张　峰	32.00	2011.8	ppt
16	建筑速写	978-7-301-20441-2	张　峰	30.00	2012.4	
17	建筑装饰设计	978-7-301-20022-3	杨丽君	36.00	2012.2	ppt/素材
18	装饰施工读图与识图	978-7-301-19991-6	杨丽君	33.00	2012.5	ppt
		规划园林类				
1	居住区景观设计	978-7-301-20587-7	张群成	47.00	2012.5	ppt
2	居住区规划设计	978-7-301-21031-4	张　燕	48.00	2012.8	ppt
3	园林植物识别与应用	978-7-301-17485-2	潘利等	34.00	2012.9	ppt
4	园林工程施工组织管理	978-7-301-22364-2	潘利等	35.00	2013.4	ppt
5	园林景观计算机辅助设计	978-7-301-24500-2	于化强等	48.00	2014.8	ppt
6	建筑·园林·装饰设计初步	978-7-301-24575-0	王金贵	38.00	2014.10	ppt
		房地产类				
1	房地产开发与经营(第 2 版)	978-7-301-23084-8	张建中等	33.00	2013.9	ppt/答案
2	房地产估价(第 2 版)	978-7-301-22945-3	张　勇等	35.00	2013.9	ppt/答案
3	房地产估价理论与实务	978-7-301-19327-3	褚菁晶	35.00	2011.8	ppt/答案
4	物业管理理论与实务	978-7-301-19354-9	裴艳慧	52.00	2011.9	ppt
5	房地产测绘	978-7-301-22747-3	唐春平	29.00	2013.7	ppt
6	房地产营销与策划	978-7-301-18731-9	应佐萍	42.00	2012.8	ppt
7	房地产投资分析与实务	978-7-301-24832-4	高志云	35.00	2014.9	ppt
8	物业管理实务	978-7-301-27163-6	胡大见	44.00	2016.6	
9	房地产投资分析	978-7-301-27529-0	刘永胜	47.00	2016.9	ppt
		市政与路桥				
1	市政工程施工图案例图集	978-7-301-24824-9	陈亿琳	43.00	2015.3	pdf
2	市政工程计价	978-7-301-22117-4	彭以舟等	39.00	2013.3	ppt
3	市政桥梁工程	978-7-301-16688-8	刘　江等	42.00	2010.8	ppt/素材
4	市政工程材料	978-7-301-22452-6	郑晓国	37.00	2013.5	ppt
5	道桥工程材料	978-7-301-21170-0	刘水林等	43.00	2012.9	ppt
6	路基路面工程	978-7-301-19299-3	偶昌宝等	34.00	2011.8	ppt/素材
7	道路工程技术	978-7-301-19363-1	刘　雨等	33.00	2011.12	ppt
8	城市道路设计与施工	978-7-301-21947-8	吴颖峰	39.00	2013.1	ppt
9	建筑给排水工程技术	978-7-301-25224-6	刘　芳等	46.00	2014.12	ppt
10	建筑给水排水工程	978-7-301-20047-6	叶巧云	38.00	2012.2	ppt
11	市政工程测量(含技能训练手册)	978-7-301-20474-0	刘宗波等	41.00	2012.5	ppt
12	公路工程任务承揽与合同管理	978-7-301-21133-5	邱　兰等	30.00	2012.9	ppt/答案
13	数字测图技术应用教程	978-7-301-20334-7	刘宗波	36.00	2012.8	ppt
14	数字测图技术	978-7-301-22656-8	赵　红	36.00	2013.6	ppt
15	数字测图技术实训指导	978-7-301-22679-7	赵　红	27.00	2013.6	ppt
16	水泵与水泵站技术	978-7-301-22510-3	刘振华	40.00	2013.5	ppt
17	道路工程测量(含技能训练手册)	978-7-301-21967-6	田树涛等	45.00	2013.2	ppt
18	道路工程识图与 AutoCAD	978-7-301-26210-8	王容玲等	35.00	2016.1	ppt
		交通运输类				
1	桥梁施工与维护	978-7-301-23834-9	梁　斌	50.00	2014.2	ppt
2	铁路轨道施工与维护	978-7-301-23524-9	梁　斌	36.00	2014.1	ppt
3	铁路轨道构造	978-7-301-23153-1	梁　斌	32.00	2013.10	ppt
4	城市公共交通运营管理	978-7-301-24108-0	张洪满	40.00	2014.5	ppt
5	城市轨道交通车站行车工作	978-7-301-24210-0	操　杰	31.00	2014.7	ppt
		建筑设备类				
1	建筑设备识图与施工工艺(第 2 版) (新规范)	978-7-301-25254-3	周业梅	44.00	2015.12	ppt
2	建筑施工机械	978-7-301-19365-5	吴志强	30.00	2011.10	ppt
3	智能建筑环境设备自动化	978-7-301-21090-1	余志强	40.00	2012.8	ppt
4	流体力学及泵与风机	978-7-301-25279-6	王　宁等	35.00	2015.1	ppt/答案

注： 为"互联网+"创新规划教材；★为"十二五"职业教育国家规划教材；◎为国家级、省级精品课程配套教材，省重点教材。相关教学资源如电子课件、习题答案、样书等可通过以下方式联系我们。

联系方式：010-62756290，010-62750667，85107933@qq.com，pup_6@163.com，欢迎来电咨询。